住房城乡建设部土建类学科专业"十三五"规划教材
普通高等教育 "十一五" 国家级规划教材
高等学校给排水科学与工程学科专业指导委员会规划推荐教材

建筑给水排水工程

（第八版）

王增长　岳秀萍　主编
高羽飞　主审

中国建筑工业出版社

图书在版编目（CIP）数据

建筑给水排水工程／王增长，岳秀萍主编. —8 版
. —北京：中国建筑工业出版社，2021.7（2024.6 重印）
住房城乡建设部土建类学科专业"十三五"规划教材
普通高等教育"十一五"国家级规划教材　高等学校给排
水科学与工程学科专业指导委员会规划推荐教材
ISBN 978-7-112-26226-7

Ⅰ. ①建… Ⅱ. ①王… ②岳… Ⅲ. ①建筑工程－给
水工程－高等学校－教材②建筑工程－排水工程－高等学
校－教材 Ⅳ. ①TU82

中国版本图书馆 CIP 数据核字（2021）第 113784 号

本书在《建筑给水排水工程》（第七版）的基础上，结合本学科的发展并参照国家有关部门最新颁布的标准进行了修订。编写过程中吸收了部分学校在建筑给水排水工程教学中积累的经验和近年来国内外建筑给水排水工程的新技术，反映了建筑给水排水工程的发展趋势。本书共分 13 章，主要包括建筑内部给水系统及其计算，建筑消防系统，建筑内部排水系统，建筑雨水排水系统，建筑内部热水供应系统及其计算，饮水供应，居住小区给水排水系统，建筑中水工程，专用建筑给水排水工程，建筑给水排水设计程序、竣工验收及运行管理。本书附有设计例题和练习题，书中附有二维码，便于教师讲课和学生自学。

本书不仅可作为给排水科学与工程专业及相关专业本科生教材，还可作为工程技术人员的参考书。

本书为便于教学，作者制作了配套课件，如有需求，可发邮件至 jckj@cabp. com. cn 索取（标题加书名，作者名），或到建工书院 http://edu. cabplink. com//index 下载，电话：（010）58337285。

责任编辑：王美玲
责任校对：赵　颖

住房城乡建设部土建类学科专业"十三五"规划教材
普通高等教育"十一五"国家级规划教材
高等学校给排水科学与工程学科专业指导委员会规划推荐教材
建筑给水排水工程
（第八版）
王增长　岳秀萍　主编
高羽飞　主审

*

中国建筑工业出版社出版、发行（北京海淀三里河路 9 号）
各地新华书店、建筑书店经销
北京红光制版公司制版
北京圣夫亚美印刷有限公司印刷

*

开本：787 毫米×1092 毫米　1/16　印张：27½　字数：662 千字
2021 年 12 月第八版　　2024 年 6 月第五次印刷
定价：**72.00** 元（附数字资源，赠教师课件）
ISBN 978-7-112-26226-7
（37766）

第八版前言

由太原理工大学、同济大学、重庆大学、西安建筑科技大学等共同编写的《建筑给水排水工程》（第八版），根据《高等学校给排水科学与工程本科指导性专业规范》对"建筑给水排水工程"课程教学的基本要求而编写，是普通高等教育"十一五"国家级规划教材、住房城乡建设部土建类学科专业"十三五"规划教材、高等学校给排水科学与工程学科专业指导委员会规划推荐教材。该教材以培养社会主义接班人、培养高素质工程技术人才为目标，自1981年发行第一版至2020年发行第七版，累计印刷四十多万册，对给排水科学与工程专业人才培养发挥了重要作用。

第八版教材在第七版的基础上，进一步加强基本概念和基本理论的论述，参照有关新的设计规范和标准，充实建筑给水排水工程新理论、新技术及新设备，反映现代建筑给水排水工程的发展趋势，突出实用性和工程性；教材内容符合给排水科学与工程专业人才培养目标及本课程的教学要求，尽力符合学生认知规律，有利于培养学生的基本专业素质、工程能力和培养学生解决复杂工程问题的能力；篇幅适中、深度适宜、举例应用恰当丰富，教材编写富有启发性，配有PPT电子教材和二维码拓展内容，便于学习。

本书第1、2章由同济大学李伟英编写；第3章由太原理工大学岳秀萍、王红涛编写；第4章由太原理工大学王红涛编写；第5章由西安建筑科技大学王俊萍编写；第6章由西安建筑科技大学王俊萍、太原理工大学苏冰琴编写；第7、8章由重庆大学张勤、刘智萍编写；第9章由太原理工大学王增长、岳秀萍编写；第10章由太原理工大学马小丽编写；第11章由太原理工大学苏冰琴编写；第12章由太原理工大学岳秀萍编写；第13章由太原理工大学崔佳丽编写。全书由王增长、岳秀萍主编，高羽飞主审。

教材在修订过程中，对读者提出的建议和意见均进行了认真考虑，对不足和错误之处作了充实和改正。由于编写水平所限，恳请读者提出宝贵意见，以使本教材不断得到完善。

作　者
2021年5月

第七版前言

本书是在《建筑给水排水工程》（第六版）的基础上，根据高等学校给排水科学与工程学科专业指导委员会对"建筑给水排水工程"课程教学的基本要求编写。本书不但为高等学校给排水科学与工程学科专业指导委员会规划推荐教材，还被评为普通高等教育土建学科专业"十二五"规划教材。

本书以基本理论阐述为主，结合本学科的发展并参照《建筑设计防火规范》GB 50016—2014 和《消防给水及消火栓系统技术规范》GB 50974—2014 等国家有关部门最新颁布的标准进行了修订。编写过程中借鉴了部分高校在建筑给水排水工程教学中积累的经验和近年来国内外建筑给水排水工程发展的新技术，对第六版教材进行增删、调整。

本书在修订过程中，对许多读者提出的建议和意见均进行了认真考虑，对不足和错误之处作了充实和改正。

本书第 1、2 章由同济大学李伟英编写；第 3 章由太原理工大学王红涛编写；第 4、5、6、11 章由西安建筑科技大学王俊萍编写；第 7、8 章由重庆大学张勤编写；第 10 章由太原理工大学马小丽编写；第 12 章由太原理工大学岳秀萍编写；第 13 章由太原理工大学崔佳丽编写；第 9 章由王增长编写；全书由王增长主编，岳秀萍副主编，高羽飞主审。

由于编写水平所限，书中的缺点错误，恳请读者提出宝贵意见，以使本教材不断得到完善。

作　者
2016 年 7 月

第六版前言

本书是在《建筑给水排水工程》(第五版)的基础上,根据全国高等学校给水排水工程专业指导委员会对"建筑给水排水工程"课程教学的基本要求编写。本书是专业指导委员会推荐的高等学校给水排水专业本科生教材。不但是普通高等教育"十一五"国家级规划教材,还是普通高等教育土建学科专业"十一五"规划教材。

本书以基本理论阐述为主,结合本学科的发展并参照《建筑给水排水设计规范》GB 50015—2003(2009年版)等国家有关部门最新颁布的标准进行了修订。编写过程中吸收了部分学校在建筑给水排水工程教学中积累的经验和近年来国内外建筑给水排水工程的新技术,反映了建筑给水排水工程学科的发展趋势。

本书在修订过程中,对许多读者提出的意见和建议均进行了认真考虑,对不足和错误之处作了充实和改正。

本书第1、2章由同济大学李伟英编写;第3章由太原理工大学王增长、张弛编写;第4、5、6、11章由西安建筑科技大学王俊萍编写;第7、8章由重庆大学张勤编写;第10章由张弛编写;第9、12、13章由王增长、张弛编写。全书由王增长主编,张勤、李伟英副主编,高羽飞主审。

由于编写水平所限,书中的缺点错误,恳请读者给予批评指正。

作　者
2009年11月

第五版前言

本书是在《建筑给水排水工程》（第四版）的基础上，根据全国高等学校给水排水工程专业指导委员会对《建筑给水排水工程》课程教学的基本要求编写。本书是专业指导委员会推荐的高等学校给水排水专业本科生教材。

本书以基本理论阐述为主，结合本学科的发展并参照《建筑给水排水设计规范》GB 50015—2003 等国家有关部门最新颁布的标准进行了修订。编写过程中吸收了部分学校在建筑给水排水工程教学中积累的经验和近年来国内外建筑给水排水工程的新技术，反映了建筑给水排水工程学科的发展趋势。

本书第 1、2 章（2.7 节除外）由北京建筑工程学院吴俊奇编写；第 3 章（3.7 节除外）由太原理工大学王增长编写；第 4、6、11 章由西安建筑科技大学高羽飞编写；第 5 章由高羽飞、王俊萍编写；第 7、8 章（7.5 节除外）由王增长、张东伟编写；第 9、13 章由王增长、陈宏平编写；第 10 章由沈阳建筑工程学院李亚峰编写；第 12 章由太原理工大学岳秀萍编写；第 2.7、3.7、7.5 节由兰州交通大学张国珍编写；全书由王增长主编，高羽飞副主编，曾雪华主审。

由于编写水平所限，书中的缺点错误，恳请读者给予批评指正。

作 者

2004 年 12 月

第四版前言

本书是在原《建筑给水排水工程》（新一版）的基础上，根据全国高等学校给水排水工程学科专业指导委员会提出的，关于教材编写要求和《建筑给水排水工程》课程教学基本要求编写。本书是专业指导委员会推荐的，高等学校给水排水专业本科生学习建筑给水排水工程的教材，是建设部"九五"重点教材。

近年来随着我国国民经济实力的增强，人民生活水平的提高，高层建筑、旅游建筑、小康住宅的兴建，使建筑给水排水工程在理论与实践方面都有了很大的发展；《建筑给水排水设计规范》《高层民用建筑设计防火规范》等均进行了修订；高等学校给水排水工程专业对《建筑给水排水工程》课程的教学也提出了新的更高的要求。为此，需对原《建筑给水排水工程》（新一版）教材进行修订。原教材第一版、第二版和新一版主编高明远教授，以及参与编写的郭玉茹、聂璋义、胡鹤钧和王效承诸教授对《建筑给水排水工程》的教材建设作出了很大的贡献。本教材以原教材新一版为基本内容，编写单位与人员有了相应的变动，与原教材相比内容有了较大的更新。在编写过程中，加强了基本概念和基本理论的论述，删除了原教材中现已陈旧的内容，参照了有关新规范的要求，吸收了各校《建筑给水排水工程》教学过程中积累的经验和近年来国内外建筑给水排水工程的新理论、新技术、新设备，反映了现代建筑给水排水工程学科的发展趋势。

在使用本教材过程中各校可根据具体情况和要求，对教学内容酌情增减。

本书编写过程中，得到了给水排水专业指导委员会、兄弟院校有关老师和中国土木工程学会建筑给水排水委员会有关专家的指导和帮助，在此表示衷心的感谢。

本书第1、2、3（除3-3外）、13章由北京建筑工程学院曾雪华编写；第5、6、7、11章由西安建筑科技大学高羽飞编写；第12章和第3章3-3由太原工业大学王增长编写；第4、8、9、10、14章由太原工业大学王增长、岳秀萍编写，全书由王增长主编、曾雪华副主编、重庆建筑大学孙慧修主审。

由于编者水平所限，书中的缺点错误，恳请读者给予批评指正。

编　者

第三版前言

本书第二版出版后，在试用期间，我国城镇民用和公共建筑的建设迅猛发展，有力地促进了本学科的进步与提高。为了使本教材能适应国家四化建设和教学的需要，本次再版除订正了第二版不足之处外，主要在内容上作了较大的更新和补充；增加了例题和习题。这次修订还考虑到全国各校教育计划中对本门课程的学时安排上存在差别，故按 40～60 学时撰写，但根据教学要求，各校可在个别章节的内容上自作取舍。

鉴于 1989 年 4 月 1 日起在我国施行的《建筑给水排水设计规范》GBJ 15—88，已对原《室内给水排水和热水供应设计规范》TJ15—74 修订、更名后颁布施行，故本书（新一版）也把原《室内给水排水工程》更名为《建筑给水排水工程》，书中有关章节内容中涉及的"室内"用词也尽可能更名为"建筑内部"，但保留了部分习惯用语。

本书修订稿由哈尔滨建筑工程学院郭玉茹编写第一章、第二章（§2-4 除外）、第三章及附录习题；聂璋义编写第四章（§4-4 除外）；聂璋义、高明远合编第五章；湖南大学胡鹤钧编写第六、七、九章和§2-4、§10-6 节；胡鹤钧、高明远合编第八章；太原工业大学高明远编写第十（§10-6 除外）、十一、十二章；王增长编写第十三章和§4-4 节；王效承、高明远合编绪论、第十四章。全书由高明远主编，重庆建筑工程学院孙慧修主审。

由于编者水平所限，希望读者对本书继续给予批评和指正。

第二版前言

本书第一版出版后经试用，凡有不足和错误之处，均做了充实和改正。试用过程中全国许多读者提出的建议和意见，在修订过程中均做了认真考虑。这次修订仍按 40 学时编写。

本书修订稿第一、二、三章由哈尔滨建筑工程学院郭玉茹编写；第四、五章由聂璋义编写。第六、七、八、九、十三章由湖南大学胡鹤钧编写；绪论及第十四章由太原工业大学王效承编写，第十、十一、十二章由高明远编写。全书由太原工业大学高明远主编，重庆建筑工程学院孙慧修主审。

书中改绘和补充的插图主要由北京钢铁设计研究总院胡玉肖绘制。

由于编者水平所限，希望读者对本书继续给予批评指正。

第一版前言

本书是为高等工科院校给水排水工程专业编写的试用教材。

全书按 40 学时编写，以基本理论阐述为主，适当介绍本学科的某些新技术。重点介绍公共与民用建筑室内给水、室内排水及热水供应的设计原理及方法。

编写过程中参照了《室内给水排水和热水供应规范》（TJ15—74）、《建筑设计防火规范》（TJ16—74）等国家有关部门颁布的规范和标准。

本书第四章由哈尔滨建筑工程学院聂璋义编写，第一、二、三、五章由郭玉茹编写；第六、七、八、九、十三章由湖南大学胡鹤钧编写；绪论及第十四章由太原工学院王效承编写，第十、十一、十二章由高明远编写。全书由太原工学院高明远负责主编，重庆建筑工程学院孙慧修、肖维盛负责主审。

本书定稿前，同济大学、天津大学、清华大学、中国人民解放军后勤学院、武汉建筑材料工业学院、《室内给水排水及热水供应设计规范》组等单位派人参加了制定编写大纲及审查初稿工作。北京市建筑工程学院对书稿也提出了许多宝贵意见。

书中插图主要由北京钢铁设计研究总院胡玉肖描绘。

本书在编写过程中，得到了全国许多建筑工程设计单位和有关同志的帮助，在此深致谢意。

由于编者水平所限，实践经验不足，希望读者对本书的缺点或错误给予批评指正。

目　　录

第1章 建筑内部给水系统

建筑内部给水系统是将城镇给水管网或自备水源给水管网的水引入室内，选用适用、经济、合理的最佳供水方式，经配水管送至室内各种卫生器具、用水嘴、生产装置和消防设备，并满足用水点对水量、水压和水质要求的冷水供应系统。

1.1 系统的分类和组成

1.1.1 给水系统分类

根据用户对水质、水压、水量、水温的要求，并结合外部给水系统情况进行划分，有 3 种基本给水系统：生活给水系统、生产给水系统、消防给水系统。

1. 生活给水系统

供人们在日常生活中饮用、烹饪、盥洗、沐浴、洗涤衣物、冲厕、清洗地面和其他生活用途的用水。近年随着人们对饮用水品质要求的不断提高，在某些城市、地区或高档住宅小区、综合楼等实施分质供水，管道直饮水给水系统已进入住宅。

生活给水系统按供水水质又可分为生活饮用水系统、直饮水系统和杂用水系统。生活饮用水系统包括盥洗、沐浴等用水，直饮水系统包括纯净水、矿泉水等用水，杂用水系统包括冲厕、浇灌花草等用水。生活给水系统的水质必须严格符合国家《生活饮用水卫生标准》GB 5749—2006 要求，并应具有防止水质污染的措施。

2. 生产给水系统

供生产过程中产品工艺用水、清洗用水、冷却用水、生产空调用水、稀释用水、除尘用水、锅炉用水等用途的用水。由于工艺过程和生产设备的不同，生产给水系统种类繁多，各类生产用水的水质要求有较大的差异，水质指标可以低于或高于生活饮用水标准。

3. 消防给水系统

消防灭火设施用水，主要包括消火栓、消防卷盘和自动喷水灭火系统等设施的用水。消防用水用于灭火和控火，即扑灭火灾和控制火势蔓延。

消防给水系统分为消火栓给水系统、自动喷水灭火系统、水幕系统、水喷雾灭火系统等。消防系统的选择，应根据生活、生产、消防等各项用水对水质、水量和水压的要求，经技术经济比较或采用综合评判法确定。

4. 组合给水系统

上述 3 种基本给水系统可根据具体情况及建筑物的用途和性质、设计规范等要求，设置独立的某种系统或组合系统，如生活—生产给水系统、生活—消防给水系统、生产—消防给水系统、生活—生产—消防给水系统等。

上述各种给水系统在同一建筑物中不一定全部具有，应根据生活、生产、消防等给水系统各项用水对水质、水量、水压、水温的要求，结合室外给水系统的实际情况，经技术经济比较或采用综合评判法确定。综合评判法是结合工程所涉及的各项因素（如技术、经济、社会、环境等因素），综合考虑的评判方法，对所列的各项因素根据其优缺点进行定性分析，其评判结果易受人为因素影响，带主观随意性。为使各项因素都能用统一标准来衡量，目前均采用模糊变换作为工具，用定量分析进行综合评判，其结果更为正确、合理。近年来模糊综合评判法在各个领域多因素的评判方面已被广泛应用。

1.1.2 给水系统组成

建筑内部给水系统如图 1-1 所示，一般由引入管、给水管道、给水附件、给水设备、配水设施和计量仪表等组成。

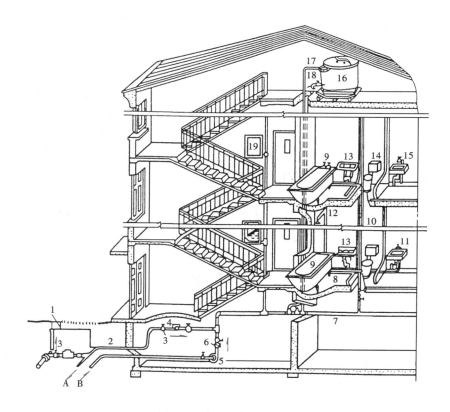

图 1-1 建筑内部给水系统

1—阀门井；2—引入管；3—闸阀；4—水表；5—水泵；6—止回阀；7—干管；8—支管；
9—浴盆；10—立管；11—水嘴；12—淋浴器；13—洗脸盆；14—大便器；15—洗涤盆；
16—水箱；17—水箱进水管；18—水箱出水管；19—消火栓；
A—入贮水池；B—来自贮水池

1. 引入管

引入管指由市政给水管道引至小区给水管网的管段，或由小区给水接户管引至建筑物内部的管段，是室外给水管网与室内给水管网之间的联络管段。引入管段上一般设有水表、阀门等附件。

2. 水表节点

水表节点是指装设在引入管上的水表及其前后设置的阀门和泄水装置的总称。在引入管段上应装设水表，计量建筑物的总用水量，在其前后装设阀门、旁通管和泄水阀门等管路附件，水表及其前后的附件一般设在水表井中，如图 1-2 所示。当建筑物只有一条引入管时，宜在水表井中设旁通管，如图 1-3 所示。温暖地区的水表井一般设在室外，寒冷地区为避免水表冻裂，可将水表井设在供暖房间内。

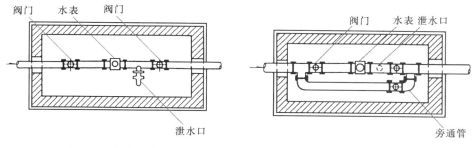

图 1-2　水表节点　　　　　　图 1-3　有旁通管的水表节点

在建筑内部给水系统中，除了在引入管段上安装水表之外，在需要计量的某些部位和设备的配水管上也要安装水表。为利于节约用水，体现"谁消费，谁付费"的原则，住宅建筑每户的进水管上均应安装分户水表。分户水表或者分户水表的数字显示宜设在户门外的管道井中、过道的壁龛内或集中于水箱间，以便于查表。

3. 给水管道

给水管道包括干管、立管、支管和分支管，用于输送和分配用水至建筑内部各个用水点。

（1）干管：又称总干管，是将水从引入管输送至建筑物各区域的管段。

（2）立管：又称竖管，是将水从干管沿垂直方向输送至各楼层、各不同标高处的管段。

（3）支管：又称分配管，是将水从立管输送至各房间内的管段。

（4）分支管：又称配水支管，是将水从支管输送至各用水设备处的管段。

建筑给水系统采用的管材和管件及连接方式，应符合国家现行标准的规定，管材应耐腐蚀，安装连接应方便、安全可靠。可采用不锈钢管、铜管、塑料给水管和金属塑料复合管及经防腐处理的钢管。钢管耐压、抗振性能好，单管长，接头少，且质量比铸铁管轻，有无缝钢管和焊接钢管之分。铸铁管性脆、质量大，但耐腐蚀，经久耐用，价格低。给水塑料管包括硬聚氯乙烯管（PVC-U）、聚乙烯管（PE）、聚丙烯管（PP-R）、聚丁烯管（PB）和钢塑复合管（PSP）等。塑料管具有耐化学腐蚀性能强，水流阻力小，质量轻，运输安装方便等优点，使用塑料管还可节省钢材，节约能源。钢塑复合管兼有钢管和塑料管的优点。聚乙烯的铝塑复合管，除具备塑料管的特点外还具有耐压强度高、耐热性能好、可曲挠及美观等优点，可用于卫生器具给水支管。

埋地给水管道应耐腐蚀和能承载地面荷载的压力，可采用塑料给水管、有衬里的铸铁给水管、经可靠防腐处理的钢管、球墨铸铁管和复合管等。室内给水管道可采用塑料管、塑料和金属复合管、铜管、不锈钢管及经可靠防腐处理的钢管等。

钢管连接方法有螺纹连接、焊接和法兰连接等，螺纹连接配件如图 1-4 所示。给水铸

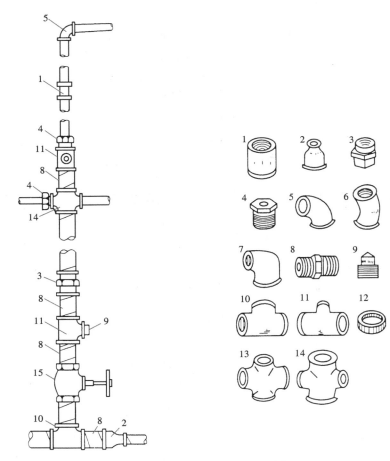

图 1-4　钢管螺纹连接配件及连接方法

1—管箍；2—异径管箍；3—活接头；4—补心；5—90°弯头；6—45°弯头；7—异径弯头；

8—内管箍；9—管塞；10—等径三通；11—异径三通；12—根母；13—等径四通；

14—异径四通；15—阀门

铁管采用承插连接，塑料管则有螺纹连接、挤压夹紧连接、法兰连接、热熔合连接、电熔合连接和粘接连接等多种方法，塑料管的连接方式见表 1-1。

塑料管的连接方式　　　　　表 1-1

连接方式	PE	PE.X（包括 PAP）	PP	PB	ABS	PVC-U（包括 PVC-C）
挤压夹紧法	O	O	G	O	N	N
热熔合法	O	N	O	O	G	N
电熔合法	O	N	G	O	G	N
粘合法	N	N	N	N	O	O
螺纹法	N	N	G	N	O	O

注："O"表示可以，"G"表示尚可，"N"表示不可以。

4. 给水附件

给水附件指管道系统中调节水量、水压、控制水流方向、改善水质，以及关断水流，便于管道、仪表和设备检修的各类阀门和设备。给水附件包括各种阀门、水锤消除器、过滤器、减压孔板等管路附件。

给水管道上设置的各类阀门，其材质应耐腐蚀和耐压。常用的阀门有以下几种：

（1）截止阀：如图 1-5（a）所示，关闭严密，但水流阻力较大，因局部阻力系数与管

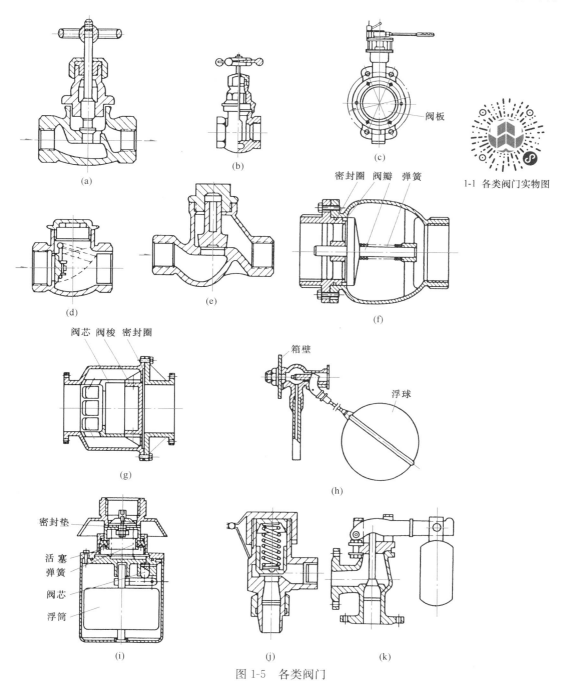

图 1-5　各类阀门

（a）截止阀；（b）闸阀；（c）蝶阀；（d）旋启式止回阀；（e）升降式止回阀；（f）消声止回阀；
（g）梭式止回阀；（h）浮球阀；（i）液压水位控制阀；（j）弹簧式安全阀；（k）杠杆式安全阀

径成正比，故只适用于管径≤50mm的管道上。

（2）闸阀：如图1-5（b）所示，全开时水流直线通过，水流阻力小，宜在管径＞50mm的管道上采用，但水中若有杂质落入阀座易产生磨损和漏水。

（3）蝶阀：如图1-5（c）所示，阀板在90°翻转范围内可起调节、节流和关闭作用，操作扭矩小，启闭方便，结构紧凑，体积小。

（4）止回阀：用以阻止管道中水的反向流动。如旋启式止回阀，如图1-5（d）所示，在水平、垂直管道上均可设置，但因启闭迅速，易引起水锤，不宜在压力大的管道系统中采用；升降式止回阀，如图1-5（e）所示，靠上下游压差值使阀盘自动启闭，水流阻力较大，宜用于小管径的水平管道上；消声止回阀，如图1-5（f）所示，当水向前流动时，推动阀瓣压缩弹簧阀门开启，停泵时阀瓣在弹簧作用下在水锤到来前即关闭，可消除阀门关闭时的水锤冲击和噪声；梭式止回阀，如图1-5（g）所示，是利用压差梭动原理制造的新型止回阀，不但水流阻力小，且密闭性能好。

（5）液位控制阀：用以控制水箱、水池等贮水设备的水位，以免溢流。如浮球阀，如图1-5（h）所示，水位上升浮球上升关闭进水口，水位下降浮球下落开启进水口，但有浮球体积大，阀芯易卡住引起溢水等弊病。

（6）液压水位控制阀：如图1-5（i）所示，水位下降时阀内浮筒下降，管道内的压力将阀门密封面打开，水从阀门两侧喷出，水位上升，浮筒上升，活塞上移阀门关闭停止进水，克服了浮球阀的弊病，是浮球阀的升级换代产品。

（7）安全阀：用于防止管网、用具或密闭容器内由于压力过大而被破坏，一般有弹簧式、杠杆式两种，分别如图1-5（j）、（k）所示。

5. 配水设施

配水设施是生活、生产和消防给水系统其管网的终端用水点上的设施。生活给水系统的配水设施主要指卫生器具的给水配件或配水嘴，如图1-6所示；生产给水系统的配水设施主要指与生产工艺有关用水设备；消防给水系统的配水设施包括室内消火栓、消防软管卷盘、自动喷水灭火系统的各种喷头等。

6. 增压和贮水设备

增压和贮水设备是指在室外给水管网压力不足时，给水系统中用于升压、稳压、贮水和调节的设备。

7. 水表

水表是计量水量的仪表。

（1）水表的分类

1）按计量元件运动原理分类：a. 容积式水表：计量元件是"标准容器"；b. 速度式水表：计量元件是转动的叶（翼）轮，转动速度与通过水表的水流量成正比。

我国建筑中多采用速度式水表，速度式水表分为旋翼式和螺翼式两类，如图1-7所示。旋翼式水表又分为单流束和多流束两种；螺翼式水表则又分为水平螺翼式和垂直螺翼式两种。

2）按读数机构的位置分类：a. 现场指示型：计数器读数机构不分离，与水表为一体；b. 远传型：计数器示值远离水表安装现场，分无线和有线两种；c. 远传、现场组合型：即在现场可读取示值，在远离现场处也能读取示值。

3）按水温度分类：a. 冷水表：被测水温小于等于40℃；b. 热水表：被测水温小于等

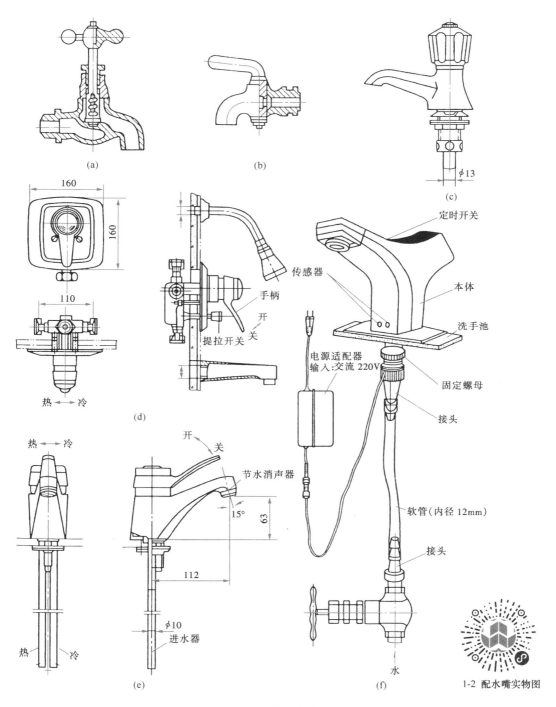

图 1-6　各类配水嘴
（a）环形阀式配水嘴；（b）旋塞式配水嘴；（c）普通洗脸盆配水嘴；
（d）单手柄浴盆水嘴；（e）单手柄洗脸配水嘴；（f）自动配水嘴

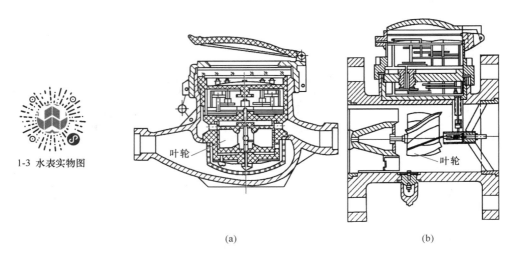

1-3 水表实物图

图 1-7　速度式水表

（a）旋翼式水表；（b）螺翼式水表

于 100℃。

4）按计数器的工作现状分类：a. 湿式水表：计数器浸没在被测水中；b. 干式水表：计数器与被测水隔离开，表盘和指针是"干"的；c. 液封式水表：计数器中的读数部分用特殊液体与被测水隔离。

5）按被测水压力分类：a. 普通型水表：水表公称压力小于等于 1.0MPa；b. 高压水表：水表公称压力为 1.6MPa、2.0MPa。

（2）水表性能的比较

1）速度式水表与容积式水表比较（表 1-2）

速度式水表与容积式水表的比较　　　　　　　　　　表 1-2

比较项目 ＼ 水表类型	速度式表	容积式表
1. 整机机械结构	较简单	较复杂
2. 零件制造精度	较低	要求高
3. 制造成本	较低	较高
4. 灵敏性能	较好	优良
5. 整机调校	较易	较难
6. 使用维修	方便	较困难

2）多流束水表与单流束水表的比较（表 1-3）

多流束水表与单流束水表比较　　　　　　　　　　表 1-3

比较项目 ＼ 水表类型	多流束水表	单流束水表
1. 整机机械结构	较复杂	简单
2. 制造成本	较高	低
3. 灵敏性能	优良	差
4. 易损件使用情况	叶轮、顶尖单边磨损轻	叶轮、顶尖单边磨损重
5. 正常工作周期	较长	较短
6. 压力损失	较大	较小

3）湿式水表与干式水表比较（表 1-4）

湿式水表与干式水表比较

表 1-4

比较项目　　　　　水表类型	湿 式 表	干 式 表
1. 整机机械结构	较简单	较复杂（增加密封机构）
2. 制造成本	较便宜	较高（计数器分为 2 层，零件多）
3. 对被测水质要求	较高（否则表盘易污染）	不高
4. 灵敏性能	好	较差

由上述比较可知，速度式湿式多流束水表既有较好的计量性能，又有较好的实用经济性。

（3）水表的常用术语

1）过载流量（Q_{max}）：水表在规定误差限内使用的上限流量。在过载流量时，水表只能短时间使用而不至于损坏。此时旋翼式水表的水头损失为 100kPa，螺翼式水表的水头损失为 10kPa。

2）常用流量（Q_n）：水表在规定误差限内允许长期通过的流量，其数值为过载流量（Q_{max}）的 1/2。

3）最小流量（Q_{min}）：水表在规定误差限内使用的下限流量，其数值是常用流量的函数。

4）始动流量（Q_s）：水表开始连续指示时的流量，此时水表不计示值误差。但螺翼式水表没有始动流量。

5）流量范围：过载流量和最小流量之间的范围。流量范围分为两个区间，两个区间的误差限各不相同。

6）分界流量（Q_t）：水表误差限改变时的流量，其数值是常用流量的函数。

7）公称压力：水表的最大允许工作压力，单位为"MPa"。

8）压力损失：水流经水表所引起的压力降低，单位为"MPa"。

9）示值误差：水表的示值和被测水量真值之间的差值。

10）示值误差限：技术标准给定的水表所允许的误差极限值，亦称最大允许误差。

a. 当 $Q_{min} \leqslant Q < Q_t$ 时，示值误差±5％。

b. 当 $Q_t \leqslant Q \leqslant Q_{max}$ 时，示值误差±2％。

11）计量等级：水表按始动流量、最小流量和分界流量分为 A、B 两个计量等级。

（4）水表的技术参数

旋翼式水表、水平螺翼式水表和旋翼干式远传水表的技术参数分别见附表 1-1、附表 1-2 和附表 1-3。

（5）IC 卡预付费水表和远程自动抄表系统

图 1-8 所示为 IC 卡预付费水表，由流量传感器、电控板和电磁阀三部分组成，以 IC 智能卡为载体传递数据。用户把预购的水量数据存于表中，系统按预定的程序自动从用户费用中扣除水费，并有显示剩余水量、累计用水量等功能。当剩余水量为零时自动关闭电磁阀停止供水。

图 1-9 所示为远程自动抄表系统，分户远传水表仍安装在户内，与普通水表相比增加

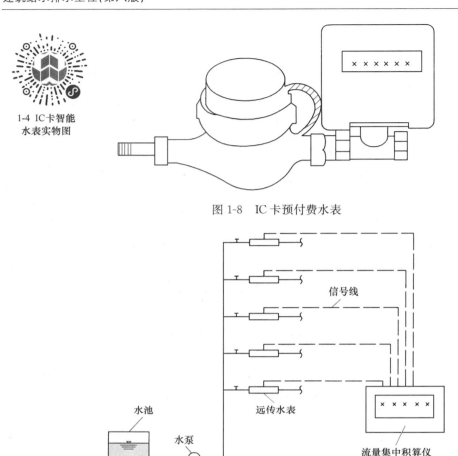

1-4 IC卡智能
水表实物图

图1-8　IC卡预付费水表

图1-9　远程自动抄表系统

了一套信号发送系统。各户信号线路均接至楼宇的流量集中积算仪上，各户使用的水量均显示在流量集中积算仪上，并累计流量。自动抄表系统可免去逐户抄表，节省了大量的人力物力，且大大提高了计量水量的准确性。

1.2　给　水　方　式

　　室内给水方式指建筑内部给水系统的供水方案，是根据建筑物的性质、高度、配水点的布置情况以及室内所需水压、室外管网水压和配水量等因素，通过综合评判法决定给水系统的布置形式。合理的供水方案，应综合工程涉及的各种因素确定，如技术因素：供水可靠性，水质对城市给水系统的影响，节水节能效果，操作管理，自动化程度等；经济因素：基建投资，运行费用等；社会和环境因素：对建筑立面和城市观瞻的影响，对结构和基础的影响，占地对环境的影响，建设难度和建设周期，抗寒防冻性能，分期建设的灵活性，对使用带来的影响等。在初步确定给水方式时，对层高不超过 3.5m 的民用建筑，给水系统所需的压力 H（自室外地面算起），可用以下经验法估算：1 层（$n=1$）为 100kPa，2 层（$n=2$）为 120kPa，3 层（$n=3$）以上每增加 1 层，增加 40kPa（即 $H=120+40\times$

$(n-2)$ kPa，其中 $n\geqslant2$)。

1.2.1　依靠外网压力的给水方式

1. 直接给水方式

利用室外管网压力供水，如图 1-10 所示。一般单层和层数少的多层建筑采用这种供水方式，适用于室外给水管网的水量、水压在一天内均能满足用水要求的建筑。

该给水方式特点：可充分利用室外管网水压，节约能源，且供水系统简单，投资省，也可降低水质受污染的可能性。但室外管网一旦停水，室内供水间断，供水可靠性差。

2. 单设水箱的给水方式

利用室外管网压力直接供水，同时设置高位水箱，如图 1-11 (a)所示。设水箱的给水方式宜在室外给水管网供水压力周期性不足时采用。低峰用水时，可利用室外给水管网水压直接供水并向水箱进水，水箱贮备水量。高峰用水时，室外管网水压不足，则由水箱向建筑给水系统供水。当室外给水管网水压偏高或不稳定时，为保证建筑内给水系统的良好工况或满足

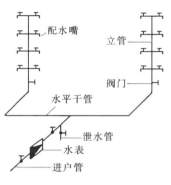

图 1-10　直接给水方式

稳压供水的要求，可采用设水箱的给水方式。建筑物下面几层与室外给水管网直接连接，利用室外管网水压供水，上面几层则靠屋顶水箱调节水量和水压，由水箱供水。

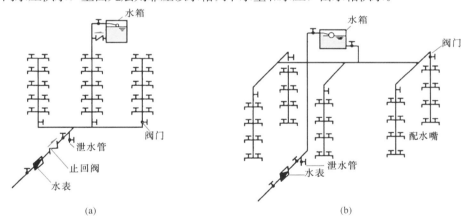

图 1-11　设水箱的给水方式

如图 1-11 (b) 所示，室外管网直接向水箱供水，再由水箱向室内给水管网供水。该方式的特点是水箱贮备一定量的水，在室外管网压力不足时不中断室内用水，供水较可靠，且充分利用室外管网水压，节省能源，安装和维护简单，投资较省。但需设置高位水箱，增加了结构荷载，给建筑的立面及结构处理带来一定的难度，若管理不当，水箱内的水质易受到污染。

1.2.2　依靠水泵升压给水方式

1. 设水泵的给水方式

设水泵的给水方式宜在室外给水管网的水压经常不足时采用。当建筑内用水量大且较

1-5 叠压供水设备

均匀时,可用恒速水泵供水;当建筑内用水不均匀时,宜采用一台或多台水泵变速运行供水,以提高水泵的工作效率。如图1-12(a)所示为充分利用室外管网压力,节省电能,采用水泵直接从室外给水管网抽水的叠压供水时,应设旁通管,因水泵直接从室外管网抽水,会使外网压力降低,影响附近用户用水,严重时还可能造成外网负压,在管道接口不严密时,其周围土壤中的渗漏水会吸入管网,污染水质。当采用水泵直接从室外管网抽水时,应经当地供水行政主管部门及供水部门批准认可,并在管道连接处采取必要的防护措施,以免水质污染。当室外管网压力足够大时,可自动开启旁通管的止回阀直接向建筑内供水。叠压供水系统由调速水泵、稳压平衡器和变频数据柜组成,取消了贮水池,使室外给水管网到用户成为一个密闭系统,避免了水质二次污染的隐患,且能够利用市政供水管网的供水余压、节省机房面积等。

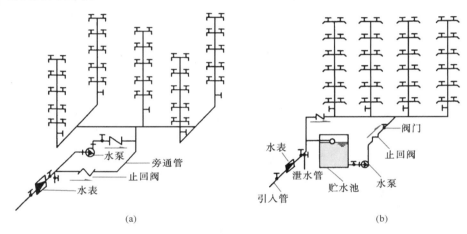

(a)   (b)

图1-12 设水泵的给水方式

图1-12(b)所示为在水泵与室外管网间接连接方式,该方式避免了上述水泵直接从室外管网抽水的缺点,城市管网的水经自动启闭的浮球阀充入贮水池,然后经水泵加压后再送往室内管网。

在无水箱的供水系统中,目前大多数采用变频调速水泵,这种水泵的构造与恒速水泵一样也是离心式水泵,不同的是配用变速配电装置,其转速可随时调节。从离心式水泵的工作特性可知,水泵的流量、扬程和功率分别和水泵转速的一次方、二次方和三次方成正比。因此,调节水泵的转速可改变水泵的流量、扬程和功率,使水泵的出水量随时与管网的用水量相一致,对于不同的流量都可以处于较高效率范围内运行,以节约电能。

控制变频调速水泵的运行需要一套自动控制装置,在高层建筑供水系统中,常采取水泵出水管处压力恒定的方式来控制变频调速水泵。其原理是:在水泵的出水管上装设压力检出传送器,将此压力值信号输入压力控制器,并与压力控制器内原先给定的压力值相比较,根据比较的差值信号来调节水泵的转速。

2. 设水泵、水箱的给水方式

水泵自室外给水管网或贮水池(低位)吸水、加压向室内管网供水,同时设置高位水箱,如图1-13所示,该给水方式宜在室外给水管网压力低于或经常不满足室内给水管网所需的水压，且室内用水不均匀时采用。其优点是水泵的开停通常由高位水箱内的水位控制，水泵能及时向水箱供水，可减少水箱的容积；因水箱有调节水量的作用，水泵出水量稳定，能保持在高效区运行；贮水池和高位水箱储有调节水量，停水停电时可延时供水，供水可靠性较好且供水压力较稳定。当水泵经贮水池吸水时，由于未利用外网水压，不利于节能；另外，水泵振动会产生噪声干扰。

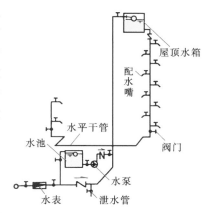

图 1-13 设水泵、水箱的给水方式

3. 气压给水方式

气压给水方式即在给水系统中设置气压给水设备，利用密闭贮罐内气体的可压缩性贮存、调节、输送供水。气压水罐的作用相当于高位水箱，其位置可根据需要设置在高处或低处。该给水方式宜在室外给水管网压力低于或经常不能满足建筑内给水管网所需水压，室内用水不均匀，且不宜设置高位水箱时采用，如图 1-14 所示。

按系统压力工况，气压式给水装置可分为变压式和定压式；按罐内气、水是否接触，可分为补气式（气、水接触）和隔膜式（气、水分隔）两种。

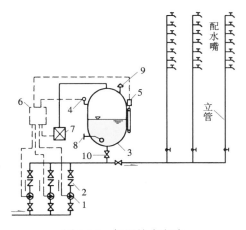

图 1-14 气压给水方式

1—水泵；2—止回阀；3—气压水罐；4—压力信号器；5—液位信号器；6—控制器；7—补气装置；8—排气阀；9—安全阀；10—阀门

（1）变压式

当用水量需求小于水泵出水量时，水泵多余的水进入水罐，罐内空气因被压缩而增压，水位至最高水位时，压力继电器会指令自动停泵。罐内水表面上的压缩空气压力将水输送至用户。当罐内水位下降至设计最低水位时，罐内空气因膨胀而减压，压力继电器再次指令自动开泵。罐内水压与压缩空气的体积成反比，故称变压式，该装置可不设空气压缩机（在小型工程中，气和水可合用一罐），故较定压式简单，但因压力有波动，影响用户用水的舒适性，不利于水泵高效运行。

（2）定压式

定压式气压给水设备通过在变压式气压给水设备的出水管上安装压力调节阀来实现。安装调压阀后，管内的水压被控制在要求的范围内，使管网处于恒压下工作。

由于气压给水装置是利用罐内压缩空气维持的，罐体的安装高度可以不受限制。这种给水装置灵活性大，施工安装方便，便于扩建、改建和拆迁，可以设在水泵房内且设备紧凑，占地较小，便于与水泵集中管理；供水可靠，水在密闭系统中流动不会受污染。但是调节能力小，水泵启停频繁，启动电流大，经常性费用高。

地震区、有隐蔽要求的场合、施工临时用水处或因建筑高度受限制和建筑艺术要求不允许在屋顶高处设水箱的建筑均可采用气压给水装置。气压给水设备还有一个特定的运用场合，就是用作高位消防水箱的增压稳压装置。当高层民用建筑的高位消防水箱的设置高度不满足消火栓系统的最小静水压力要求，或水箱设置高度不满足自动喷淋灭火系统最不利点喷头的最小工作压力时，需要设置作为增压稳压设施的隔膜式气压给水设备。

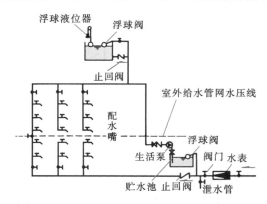

图 1-15　分区给水方式

1.2.3　分区给水方式

当室外给水管网的压力只能满足建筑物下面几层供水要求时，可采用分区给水方式。如图 1-15 所示，室外给水管网水压线以下楼层为低区，由室外管网直接供水，以上楼层为高区，由升压贮水设备供水。可将两区的 1 根或几根立管相连，在分区处设阀门，以备低区进水管发生故障或外网压力不足时，打开阀门由高区水箱向低区供水。

在高层建筑给水系统中常见的分区方式有并联分区、串联分区和减压阀分区。

高层建筑采用同一给水系统供水时，由于低层管道承受的压力过大极易引起用水器具出水口处超压出流、管件易损、水击、振动等问题。因此，给水系统采用垂直竖向分区的供水方式。建筑给水系统的分区供水方案，应充分利用市政（或室外）管网的供水压力，根据建筑物用途、层数、使用要求、材料设备性能、维护管理水平和当地供水状况等因素确定。分区划分和水力计算时，应综合考虑给水系统中给水配件承受压力、入户管供水压力、用水点供水压力的压力规定要求：卫生器具给水配件承受的最大工作压力不得大于0.60MPa；生活给水系统用水点处供水压力不宜大于 0.20MPa；住宅入户管供水压力不应大于 0.35MPa；非住宅入户管供水压力不宜大于 0.35MPa。

高层建筑生活给水系统中各分区的静水压力不宜大于 0.45MPa；设有集中热水系统的建筑，各分区的静水压力不宜大于 0.55MPa。

（1）并联分区

图 1-16 所示为并联分区供水的几种方式，各竖向分区有各自独立的增压设施和供水管路，宜用于建筑高度小于 100m 的高层建筑给水系统中。图 1-16（a）为水泵-水箱供水的并联分区，图 1-16（b）为水泵供水的并联分区，图 1-16（c）为气压给水设备供水的并联分区。

该方式中各区的水泵机组均从低位贮水池吸水，经各自管路系统供水。一般各区的水泵机组集中布置于地下室设备间，具有供水安全可靠、便于维护与管理的优点。由于各区单独设置加压设备，且向高区供水的加压水泵扬程较大，以及高区供水系统的气压水罐承压较大，故水泵机组较多、所占设备间面积较大，气压水罐和水泵购置费用相对较高。

（2）串联分区

图 1-17 所示为串联分区的一种常见的供水方式，各分区自下向上逐区串级增压，建筑高度超过 100m 的高层建筑宜采用垂直串联供水。

该方式中各区的供水设施（水箱和水泵）相串联，且分散布置在不同分区的设备层（或某楼层）。中间分区的水箱，既是本区用于调节水量的高位水箱，又兼作上区水泵的吸水池（低位贮水池）兼作上区的水池。与并联分区相比，各区的水泵扬程低、能耗较少，

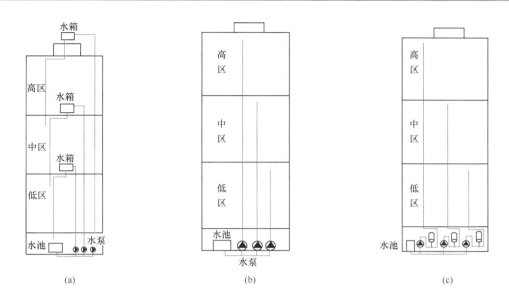

图 1-16　并联分区

（a）水泵-水箱供水方式；（b）水泵供水方式；（c）气压给水设备供水

管道承压小且管材较省。但是，由于系统的供水可靠性较差，维修与管理工作量较大，水箱和水泵等设备需占用楼层有效空间。

（3）减压阀分区

图 1-18 所示为减压分区供水方式，图 1-18（a）为水箱减压，图 1-18（b）为减压阀减压。水泵一次加压供水至顶层高位水箱，以下各分区利用本区的减压水箱或减压阀减压后供水，各区的水箱仅起减压作用。该方式水泵数量少，设备间占地面积小；设备集中，便于管理。但是，该高位水箱容积应按各区调节水量之和计算，体量大，对建筑结构和抗震不利；能耗大，不节能；供水可靠性差。

图 1-17　串联分区

（水泵-水箱供水方式）

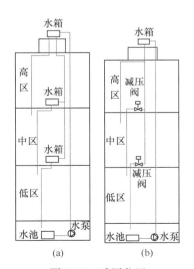

图 1-18　减压分区

（a）水箱减压方式；（b）减压阀减压方式

用减压阀取代减压水箱，可减小占用空间，也可减少水质污染的环节。

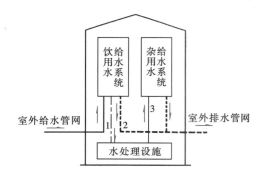

图 1-19　分质给水方式

1—生活废水；2—生活污水；3—杂用水

1.2.4　分质给水方式

分质给水方式即根据不同用途所需的不同水质，分别设置独立的给水系统。如图 1-19 所示，饮用水给水系统供饮用、烹饪、盥洗等生活用水，水质符合《生活饮用水卫生标准》GB 5749—2006。杂用水给水系统，水质较差，仅符合《城市污水再生利用　城市杂用水水质》GB/T 18920—2020，只能用于建筑内冲洗便器、绿化、洗车、扫除等用水。条件允许时，应根据技术经济分析采用分质供水，如生活给水系统、直饮水系统、中水系统、软化系统等。

1.3　给水管道布置与敷设

1.3.1　管道布置

给水管道的布置受建筑结构、用水要求、配水点和室外给水管道的位置，以及供暖、通风、空调和供电等其他建筑设备工程管线布置等因素的影响。给水管道的布置应保证供水安全可靠、水质不被污染、管道不受损坏、不影响生产安全和建筑物的使用、便于设备安装和维修，不影响美观等。进行管道布置时，不但要处理和协调好各种相关因素的关系，还要满足以下基本要求。

1. 基本要求

（1）确保供水安全和良好的水力条件，力求经济合理

管道尽可能与墙、梁、柱平行，呈直线走向，力求管路简短，以减少工程量，降低造价，但不能有碍于生活、工作和通行；一般可设置在管井、吊顶内或墙角边。干管应布置在用水量大或不允许间断供水的配水点附近，既利于供水安全，又可减少流程中不合理的转输流量，节省管材。

不允许间断供水的建筑，应从室外环状管网不同管段引入，引入管不少于 2 条。若必须同侧引入时，两条引入管的间距不得小于 15m，并在两条引入管之间的室外给水管上装阀门。

室内给水管网宜采用枝状布置，单向供水。不允许间断供水的建筑和设备，应采用环状管网或贯通枝状管网双向供水。环状管网和重要的枝状管网应有两条或两条以上引入管，如图 1-20 所示。若条件不能达到时，可设置贮水池（箱）或增设第二水源等。

（2）保护管道不受损坏

给水埋地管道应避免布置在可能受重物压坏

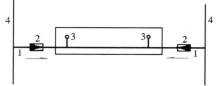

图 1-20　引入管从建筑物不同侧引入室内管道贯通状布置

1—引入管；2—水表节点；3—立管；4—室外给水管道

处。管道不得穿越生产设备基础，如遇特殊情况必须穿越时，应采取有效的保护措施。同时也不宜穿过伸缩缝、沉降缝和变形缝，若需穿过，应采取保护措施，常用的措施有：在管道或保温层外皮上、下留有不小于 150mm 的净空；软性接头法即用橡胶软管或金属波纹管连接沉降缝、伸缩缝隙两边的管道；丝扣弯头法，如图 1-21 所示，在建筑沉降过程中，两边的沉降差由丝扣弯头的旋转来补偿，此法适用于小管径的管道；活动支架法如图 1-22 所示，在沉降缝两侧设立支架，使管道只能垂直位移，不能水平横向位移，以适应沉降、伸缩之应力。为防止管道腐蚀，管道不允许布置在烟道、风道、电梯井和排水沟内，不允许穿大、小便槽，当立管位于大、小便槽端部不大于 0.5m 时，在大、小便槽端部应有建筑隔断措施。

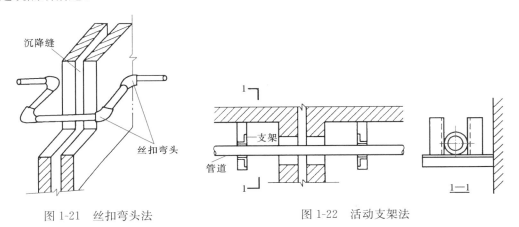

图 1-21　丝扣弯头法　　　　　　　　图 1-22　活动支架法

（3）不影响生产安全和建筑物的使用

为避免管道渗漏，造成配电间电气设备故障或短路，管道不得穿越变配电间、电梯机房、通信机房、大中型计算机房、计算机网络中心、有屏蔽要求的 X 光、CT 室、档案室、书库、音像库房等遇水会损坏设备和引发事故的房间；一般不宜穿越卧室、书房及贮藏间；也不能布置在妨碍生产操作和交通运输处或遇水能引起燃烧、爆炸或损坏的设备、产品和原料上；不宜穿过橱窗、壁柜、吊柜等设施和在机械设备上方通过，以免影响各种设施的功能和设备的维修。

（4）便于安装维修

布置管道时其周围要留有一定的空间，以满足安装、维修的要求，给水管道与其他管道和建筑结构的最小净距见表 1-5。需进人检修的管道井，其工作通道净宽度不宜小于 0.6m。管井应每层设外开检修门。

给水管道与其他管道和建筑结构之间的最小净距　　　　　　　　表 1-5

给水管道 名称	室内墙面 （mm）	地沟壁和其他 管道（mm）	梁、柱、 设　备 （mm）	排　水　管		备　注
				水平净距 （mm）	垂直净距 （mm）	
引入管				≥1000	≥150	在排水管上方
横干管	≥100	≥100	≥50 且此处无接头	≥500	≥150	在排水管上方

续表

给水管道名称		室内墙面（mm）	地沟壁和其他管道（mm）	梁、柱、设备（mm）	排水管		备注
					水平净距（mm）	垂直净距（mm）	
立管	管径（mm）						
	＜32	≥25	—	—	—	—	—
	32～50	≥35					
	75～100	≥50					
	125～150	≥60					

2. 布置形式

给水管道的布置按供水可靠程度要求可分为枝状和环状两种形式，前者单向供水，供水安全可靠性差，但节省管材，造价低；后者管道相互连通，双向供水，安全可靠但管线长、造价高。一般建筑内给水管网宜采用枝状布置。按水平干管的敷设位置又可分为上行下给、下行上给和中分式三种形式。干管设在顶层楼板下、吊顶内或技术夹层中，由上向下供水的为上行下给式，如图 1-11（b）所示，适用于设置高位水箱的居住与公共建筑和地下管线较多的工业厂房；干管埋地、设在底层或地下室中，由下向上供水的为下行上给式，如图 1-10 所示，适用于利用室外给水管网水压直接供水的工业与民用建筑；水平干管设在中间技术层内或某层吊顶内，由中间向上、下 2 个方向供水的为中分式，适用于屋顶用作露天茶座、舞厅或设有中间技术层的高层建筑。同一幢建筑的给水管网也可同时兼有以上两种布置形式，如图 1-15 所示。

1.3.2 管道敷设

1. 敷设形式

给水管道的敷设有明装、暗装两种形式。

明装即管道外露，其优点是安装维修方便，造价低；但外露的管道影响美观，表面易结露、积灰尘。明装一般用于对卫生、美观没有特殊要求的建筑，如普通住宅、旅馆、办公楼等。对建筑装修无特殊要求的高层建筑，为降低管网造价，便于安装和维修，可考虑主要房间采用暗装，或主干管采用暗装，支管采用明装等敷设方式。

暗装即管道隐蔽，如敷设在管道井、技术层、管沟、墙槽或夹壁墙中，直接埋地或埋在楼板的垫层里，其优点是管道不影响室内的美观、整洁，但施工复杂，维修困难，造价高。适用于对卫生、美观要求较高的建筑如宾馆、高级公寓和要求无尘、洁净的车间、实验室、无菌室等。旅游宾馆、饭店、公寓、综合办公楼等标准较高的高层建筑，除少数辅助用房（如车库、冷库、锅炉房、水泵房、洗衣房等）外，一般均采用暗敷方式：即将水平给水管敷设在各区顶层楼板吊顶内、各层走廊吊顶内、技术夹层内、底层走廊的地沟内或底层楼板下；将给水立管敷设在管道竖井内或立槽内等。在竖井中，必须采用管卡、托架等将各种管道固定，且每层均应固定管道，以防止管接口松漏。

2. 敷设要求

给水管道不宜穿过伸缩缝、沉降缝和变形缝，必须穿过时应采取相关措施。如给水横管穿承重墙或基础、立管穿楼板时均应预留孔洞，暗装管道在墙中敷设时，也应预留墙槽，以免临时打洞、刨槽影响建筑结构的强度。管道预留孔洞和墙槽的尺寸，详见表1-6。

给水管预留孔洞、墙槽尺寸　　　　　　　　　　　表 1-6

管道名称	管径（mm）	明管留孔尺寸（mm） 长（高）×宽	暗管墙槽尺寸（mm） 宽×深
立管	≤25	100×100	130×130
	32～50	150×150	150×130
	70～100	200×200	200×200
2根立管	≤32	150×100	200×130
横支管	≤25	100×100	60×60
	32～40	150×130	150×100
引入管	≤100	300×300	

给水管采用软质的交联聚乙烯管或聚丁烯管埋地敷设时，宜采用分水器配水，并将给水管道敷设在套管内。

引入管进入建筑内有两种情况，一种是从建筑物的浅基础下通过，另一种是穿越承重墙或基础，其敷设方法分别如图1-23（a）、（b）所示。在地下水位高的地区，引入管穿地下室外墙或基础时，应采取防水措施，如设防水套管。室外埋地引入管要防止地面活荷载和冰冻的破坏，其管顶覆土厚度不宜小于 0.7m，并应敷设在冰冻线以下 0.15m 处。建筑内埋地管在无活荷载和冰冻影响时，其管顶离地面高度不宜小于 0.3m。

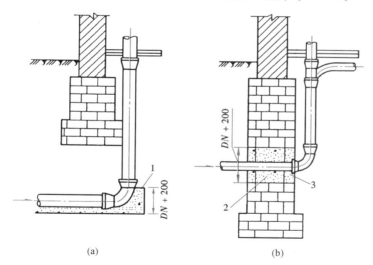

图 1-23　引入管进入建筑物
（a）从浅基础下通过；（b）穿基础
1—C30混凝土支座；2—黏土；3—M5水泥砂浆封口

给水管网敷设时应根据建筑的总体布局、建筑装修要求、卫生设备分布情况、给水管网及其他管道的布置情况灵活处理，做到既满足建筑装修和隔声、防振、防露的要求，又便于管道的施工、安装和维修。

管道在空间敷设时，必须采用固定措施，以保证施工方便和安全供水。固定管道常用的支、托架如图1-24所示。给水钢立管一般每层须安装1个管卡，当层高大于 5m 时，则每层须安装 2 个，管卡安装高度，距地面应为 1.5～1.8m。钢管水平安装支架最大间距见表 1-7。钢塑复合管采用沟槽连接时，管道支架间距见表 1-8。塑料管、复合管支吊架间距要求见表 1-9。

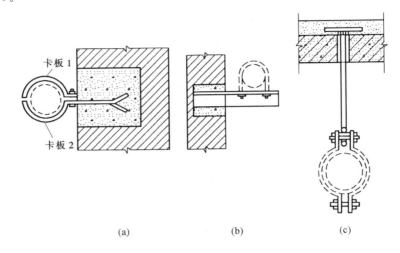

图 1-24　支、托架

（a）管卡；（b）托架；（c）吊环

钢管水平安装支架最大间距（m）　　表 1-7

公称直径（mm）	15	20	25	32	40	50	70	80	100	125	150	200	250	300
保温管	2	2.5	2.5	2.5	3	3	4	4	4.5	6	7	7	8	8.5
不保温管	2.5	3	3.25	4	4.5	5	6	6	6.5	7	8	9.5	11	12

管道支架最大间距（m）　　表 1-8

管径（mm）	65～100	125～200	250～315
最大支承间距	3.5	4.2	5.0

注：1. 横管的任何两个接头之间应有支承。

　　2. 不得支承在接头上。

　　3. 沟槽式连接管道，无须考虑管道因热胀冷缩的补偿。

塑料管及复合管管道支架的最大间距（m）　　表 1-9

管径（mm）	12	14	16	18	20	25	32	40	50	63	75	90	110
立　　管	0.5	0.6	0.7	0.8	0.9	1.0	1.1	1.3	1.6	1.8	2.0	2.2	2.4
水　平　管	0.4	0.4	0.5	0.5	0.6	0.7	0.8	0.9	1.0	1.1	1.2	1.35	1.55

注：采用金属制作的管道支架，应在管道与支架间衬非金属垫或套管。

1.3.3　管道防护

1. 防腐

明装和暗装的金属管道都要采取防腐措施，以延长管道的使用寿命。通常的防腐做法是管道除锈后，在外壁刷涂防腐涂料。

埋地铸铁管宜在管外壁刷冷底子油一遍、石油沥青两道；埋地钢管宜在外壁刷冷底子油一道、石油沥青两道外加保护层（当土壤腐蚀性能较强时可采用加强级或特加强防腐）；钢塑复合管就是钢管加强内壁防腐性能的一种形式，钢塑复合管埋地敷设时，其外壁防腐同普通钢管；薄壁不锈钢管埋地敷设，宜采用管沟或外壁应有防腐措施（管外加防腐套管或外缚防腐胶带）；薄壁铜管埋地敷设时应在管外加防护套管；明装铜管应刷防护漆。当管道敷设在有腐蚀性的环境中，管外壁应刷防腐漆或缠绕防腐材料。

2. 防冻、防露

敷设在有可能结冻的房间、地下室及管井、管沟等地方的生活给水管道，为保证冬季安全使用应有防冻保温措施。金属管保温层厚度根据计算确定但不能小于 25mm。

在湿热的气候条件下，或在空气湿度较高的房间内敷设给水管道，由于管道内的水温较低，空气中的水分会凝结成水附着在管道表面，严重时还会产生滴水，这种管道结露现象，不但会加速管道的腐蚀，还会影响建筑的使用，如使墙面受潮、粉刷层脱落，影响墙体质量和建筑美观。防结露措施与保温方法相同。

3. 防漏

由于管道布置不当，或管材质量和施工质量低劣，均能导致管道漏水，不仅浪费水量，影响给水系统正常供水，还会损坏建筑，特别是湿陷性黄土地区，埋地管漏水将会造成土壤湿陷，严重影响建筑基础的稳固性。防漏的主要措施是避免将管道布置在易受外力损坏的位置，或采取必要的保护措施，避免其直接承受外力。此外还需健全管理制度，加强管材质量和施工质量的检查监督。在湿陷性黄土地区，可将埋地管道敷设在防水性能良好的检漏管沟内，一旦漏水，水可沿沟排至检漏井内，便于及时发现和检修。管径较小的管道，也可敷设在检漏管内。

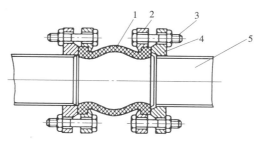

图 1-25　可曲挠橡胶接头
1—可曲挠橡胶接头；2—特制法兰；3—螺杆；
4—普通法兰；5—管道

4. 防振

当管道中水流速度过大时，启闭水嘴、阀门，易出现水击现象，引起管道、附件的振动，不但会损坏管道附件造成漏水，还会产生噪声。为防止管道损坏和噪声影响，设计给水系统时应控制管道的水流速度，在系统中尽量减少使用电磁阀或速闭型水栓。住宅建筑进户管的阀门后（沿水流方向），宜装设家用可曲挠橡胶接头进行隔振，如图 1-25 所示。并可在管支架、吊架内衬垫减振材料，以降低噪声的扩散，如图 1-26 所示。

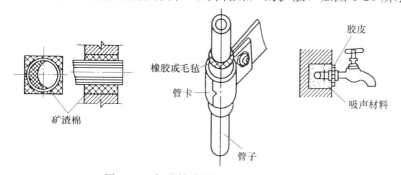

图 1-26　各种管道器材的防噪声措施

21

1.4 给水水质防护

从城市给水管网引入建筑的自来水其水质一般均符合《生活饮用水卫生标准》GB 5749—2006，但若建筑内部的给水系统设计、施工或维护不当，都可能出现水质污染现象，致使疾病传播，直接危害人民的健康和生命。因此，必须加强水质防护，确保供水安全。

1.4.1 水质污染的现象及原因

（1）管网污染——供水管网在输水过程中由于管道老化腐蚀、渗漏等因素造成的水质污染。

（2）回流污染——无防倒流污染措施时，非饮用水或其他液体倒流入生活给水系统，污染水质。形成回流污染的主要原因是：埋地管道或阀门等附件连接不严密，平时渗漏，当饮用水断流，管道中出现负压时，被污染的地下水或阀门井中的积水即会通过渗漏处，进入给水系统；放水附件安装不当，出水口设在卫生器具或用水设备溢流水位下，或溢流管堵塞，而器具或设备中留有污水，室外给水管网又因事故供水压力下降，当开启放水附件时，污水即会在负压作用下，吸入给水管道，如图1-27所示；饮用水管与大便器（槽）连接不当，如给水管与大便器（槽）的冲洗管直接相连，并用普通阀门控制冲洗，当给水系统压力下降时，开启阀门也会出现回流污染现象；饮用水与非饮用水管道直接连接，如图1-28所示，当非饮用水压力大于饮用水压且连接管中的止回阀或阀门密闭性差，则非饮用水会渗入饮用水管道造成污染。

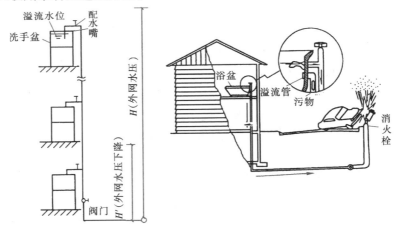

图1-27 回流污染现象

（3）贮水过程污染——贮水池（箱）的制作材料或防腐涂料选择不当，若含有有毒物质，逐渐溶于水中导致水质污染。

（4）微生物污染——水在贮水池（箱）中停留时间过长，余氯耗尽，微生物繁殖使水腐败变质。

（5）其他由于设计不合理、施工安装或管理等使用不当而造成的污染。

1）位置或连接不当：埋地式生活饮用水贮水池与化粪池、污水处理构筑物、渗水井、垃圾堆放点等污染源之间没有足够的卫生防护距离；水箱与厕所、浴室、盥洗室、厨房、污水处理间等相邻；饮用水系统与中水、回用水等非生活饮用水管道直接连接；给水管道穿过大、小便槽；给水与排水管道间距不够或相对位置不当等都是造成水质污染的隐患。

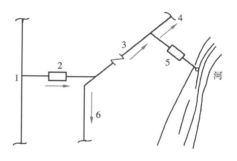

图 1-28　饮用水与非饮用水管道直接连接
1—城市给水管网；2—水表井；3—止回阀；
4—供生产用水管；5—泵站；6—供生活用水管

2）设计缺陷：贮水池或水箱的进出水管位置不合适，在水池、水箱内形成死水区；贮水池、水箱总容积过大，水流停留时间过长且无二次消毒设备；直接向锅炉、热水机组、水加热器、气压水罐等有压容器或密闭容器注水，而注水管上没有采用能可靠防止倒流污染的措施等设计缺陷也会造成水质污染。

3）材料选用：镀锌钢管在使用过程中易产生铁锈，出现"赤水"；PVC-U 管道在生产过程中加入的重金属添加剂，以及 PVC 本身残存的单体氯乙烯和一些小分子，在使用的时候会转移到水中；塑料管如果采用溶剂连接，所用的胶粘剂很难保证无毒；混凝土贮水池或水箱墙体中石灰类物质渗出，导致水中的 pH、Ca、碱度增加；混凝土中可能析出钡、铬、镍、镉等金属污染物；金属贮水设备防锈漆脱落等都属于材料选择不当引起的水质污染。

4）施工问题：当地下水位较高时，贮水池底板防渗处理不好；贮水池与水箱的溢流管、泄水管间接排水不符合要求；配水件出水口高出承接用水容器溢流边缘的空气间隙太小；布置在环境卫生条件恶劣地段的管道接口密闭不严均可能导致水质污染。

5）管理不善：贮水池、水箱等贮水设备未定期进行水质检验，未按规范要求进行清洗、消毒；通气管、溢流管出口网罩破损后未能及时修补；人孔盖板密封不严密；配水嘴上任意连接软管，形成淹没出流等管理问题，也是水质污染的重要因素。

1.4.2　水质防护措施

（1）城市给水管道严禁与自备水源的供水管道直接连接，生活饮用水不得因管道产生虹吸和负压回流而受污染。为防止回流污染，卫生器具和用水设备生活饮用水管道的配水件出水口应符合下列规定：

1）出水口不得被任何液体或杂质所淹没；

2）出水口高出承接用水容器溢流边缘的最小空气间隙，不得小于出水口公称直径的 2.5 倍；

3）特殊器具不能设置最小空气间隙时，应设置管道倒流防止器或采取其他有效的隔断措施。

（2）从给水管道上直接接出下列用水管道时，应在这些用水管道上设置管道倒流防止器或其他有效防止倒流污染的装置：

1）单独接出消防用水管道时，在消防用水管道的起端；

2）从生活用水与消防用水合用贮水池中抽水的消防水泵出水管上；

3）从城镇生活给水管网直接抽水的生活供水加压设备进水管上；

4）从城镇给水管网的不同管段接出两路及两路以上至小区或建筑物，且与城镇给水管形成连通管网的引入管上；

5）当游泳池、水上游乐池、按摩池、水景池、循环冷却水集水池等的充水或补水管道出口与溢流水位之间应设有空气间隙，且空气间隙小于出口管径2.5倍时，在充（补）水管道上；

6）不含有化学药剂的绿地等自动喷灌系统，当喷头为地下式或自动升降式时，其管道起端；

7）消防（软管）卷盘、轻便消防水龙；

8）贮存池（罐）、装置、设备的连接管上；

9）出口接软管的冲洗水嘴（阀）、补水水嘴与给水管道连接处；

10）利用城镇给水管网直接连接且小区引入管无防回流设施时，向气压水罐、热水锅炉、热水机组、水加热器等有压容器或密闭容器注水的进水管上；

11）垃圾处理站、动物养殖场（含动物园的饲养展览区）的冲洗管及动物饮水管道的起端。

（3）城市给水管道严禁与自备水源的供水管道直接连接。严禁生活饮用水管道与大便器（槽）采用非专用冲洗阀直接连接。

（4）生活给水管道应避开毒物污染区，当条件限制不能避开时，应采取防护措施。给水管道不得穿过大、小便槽，且立管离大、小便槽端部不得小于0.5m，当立管距离大、小便槽端部不大于0.5m时，在大、小便槽端部应有建筑隔断措施。建筑物内埋地敷设的生活给水管与排水管之间的最小净距，平行埋设时不应小于0.5m；交叉埋设时不应小于0.15m，且给水管应布置在排水管的上面。

（5）生活饮用水池（箱）应与其他用水的水池（箱）分开设置。

（6）埋地式生活饮用水贮水池周围10m以内，不得有化粪池、污水处理构筑物、渗水井、垃圾堆放点等污染源；周围2m以内不得有污水管和污染物。当达不到此要求时，应采取防污染的措施。

建筑物内的生活饮用水水池（箱）体，应采用独立结构形式，不得利用建筑物的本体结构作为水池（箱）的壁板、底板及顶盖。生活饮用水水池（箱）与其他用水水池（箱）并列设置时，应有各自独立的分隔墙，不得共用一幅分隔墙，隔墙与隔墙之间应有排水措施。建筑物内的生活饮用水水池（箱）宜设在专用房间内，其上方的房间不应有厕所、浴室、盥洗室、厨房、污水处理间等。

（7）生活饮用水水池（箱）的构造和配管，应符合下列规定：

1）人孔、通气管、溢流管应有防止生物进入水池（箱）的措施。

2）进水管应在水池（箱）的溢流水位以上接入，当溢流水位确定有困难时，进水管口的最低点高出溢流边缘的高度不应小于进水管管径，且最小不应小于25mm，最大不应大于150mm。当进水管口为淹没出流时，管顶应钻孔，孔径不宜小于管径的1/5。孔上宜装设同径的吸气阀或其他能破坏管内产生真空的装置。不存在虹吸倒流的低位水池，其进水管不受本款限制，但进水管仍宜从最高水面以上进入水池。

3）进出水管布置不得产生水流短路，必要时应设导流装置。

4）不得接纳消防管道试压水、泄压水等回流水或溢流水。

5）泄水管和溢流管的出口，不得直接与排水构筑物或排水管道相连接，应采取间接排水的方式，管口应露空；当水池（箱）中的水不能以重力自流泄空时，应设置移动或固定的提升装置。

6）水池（箱）材质、衬砌材料和内壁涂料，不得影响水质。

（8）当生活饮用水水池（箱）内的贮水，48h 内不能得到更新时，应设置水消毒处理装置。

（9）在非饮用水管道上接出水嘴或取水短管时，应采取防止误饮误用的措施。

（10）采用中水为生活杂用水时，生活杂用水系统的水质应符合现行国家标准《城市污水再生利用　城市杂用水水质》GB/T 18920 的要求。中水、回用雨水等非生活饮用水管道严禁与生活饮用水管道连接。

思考题与习题

一、思考题

1. 什么情况下需要设置两路进水？

2. 室内给水方式有哪几种？

3. 管道安装分为几种方式？各有什么优、缺点？

4. 建筑物内塑料给水管敷设应注意的要点有哪些？

二、选择题

1. 城市给水管道可否与自备水源的供水管道直接连接？_____

A. 可以　　　　　　B. 不可以　　　　　　C. 视情况而定　　　　　D. 其他

2. 生活饮用水水池（箱）内的贮水更新时间不宜超过_____。

A. 24h　　　　　　B. 36h　　　　　　C. 48h　　　　　　D. 60h

3. 生活给水管道，当压力较低时，应采用塑料管。压力较高时，可采用_____。

A. 铸铁管　　　　　B. 塑料管　　　　　C. 无缝钢管　　　　　D. 衬塑钢管

4. 室外管网在一天中某个时刻周期性水压不足，或者室内某些用水点需要稳定压力的建筑物可设屋顶水箱时，应采用_____。

A. 直接给水方式　　　　　　　　　　B. 设水箱的给水方式

C. 设水泵的给水方式　　　　　　　　D. 设水箱和水泵的给水方式

三、案例分析题

1. 某生活高位水箱设在专用屋顶水箱间内，水箱设有：①DN80 的进水管（设在人孔附近）。②浮球阀控制进水（市政供水）；③水箱盖板上设浮球阀检修人孔；④箱内设爬梯；⑤出水管 DN100，侧出水，管口位于爬梯下方，便于清理；⑥出水管内底高于水箱底 100mm；⑦箱顶上设 2 个通气管；⑧水箱盖板面到水箱间顶板底的净高 0.7m。试分析以上水箱配管设计中存在哪些错误？

2. 某栋 33 层高层住宅，1～33 层平面布置、层高完全相同。1～3 层利用市政水压直接供水，4～33 层采用水泵加压供水。

方案一：分为三区：低区：4～13 层

中区：14~23 层

高区：24~33 层

方案二：分为两区：低区：4~18 层

高区：19~33 层

假设：各区的水泵型号、效率完全相同；水头损失不计（水泵扬程按几何高度估算），则哪个方案更节能？

第2章 建筑内部给水系统计算

2.1 给水系统的水压

建筑内部给水系统所需的水压、水量是选择给水系统中增压和水量调节、贮水设备的基本依据。

满足卫生器具和用水设备用途要求而规定的，其配水出口在规定的工作压力下单位时间流出的水量称为额定流量。各种配水装置为克服给水配件内摩阻、冲击及流速变化等阻力，其额定出流流量所需的最小静水压力称为最低工作压力。给水系统水压如能够满足某一配水点的所需水压时，则系统中其他用水点的压力均能满足，则称该点为给水系统中的最不利配水点。

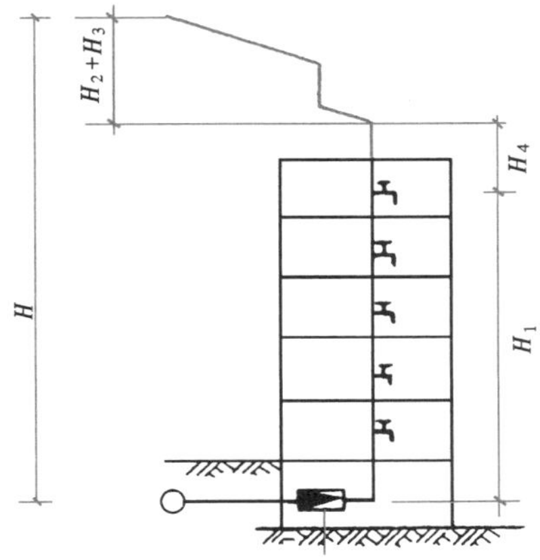

要满足建筑内给水系统各配水点单位时间内使用时所需的水量，给水系统的水压（自室外引入管起点管中心标高算起）应保证最不利配水点具有足够的流出水头，如图 2-1 所示，其计算公式如下：

$$H = H_1 + H_2 + H_3 + H_4 \qquad (2-1)$$

图 2-1　建筑内部给水
系统所需的压力

式中　H——建筑内给水系统所需的水压，kPa；

H_1——引入管起点至最不利配水点位置高度所要求的静水压，kPa；

H_2——引入管起点至最不利配水点的给水管路即计算管路的沿程与局部水头损失之和，kPa；

H_3——水流通过水表时的水头损失，kPa；

H_4——最不利配水点所需的工作压力，kPa；见表 2-1。

卫生器具的给水额定流量、当量、连接管公称管径和最低工作压力　　　　　表 2-1

序号	给水配件名称	额定流量（L/s）	当　量	连接管公称管径（mm）	工作压力（MPa）
1	洗涤盆、拖布盆、盥洗槽 感应水嘴 单阀水嘴 混合水嘴	0.15～0.20 0.30～0.40 0.15～0.20(0.14)	0.75～1.00 1.5～2.00 0.75～1.00(0.70)	15 20 15	0.100
2	洗脸盆 单阀水嘴 混合水嘴	0.15 0.15(0.10)	0.75 0.75(0.5)	15 15	0.100

序号	给水配件名称	额定流量(L/s)	当 量	连接管公称管径(mm)	工作压力(MPa)
3	洗手盆 　感应水嘴 　混合水嘴	0.10 0.15(0.10)	0.5 0.75(0.5)	15 15	0.100
4	浴盆 　单阀水嘴 　混合水嘴(含带淋浴转换器)	0.20 0.24(0.20)	1.0 1.2(1.0)	15 15	0.100
5	淋浴器 　混合阀	0.15(0.10)	0.75(0.5)	15	0.100～0.200
6	大便器 　冲洗水箱浮球阀 　延时自闭式冲洗阀	0.10 1.20	0.50 6.00	15 25	0.050 0.100～0.150
7	小便器 　手动或自动自闭式冲洗阀 　自动冲洗水箱进水阀	0.10 0.10	0.50 0.50	15 15	0.050 0.020
8	小便槽穿孔冲洗管(每米长)	0.05	0.25	15～20	0.015
9	净身盆冲洗水嘴	0.10(0.07)	0.50(0.35)	15	0.100
10	医院倒便器	0.20	1.00	15	0.100
11	实验室化验水嘴(鹅颈) 　单联 　双联 　三联	0.07 0.15 0.20	0.35 0.75 1.00	15 15 15	0.020 0.020 0.020
12	饮水器喷嘴	0.05	0.25	15	0.050
13	洒水栓	0.40 0.70	2.00 3.50	20 25	0.050～0.100 0.050～0.100
14	室内地面冲洗水嘴	0.20	1.00	15	0.100
15	家用洗衣机水嘴	0.20	1.00	15	0.100

注：1. 表中括号内的数值系在有热水供应时，单独计算冷水或热水时使用。

2. 当浴盆上附设淋浴器时，或混合水嘴有淋浴器转换开关时，其额定流量和当量只计水嘴，不计淋浴器，但水压应按淋浴计。

3. 家用燃气热水器，所需水压按产品要求和热水供应系统最不利配水点所需工作压力确定。

4. 绿地的自动喷灌应按产品要求设计。

5. 如为充气龙头，其额定流量为表中同类配件额定流量的 0.7 倍。

6. 卫生器具给水配件所需额定流量和工作压力有特殊要求时，其数值按产品要求确定。

2.2　给水系统设计用水量

建筑给水系统用水量应包括生活用水量、生产用水量和消防用水量。民用建筑的给水设计用水量一般包括居民生活用水量、公共建筑用水量、绿化用水量、水景和娱乐设施用水量、道路和广场用水量、公用设施用水量、消防用水量等，计算时还应考虑未预见用水量、管网漏失水量和其他用水量。建筑给水用水量多用于系统的调节水量、贮水设备的设计计算中。

居民生活用水量根据住宅的居住人数、生活用水定额、小时变化系数经计算确定。住宅的生活用水定额，与建筑标准、气候条件、生活习惯、水资源情况、当地经济水平等因素有关。最高日用水定额用于计算用水部位最高日、最高日最大时、最高日平均时的用水量；平均日用水定额用于计算平均日和年用水量。小时变化系数是指最大小时用水量与平均小时用水量之比值。

用水量计算公式如下：

$$Q_d = mq_d \tag{2-2}$$

$$Q_p = \frac{Q_d}{T} \tag{2-3}$$

$$K_h = \frac{Q_h}{Q_p} \tag{2-4}$$

所以

$$Q_h = Q_p \cdot K_h \tag{2-5}$$

式中　Q_d——最高日用水量，L/d；

　　　m——用水单位数，人或床位数等，工业企业建筑为每班人数；

　　　q_d——最高日生活用水定额，L/(人·d)、L/(床·d) 或 L/(人·班)；

　　　Q_p——平均小时用水量，L/h；

　　　T——建筑物的用水时间，h；

　　　K_h——小时变化系数；

　　　Q_h——最大小时用水量，L/h。

生产用水量根据生产工艺过程、设备情况、产品性质、地区条件等因素确定，计量方法通常有两种：按消耗在单位产品的水量计算；按单位时间内消耗在生产设备上的用水量计算，一般生产用水量比较均匀。

各类建筑的生活用水定额及小时变化系数见表 2-2～表 2-4。

消防用水量大而集中，与建筑物的使用性质、规模、耐火等级和火灾危险程度等密切相关，建筑消防用水量的内容见第 3 章。

住宅生活用水定额及小时变化系数　　　　　表 2-2

住宅类别	卫生器具设置标准	最高日用水定额 [L/(人·d)]	平均日用水定额 [L/(人·d)]	最高日小时变化系数 K_h
普通住宅	有大便器、洗脸盆、洗涤盆、洗衣机、热水器和沐浴设备	130～300	50～200	2.8～2.3
普通住宅	有大便器、洗脸盆、洗涤盆、洗衣机、集中热水供应（或家用热水机组）和沐浴设备	180～320	60～230	2.5～2.0
别墅	有大便器、洗脸盆、洗涤盆、洗衣机、洒水栓，家用热水机组和沐浴设备	200～350	70～250	2.3～1.8

注：1. 当地主管部门对住宅生活用水定额有具体规定时，应按当地规定执行。

　　2. 别墅生活用水定额中含庭院绿化用水和汽车抹车用水，不含游泳池补充用水。

公共建筑生活用水定额及小时变化系数 表 2-3

序号	建筑物名称		单位	生活用水定额（L）		使用时数（h）	最高日小时变化系数 K_h
				最高日	平均日		
1	宿舍	居室内设卫生间	每人每日	150～200	130～160	24	3.0～2.5
		设公用盥洗卫生间		100～150	90～120		6.0～3.0
2	招待所、培训中心、普通旅馆	设公用卫生间、盥洗室	每人每日	50～100	40～80	24	3.0～2.5
		设公用卫生间、盥洗室、淋浴室		80～130	70～100		
		设公用卫生间、盥洗室、淋浴室、洗衣室		100～150	90～120		
		设单独卫生间，公用洗衣室		120～200	110～160		
3	酒店式公寓		每人每日	200～300	180～240	24	2.5～2.0
4	宾馆客房	旅客	每床位每日	250～400	220～320	24	2.5～2.0
		员工	每人每日	80～100	70～80	8～10	2.5～2.0
5	医院住院部	设公用卫生间、盥洗室	每床位每日	100～200	90～160	24	2.5～2.0
		设公用卫生间、盥洗室、淋浴室		150～250	130～200		
		设单独卫生间		250～400	220～320		
		医务人员	每人每班	150～250	130～200	8	2.0～1.5
	门诊部、诊疗所	病人	每病人每次	10～15	6～12	8～12	1.5～1.2
		医务人员	每人每班	80～100	60～80	8	2.5～2.0
	疗养院、休养所住房部		每床位每日	200～300	180～240	24	2.0～1.5
6	养老院、托老所	全托	每人每日	100～150	90～120	24	2.5～2.0
		日托		50～80	40～60	10	2.0
7	幼儿园、托儿所	有住宿	每儿童每日	50～100	40～80	24	3.0～2.5
		无住宿		30～50	25～40	10	2.0
8	公共浴室	淋浴	每顾客每次	100	70～90	12	2.0～1.5
		浴盆、淋浴		120～150	120～150		
		桑拿浴（淋浴、按摩池）		150～200	130～160		
9	理发室、美容院		每顾客每次	40～100	35～80	12	2.0～1.5
10	洗衣房		每千克干衣	40～80	40～80	12	1.5～1.2
11	餐饮业	中餐酒楼	每顾客每次	40～60	35～50	10～12	1.5～1.2
		快餐店、职工及学生食堂		20～25	15～20	12～16	
		酒吧、咖啡馆、茶座、卡拉OK房		5～15	5～10	8～18	

续表

序号	建筑物名称		单位	生活用水定额（L）		使用时数（h）	最高日小时变化系数 K_h
				最高日	平均日		
12	商场	员工及顾客	每平方米营业厅面积每日	5～8	4～6	12	1.5～1.2
13	办公	坐班制办公	每人每班	30～50	25～40	8～10	1.5～1.2
		公寓式办公	每人每日	130～300	120～250	10～24	2.5～1.8
		酒店式办公		250～400	220～320	24	2.0
14	科研楼	化学	每工作人员每日	460	370	8～10	2.0～1.5
		生物		310	250		
		物理		125	100		
		药剂调制		310	250		
15	图书馆	阅览者	每座位每次	20～30	15～25	8～10	1.2～1.5
		员工	每人每班	50	40		
16	书店	顾客	每平方米营业厅每日	3～6	3～5	8～12	1.5～1.2
		员工	每人每日	30～50	27～40		
17	教学、实验楼	中小学校	每学生每日	20～40	15～35	8～9	1.5～1.2
		高等院校		40～50	35～40		
18	电影院、剧院	观众	每观众每场	3～5	3～5	3	1.5～1.2
		演职员	每人每场	40	35	4～6	2.5～2.0
19	健身中心		每人每次	30～50	25～40	8～12	1.5～1.2
20	体育场（馆）	运动员淋浴	每人每次	30～40	25～40	4	3.0～2.0
		观众	每人每场	3	3		1.2
21	会议厅		每座位每次	6～8	6～8	4	1.5～1.2
22	会展中心（展览馆、博物馆）	观众	每平方米展厅每日	3～6	3～5	8～16	1.5～1.2
		员工	每人每班	30～50	27～40		
23	航站楼、客运站旅客		每人次	3～6	3～6	8～16	1.5～1.2
24	菜市场地面冲洗及保鲜用水		每平方米每日	10～20	8～15	8～10	2.5～2.0
25	停车库地面冲洗水		每平方米每次	2～3	2～3	6～8	1.0

注：1. 中等院校、兵营等宿舍设置公用卫生间和盥洗室，当用水时段集中时，最高日小时变化系数 K_h 宜取高值 6.0～4.0；其他类型宿舍设置公用卫生间和盥洗室时，最高日小时变化系数 K_h 宜取低值 3.5～3.0。
　　2. 除注明外，均不含员工生活用水，员工最高日用水定额为每人每班 40～60L，平均日用水定额为每人每班 30～45L。
　　3. 大型超市的生鲜食品区按菜市场用水。
　　4. 医疗建筑用水中已含医疗用水。
　　5. 空调用水应另计。

工业企业建筑生活、淋浴用水定额
　　　　　　　　　　　　　　　　　　　　　　　　　　　　　　　　表 2-4

生活用水定额［L/(班·人)］	小时变化系数	注
30～50	1.5～2.5	每班工作时间以 8h 计

工业企业建筑淋浴用水定额				
车间卫生特征			每人每班淋浴用水定额（L）	
有毒物质	生产性粉尘	其他		
极易经皮肤吸收引起中毒的剧毒物质（如有机磷、三硝基甲苯、四乙基铅等）		处理传染性材料、动物原料（如皮毛等）	60	淋浴用水延续时间为 1h
易经皮肤吸收或有恶臭的物质，或高毒物质（如丙烯腈、吡啶、苯酚等）	严重污染全身或对皮肤有刺激的粉尘（如炭黑、玻璃棉等）	高温作业、井下作业		
其他毒物	一般粉尘（如棉尘）	重作业	40	
不接触有毒物质及粉尘，不污染或轻度污染身体（如仪表、金属冷加工、机械加工等）				

2.3　给水设计秒流量

2.3.1　设计秒流量计算方法

给水管道的设计流量不仅是确定各管段管径，也是计算管道水头损失，进而确定给水系统所需压力的主要依据。因此，设计流量的确定应符合建筑内部的用水规律。建筑内的生活用水量在 1 昼夜、1h 里都是不均匀的，为保证用水，生活给水管道的设计流量应为建筑内卫生器具按最不利情况组合出流时的最大瞬时流量，又称室内给水管网的设计秒流量。

设计秒流量是根据建筑物内的卫生器具类型、数目和这些器具的使用情况确定的。为了计算方便，引用"卫生器具当量"这一概念，即以污水盆上支管公称直径为 15mm 的水嘴的额定流量 0.2L/s 作为一个当量值，其他卫生器具的额定流量均以它为标准折算成当量值的倍数，即"当量数"。卫生器具的额定流量、当量、支管管径和流出水头见表 2-1。

建筑内给水管道设计秒流量的确定方法世界各国都做了大量的研究，归纳起来有以下三种。

1. 经验法

这种计算法早期在英国采用于仅有少数卫生器具的私用住宅和公用建筑中，它是根据经验制定出几种卫生器具（浴盆、洗涤盆、洗脸盆、淋浴莲蓬头）的大致出水量，将其相加得到给水管道设计流量。对有少数住户的住宅建筑中各种卫生器具，设定同时使用系数确定管道流量。经验法具有简捷方便的优点，但不够精确。

2. 平方根法

此法曾在德国、苏联用于计算确定建筑给水管设计流量。其基本形式为：$q_g = bN^{1/2}$，其计算结果偏小。

3. 概率法

1924 年美国国家标准局亨特（Hunter）提出运用数学概率理论确定建筑给水管道的设计流量。其基本论点是：影响建筑给水流量的主要参数，即任一幢建筑给水系统中的卫生器具总数量（n）和放水使用概率（p），在一定条件下有多少个同时使用，应遵循概率随机事件数量规律性。由于 n 为正整数，放水使用概率 p 满足 $0<p<1$ 的条件，因此给水流量的概率分布符合二项分布规律。

该理论方法正确，但需进行大量卫生器具使用频率实测工作的基础上，才能使用该计算方法。目前一些发达国家主要采用概率法建立设计秒流量公式，并结合一些经验数据，制成图表，供设计使用，十分简便。

2.3.2　住宅给水管道设计秒流量

（1）住宅生活给水管道设计秒流量计算公式

$$q_g = 0.2U \cdot N_g \tag{2-6}$$

式中　q_g——计算管段的设计秒流量，L/s；

　　　U——计算管段的卫生器具给水当量同时出流概率，%；

　　　N_g——计算管段的卫生器具给水当量总数；

　　　0.2——1 个卫生器具给水当量的额定流量，L/s。

设计秒流量是根据建筑物配置的卫生器具给水当量和管段的卫生器具给水当量同时出流概率确定。而管段的卫生器具给水当量同时出流概率与卫生器具的给水当量数和其平均出流概率（U_0）有关。根据数理统计结果卫生器具给水当量的同时出流概率计算公式为：

$$U = \frac{1 + \alpha_c (N_g - 1)^{0.49}}{\sqrt{N_g}} \times 100(\%) \tag{2-7}$$

式中　α_c——对应于不同卫生器具的给水当量平均出流概率（U_0）的系数，见表 2-5；

　　　N_g——计算管段的卫生器具给水当量总数。

α_c 与 U_0 的对应关系　　　　　表 2-5

U_0（%）	$\alpha_c \times 10^{-2}$	U_0（%）	$\alpha_c \times 10^{-2}$
1.0	0.323	4.0	2.816
1.5	0.697	4.5	3.263
2.0	1.097	5.0	3.715
2.5	1.512	6.0	4.629
3.0	1.939	7.0	5.555
3.5	2.374	8.0	6.489

计算管段最大用水时卫生器具的给水当量平均出流概率计算公式为：

$$U_0 = \frac{q_0 \times m \times K_h}{0.2 \times N_G \times T \times 3600} \times 100\% \tag{2-8}$$

33

式中　U_0——生活给水管道的最大用水时卫生器具给水当量平均出流概率,%;

　　　q_0——最高用水日的用水定额,L/(人·d),见表2-2;

　　　m——每户用水人数,人;

　　　K_h——小时变化系数,见表2-2;

　　　T——用水小时数,h;

　　　N_G——每户设置的卫生器具给水当量数。

住宅建筑的卫生器具给水当量最大用水时的平均出流概率参考值见表2-6。

住宅类建筑最大用水时的平均出流概率参考值　　　　　　　　表2-6

建筑物性质	U_0 参考值	建筑物性质	U_0 参考值
普通住宅(有独立 热水器和沐浴设备)	3.4~4.5	别墅	1.5~2.0
普通住宅(集中热水 供应或家用热水机组)	2.0~3.5		

应用公式应注意的问题:

1) 当计算管段上的卫生器具给水当量总数超过有关设定条件时,其流量应取最大用水时平均秒流量 $q_g = 0.2U_0 \cdot N_g$。

2) 有两条或两条以上具有不同最大用水时卫生器具给水当量平均出流概率的给水支管的给水干管,该管段的最大用水时卫生器具给水当量平均出流概率应取加权平均值,即

$$\overline{U}_0 = \frac{\Sigma U_{0i} \cdot N_{gi}}{\Sigma N_{gi}} \tag{2-9}$$

式中　$\overline{U}_0$——给水干管的卫生器具给水当量平均出流概率;

　　　U_{0i}——给水支管的最大用水时卫生器具给水当量平均出流概率;

　　　N_{gi}——相应支管的卫生器具给水当量总数。

(2) 公共建筑

宿舍(居室内有卫生间)、旅馆、宾馆、酒店式公寓、医院、疗养院、幼儿园、养老院、办公楼、图书馆、书店、航站楼、商场、客运站、会展中心、中小学教学楼、公共厕所等建筑的生活给水设计秒流量计算公式:

$$q_g = 0.2\alpha\sqrt{N_g} \tag{2-10}$$

式中　α——根据建筑物用途确定的系数,见表2-7。

根据建筑物用途确定的系数(α)值　　　　　　　　表2-7

建筑物名称	α 值	建筑物名称	α 值
幼儿园、托儿所、养老院	1.2	教学楼	1.8
门诊部、诊疗所	1.4	医院、疗养院、休养所	2.0
办公楼、商场	1.5	酒店式公寓	2.2
图书馆	1.6	宿舍(居室内有卫生间)、 旅馆、招待所、宾馆	2.5
书店	1.7	客运站、航站楼、会展中心、公共厕所	3.0

使用公式（2-10）时应注意下列几点：

1）如计算值小于该管段上一个最大卫生器具给水额定流量时，应采用一个最大的卫生器具给水额定流量作为设计秒流量。

2）如计算值大于该管段上按卫生器具给水额定流量累加所得流量值时，应按卫生器具给水额定流量累加所得流量值采用。

3）有大便器延时自闭冲洗阀的给水管段，大便器延时自闭冲洗阀的给水当量均以 0.5 计，计算得到 q_g 附加 1.20L/s 的流量后，为该管段的给水设计秒流量。

4）综合性建筑的 α_z 值应按下式计算：

$$\alpha_z = \frac{\alpha_1 N_{g1} + \alpha_2 N_{g2} + \cdots + \alpha_n N_{gn}}{N_{g1} + N_{g2} + \cdots + N_{gn}} \tag{2-11}$$

式中 α_z——综合性建筑总的秒流量系数；

N_{g1}、N_{g2}、$\cdots$、N_{gn}——综合性建筑内各类建筑物的卫生器具的给水当量数；

α_1、α_2、$\cdots$、α_n——相当于 N_{g1}、N_{g2}、$\cdots$、N_{gn} 时的设计秒流量系数。

【例 2-1】 某高层建筑生活给水系统采用分区供水，1～2 层由市政给水管网直接给水，3～26 层采用减压分区方式，如图 2-2 所示。图中减压水箱 1 和减压水箱 2 的有效容积按其出水管设计流量 5min 的出水量设计，3～26 层卫生间热水分区方式同冷水。试分析管段 AB 的设计流量 Q_{AB} 应为多少？

注：①3～26 层平面布置均相同，每层均设 35 间客房（其中：单人间 5 间，标准双人间 25 间，三人间 5 间），每间客房均带卫生间；②客房卫生间均布置坐便器（带水箱）、浴盆及洗脸盆各一（套）；③用水定额按 300L/（床·天）计，小时变化系数取 2.5；④其他用水不计。

【解】 由图 2-2 可知，管段 AB 的设计流量为 3～18 层给水设计秒流量。

本建筑属于公共建筑，故应采用公式（2-10）进行计算。

查表 2-1 得：坐便器（带水箱）$N=0.5$，浴盆 $N=1.0$，洗脸盆 $N=0.75$。

查表 2-7 得旅馆（招待所、宾馆）的系数 α 为 2.5。

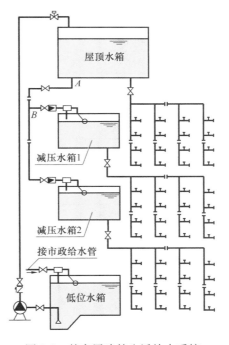

图 2-2 某高层建筑生活给水系统

根据公式（2-10）计算设计秒流量如下：

$$q_g = 0.2\alpha\sqrt{N_g} = 0.2 \times 2.5 \times \sqrt{16 \times 35 \times (0.5 + 1.0 + 0.75)} \approx 17.75\text{L/s}$$

故管段 AB 的设计流量为 17.75L/s。

（3）宿舍（设公用盥洗卫生间）、工业企业的生活间、公共浴室、职工（学生）食堂或营业餐馆的厨房、体育场馆、剧院、普通理化实验室等建筑的生活给水管道的设计秒流量计算公式

$$q_g = \sum q_0 \cdot n_0 \cdot b \tag{2-12}$$

式中 q_g——计算管段的给水设计秒流量，L/s；

q_0——同类型的一个卫生器具给水额定流量，L/s，见表 2-1；

n_0——同类型卫生器具数；

b——卫生器具的同时给水百分数（%），分别见表 2-8～表 2-11。

注：1. 如计算值小于管段上一个最大卫生器具给水额定流量时，应采用一个最大的卫生器具给水额定流量作为设计秒流量。

2. 大便器延时自闭冲洗阀应单列计算，当单列计算值小于 1.2L/s 时，以 1.2L/s 计；大于 1.2L/s 时，以计算值计。

3. 仅对有同时使用可能的设备进行叠加。

宿舍（设公用盥洗卫生间）、工业企业的生活间、公共浴室、影剧院、体育场馆
等卫生器具同时给水百分数（%）　　　　表 2-8

卫生器具名称	同 时 给 水 百 分 数				
	工业企业生活间	公共浴室	影剧院	体育场馆	宿舍（设公用盥洗卫生间）
洗涤盆（池）	33	15	15	15	—
洗手盆	50	50	50	(70) 50	—
洗脸盆、盥洗槽水嘴	60～100	60～100	50	80	5～100
浴盆		50			
无间隔淋浴器	100	100	—	100	20～100
有间隔淋浴器	80	60～80	(60～80)	(60～100)	5～80
大便器冲洗水箱	30	20	50 (20)	70 (20)	5～70
大便槽自动冲洗水箱	100	—	100	100	100
大便器自闭式冲洗阀	2	2	10 (2)	5 (2)	1～2
小便器自闭式冲洗阀	10	10	50 (10)	70 (10)	2～10
小便器（槽）自动冲洗水箱	100	100	100	100	
净身盆	33				
饮水器	30～60	30	30	30	
小卖部洗涤盆	—	50	50	50	

注：1. 表中括号中的数值系电影院、剧院的化妆间，体育场馆运动员休息室使用；

2. 健身中心的卫生间，可采用本表体育场馆运动员休息室的同时给水百分率。

职工食堂、营业餐馆厨房设备同时给水百分数（%）　　　　表 2-9

厨房设备名称	同时给水百分数	厨房设备名称	同时给水百分数
污水盆（池）	50	器皿洗涤机	90
洗涤盆（池）	70	开水器	50
煮锅	60	蒸汽发生器	100
生产性洗涤机	40	灶台水嘴	30

注：职工或学生饭堂的洗碗台水嘴，按 100% 同时给水，但不与厨房用水叠加。

实验室化验水嘴同时给水百分数（％）　　　　　表 2-10

水嘴名称	同时给水百分数	
	科研教学实验室	生产实验室
单联化验水嘴	20	30
双联或三联化验水嘴	30	50

洗衣房、游泳池卫生器具同时给水百分数　　　　　表 2-11

卫生器具名称	同时给水百分数（％）	
	洗衣房	游泳池
洗手盆	—	70
洗脸盆	60	80
淋浴器	100	100
大便器冲洗水箱	30	70
大便器自闭式冲洗阀	—	15
大便槽自动冲洗水箱	—	100
小便器手动冲洗阀	—	70
小便器自动冲洗水箱	—	100
小便槽多孔冲洗管	—	100
小卖部的污水盆（池）	—	50
饮水器	—	30

（4）综合体建筑或同一建筑不同功能部分的生活给水干管的设计秒流量计算应符合下列规定：

1）当不同建筑或功能部分的用水高峰出现在同一时段时，生活给水干管的设计秒流量应采用各建筑或不同功能部分的设计秒流量的叠加值。

2）当不同建筑或功能部分的用水高峰出现在不同时段时，生活给水干管的设计秒流量应采用高峰时用水量最大的主要建筑或功能部分和其余部分的平均时给水流量的叠加值。

2.3.3　建筑引入管设计流量

建筑物的给水引入管的设计流量应符合下列规定：

（1）当建筑物内的生活用水全部由室外管网直接供水时，应取建筑物内的生活用水设计秒流量；

（2）当建筑物内的生活用水全部自行加压供给时，引入管的设计流量应为贮水调节池的设计补水量；设计补水量不宜大于建筑物最高日最大时用水量，且不得小于建筑物最高日平均时用水量；

（3）当建筑物内的生活用水既有室外管网直接供水，又有自行加压供水时，应按上述1、2的方法分别计算各自的设计流量后，将两者叠加作为引入管的设计流量。

【例 2-2】某学校女生宿舍楼共九层，每层 10 间宿舍，每间宿舍住 4 人，每层集中设置盥洗室及卫生间，配置有 6 个洗脸盆，8 个自闭式冲洗阀蹲便器，5 个带隔间淋浴器（仅淋浴供应生活热水，各层设置换热器）。二层及以下由市政管网直接供水，三层及以上设置低位贮水箱、变频泵组加压供水。该楼设两根给水引入管 J_1 和 J_2，分别直接接入低区给水管网、低位贮水箱。试确定 J_1 和 J_2 的最小设计流量为多少（L/s）？（注：所有参数取上限值）

【解】

1～2 层由市政管网直接供水，3～9 层设置低位贮水箱加变频泵组加压供水。故 J_1 设计流量为 1～2 层生活用水设计秒流量；J_2 设计流量最小为建筑物最高日平均时用水量。

J_1 设计流量：

查表 2-1 得卫生器具的给水额定流量：洗脸盆 0.15L/s、自闭式冲洗阀蹲便器 1.2L/s、带隔间淋浴器 0.15L/s。

查表 2-8 得卫生器具同时给水百分数：洗脸盆 100%、自闭式冲洗阀蹲便器 2%、带隔间淋浴器 80%。

则，1～2 层生活用水设计秒流量公式（2-12）计算为

$$q_g = \Sigma q_{g0} n_0 b_g = 0.15 \times 12 \times 100\% + 1.2 \times 16 \times 2\% + 0.15 \times 10 \times 80\% = 3.384\text{L/s}$$

即 J_1 设计流量为 3.384L/s。

J_2 设计流量：

查表 2-3 得学生的最高日生活用水定额为 150L/（人·d），使用时数为 24h，最高日小时变化系数 K_h 为 6.0。

3～9 层，共有学生 280 人。

故 3～9 层最高日平均时用水量为：$Q_p = \dfrac{150 \times 280}{24 \times 3600} = 0.486\text{L/s}$

即 J_2 设计流量最小为 0.486L/s。

2.4 给水管网水力计算

给水管网水力计算的目的在于确定各管段管径、管网的水头损失和确定给水系统的所需压力。

2.4.1 管径

在求得各管段的设计秒流量后，根据流量公式，即可求定管径：

$$q_g = \frac{\pi d_j^2}{4} v \tag{2-13}$$

$$d_j = \sqrt{\frac{4q_g}{\pi v}} \tag{2-14}$$

式中　　q_g——计算管段的设计秒流量，m^3/s；

　　　　d_j——计算管段的管内径，m；

　　　　v——管道中的水流速，m/s。

当计算管段的流量确定后，流速的大小将直接影响到管道系统技术、经济的合理性，流速过大易产生水锤，引起噪声，损坏管道或附件，并将增加管道的水头损失，使建筑内

给水系统所需压力增大。而流速过小，又将造成管材的浪费。

考虑以上因素，建筑物内的给水管道流速一般可按表 2-12 选取。但最大不超过 2m/s。

生活给水管道的水流速度　　　　　　　　　　　　　　表 2-12

公称直径（mm）	15～20	25～40	50～70	≥80
水流速度（m/s）	≤1.0	≤1.2	≤1.5	≤1.8

工程设计中也可采用下列数值：$DN15\sim DN20$，$V=0.6\sim1.0$m/s；$DN25\sim DN40$，$V=0.8\sim1.2$m/s。

2.4.2　水头损失及系统所需压力

给水管网水头损失的计算包括沿程水头损失和局部水头损失两部分内容。

1. 给水管道的沿程水头损失

$$h_i = i \cdot L \tag{2-15}$$

式中　h_i——沿程水头损失，kPa；

L——管道计算长度，m；

i——管道单位长度水头损失，kPa/m，按式（2-16）计算。

$$i = 105 c_h^{-1.85} d_j^{-4.87} q_g^{1.85} \tag{2-16}$$

式中　i——管道单位长度水头损失，kPa/m；

d_j——管道计算内径，m；

q_g——给水设计流量，m³/s；

c_h——海曾—威廉系数，塑料管、内衬（涂）塑管 $c_h=140$；

铜管、不锈钢管 $c_h=130$；

内衬水泥、树脂的铸铁管 $c_h=130$；

普通钢管、铸铁管 $c_h=100$。

设计计算时，也可直接使用由上列公式编制的水力计算表，由管段的设计秒流量 q_g，控制流速 v 在正常范围内，查出管径和单位长度的水头损失 i。"给水钢管水力计算表""给水铸铁管水力计算表"以及"给水塑料管水力计算表"分别见附表 2-1～附表 2-3。

2. 给水管道的局部水头损失

管段的局部水头损失计算公式

$$h_j = \Sigma \zeta \frac{v^2}{2g} \tag{2-17}$$

式中　h_j——管段局部水头损失之和，kPa；

ζ——管段局部阻力系数；

v——沿水流方向局部管件下游的流速，m/s；

g——重力加速度，m/s²。

由于给水管网中管件如弯头、三通等甚多，随着构造不同其 ζ 值也不尽相同，详细计算较为烦琐，在实际工程中给水管网的局部水头损失计算，有根据管道的连接方式采用管（配）件当量长度计算法或按管网沿程水头损失百分数计的估算法。

（1）管（配）件当量长度计算法

管（配）件当量长度的含义是：管（配）件产生的局部水头损失大小与同管径某一长度管道产生的沿程水头损失相等，则该长度即为该管（配）件的当量长度。螺纹接口的阀门及管件的摩阻损失当量长度，见表2-13。

阀门和螺纹管件的摩阻损失的当量长度（m）   表2-13

管件内径（mm）	各种管件的折算管道长度						
	90°标准弯头	45°标准弯头	标准三通90°转角流	三通直向流	闸板阀	球阀	角阀
9.5	0.3	0.2	0.5	0.1	0.1	2.4	1.2
12.7	0.6	0.4	0.9	0.2	0.1	4.6	2.4
19.1	0.8	0.5	1.2	0.2	0.2	6.1	3.6
25.4	0.9	0.5	1.5	0.3	0.2	7.6	4.6
31.8	1.2	0.7	1.8	0.4	0.2	10.6	5.5
38.1	1.5	0.9	2.1	0.5	0.3	13.7	6.7
50.8	2.1	1.2	3	0.6	0.4	16.7	8.5
63.5	2.4	1.5	3.6	0.8	0.5	19.8	10.3
76.2	3	1.8	4.6	0.9	0.6	24.3	12.2
101.6	4.3	2.4	6.4	1.2	0.8	38	16.7
127	5.2	3	7.6	1.5	1	42.6	21.3
152.4	6.1	3.6	9.1	1.8	1.2	50.2	24.3

注：本表的螺纹接口是指管件无凹口的螺纹，即管件与管道在连接点内径有突变，管件内径大于管道内径。当管件为凹口螺纹，或管件与管道为等径焊接，其折算补偿长度取表值的1/2。

（2）管网沿程水头损失百分数估算法

不同材质管道、三通分水与分水器分水管内径大小的局部水头损失占沿程水头损失百分数的经验取值，分别见表2-14、表2-15。

不同材质管道的局部水头损失估算值   表2-14

管　材　质		局部损失占沿程损失的百分数（%）	
PVC-U			
PP-R			
PVC-C		25～30	
铜管			
PEX		25～45	
PVP	三通配水	50～60	
	分水器配水	30	
钢塑复合管	螺纹连接内衬塑铸铁管件的管道	30～40	生活给水系统
		25～30	生活、生产给水系统
	法兰、沟槽式连接内涂塑钢管件的管道	10～20	

续表

管　材　质		局部损失占沿程损失的百分数（%）
热镀锌钢管	生活给水管道	25～30
	生产、消防给水管道	15
	其他生活、生产、消防共用系统管道	20
	自动喷水管道	20
	消火栓管道	10

三通分水与分水器分水的局部水头损失估算值　　　　表 2-15

管件内径特点	局部损失占沿程损失的百分数（%）	
	三通分水	分水器分水
管件内径与管道内径一致	25～30	15～20
管件内径略大于管道内径	50～60	30～35
管件内径略小于管道内径	70～80	35～40

注：此表只适用于配水管，不适用于给水干管。

3. 水表的水头损失

水表水头损失的计算是在选定水表的型号后进行的。水表的选择包括确定水表类型及口径。水表类型应根据各类水表的特性和安装水表管段通过水流的水质、水量、水压、水温等情况选定，当用水较均匀时水表口径应以安装水表管段的设计秒流量不大于水表的常用流量来确定，因为常用流量是水表允许在相当长的时间内通过的流量。当用水不均匀，且连续高峰负荷每昼夜不超过 2～3h 时，螺翼式水表可按设计秒流量不大于水表的过载流量确定水表口径，因为过载流量是水表允许在短时间内通过的流量。在生活、消防共用系统中，因消防流量仅在发生火灾时才通过水表，故选表时管段设计流量不包括消防流量，但在选定水表口径后，应加消防流量进行复核，满足生活、消防设计秒流量之和不超过水表的过载流量值。

水表的水头损失可按下式计算：

$$h_d = \frac{q_g^2}{K_b} \tag{2-18}$$

式中　h_d——水表的水头损失，kPa；

q_g——计算管段的给水设计流量，m^3/h；

K_b——水表的特性系数，一般由生产厂商提供，也可按下式计算：

旋翼式水表 $K_b = \frac{Q_{max}^2}{100}$；

螺翼式水表 $K_b = \frac{Q_{max}^2}{10}$，$Q_{max}$ 为水表的过载流量，m^3/h。

水表的水头损失值应满足表 2-16 的规定，否则应放大水表的口径。

水表水头损失允许值（kPa）　　　　表 2-16

表　型	正常用水时	消防时
旋翼式	<24.5	<49.0
螺翼式	<12.8	<29.4

4. 特殊附件的局部阻力

（1）管道过滤器水头损失一般宜取 0.01MPa。

（2）管道倒流防止器水头损失一般宜取 0.025～0.04MPa。

（3）比例式减压阀水头损失宜按阀后静水压的 10%～20% 选用。

5. 建筑内部给水系统所需压力

确定给水计算管路水头损失、水表和特殊附件的水头损失之后，即可根据式（2-1）求得建筑内部给水系统所需压力。

2.4.3 水力计算

首先根据建筑平面图和初定的给水方式，绘给水管道平面布置图及轴测图，列水力计算表，格式同表 2-17，以便将每步计算结果填入表内，使计算有条不紊地进行。

（1）根据轴测图选择最不利配水点，确定计算管路，若在轴测图中难判定最不利配水点，则应同时选择几条计算管路，分别计算各管路所需压力，所需压力的最大值为该建筑内部给水系统所需的压力；

（2）以计算管路流量变化处为节点，从最不利配水点开始，进行节点编号，将计算管路划分成计算管段，并标出两节点间计算管段的长度；

（3）根据建筑的性质选用设计秒流量公式，计算各管段的设计秒流量；

（4）进行给水管网的水力计算。在确定各计算管段的管径后，对采用下行上给式布置的给水系统，应计算水表和计算管路的水头损失，求出给水系统所需压力 H，并校核初定给水方式。若初定为外网直接给水方式，当室外给水管网水压 $H_0 \geqslant H$ 时，原方案可行；H 略大于 H_0 时，可适当放大部分管段的管径，减小管道系统的水头损失，以满足 $H_0 \geqslant H$ 的条件；若 $H > H_0$ 很多，则应修正原方案，在给水系统中增设升压设备。对采用设水箱上行下给式布置的给水系统，则应校核水箱的安装高度，若水箱高度不能满足供水要求，可采取提高水箱高度、放大管径、设增压设备或选用其他供水方式来解决；

（5）确定非计算管路各管段的管径；

（6）若设置升压、贮水设备的给水系统，还应对其设备进行选择计算。

【例 2-3】某 5 层 10 户住宅，每户卫生间内有低水箱坐式大便器 1 套，洗脸盆、浴盆各 1 个，厨房内有洗涤盆 1 个，该建筑有局部热水供应。图 2-3 为该住宅给水系统轴测图，管材为给水钢管。引入管与室外给水管网连接点到最不利配水点的高差为 15.23m。室外给水管网所能提供的最小压力 $H_0 =$ 280kPa。试进行给水系统的水力计算。

【解】 由轴测图 2-3 确定配水最不利点为浴盆淋浴喷头，故计算管路为 0、1、2、…、9。节点编号如图 2-3 所示。该建筑为局部热水供应的普通住宅，选用式(2-6)计算各管段设计秒流量。由表 2-2 查用水定额 $q_0 = 200$L/（人·d），小时变化系数 $K_h =$

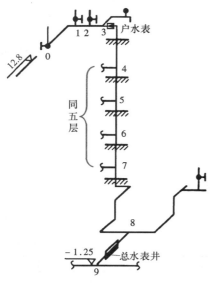

图 2-3 【例 2-1】给水系统轴测图

2.5，每户按 3.5 人计。

查表 2-1 得：浴盆水嘴 $N=1.0$，坐便器 $N=0.5$，洗脸盆水嘴 $N=0.75$，洗涤盆水嘴 $N=1.0$。

根据式（2-8）先求出平均出流概率 U_0，查表 2-5 找出对应的 α_c 值代入式（2-7）求出同时出流概率 U，再代入式（2-6）就可求得该管段的设计秒流量 q_g，重复上述步骤可求出所有管段的设计秒流量。流速应控制在允许范围内，查附表 2-1 可得管径和单位长度沿程水头损失，由式（2-15）$h_i = iL$ 计算出管路的沿程水头损失 $\sum h_i$。各项计算结果均列入表 2-17 中。

给水管网水力计算表　　　　　　　　　　　　　　　表 2-17

计算管段编号	当量总数 N_g	同时出流概率 U（%）	设计秒流量 q_g（L/s）	管径 DN（mm）	流速 v（m/s）	每米管长沿程水头损失 i（kPa/m）	管段长度 L（m）	管段沿程水头损失 $h_i = iL$（kPa）	管段沿程水头损失累计 $\sum h_i$（kPa）
0-1	1	100	0.2	15	1.17	3.54	0.9	3.186	3.186
1-2	1.5	85	0.26	20	0.81	1.178	0.9	1.0602	4.246
2-3	2.25	69	0.31	20	1.122	2.158	4	8.632	12.878
3-4	3.25	57	0.37	25	0.696	0.651	5	3.255	16.133
4-5	6.5	41	0.53	25	1	1.262	3	3.786	19.919
5-6	9.75	34	0.66	32	0.692	0.444	3	1.332	21.251
6-7	13	30	0.77	32	0.81	0.59	3	1.77	23.021
7-8	16.25	27	0.88	32	0.93	0.851	7.7	6.5527	20.574
8-9	32.5	19	1.24	40	0.982	0.705	4	2.82	32.394

注：根据公式（2-7）可知，当计算管段的卫生器具的给水当量（N_g）小于等于 1.0 时，U 均为 100%（无需计算 U_0）。

计算局部水头损失 $\sum h_j$：

$$\sum h_j = 30\% \sum h_i = 0.3 \times 32.394 = 9.718 \text{kPa}$$

计算管路的水头损失为：

$$H_2 = \sum(h_i + h_j) = 32.394 + 9.718 = 42.112 \text{kPa}$$

计算水表的水头损失：

因住宅建筑用水量较小，总水表及分户水表均选用 LXS 旋翼湿式水表，分户水表和总水表分别安装在 3-4 和 8-9 管段上，$q_{3-4} = 0.37 \text{L/s} = 1.33 \text{m}^3/\text{h}$，$q_{8-9} = 1.24 \text{L/s} = 4.46 \text{m}^3/\text{h}$。查附表 1-1，选 15mm 口径的分户水表，其常用流量为 $1.5 \text{m}^3/\text{h} > q_{3,4}$，过载流量为 $3 \text{m}^3/\text{h}$。所以分户水表的水头损失：

$$h_d = q_q^2 / K_b = q_g^2 / (Q_{max}^2 / 100) = 1.33^2 / (3^2 / 100) = 19.65 \text{kPa}$$

选口径 32mm 的总水表，其常用流量为 $6 \text{m}^3/\text{h}$，大于 q_{8-9}，过载流量为 $12 \text{m}^3/\text{h}$。所以总水表的水头损失为：

$$H'_d = q_g^2/K_b = 4.46^2/(12^2/100) = 13.81 \text{kPa}$$

h_d 和 H'_d 均小于表 2-16 中水表水头损失允许值。水表的总水头损失为：

$$H_3 = h_d + H'_d = 19.65 + 13.81 = 33.46 \text{kPa}$$

住宅建筑用水不均匀因此水表口径可按设计秒表流量不大于水表过载流量确定，选口径 25mm 的总水表即可，但经计算其水头损失大于表 2-16 中的允许值，故选用口径 32mm 的总水表。

由式（2-1）计算给水系统所需压力 H：

$$H = H_1 + H_2 + H_3 + H_4$$

$$= 15.23 \times 10 + 11.14 + 33.46 + 50$$

$$= 246.9 < 280 \text{kPa 满足要求}$$

2.5 增压和贮水设施

2.5.1 增压设备

1. 水泵

水泵是给水系统中的主要升压设备。在建筑内部的给水系统中，一般采用离心式水泵，它具有结构简单、管理方便、体积小、效率高且流量和扬程在一定范围内可以调整等优点。选择水泵应以节能为原则，使水泵在给水系统中大部分时间保持高效运行。当采用设水泵、水箱的给水方式时，通常水泵直接向水箱输水，水泵的出水量、扬程几乎不变，选用离心式恒速水泵即可保持高效运行。对于无水量调节设备的给水系统，在电源可靠的条件下，可选用装有自动调速装置的离心式水泵。

离心泵的工作原理，是靠叶轮在泵壳内旋转，使水靠离心力甩出，从而得到压力，将水送到需要的地方。离心泵主要由泵壳、泵轴、叶轮、吸水管、压力管等部分组成，如图 2-4 所示。

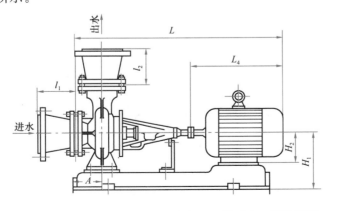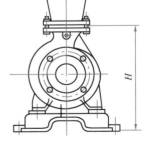

图 2-4 卧式离心泵外形图

在图 2-4 中，在轴穿过泵壳处设有填料函，以防漏水或透气。在轴上装有叶轮，它是离心泵的最主要部件，叶轮上装有不同数目的叶片，当电动机通过轴带动叶轮回转时，叶片就搅动水做高速回转，拦污栅起拦阻污物的作用。

开动水泵前，要使泵壳及吸水管中充满水，以排除泵内空气，当叶轮高速转动时，在离心力的作用下，叶片槽道（两叶片间的过水通道）中的水从叶轮中心被甩向泵壳，使水获得动能与压能。由于泵壳的断面是逐渐扩大的，所以水进入泵壳后流速逐渐变小，部分动能转化为压力，因而泵出口处的水便具有较高的压力，流入压力管。在水被甩走的同时，水泵进口处形成真空，由于大气压力的作用，将吸水池中的水通过吸水管压向水泵进口（一般称为吸水），进而流入泵体。由于电动机带动叶轮连续回转，因此，离心泵是均匀连续地供水，即不断地将水压送到用水点或高位水箱。

离心泵的工作方式有"吸入式"和"灌入式"两种：泵轴高于吸水面的叫"吸入式"，吸水池水面高于泵轴的称为"灌入式"，这时不仅可以省掉真空泵等抽气设备，而且也有利于水泵的运行和管理。

一般地讲，设水泵的室内给水系统多与高位水箱联合工作，为了减小水箱的容积，水泵的开停应采用自动控制，而"灌入式"易满足此种要求。

目前调速装置主要采用变频调速器，根据相似定律水泵的流量、扬程和功率分别与其转速的 1 次方、2 次方和 3 次方成正比，所以调节水泵的转速可改变水泵的流量、扬程和功率，使水泵变量供水时，保持高效运行。其工作原理是：在水泵出水口或管网末端安装压力传感器，将测定的压力值 H 转换成电信号输入压力控制器，与控制器内根据用户需要设定的压力值 H_1 比较，当 $H > H_1$ 时，控制器向调速器输入降低转速的控制信号，使水泵降低转速，出水量减少；当 $H < H_1$ 时，则向调速器输入提高转速的控制信号，使水泵转速提高，出水量增加。由于保持了水泵出水口或管网末端压力恒定，在一定的流量变化范围内，均能使水泵高效运行，节省电能。用水泵出口压力或管网末端压力控制水泵调速，节能效果不完全相同，前者不能反映水流通过给水管网时，管网阻力特性的变化，所以当用水低峰时，虽然由于转速的改变水泵扬程能保持恒定不再升高，但最不利点配水处的水压将高于其所需的流出水头。而后者不仅能调节流量的变化，同时也能反映管网阻力特性的变化，使最不利点配水始终保持所需的流出水头，节能效果优于前者。但其控制系统较前者复杂，且最不利点配水一般远离泵房，信号传递系统安装、检查、维修不便，因此在实际工程中前者使用更为广泛。因水泵只有在一定的转速变化范围内才能保持高效运行，故选用调速泵与恒速泵组合供水方式可取得更好的效果。为避免在给水系统微量用水时，水泵工作效率降低，轴功率产生的机械热能使水温上升，导致水泵故障，可选用并联配有小型加压泵的小型气压水罐的变频调速供水装置。在微量用水时，变频调速泵停止运行，利用气压罐中压缩空气的压力向系统供水。

在水泵房面积较小的条件下，可采用结构紧凑，安装管理方便的立式离心式水泵或管道泵。

水泵的流量、扬程应根据给水系统所需的流量、压力确定。由流量、扬程查水泵性能表（或曲线）即可确定其型号。

（1）流量

在生活（生产）给水系统中，无水箱调节时，水泵出水量要满足系统高峰用水要求，故不论是恒速泵还是调速泵其流量均应以系统的高峰用水量即设计秒流量确定。有水箱调节时,水泵流量可按最大时流量确定。若水箱容积较大,并且用水量均匀,则水泵流量也可按平均时流量确定。

消防水泵流量应以室内消防设计水量确定。生活、生产、消防共用调速水泵在消防时其流量除保证消防用水总量外,还应保证生活、生产用水量的要求。

（2）扬程

根据水泵的用途及与室外给水管网连接的方式不同,其扬程可按以下不同公式计算。

当水泵与室外给水管网直接连接时:

$$H_b \geqslant H_1 + H_2 + H_3 + H_4 - H_0 \tag{2-19}$$

式中　H_b——水泵扬程,kPa;

　　　H_1——引入管至最不利配水点位置高度所要求的静水压,kPa;

　　　H_2——水泵吸水管和出水管至最不利配水点计算管路的总水头损失,kPa;

　　　H_3——水流通过水表时的水头损失,kPa;

　　　H_4——最不利配水点的流出水头,kPa;

　　　H_0——室外给水管网所能提供的最小压力,kPa。

根据以上计算选定水泵后,还应以室外给水管网的最大水压校核水泵的工作效率和超压情况,若室外给水管网出现最大压力时,水泵扬程过大,为避免管道、附件损坏,应采取相应的保护措施,如采用扬程不同的多台水泵并联工作,或设水泵回流管、管网泄压管等。

当水泵与室外给水管网间接连接,从贮水池(或水箱)抽水时:

$$H_b \geqslant H_1 + H_2 + H_4 \tag{2-20}$$

式中　H_b、H_2、H_4 同式(2-19);

　　　H_1——贮水池最低水位至最不利配水点位置高度所计算的静水压,kPa。

（3）水泵的设置

水泵应选择低噪声、节能型水泵,水泵扬程可按计算扬程 H_b 乘以 $1.05 \sim 1.10$ 后选泵。为保证安全供水,生活和消防水泵应设备用泵,生产用水泵可根据生产工艺要求设置备用泵。

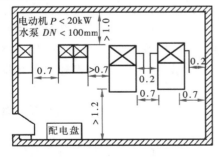

图 2-5　水泵机组的布置间距（m）

水泵机组一般设置在水泵房内,泵房应远离防振、防噪声要求较高的房间,室内要有良好的通风、采光、防冻和排水措施。水泵的布置要便于起吊设备的操作,管道连接力求管线短,弯头少,其间距要保证检修时能拆卸、放置电动机和泵体,并满足维修要求,如图 2-5 所示。为操作安全,防止操作人员误触快速运转中的泵轴,水泵机组必须设高出地面不小于 0.1m 的基础。当水泵基础需在基坑时,则基坑四周应有高出地面不小于 0.1m 的防水栏。水泵启闭尽可能采用自动控制,间接抽水时应优先采用自吸充水方式,以便水泵及时启动。

水泵宜采用自灌式充水。当因条件所限，不能采用自灌式启泵而采用吸上式时，应有抽气或灌水装置（如真空泵、底阀、水射器等）。引水时间不超过下列规定：4kW 以下的为 3min，4kW 及其以上的为 5min。每台水泵应设独立的吸水管，以免相邻水泵抽水时相互影响；多台水泵共用吸水管时，吸水总管伸入水池的引水管不宜少于两条，每条引水管上均应设闸阀，当一条引水管发生故障时，其余引水管应满足全部设计流量。每台水泵吸水管上要设阀门，出水管上要设阀门、止回阀和压力表，并宜有防水锤措施，如采用缓闭止回阀、气囊式水锤消除器等。

为减少水泵运转时对周围环境的影响，应对水泵进行减振处理。采取的减振措施应使水泵运行扰动频率和固有频率之比 $\lambda = f/f_0$ 大于 2（一般以 2～5 为好）。这样有较好的减振效率（80%～90%）和防止共振效果。

水泵机组的减振主要由减振基座（惰性块）、隔振垫（减振器）及固定螺栓等组成，水泵减振安装结构示意图如图 2-6 所示。常见的 SD 型橡胶隔振垫如图 2-7 所示。在水泵吸水管、出水管中需要装设可曲挠橡胶接头，如图 1-25 所示。

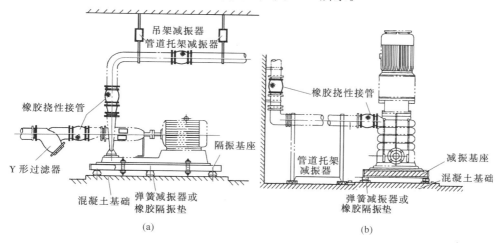

图 2-6　水泵减振安装结构示意图
（a）卧式水泵减振方法；（b）立式水泵减振方法

当水泵机组的基础和管道采取减振措施时，管道支架也应采用弹性支架。弹性支架具有固定架设管道和减振双重作用。常用的产品为弹簧式弹性吊架和橡胶垫式弹性吊架，弹簧式弹性吊架如图 2-8 所示，橡胶垫式弹性吊架如图 2-9 所示。

弹性吊架应布置均匀，安装间距可参考表 2-18 中的数据。

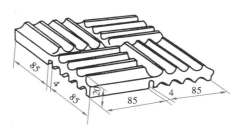

图 2-7　SD 型橡胶隔振垫

弹性吊架安装间距表　　　　　　　　　　　　　　表 2-18

公称直径 DN（mm）	25	50	80	100	125	150
吊架安装间距（m）	2～3	2.5～3.5	3～4	5～6	7～8	8～10

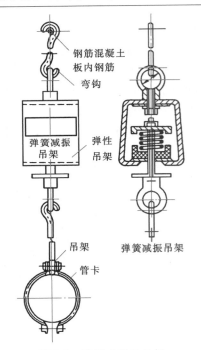

图 2-8　弹簧式弹性吊架

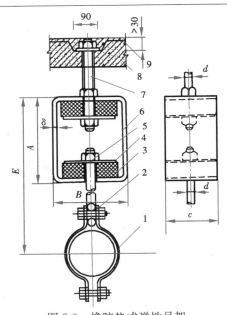

图 2-9　橡胶垫式弹性吊架
1—管卡；2—吊架；3—橡胶减振器；4—钢垫片；
5—螺母；6—框架；7—螺栓；8—钢筋混凝土板；
9—预留洞填水泥砂浆

2. 气压给水设备

气压给水设备升压供水的理论依据是波义耳—马略特定律，即在定温条件下，一定质量气体的绝对压力和它所占的体积成反比。它利用密闭罐中压缩空气的压力变化，调节和压送水量，在给水系统中主要起增压和水量调节作用。

（1）分类和组成

1）按气压给水设备输水压力稳定性，可分为变压式和定压式两类。

变压式气压给水设备在向给水系统输水过程中，水压处于变化状态，如图 2-10 所示。罐内的水在压缩空气的起始压力 P_2 的作用下，被压送至给水管网，随着罐内水量的减少，压缩空气体积膨胀，压力减小，当压力降至最小工作压力 P_1 时，压力信号器动作，使水泵启动。水泵出水除供用户外，多余部分进入气压水罐，罐内水位上升，空气又被压缩，当压力达到 P_2 时，压力信号器动作，使水泵停止工作，气压水罐再次向管网输水。

定压式气压给水设备在向给水系统输水过程中，水压相对稳定，如图 2-11 所示。目前常见的做法是在气、水同罐的单罐变压式气压给水设备的供水管上，安装压力调节阀，将阀出口水压控制在要求范围内，使供水压力相对稳定；也可在气、水分罐的双罐变压式气压给水设备的压缩空气连通管上安装压力调节阀，将阀出口气压控制在要求范围内，以使供水压力稳定。

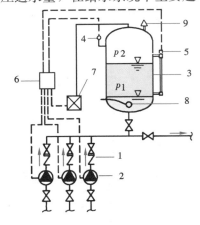

图 2-10　单罐变压式气压给水设备
1—止回阀；2—水泵；3—气压水罐；4—压力信号器；5—液位信号器；6—控制器；7—补气装置；8—排气阀；9—安全阀

2）按气压给水设备罐内气、水接触方式，可分为补气式和隔膜式两类。

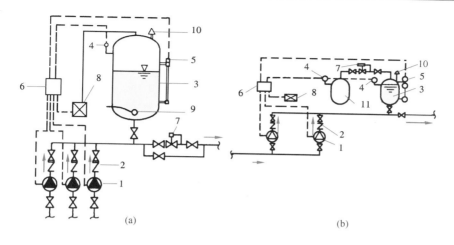

图 2-11　定压式气压给水设备

（a）单罐；（b）双罐

1—水泵；2—止回阀；3—气压水罐；4—压力信号器；5—液位信号器；6—控制器；

7—压力调节阀；8—补气装置；9—排气阀；10—安全阀；11—贮气罐

补气式气压给水设备在气压水罐中气、水直接接触，如图 2-12、图 2-13 所示。设备运行过程中，部分气体溶于水中，随着气量的减少，罐内压力下降，不能满足设计需要，为保证给水系统的设计工况，需设补气调压装置。补气的方法很多，在允许停水的给水系统中，可采用开启罐顶进气阀，泄空罐内存水的简单补气法。不允许停水时，可采用空气压缩机补气，也可通过在水泵吸水管上安装补气阀，水泵出水管上安装水射器或补气罐等方法补气，图 2-12 为设补气罐的补气方式。当气压水罐内的压力达到 P_2 时，在电接点压力表的作用下，水泵停止工作，补气罐内水位下降，出现负压，进气止回阀自动开启进气。当气压水罐内水位下降，压力达到 P_1 时，在电接点压力表的作用下，水泵开启，补气罐中水位升高，出现正压，进气止回阀自动关闭，补气罐内的空气随进水补入气压水罐。当补入空气过量时，可通过自动排气阀排气。自动排气阀设在气压罐最低工作水位以下 1～2cm 处，当气压罐内空气过量，至最低水位时，罐内压力大于 P_1，电接点压力表不动作，水位继续下降，自动排气阀即打开排出过量空气，直到压力降至 P_1，水泵启动水位恢复正常，排气阀自动关闭。罐内过量空气也可通过电磁排气阀排出，如图 2-13 所示，

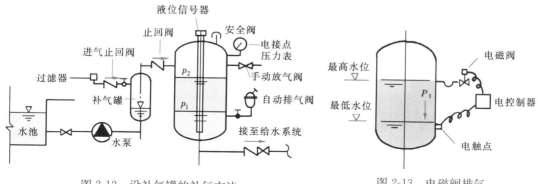

图 2-12　设补气罐的补气方法　　　　　图 2-13　电磁阀排气

在设计最低水位下 1～2cm 处安装 1 个电触点，当罐内空气过量，水位下降低于设计最低水位，电触点断开，通过电控器打开电磁阀排气，直至压力降至 P_1，水泵启动水位恢复正常，电触点接通，电磁阀关闭，停止排气。以上方法属余量补气，多余的补气量需通过排气装置排出。有条件时，宜采用限量补气法，即补气量等于需气量，如当气压水罐内气量达到需气量时，补气装置停止从外界吸气，而从罐内吸气再补入罐内，自行平衡，达到限量补气的目的，可省去排气装置。

隔膜式气压给水设备在气压水罐中设置弹性橡胶隔膜将气、水分离，不但水质不易污染，气体也不会溶入水中，故不需设补气调压装置。橡胶隔膜主要有帽形、囊形两类，囊形隔膜又有球、梨、斗、筒、折、胆囊之分，两类隔膜均固定在罐体法兰盘上，分别如图2-14（a）、（b）所示，囊形隔膜可缩小气压水罐固定隔膜的法兰，气密性好，调节容积大，且隔膜受力合理。

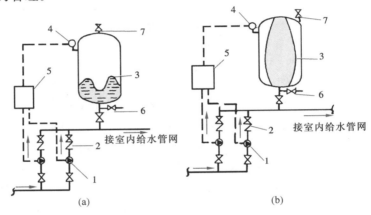

图 2-14　隔膜式气压给水设备示意图
（a）帽形隔膜；（b）胆囊形隔膜
1—水泵；2—止回阀；3—隔膜式气压水罐；4—压力信号器；
5—控制器；6—泄水阀；7—安全阀

各类气压给水设备均由水泵机组、气压水罐、电控系统、管路系统等部分组成，除此之外，补气和隔膜式气压给水设备分别附有补气调压装置和隔膜。

（2）适用范围及设置要求

1）气压给水设备的特点

气压给水设备的优点是：灵活性大，设置位置不受限制，便于隐蔽，安装、拆卸都很方便；成套设备均在工厂生产，现场集中组装，占地面积小，工期短，土建费用低；实现了自动化操作，便于维护管理。气压水罐为密闭罐，不但水质不易污染，同时还有助于消除给水系统中水锤的影响。

其缺点是：调节容积小，贮水量少，一般调节水量仅占总容积的20%～30%，压力容器制造加工难度大。变压式气压给水设备供水压力变化较大，对给水附件的寿命有一定的影响。气压给水设备的耗电量较大，一是由于调节水量小，水泵启动频繁，启动电流大；二是水泵在最大工作压力和最小工作压力之间工作，平均效率低；三是为保证气压给水设备向给水系统供水的全过程中，均能满足系统所需水压 H 的要求，所以气压水罐的最小

工作压力 P_1 是根据 H 确定的，而水泵的扬程却要满足最大工作压力 P_2 的需要，所以 $\Delta P = P_2 - P_1$ 的电耗是无用功，因此与设水泵、水箱的系统相比，增加了电耗。为了减少电耗，可采用几台小流量水泵并联运行的节能型气压给水设备，如图 2-15 所示。其工作过程是：P_1 泵启动，向给水系统供水，多余的水量经补气槽进入气压水罐，槽中空气被带入罐中，罐内水位上升至最大工作压力 P_2 时，压力继电器 A 动作，使 P_1 泵停止工作，由气压水罐向系统供水，罐内水位降至最小工作压力 P_1 时，

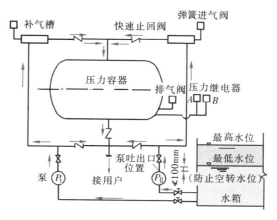

图 2-15　节能型气压给水设备

A 动作，P_{II} 泵启动，重复 P_1 泵的工作，使 P_1、P_{II} 两台泵交替运行。若 P_1 泵启动后，用户用水量大于其出水量时，压力继电器 B 动作，启动 P_{II} 泵，此时两台泵同时工作，当用水量减少，罐内水位上升压力达到 P_2'（小于 P_2）时，B 动作，P_1 泵停止，水位继续上升，罐内压力达到 P_2 时，A 动作 P_{II} 泵也停止工作，由气压水罐向系统供水，同时补气槽中的水流回水池，弹簧进气阀打开补气，当罐内水位降至最低水位，压力达到 P_1 时，P_1 泵开启重复上述过程。由于两台水泵并联工作，延长了水泵启动周期，提高了水泵的工作效率，与由 1 台大泵工作的气压给水设备相比可节电 40%。设计中应优先采用。

2）适用范围

根据气压给水设备的特点，它适用于有升压要求，但又不适宜设置水塔或高位水箱的小区或建筑内的给水系统，如地震区、人防工程或屋顶立面有特殊要求等建筑的给水系统；小型、简易和临时性给水系统和消防给水系统等。

3）设置要求

气压给水罐宜布置在室内，如设在室外，应有防雨、防晒及防潮设施，并有在寒冷季节不致冻结的技术措施。当设于泵房内时，除应符合泵房的要求外，还应符合气压给水设备对环境温度、空气相对湿度、通风换气次数和设备安装检修等有关要求。

气压给水罐的布置应满足下列要求：罐顶至建筑结构最低梁底距离不宜小于 1.0m；罐与罐之间及罐与墙面之间的净距不宜小于 0.7m；罐体应置于混凝土底座上，底座应高出地面不小于 0.1m，整体组装式气压给水设备采用金属框架支承时，可不设设备基础。

供生活用水的各类气压给水设备均应有水质防护措施，隔膜应用无毒橡胶制作，气压水罐和补气罐内应涂无毒防腐涂料，补气罐或用作补气的空气压缩机的进气口都要设空气过滤装置，并应采用无油润滑型空气压缩机，以防油对给水系统的污染。为保证安全供水，气压给水设备要有可靠的电源，并应装设安全阀、压力表、泄水管和密闭人孔，安全阀也可装在靠近气压给水设备进出水管的管路上。为防止停电时水位下降，罐内气体随水流进入管道流失，补气式气压水罐进水管上要装止气阀，进气管上装设止水阀。

（3）选择计算

选择气压给水设备，主要包括两项内容：确定气压水罐总容积；确定配套水泵的流

量、扬程，由此查水泵样本选定其型号。

1）气压水罐的总容积

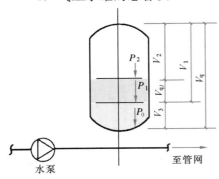

图 2-16　气压水罐容积计算示意图

根据波义耳—马略特定律，由图2-16可得：

$$V_q P_0 = V_1 P_1 = V_2 P_2 \quad (2\text{-}21)$$
$$V_{q\ell} = V_1 - V_2$$
$$V_{q\ell} = V_q \frac{P_0}{P_1}\left(1 - \frac{P_1}{P_2}\right)$$

$$V_q = V_{q\ell} \frac{\dfrac{P_1}{P_0}}{1 - \dfrac{P_1}{P_2}}$$

令　　　$\alpha_b = \dfrac{P_1}{P_2}$；　　$\dfrac{P_1}{P_0} = \beta$

则　　　$$V_q = \frac{\beta V_{q\ell}}{1 - \alpha_b} \quad (2\text{-}22)$$

又　$V_{q2} = V_{q\ell} = \alpha_a \dfrac{q_b}{4 n_q}$

式中　V_q——气压水罐的总容积，m^3；

　　　$V_{q\ell}$——气压水罐的调节容积，m^3；

　　　P_0——气压水罐无水时的气体压力，即启用时罐内的充气压力（绝对压力），MPa；

　　　P_1——气压水罐最小工作压力（绝对压力），设计时取 P_1 等于给水系统所需压力 H，MPa；

　　　P_2——气压水罐最大工作压力（绝对压力），MPa；

　　　V_1——罐内压力为 P_1 时，气体的体积，m^3；

　　　V_2——罐内压力为 P_2 时，气体的体积，m^3；

　　　α_b——P_1 与 P_2 之比，其值增大 V_q 增大，钢材用量和成本增加，反之 P_2 增大水泵扬程高，耗电量增加，所以 α_b 取值应经技术经济分析后确定，宜采用 0.65～0.85；

　　　β——容积系数，其值反映了罐内不起水量调节作用的附加水容积的大小，隔膜式气压水罐宜为 1.05；

　　　V_{q2}——气压水罐的水调节容积，应等于或大于气压水罐的调节容积，m^3；

　　　q_b——水泵出水量，当罐内为平均压力时，其值不应小于管网最大小时流量的 1.2 倍，m^3/h；

　　　n_q——水泵在 1h 内启动次数，宜采用 6～8 次；

　　　α_a——安全系数，宜采用 1.0～1.3。

2）水泵的流量和扬程

变压式和单罐定压式气压给水设备的水泵向气压水罐输水时，其出水压力在气压水罐的最小工作压力 P_1 和最大工作压力 P_2 间变化，为尽量提高水泵的平均工作效率，应选择流量—扬程特性曲线较陡，且特性曲线高效区较宽的水泵。一般以罐内平均压力 $H = (P_1 + P_2)/2$ 的工况为依据确定水泵扬程，此时水泵流量应不小于 $1.2Q_h$ 流量。

双罐定压式气压给水设备其水泵扬程和流量则应以不小于给水系统所需压力和设计秒流量来确定。

【例 2-4】　某住宅楼共 160 户，每户平均 4 人，用水量定额为 150L/（人·d），小时

变化系数 $K_h=2.4$，拟采用补气式立式气压给水设备供水，试计算气压水罐总容积。

【解】

该住宅最高日最大时用水量为：

$$Q_h = \frac{160 \times 4 \times 150}{24 \times 1000} \times 2.4 = 9.6 \text{m}^3/\text{h}$$

水泵出水量：

$$q_b = 1.2Q_h = 1.2 \times 9.6 = 11.52 \text{m}^3/\text{h}$$

取 $\alpha_a = 1.3$、$n_q = 6$，则气压水罐的水调节容积为：

$$V_{q2} = V_{ql} = \alpha_a \frac{q_b}{4n_q} = \frac{1.3 \times 11.52}{4 \times 6} = 0.624 \text{m}^3$$

取 $\alpha_b = 0.75$、$\beta = 1.1$，则气压水罐总容积为：

$$V_q = \frac{\beta V_{ql}}{1 - \alpha_b} = \frac{1.1 \times 0.624}{1 - 0.75} = 2.75 \text{m}^3$$

气压水罐总容积为 2.75m^3。

2.5.2　贮水设施

1. 贮水池

贮水池是贮存和调节水量的构筑物，其有效容积应根据生活（生产）调节水量、消防贮备水量和生产事故备用水量确定，可按下式计算：

$$V \geqslant (Q_b - Q_j)T_b + V_f + V_s \tag{2-23}$$

$$Q_j T_t \geqslant T_b(Q_b - Q_j) \tag{2-24}$$

式中　V——贮水池有效容积，m^3；

　　　　Q_b——水泵出水量，m^3/h；

　　　　Q_j——水池进水量，m^3/h；

　　　　T_b——水泵最长连续运行时间，h；

　　　　T_t——水泵运行的间隔时间，h；

　　　　V_f——消防贮备水量，m^3；

　　　　V_s——生产事故备用水量，m^3。

对采用气压罐或变频调速泵的系统，水泵的出水量是随用水量变化而变化的，因此贮水池的有效容积应按外部管网的供水量与用水量变化曲线经计算确定。

消防贮备水量应根据消防要求，以火灾延续时间内，所需消防用水总量计。生产事故备用水量应根据用户安全供水要求，中断供水后果和城市给水管网可能停水等因素确定。当资料不足时，生活（生产）调节水量 $(Q_b - Q_j)T_b$ 可以不小于建筑最高日用水量的 20%～25% 计，居住小区的调节水量可以不小于建筑最高日用水量的 15%～20% 计。若贮水池仅起调节水量作用，则贮水池有效容积不计 V_f 和 V_s。

贮水池应设进、出水管、溢流管、泄水管和水位信号装置，溢流管管径宜比进水管管径大一级，泄空管管径应按水池（箱）泄空时间和泄水受体的排泄能力确定，一般可按

2h 内将池内存水全部泄空进行计算，但最小不得小于 100mm。顶部应设有人孔，一般宜为 800～1000mm，其布置位置及配管设置均应满足水质防护要求。仅贮备消防水量的水池，可兼作水景或人工游泳池的水源，但后者应采取净水措施。非饮用水与消防水共用一个贮水池应有消防水量平时不被动用的措施。贮水池的设置高度应利于水泵自吸抽水，且宜设深度不小于 1m 的集水坑，以保证其有效容积和水泵的正常运行。

贮水池一般宜分成容积基本相等的两格，以便清洗、检修时不中断供水。

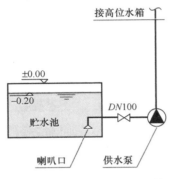

图 2-17　某居住小区供水系统

【例 2-5】某居住小区生活给水分为高、低两区供水系统，高区生活给水系统最高日设计用水量为 250m³/d，其供水方式低位贮水池—水泵—高位水箱（如图 2-17 所示）。已知低位贮水池的平面尺寸为 5m×4m，则其低位贮水池的最小设计标高是多少（m）？

【解】生活用水低位贮水池的有效容积应按进水量与用水量变化曲线经计算确定；当资料不足时，宜按建筑物最高日用水量的 20%～25% 确定。此处取低位贮水池容积为最高日用水量的 20%。

贮水池最小容积 $Q_{池} = 20\%Q_{最高日} = 20\% \times 250 = 50m^3/d$。

则最小水深 $H_{min} = \dfrac{Q_{池}}{S} = \dfrac{50}{5 \times 4} = 2.5m$。

根据图 2-17 可知，

则喇叭口标高为 $-(2.5+0.3) = -3.0m$

池底最小标高为 $-(3.0+0.1) = -3.1m$。

2. 吸水井

当室外给水管网能满足建筑内所需水量，无调节要求的给水系统，可设置仅满足水泵吸水要求的吸水井。吸水井的有效容积应不应小于最大 1 台水泵 3min 的出水量，且满足吸水管的布置、安装、检修和防止水深过浅水泵进气等正常工作要求，其最小尺寸要求如图 2-18 所示。

3. 水箱

根据水箱的用途不同，有高位水箱、减压水箱、冲洗水箱、断流水箱等多种类别。其形状通常为圆形或矩

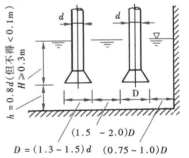

图 2-18　吸水管在吸水井中
布置的最小尺寸

形，特殊情况下也可设计成任意形状。制作材料包括不锈钢、钢板、搪瓷钢板和玻璃钢等。以下主要介绍在给水系统中使用较为广泛地起到保证水压和贮存、调节水量的高位水箱。

（1）水箱的配管、附件及设置要求

水箱的配管、附件如图 2-19 所示。

1）进水管

利用外网压力直接进水的水箱进水管上应装设与进水管径相同的自动水位控制阀（包

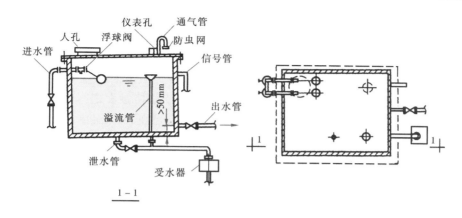

图 2-19　水箱配管、附件示意图

括杠杆式浮球阀和液压式水位控制阀），并不得少于两个。两个进水管口标高应一致，当水箱采用水泵加压进水时，进水管不得设置自动水位控制阀，应设置由水箱水位控制水泵开、停的装置。进水管入口距箱盖的距离应满足杠杆式浮球阀或液压式水位控制阀的安装要求，一般进水管中心距水箱顶应有 150～200mm 的距离。进水管径可按水泵出水量或管网设计秒流量计算确定。

2）出水管

出水管从水箱侧壁接出时，其管底至箱底距离应大于 50mm，若从箱底接出其管顶入水口距箱底的距离也应大于 50mm，以防沉淀物进入配水管网。出水管上应设阀门以利检修。为防短流进、出水管宜分设在水箱两侧，若合用一根管道，则应在出水管上增设阻力较小的止回阀，如图 2-20 所示，其标高应低于水箱最低水位 1.0m 以上，以保证止回阀开启所需的压力。出水管径应按管网设计秒流量计算确定。

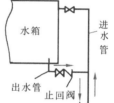

图 2-20　水箱进、出水管合用示意图

3）溢流管

溢流管口应在水箱设计最高水位以上 50mm 处，管径按排泄水箱最大入流量确定，一般应比进水管大一级。溢流管宜采用水平喇叭口集水，喇叭口下的垂直管段长度不宜小于 4 倍溢流管管径。溢流管上不允许设阀门。

4）泄水管

泄水管从箱底接出，用以检修或清洗时泄水。管上应设阀门，管径不得小于 50mm，阀门后的管道可与溢流管相连后用同一根管道排水。

5）通气管

供生活饮用水的水箱，贮水量较大时，宜在箱盖上设通气管，以使水箱内空气流通，其管径一般宜为 100～150mm，管口应朝下并设网罩。

6）水位信号装置

水位信号装置是反映水位控制阀失灵报警的装置，可在溢流管口下 10mm 处设水位信号管，直通值班室的洗涤盆等处，其管径 15～20mm 即可。水箱一般应在侧壁安装玻璃液位计，并应有传送到监控中心的水位指示仪表。若水箱液位与水泵联动，则可在水箱侧壁或顶盖上安装液位继电器或信号器，采用自动水位报警装置。

水箱一般设置在净高不低于 $2.2m$，采光通风良好的水箱间内，其安装间距见表 2-19。大型公共建筑中高层建筑为避免因水箱清洗、检修时停水，高位水箱容量超过 $50m^3$，宜分成两格或分设两个。水箱底距地面宜不小于 $800mm$ 的净距，以便于安装管道和进行检修，水箱底可置于工字钢或混凝土支墩上，金属箱底与支墩接触面之间应衬橡胶板或塑料垫片等绝缘材料以防腐蚀。水箱有结冻、结露的可能时，要采取保温措施。

水箱之间及水箱与建筑结构之间的最小距离（m）　　　　　表 2-19

给水水箱形式	箱外壁至墙面的净距		水箱之间的距离	箱底至建筑结构最低点的距离	人孔盖顶至房间顶板的距离	最低水位至水管上止回阀的距离
	有管道一侧	无管道一侧				
圆形	1.0	0.7	0.7	0.8	0.8	1.0
矩形	1.0	0.7	0.7	0.8	0.8	1.0

（2）水箱的有效容积及设置高度

1）有效容积

水箱的有效容积主要根据它在给水系统中的作用来确定。若仅作为水量调节之用，其有效容积即为调节容积；若兼有贮备消防和生产事故用水量作用，其容积应以调节水量、消防和生产事故备用水量之和来确定。

水箱的调节容积理论上应根据室外给水管网或水泵向水箱供水和水箱向建筑内给水系统输水的曲线，经分析后确定，但因为以上曲线不易获得，实际工程中可按水箱进水的不同情况由以下经验公式计算确定。

①由室外给水管网直接供水

$$V = Q_L T_L \tag{2-25}$$

式中　V——水箱的有效容积，m^3；

　　　Q_L——由水箱供水的最大连续平均小时用水量，m^3/h；

　　　T_L——由水箱供水的最大连续时间，h。

②由人工启动水泵供水

$$V = \frac{Q_d}{n_b} - T_b Q_p \tag{2-26}$$

式中　V——同上式；

　　　Q_d——最高日用量，m^3/d；

　　　n_b——水泵每天启动次数，次/d；

　　　T_b——水泵启动一次的最短运行时间，由设计确定，h；

　　　Q_p——水泵运行时间 T_b 内的建筑平均时用水量，m^3/h。

③水泵自动启动供水

$$V = C \cdot \frac{q_b}{4K_b} \tag{2-27}$$

式中　V——同上式；

　　　q_b——水泵出水量，m^3/h；

　　　K_b——水泵 1h 内启动次数，一般选用 $4\sim8$ 次/h；

　　　C——安全系数，可在 $1.5\sim2.0$ 内选用。

用上式计算所得水箱调节容积偏小，必须在确保水泵自动启动装置安全可靠的条件下采用。

④经验估算法

生活用水的调节水量按水箱服务区内最高日用水量 Q_d 的百分数估算，水泵自动启闭时不小于 $5\%Q_d$，人工操作时不小于 $12\%Q_d$。

生产事故备用水量可按工艺要求确定。

消防贮备水量用以扑救初期火灾，一般都以 10min 的室内消防设计流量计。

2）设置高度

水箱的设置高度应满足以下条件：

$$h \geqslant (H_2 + H_4)/10 \tag{2-28}$$

式中　h——水箱最低水位至最不利配水点位置高度，m；

　　　H_2——水箱出水口至最不利配水点计算管路的总水头损失，kPa；

　　　H_4——最不利配水点的流出水头，kPa。

计算的贮备消防水量的水箱其安装高度 h，如不能满足消防设备所需水压，应采取设增压泵等措施。

习　　题

1. 有一直接供水方式的 6 层建筑，该建筑 1～2 层为商场（$\alpha=1.5$），总当量数为 20；3～6 层为旅馆（$\alpha=2.5$），总当量数为 125；该建筑生活给水引入管的设计流量为（　　）L/s（需写出详细解题过程）。

A. 6.5　　　　　　　B. 5.8　　　　　　　C. 7.2　　　　　　　D. 4.8

【答案】B

根据现行《建筑给水排水设计标准》GB 50015—2019 的规定，该建筑的设计秒流量公式为 $q_g=0.2\alpha\sqrt{N_g}$，α 值应按加权平均法计算。因商场的 $\alpha=1.5$，旅馆的 $\alpha=2.5$

故该建筑 $\alpha=\dfrac{20\times1.5+125\times2.5}{20+125}=2.4$

$$q_g = 0.2\alpha\sqrt{N_g} = 0.2\times2.4\times\sqrt{145} = 5.8\text{L/s}$$

2. 图 2-21 为某 7 层住宅给水管道计算草图，立管 A 和 C 为普通住宅（无集中热水供应），一卫（坐便器、洗脸盆、淋浴器各一只）一厨（洗涤盆一只），有洗衣机和家用燃气热水器。24 小时供水，每户 3.5 人。立管 B 和 D 为普通住宅（有集中热水供应或家用热水机组），两卫（坐便器、洗脸盆各两只、浴盆和淋浴器各一只）一厨（洗涤盆一只），有洗衣机和家用燃气热水器。24 小时供水，每户 4 人。用水定额和时变化系数均取平均值。

（1）计算各个立管和各段水平干管的 U_0 值。

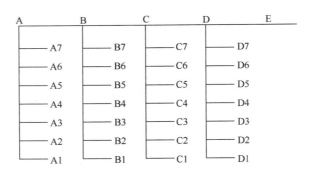

图 2-21　某 7 层住宅给水管道计算草图

（2）求管段 A1-A2，A7-A，B1-B2，B7-B，A-B，B-C，C-D，D-E 的设计秒流量。

【答案】

（1）查表 2-2 确定用水定额和时变化系数

1）住宅（无集中热水供应）用水定额（130＋300）/2＝215L/(人·d)

时变化系数（2.8＋2.3）/2＝2.55

2）住宅（有集中热水供应或家用热水机组）用水定额（180＋320)/2＝250L/(人·d)

时变化系数（2.5＋2.0）/＝2.25

（2）查表 2-1 确定每户当量数

1）Ⅱ住宅 $N＝0.5(便)＋0.75(脸)＋0.75(淋)＋1.0(厨)＋1.0(衣)＝4.0$

2）Ⅲ住宅 $N＝0.5(便)×2＋0.75(脸)×2＋0.75(淋)＋1.2(浴)＋1.0(厨)＋1.0(衣)＝6.45$

（3）立管 A 和立管 C 的 U_0 值

$$U_{01}=\frac{215×3.5×2.55}{0.2×4.0×86400}=2.8\%$$

（4）立管 B 和立管 D 的 U_0 值

$$U_{02}=\frac{250×4.0×2.25}{0.2×6.45×86400}=2\%$$

（5）干管 BC 的 U_0 值

$$U_{03}=\frac{0.028×7×4＋0.02×7×6.45}{7×4＋7×6.45}=2.3\%$$

（6）干管 CD 的 U_0 值

$$U_{04}=\frac{0.028×2×4×7＋0.02×6.45×7}{2×4×7＋6.45×7}=2.44\%$$

（7）干管 DE 的 U_0 值与干管 BC 的 U_0 值相同

$$U_{05}=\frac{0.028×2×4×7＋0.02×6.45×7×2}{2×4×7＋6.45×7×2}=2.30\%$$

U_0 和 q_0 水力计算表见表 2-20。

某 7 层住宅 U_0 和 q_g 水力计算表　　　　　表 2-20

管段	当量 N	U_0（%）	q_g（L/s）	备注
A1-A2	4	2.8	0.41	
A7-B	28	2.8	1.15	
B1-B2	6.45	2	0.52	
B7-B	45.15	2	1.44	
B-C	73.15	2.3	1.9	
C-D	101.15	2.5	2.3	
D-E	146.3	2.3	2.78	

3. 图 2-22 为某 10 层普通住宅给水管道计算草图，设两卫（坐便器、洗脸盆各两只、浴盆和淋浴器各一只）一厨（洗涤盆一只，有热水），有洗衣机。采用集中热水供应。24 小时供水，每户 4 人。用水定额和时变化系数均取平均值。

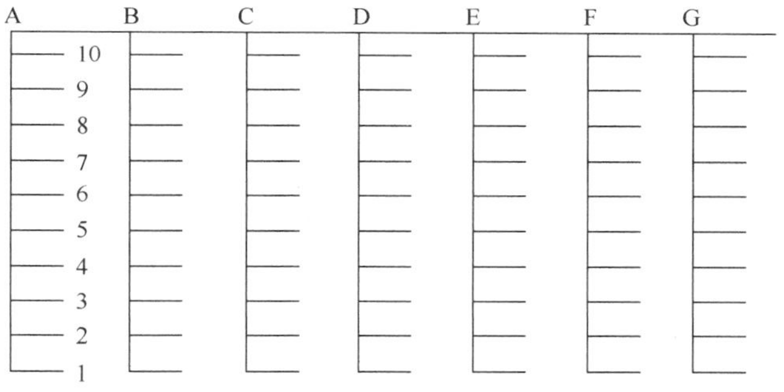

图 2-22　某 10 层住宅给水管道计算草图

（1）计算 U_0 值。

（2）求管段 1-2，2-3，A-B，B-C，C-D，D-E，E-F，F-G 的设计秒流量。

【答案】

（1）查表 2-2 确定用水定额和时变化系数

用水定额(180＋320)/2－(60＋100)/2＝170L/(人・d)

时变化系数(2.5＋2.0)/2＝2.25

（2）查表 2-1 确定每户当量数

$N = 0.5(便) \times 2 + 0.5(脸) \times 2 + 0.7(厨) + 1.0(浴)$

　　$+ 0.5(淋) + 1.0(衣) = 5.2$

（3）求 U_0 值

$$U_0 = \frac{170 \times 4 \times 2.25}{0.2 \times 5.2 \times 86400} = 1.7\%$$

（4）部分管段设计秒流量（表 2-21）

某 10 层住宅 U_0 和 q_g 水力计算表　　　　表 2-21

管　　　段	当量 N	U_0（%）	q_g（L/s）
1-2	5.2	1.7	0.46
2-3	10.4	1.7	0.66
A-B	52	1.7	1.54
B-C	104	1.7	2.27
C-D	156	1.7	2.75
D-E	208	1.7	3.24
E-F	260	1.7	3.65
F-G	312	1.7	4.04

4. 某住宅楼共 120 户，若每户按 4 人，$q_0 = 200$L/（人 · d），$K_h = 2.5$，$T = 24$，$N_g = 8$，求 U_0。

【答案】

$$U_0 = \frac{q_0 m K_h}{0.2 \times N_g \cdot T \cdot 3600} = \frac{200 \times 4 \times 2.5}{0.2 \times 8 \times 24 \times 3600} = 1.44\%$$

5. 某办公楼建筑给水系统加压泵从贮水池吸水供给屋顶水箱，已知贮水池最低设计水位标高 -3.5m，池底标高 -4.5m，屋顶水箱底标高 38.5m，最高设计水位标高 40m，管网总水头损失 4.86m，水箱进水口最低工作压力为 20kPa，试计算所需水泵最小扬程。

6. 某六层住宅楼，层高 2.9m，试估算本建筑给水系统所需供水压力。

7. 某中学共有学生 2350 人，教职员工 105 人，学生和教职员工早、午餐均安排在学校食堂用餐（不寄宿），试计算该中学最高日生活用水量。

8. 某高级宾馆，采用低位水池、水泵给水方式供水，设有总统套房 2 套（每套按 8 床计），豪华套房 20 套（每套按 2 床计），高级套房 300 套（每套按 2 床计），员工 110 人，用水量标准取高值，试计算调节水池最小容积。

9. 有一六层公共建筑，1~2 层为商场（$\alpha = 1.5$），总当量数为 20；3~6 层为旅馆（$\alpha = 2.5$），总当量数为 125。若全部采用直接给水方式供水，则该建筑生活给水引入管的设计流量为多少？若 1~2 层采用直接给水方式，3~6 层采用设水泵的给水方式，则建筑生活给水引入管的设计流量为多少？

10. 某普通高层办公楼，地下两层、地上九层，三层以上为高区，采用叠压供水方式，采用建筑给水钢塑复合管。引入管处供水最小压力为 0.2MPa、设计标高 -1.7m。引入管上设置水表，水表压力损失 0.03MPa。叠压供水设备位于地下一层 -5.4m，最不利配水点标高 32.5m，所需最低水压为 0.15MPa。计算管网沿程总水头损失 0.03MPa，局部阻力损失占比取低限值，叠压供水设备所需扬程 H_b（MPa）为多少？（忽略各种阀件和设备的损失）

11. 某单体居住建筑生活给水系统，由市政给水管网供水，请思考下列的问题：

① 采用低位水箱（池）、水泵、高位水箱供水方式，与低位水箱（池）、水泵（变频调速泵组）供水方式相比，两者泵组的轴功率哪个更低？配水管网设计流量是否更小？

② 采用叠压供水方式，叠压供水泵组的水泵扬程是否小于系统所需的水压？

③ 采用叠压供水方式，与低位水箱（池）、水泵（变频调速泵组）供水方式相比，两者泵组的轴功率哪个更低？

12. 请查阅相关资料，思考建筑节水的意义有哪些。

第3章　消火栓和自动喷水灭火系统

按照灭火介质常用的灭火系统有水消防系统、气体灭火系统、泡沫灭火系统、干粉灭火系统等。

水在与燃烧物接触后会通过物理、化学反应从燃烧物中摄取热量，对燃烧物起到冷却作用；同时水在被加热和汽化的过程中所产生的大量水蒸气，能够阻止空气进入燃烧区，并能稀释燃烧区内氧的含量从而减弱燃烧强度；另外经水枪喷射出来的压力水流具有很大的动能和冲击力，可以冲散燃烧物使燃烧强度显著减弱。

在水、泡沫、酸碱、卤代烷、二氧化碳和干粉等灭火剂中，水具有使用方便、灭火效果好、来源广泛、价格便宜、器材简单等优点，是目前建筑消防的主要灭火剂。本章重点介绍以水作为灭火剂的消火栓给水系统和自动喷水灭火系统。

3.1　室内消火栓给水系统及布置

室内消火栓给水系统是把室外给水系统提供的水量，经过加压（外网压力不满足需要时），输送到用于扑灭建筑物内的火灾而设置的固定灭火设备，是建筑物中最基本的灭火设施。

室内消火栓给水系统按压力分为高压（消防）给水系统、临时高压消防给水系统和低压消防给水系统三类。高压消防给水系统是指在常态下，系统的供水压力和流量能保持灭火时所需的系统工作压力和流量，火灾发生时无须启动消防水泵；临时高压消防给水系统是指在常态下，系统的供水压力和流量不能满足灭火时所需的工作压力和流量，火灾发生时，须自动启动消防水泵以满足水灭火设施所需的工作压力和流量；低压消防给水系统是指系统能满足车载或手抬移动消防泵等取水所需的工作压力和流量。

3.1.1　系统的设置原则与场所

按照我国《建筑设计防火规范》GB 50016—2014（2018 年版）的规定，下列建筑或场所应设置室内消火栓给水系统：

（1）建筑占地面积大于 300m² 的厂房和仓库；

（2）高层公共建筑和建筑高度大于 21m 的住宅建筑（建筑高度不大于 27m 的住宅建筑，设置室内消火栓系统确有困难时，可只设置干式消防竖管和不带消火栓箱的 DN65 的室内消火栓）；

（3）体积大于 5000m³ 的车站、码头、机场的候车（船、机）建筑、展览建筑、商店建筑、旅馆建筑、医疗建筑、老年人照料设施和图书馆建筑等单、多层建筑；

（4）特等、甲等剧场，超过 800 个座位的其他等级的剧场和电影院等以及超过 1200 个座位的礼堂、体育馆等单、多层建筑；

（5）建筑高度大于 15m 或体积大于 10000m³ 的办公建筑、教学建筑和其他单、多层民用建筑。

国家级文物保护单位的重点砖木或木结构的古建筑，宜设置室内消火栓。

人员密集的公共建筑、建筑高度大于100m的建筑和建筑面积大于200m²的商业服务网点应设置消防软盘卷盘或轻便消防水龙。高层住宅建筑的户内宜配置轻便消防水龙。

下列建筑或场所可不设室内消火栓给水系统，但宜设置消防软管卷盘或轻便消防水龙：

1）耐火等级为一、二级且可燃物较少的单、多层丁、戊类厂房（仓房）。

2）耐火等级为三、四级且建筑体积不大于3000m³的丁类厂房；耐火等级为三、四级且建筑体积不大于5000m³的戊类厂房（仓房）。

3）粮食仓库、金库、远离城镇且无人值班的独立建筑。

4）存有与水接触能引起燃烧爆炸的物品的建筑。

5）室内无生产、生活给水管道，室外消防用水取自贮水池且建筑体积不大于5000m³的其他建筑。

3.1.2 系统的组成与供水方式

1. 系统的组成

建筑消火栓给水系统一般由水枪、水带、消火栓、消防卷盘、消防管道、消防水池、高位水箱、水泵接合器及增压水泵等组成。

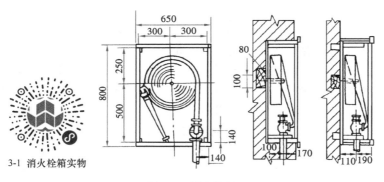

3-1 消火栓箱实物

图3-1 消火栓箱

（1）消火栓设备

消火栓设备由水枪、水带和消火栓组成，均安装于消火栓箱内，如图3-1所示。

水枪一般为直流式，喷嘴口径有13mm、16mm、19mm及22mm四种。口径13mm水枪配备直径50mm水带，16mm水枪可配50mm或65mm水带，19mm和22mm水枪配备65mm水带。低层建筑的消火栓可选用13mm或16mm口径水枪。

水带口径有50mm、65mm两种，水带长度一般为15m、20m、25m、30m四种；水带材质有麻织和化纤两种，有衬胶与不衬胶之分，衬胶水带阻力较小。水带长度应根据水力计算选定。

消火栓均为内扣式接口的球形阀式龙头，有单出口和双出口之分。双出口消火栓直径为65mm，如图3-2所示；单出口消火栓直径有50mm和65mm两种。当每支水枪最小流量小于5L/s时选用直径50mm消火栓；最小流量不小于5L/s时选用65mm消火栓。

室内消火栓的选型应根据使用者、火灾危险性、火灾类型和不同灭火功能等因素综合确定。

室内消火栓的选用应符合下列要求：

1）室内消火栓SN65可与消防软管卷盘一同使用；

2）SN65 的消火栓应配置公称直径 65mm 有内衬里的消防水带，每根水带的长度不宜超过 25m；消防软管卷盘应配置内径不小于 19mm 的消防软管，其长度宜为 30m；

3）SN65 的消火栓宜配当量喷嘴直径 16mm 或 19mm 的消防水枪，但当消火栓设计流量为 2.5L/s 时宜配当量喷嘴直径 11mm 或 13mm 的消防水枪；消防软管卷盘应配当量喷嘴直径 6mm 的消防水枪。

（2）水泵接合器

在建筑消防给水系统中的某些场所均应设置水泵接合器。水泵接合器是连接消防车向室内消防给水系统加压供水的装置，一端由室内消防给水管网水平干管引出，另一端设于消防车易于接近的地方。如图 3-3 所示，水泵接合器有地上、地下和墙壁式 3 种，其设计参数和尺寸见表 3-1 和表 3-2。

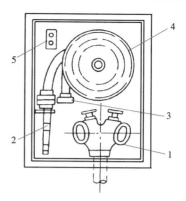

图 3-2　双出口消火栓

1—双出口消火栓；2—水枪；3—水带接口；4—水带；5—按钮

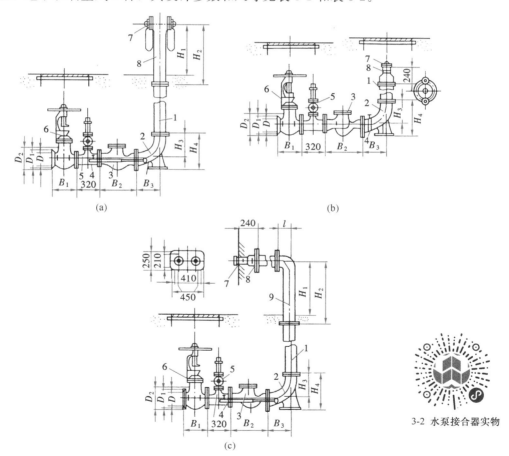

(a)　　　　　　　　　　　(b)

(c)

图 3-3　水泵接合器

（a）SQ 型地上式；（b）SQ 型地下式；（c）SQ 型墙壁式；

1—法兰接管；2—弯管；3—升降式单向阀；4—放水阀；5—安全阀；

6—闸阀；7—进水接口；8—本体；9—法兰弯管

3-2 水泵接合器实物

水泵接合器型号及其基本参数 　　表 3-1

型号规格	形　式	公称直径 (mm)	公称压力 (MPa)	进　水　口	
				形　　式	口径（mm）
SQ100 SQX100 SQB100	地上 地下 墙壁	100	1.6	内扣式	65×65
SQ150 SQX SQB150	地上 地下 墙壁	150			80×80

水泵接合器的基本尺寸 　　表 3-2

公称管径（mm）	结　构　尺　寸						法　兰						消防接口
	B_1	B_2	B_3	H_1	H_2	H_3	H_4	L	D	D_1	D_2	d	N	
100	300	350	220	700	800	210	318	130	220	180	158	17.5	8	KWS65
150	350	480	310	700	800	325	465	160	285	240	212	22	8	KWS80

（3）消防软管卷盘

在宾馆、商场、客运车站候车室、公共图书馆的阅览室、公共展览馆等人员密集的公共建筑和建筑高度大于 100m 的建筑、建筑面积大于 $200m^2$ 的商业服务网点内应设置消防软管卷盘。自救式小口径消火栓设备，其栓口直径为 25mm 或 32mm，配带的小口径开关水枪喷嘴口径为 6mm、8mm 或 9mm，橡胶水龙带内径 19mm，长度 20～40m。胶带卷绕在可旋转的转盘上，可与普通消火栓设在组合式消防箱内，也可单独设置，如图 3-4（a）、（b）所示。该设备操作方便，便于非专职消防人员在火灾初起时及时救火，以防火势蔓延，提高灭火成功率。因消防卷盘只在火灾初起时及时使用，故可按地面有一股水流到达的要求布置，其水量可不计入消防用水总量。

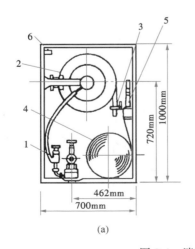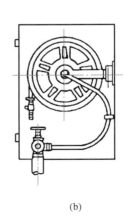

（a）　　　　　　　　　　　　　　（b）

图 3-4　消防卷盘

（a）组合设置；（b）单独设置

1—小口径消火栓；2—卷盘；3—小口径直流开关水枪；

4—ϕ65 输水衬胶水带；5—大口径直流水枪；6—控制按钮

（4）消防管道

建筑物内高压或临时高压消防给水系统管道不应与生产生活给水系统合用；但当仅设有消防软管卷盘或轻便水龙的室内消防给水系统时，可与生产生活给水系统合用。

（5）消防水源

消防水源水质应满足水灭火设施的功能要求，市政给水、消防水池、天然水源等可作为消防水源，并宜采用雨水清水池、中水清水池、水景和游泳池作为备用消防水源。

消防水池用于无室外消防水源情况下，贮存火灾持续时间内的室内消防用水量。消防水池可设于室外高处（高位水池）地下或地面上，也可设在室内地下室，或与室内游泳池、水景水池兼用。消防水池应设有水位控制阀的进水管和溢水管、通气管、泄水管、出水管及水位指示器等附属装置。根据各用水系统的供水水质要求是否一致，可将消防水池与生活或生产贮水池合用，也可单独设置。消防用水与其他用水合用的水池应采取确保消防水量不作他用的技术措施。

（6）消防水箱

消防水箱对扑救初期火灾起着重要作用，为确保其自动供水的可靠性，应在建筑物的最高部位设置重力自流的消防水箱；消防用水与其他用水合并的水箱，应有消防用水不作他用的技术设施；水箱的安装高度应满足室内最不利点消火栓所需的水压要求，且消防水箱的有效容积应满足初期火灾消防水量的要求，具体见 3.2.2 节。

（7）消防水泵在设置临时消防给水系统的建筑物，为满足最不利点，消火栓所需充实水柱的需要，这类建筑还应设置消防水泵。

2. 消火栓给水系统的给水方式

消防给水系统有分区、不分区给水方式，后者为一栋建筑采用同一消防火栓水系统供水，如图 3-5（a）所示。当消火栓给水系统中，系统工作压力大于 2.4MPa，消火栓栓口处静压大于 1.0MPa、则需分区供水，否则消防给水系统压力过高，必然带来以下弊病：灭火时，水枪、喷头出水量过大，高位水箱中的消防贮水量会很快用完，不利于扑救初期火灾；消防管道易漏水；消防设备、附件易损坏，室内使用的水龙带一般工作压力不超过 1MPa，当室内最低消火栓口静压为 1.0MPa 时，为满足最不利消火栓所需压力，消防管道的工作压力已接近 1MPa，若最低处消火栓口压力大于 1.0MPa，消防水泵启动时可能造成水龙带损坏，使系统失去救火能力。同时管网压力过高，水枪水压过大，救火人员也不易把握，不利救火操作。图 3-5（b）、图 3-5（c）分别为水泵并联分区消火栓给水系统和水泵、水箱分区消火栓给水系统示意图。

3.1.3　消火栓给水系统的布置

1. 水枪充实水柱长度

消火栓设备的水枪射流灭火，需要有一定强度的密实水流才能有效地扑灭火灾。如图 3-6 所示，从水枪喷嘴处起至射流 90% 的水柱水量穿过直径 380 毫米圆孔处的一段射流长度，称为充实水柱长度，以 H_m 表示。根据实验数据统计，当水枪充实水柱长度小于 7m 时，火场的辐射热使消防人员无法接近着火点，达不到有效灭火的目的；当水枪的充实水柱长度大于 15m 时，因射流的反作用力而使消防人员无法把握水枪灭火。表 3-3 为各类建筑物要求的

3-3 水枪充实水柱

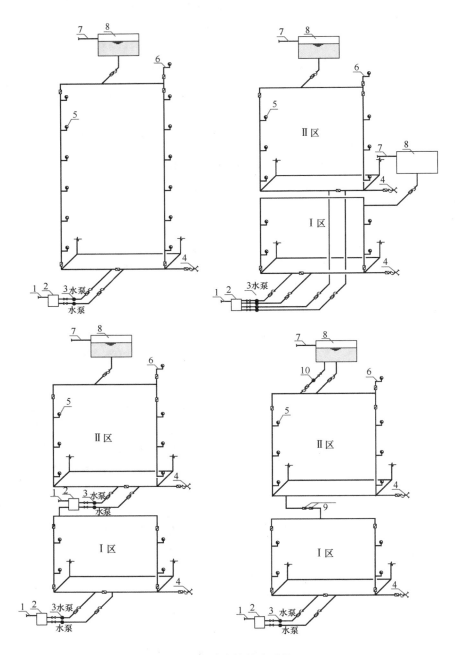

图 3-5　消火栓给水系统

（a）不分区消火栓给水系统；（b）水泵并联分区消火栓给水系统；

（c）水泵、水箱分区消火栓给水系统；（d）水泵、减压阀分区消火栓给水系统

1—水池进水管；2—消防水池；3—消防水泵；4—水泵结合器；5—消火栓；

6—试验消火栓；7—消防水箱进水管；8—消防水箱；9—减压阀；10—稳压泵

水枪充实水柱长度，设计时可参照选用。

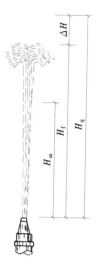

图 3-6　垂直射流组成

各类建筑要求水枪充实水柱长度		表 3-3
建筑物类别	消火栓栓口动压（MPa）	充实水柱长度（m）
高层建筑、厂房、库房和室内净空高度超过 8m 的民用建筑等场所	≥0.35	13
其他场所	≥0.25	10

2. 消火栓布置

根据规范要求，设置室内消火栓的建筑，包括设备层在内的各层均应设置消火栓。消火栓的间距布置应满足《消防给水及消火栓系统技术规范》GB 50974—2014 的要求：

（1）建筑高度小于或等于 24m 且体积小于或等于 5000m³ 的多层仓库、建筑高度小于或等于 54m 且每单元设置一部疏散楼梯的住宅，以及附表 3-2 中规定可采用 1 支消防水枪的场所，消火栓布置应满足 1 支消防水枪的 1 股充实水柱到达室内任何部位。如图 3-7（a）、（c）所示，其布置间距按下列公式计算：

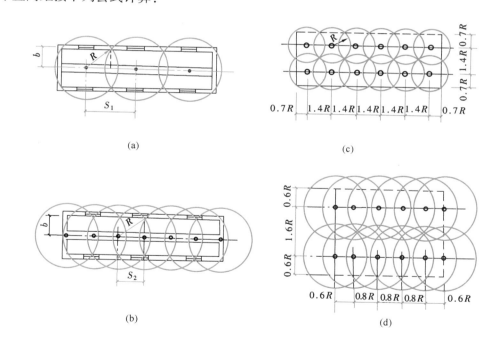

（a）
（b）
（c）
（d）

图 3-7　消火栓布置间距

（a）单排 1 股水柱到达室内任何部位；（b）单排 2 股水柱到达室内任何部位；
（c）多排 1 股水柱到达室内任何部位；（d）多排 2 股水柱到达室内任何部位

$$S_1 \leqslant 2 \cdot \sqrt{R^2 - b^2} \qquad (3\text{-}1)$$
$$R = C \cdot L_d + L_s \qquad (3\text{-}2)$$

式中　S_1——消火栓间距，m；

R——消火栓保护半径，m；

C——水带展开时的弯曲折减系数，一般取 0.8~0.9；

L_d——水带长度，每条水带的长度不应大于 25m，m；

L_s——水枪充实水柱倾斜 45° 时的水平投影长度，m，$L_s=0.71H_m$；

H_m——水枪充实水柱长度，m；

b——消火栓的最大保护宽度，应为一个房间的长度加走廊的宽度，m。

对于双排及多排消火栓间距按图 3-7（c）、（d）所示布置。

（2）其他民用建筑应保证每一个防火分区同平面有 2 支水枪的充实水柱同时达到任何部位，如图 3-7（b）、（d）所示，其布置间距按下列公式计算。

$$S_2 \leqslant \sqrt{R^2 - b^2} \qquad (3-3)$$

式中　S_2——消火栓间距（2 股水柱达到同层任何部位），m；

R、b 同式（3-1）。

消火栓按 2 支消防水枪的 2 股充实水柱布置的建筑及工业厂房等场所，消火栓的布置间距不应大于 30m；消火栓按 1 支消防水枪的 1 股充实水柱布置的建筑物，消火栓的布置间距不应大于 50m。

（3）消火栓口距地面安装高度为 1.1m，栓口宜向下或与墙面垂直安装。同一建筑内应选用同一规格的消火栓、水带和水枪，为方便使用，每条水带的长度不应大于 25m。为保证及时灭火，每个消火栓处按钮可作为发出报警信号的开关。

（4）建筑室内消火栓的设置位置应满足火灾扑救要求，一般消火栓应设置在位置明显且操作方便的过道内，宜靠近疏散方便的通道口处、楼梯间内等便于取用和火灾扑救的位置。建筑物设有消防电梯时，其前室应设消火栓。冷库内的消火栓应设置在常温穿堂内或楼梯间内。在建筑物屋顶应设 1 个消火栓，以利于消防人员经常试验和检查消防给水系统是否能正常运行，同时还能起到保护本建筑物免受邻近建筑火灾的波及。在寒冷地区，屋顶消火栓可设在顶层出口处、水箱间或采取防冻技术措施。

3. 消防给水管道的布置

建筑内消火栓给水管道布置应满足下列要求：

（1）室内消火栓系统管网应布置成环状，当室外消火栓设计流量不大于 20L/s，且室内消火栓不超过 10 个时，可布置成枝状；

（2）当由室外生产生活、消防合用系统直接供水时，合用系统除应满足室外消防给水设计流量以及生产和生活最大小时设计流量的要求外，还应满足室内消防给水系统的设计流量和压力要求；

（3）室内消防管道管径应根据系统设计流量、流速和压力要求经计算确定；室内消火栓竖管管径应根据竖管最低流量经计算确定，但不应小于 $DN100$。

室内消火栓环状给水管道检修时应符合下列规定：

（1）室内消火栓竖管应保证检修管道时关闭停用的竖管不超过 1 根，当竖管超过 4 根时，可关闭不相邻的两根；

（2）每根立管上下两端与供水干管相接处应设置阀门。

室内消火栓给水管网宜与自动喷水等其他水灭火系统的管网分开设置；当合用消防泵时，供水管路沿水流方向应在报警阀前分开设置。

消防给水管道的设计流速不宜大于 2.5m/s，自动水灭火系统管道设计流速，应符合现行国家标准《自动喷水灭火系统设计规范》GB 50084—2017、《泡沫灭火系统技术标准》GB 50151—2021、《水喷雾灭火系统技术规范》GB 50219—2014 和《固定消防炮灭火系统设计规范》GB 50338—2003 的有关规定，但任何消防管道的给水流速不应大于 7m/s。

3.2　室内消火栓给水系统水力计算

消火栓给水系统水力计算的主要任务是根据规范规定的消防用水量及要求使用的水枪数量和水压，确定管网的管径，系统所需的水压，水池、水箱的容积和水泵的型号等。我国规范规定的各种建筑物消防用水量及要求同时使用的水枪数量可查附表 3-2。

3.2.1　消火栓口所需的水压

消火栓口所需的水压按下列公式计算（参见图 3-7）。

$$H_{xh} = H_q + h_d + H_k \tag{3-4}$$

式中　H_{xh}——消火栓口的水压，kPa；

　　　H_q——水枪喷嘴处的压力，kPa；

　　　h_d——水带的水头损失，kPa；

　　　H_k——消火栓栓口水头损失，按 20kPa 计算。

理想的射流高度（即不考虑空气对射流的阻力）为：

$$H_q = \frac{v^2}{2g} \tag{3-5}$$

式中　v——水流在喷嘴口处的流速，m/s；

　　　g——重力加速度，m/s²；

　　　H_q 同式（3-4）。

实际射流对空气的阻力为：

$$\Delta H = H_q - H_f = \frac{K_1}{d_f} \cdot \frac{v^2}{2g} \cdot H_f \tag{3-6}$$

把式（3-5）代入式（3-6）得：

$$H_q - H_f = \frac{K_1}{d_f} H_q \cdot H_f$$

$$H_q = \frac{H_f}{1 - \frac{K_1}{d_f} \cdot H_f}$$

设 $\frac{K_1}{d_f} = \varphi$，则：

$$H_q = \frac{10 \cdot H_f}{1 - \varphi H_f} \tag{3-7}$$

式中　K_1——由实验确定的阻力系数；

　　　d_f——水枪喷嘴口径，m；

　　　H_f——垂直射流高度，m；

　　　φ——与水枪喷嘴口径有关的阻力系数，可按经验公式 $\varphi = \dfrac{0.25}{d_f + (0.1 d_f)^3}$ 计算，其值已列入表 3-4；

　　　H_q——同式（3-4）。

水枪充实水柱高度 H_m 与垂直射流高度 H_f 的关系式由下列公式表示：

$$H_f = a_f H_m \qquad (3-8)$$

式中 a_f——实验系数 $a_f = 1.19 + 80(0.01 \cdot H_m)^4$，可查表 3-5。

系数 φ 值   表 3-4

d_f (mm)	13	16	19
φ	0.0165	0.0124	0.0097

系数 a_f 值   表 3-5

H_m (m)	6	7	8	9	10	11	12	13	14	15	16
a_f	1.19	1.19	1.19	1.20	1.20	1.20	1.21	1.21	1.22	1.23	1.24

将式（3-8）代入式（3-7）可得到水枪喷嘴处的压力与充实水柱高度的关系为：

$$H_q = \frac{a_f \cdot H_m \times 10}{1 - \varphi \cdot a_f \cdot H_m} \quad kPa \qquad (3-9)$$

水枪在使用时常倾斜 $45° \sim 60°$ 角，由试验得知充实水柱长度几乎与倾角无关，在计算时充实水柱长度与充实水柱高度可视为相等。

水枪射出流量与喷嘴压力之间的关系可用下列公式计算：

根据孔口出流公式：

$$q_{xh} = \mu \frac{\pi d_f^2}{4} \cdot \sqrt{2gH_q}/1000 = 0.003477\mu d_f^2 \cdot \sqrt{H_q}$$

令 $B = (0.003477\mu \cdot d_f^2)^2$ 则：

$$q_{xh} = \sqrt{BH_q} \qquad (3-10)$$

式中 q_{xh}——水枪的射流量，L/s；

    μ——孔口流量系数，采用 $\mu = 1.0$；

    B——水枪水流特性系数，与水枪喷嘴口径有关，可查表 3-6；

H_q 同式（3-4）。

水枪水流特性系数 B 表 3-6

水枪喷口直径（mm）	13	16	19	22
B	0.346	0.793	1.577	2.834

为了方便使用，根据式（3-9）、式（3-10）制成表 3-7，根据水枪口径和充实水柱长度可查出水枪的射流量和压力值。

$H_m - H_q - q_{xh}$ 技术数据   表 3-7

充实水柱 (m)	水枪喷口直径（mm）					
	13		16		19	
	H_q (mH$_2$O)	q_{xh} (L/s)	H_q (mH$_2$O)	q_{xh} (L/s)	H_q (mH$_2$O)	q_{xh} (L/s)
6	8.1	1.7	7.8	2.5	7.7	3.5
7	9.7	1.8	9.3	2.7	9.1	3.8
8	11.3	2.0	10.8	2.9	10.5	4.1
9	13.1	2.1	12.5	3.1	12.1	4.4
10	15.0	2.3	14.1	3.3	13.6	4.6
11	16.9	2.4	15.8	3.5	15.1	4.9
12	19.1	2.6	17.1	3.7	16.9	5.2
13	21.2	2.7	19.5	3.9	18.6	5.4
14	23.8	2.9	21.7	4.1	20.5	5.7
15	26.5	3.0	23.9	4.4	22.5	6.0
16	29.5	3.2	26.3	4.6	24.6	6.2

水带水头损失应按下列公式计算：

$$h_d = A_z \cdot L_d q_{xh}^2 \times 10 \qquad (3\text{-}11)$$

式中　h_d——水带水头损失，kPa；

　　　L_d——水带长度，m；

　　　A_z——水带阻力系数，见表 3-8；

　　q_{xh}同式（3-10）。

3-4　消火栓
计算例题

水带阻力系数 A_z 值　　　　　　　　　　　　　　　　　表 3-8

水带材料	水带直径（mm）		
	50	65	80
麻织	0.01501	0.00430	0.00150
衬胶	0.00677	0.00172	0.00075

3.2.2　供水设施

1. 消防水池

在下列情况下应设置消防水池：

（1）当生产、生活用水量达到最大时，市政给水管网或引入管不能满足室内、外消防用水量时；

（2）当采用一条管道供消防供水或只有一条引入管，且室外消火栓设计流量大于 20L/s 或建筑高度大于 50m 时；

（3）市政消防给水设计流量小于建筑室内外消防给水设计流量时。

当市政给水管网能保证室外消防给水设计流量时，消防水池的有效容积应满足在火灾延续时间内室内消防用水量的要求。

当市政给水管网不能保证室外消防给水设计流量时，消防水池的有效容积应满足火灾延续时间内室内消防用水量和室外消防用水量不足部分之和的要求。消防水池的消防贮存水量应按下式确定：

$$V_f = 3.6(Q_f - Q_L) \cdot T_x \qquad (3\text{-}12)$$

式中　V_f——消防水池贮存消防水量，m^3；

　　　Q_f——室内消防用水量与室外消防用水量之和，L/s；

　　　Q_L——市政管网可连续补充的水量，L/s；

　　　T_x——火灾延续时间，h；详见附表 3-1。

消防水池的给水管应根据其有效容积和补水时间确定，补水时间不宜大于 48h，但当消防水池有效总容积大于 2000m^3 时不应大于 96h。当消防水池采用两条管道供水且在火灾情况下连续补水能满足消防要求时，消防水池的有效容积应根据计算确定，但不应小于 100m^3，当仅设有消火栓系统时不应小于 50m^3。

3-5　消水池
计算例题

消防水池的总蓄水有效容积大于 500m^3 时，宜设两格能独立使用的消防水池，并应设置满足最低有效水位的连通管；但当大于 1000m^3 时，应设置能独立使用的两座消防水池，每格（或座）消防水池应设置独立的出水管，并应设置满足最低有效水位的连通管。

消防用水与其他用水共用的水池，应采取确保消防用水量不作他用的技术措施。

2. 消防水箱

（1）消防贮水量

高层民用建筑、总建筑面积大于 10000m² 且层数超过 2 层的公共建筑和其他重要建筑，必须设置高位消防水箱。

临时高压消防给水系统的高位消防水箱的有效容积应满足初期火灾消防用水量的要求，并应符合下列规定：

1）一类高层公共建筑不应小于 36m³，但当建筑高度大于 100m 时不应小于 50m³，当建筑高度大于 150m 时不应小于 100m³；

2）多层公共建筑、二类高层公共建筑和一类高层住宅不应小于 18m³，当一类住宅建筑高度超过 100m 时不应小于 36m³；

3）二类高层住宅不应小于 12m³；

4）建筑高度大于 21m 的多层住宅建筑不应小于 6m³；

5）当工业建筑室内消防给水设计流量小于等于 25L/s 时不应小于 12m³；大于 25L/s 时不应小于 18m³。

（2）设置高度

高位消防水箱的设置位置应高于其所服务的水灭火设施，且最低有效水位应满足水灭火设施最不利点处的静水压力，并应按下列规定确定：

1）一类高层公共建筑，不应低于 0.10MPa，但当建筑高度超过 100m 时，不应低于 0.15MPa。

2）高层住宅、二类高层公共建筑、多层公共建筑，不应低于 0.07MPa，多层住宅不宜低于 0.07MPa。

3）工业建筑不应低于 0.10MPa，当建筑体积小于 20000m³ 时，不宜低于 0.07MPa。

4）自动喷水灭火系统等自动水灭火系统应根据喷头灭火需求压力确定，但最小不应小于 0.10MPa。

5）当高位消防水箱不能满足以上的静压要求时，应设稳压泵。

3. 消防水泵

消防水泵的流量按下列公式计算：

$$Q_{xb} = \frac{Q_x}{N_x} \qquad (3\text{-}13)$$

式中　Q_{xb}——消防水泵的流量，L/s；

　　　Q_x——室内消防用水总量，L/s；

　　　N——消防水泵台数。

消防水泵的扬程按下列公式计算：

$$H_{xb} = H_{xh} + (1.20 \sim 1.40)h_{xg} + 10H_z \qquad (3\text{-}14)$$

式中　H_{xb}——消防水泵的扬程，kPa；

H_{xh}——最不利点处消火栓口的水压，kPa；

h_{xg}——计算管路的总水头损失，kPa；

H_z——消防水池最低水位与最不利点消火栓之高差，m。

当消防水泵直接从市政给水管网吸水时，应在消防水泵出水管上设置有空气隔断的倒流防止器，消防水泵的扬程应按市政给水管网的最低压力计算，并以市政给水管网的最高压力校核。

消防水泵应设置备用泵，其性能与工作泵性能一致。单台消防水泵的最小额定流量不应小于 10L/s，最大额定流量不宜大于 320L/s。

当建筑高度小于 54m 的住宅和室外消防给水设计流量小于等于 25L/s 的建筑，以及室内消防给水设计流量小于等于 10L/s 的建筑时，可以不设置备用泵。

4. 稳压泵

稳压泵的设计流量应符合下列规定：

（1）稳压泵的设计流量不应小于消防给水系统管网的正常泄漏量和系统自动启动流量。

（2）消防给水系统管网的正常泄漏量应根据管道材质、接口形式等确定，当没有管网泄漏量数据时，稳压泵的设计流量宜按消防给水设计流量的 1%～3% 计，且不宜小于 1L/s。

稳压泵的设计压力应符合下列要求：

（1）稳压泵的设计压力应满足系统自动启动和管网充满水的要求。

（2）稳压泵的设计压力应保持系统自动启泵压力设置点处的压力在准工作状态时大于系统设置自动启泵压力值，且增加值宜为 0.07～0.10MPa。

（3）稳压泵的设计压力应保持系统最不利点处水灭火设施在准工作状态时的静水压力应大于 0.15MPa。

设置稳压泵的临时高压消防给水系统应设置防止稳压泵频繁启停的技术措施，当采用气压水罐时，其调节容积应根据稳压泵启泵次数不大于 15 次/h 计算确定，但有效贮水容积不宜小于 150L。

5. 水泵接合器

下列场所的室内消火栓给水系统应设置消防水泵接合器：

（1）高层民用建筑；

（2）设有消防给水的住宅及超过五层的其他多层民用建筑；

（3）超过 2 层或建筑面积大于 10000m² 的地下或半地下建筑（室）、室内消火栓设计流量大于 10L/s 结合的人防工程；

（4）高层工业建筑和超过四层的多层工业建筑；

（5）城市交通隧道。

自动喷水灭火系统、水喷雾灭火系统、泡沫灭火系统和固定消防炮灭火系统等水灭火系统，均应设置消防水泵接合器。

消防水泵接合器的给水流量宜按每个 10～15L/s 计算。每种水灭火系统的消防水泵接合器设置的数量应按系统设计流量经计算确定，但当计算数量超过 3 个时，可根据供水可靠性适当减少。水泵接合器应设在室外便于消防车使用的地点，且距室外消火栓或消防水池的距离不宜小于 15m，并不宜大于 40m。消防给水为竖向分区供水时，在消防车供水压力范围内的分区，应分别设置水泵接合器；当建筑高度超过消防车供水高度时，消防给水应在设备层等方便操作的地点设置手抬泵或移动泵接力供水的吸水和加压接口。

3-6 减压孔板
水头损失计算

6. 减压孔板

当消火栓口处压力大于 0.5MPa 时，应在消火栓处设置减压装置，一般采用减压阀或减压孔板，用以减少消火栓前的剩余水压、减压孔板水头损失计算见 QR3-6 减压孔板水头损失计算。

3.2.3 管网水力计算

消防管网水力计算的主要目的在于确定消防给水管网的管径、计算或校核消防水箱的设置高度、选择消防水泵。

由于建筑物发生火灾地点的随机性，以及水枪充实水柱数量的限定（即水量限定），在进行消防管网水力计算时，对于枝状管网应首先选择最不利立管和最不利消火栓，以此确定计算管路，并按照消防规范规定的室内消防用水量进行流量分配，低层建筑消防立管流量分配应按附表 3-2 确定。在最不利点水枪射流量按式（3-10）确定后，以下各层水枪的实际射流量应根据消火栓口处的实际压力计算，见第 13 章设计举例中消火栓系统水力计算。在确定了消防管网中各管段的流量后，便可按流量公式 $Q=\frac{1}{4}\pi D^2 \cdot v$ 计算出各管段管径，管道沿程水头损失见 QR3-7 管道沿程损失计算。

消火栓给水管道中的流速一般以 1.4~1.8m/s 为宜，不允许大于 2.5m/s。消防管道沿程水头损失的计算方法与给水管网计算相同，其局部水头损失按管道沿程水头损失的 10% 采用。

当有消防水箱时，应以水箱的最低水位作为起点选择计算管路，计算管径和水头损失，确定水箱的设置高度或补压设备。当设有消防水泵时，应以消防水池最低水位作为起点选择计算管路，计算管径和水头损失，确定消防水泵的扬程。

对于环状管网（由于着火点不确定），可假定某管段发生故障，仍按枝状网进行计算。

为保证消防车通过水泵接合器向消火栓给水系统供水灭火，对于建筑消火栓给水管网管径不得小于 $DN100$。

3.3 室外消火栓及管网布置

3.3.1 室外消火栓

室外消火栓是设置在建筑物外面消防给水管网上的供水设施，主要供消防车从市政给水管网或室外消防给水管网取水实施灭火，也可以直接连接水带、水枪出水灭火，是扑救火灾的重要消防设施之一，建筑室外消火栓应采用湿式消火栓系统。

室外消火栓设置要求：

（1）建筑室外消火栓的数量应根据室外消火栓设计流量和保护半径经计算确定，保护半径不应大于 150.0m，每个室外消火栓的出流量宜按 10～15L/s 计算。

（2）室外消火栓宜沿建筑周围均匀布置，且不宜集中布置在建筑一侧；建筑消防扑救面一侧的室外消火栓数量不宜少于 2 个。

（3）人防工程、地下工程等建筑应在出入口附近设置室外消火栓，且距出入口的距离不宜小于 5m，并不宜大于 40m。

（4）停车场的室外消火栓宜沿停车场周边设置，且与最近一排汽车的距离不宜小于 7m，距加油站或油库不宜小于 15m。

（5）甲、乙、丙类液体储罐区和液化烃储罐区等构筑物的室外消火栓，应设在防火堤或防护墙外，数量应根据每个罐的设计流量经计算确定，但距罐壁 15m 范围内的消火栓，不应计算在该罐可使用的数量内。

（6）工艺装置区等采用高压或临时高压消防给水系统的场所，其周围应设置室外消火栓，数量应根据设计流量经计算确定，且间距不应大于 60.0m。当工艺装置区宽度大于 120.0m 时，宜在该装置区内的路边设置室外消火栓。

3.3.2 室外消防给水管网

室外消防给水管网主要给室外消火栓供水，是水消防系统重要组成部分。

1. 室外给水消防管网分类

（1）室外消防管网按消防水压要求分为高压消防给水管网，临时高压消防给水管网和低压消防给水管网。

1）高压消防给水管网：管网内始终维持水灭火设施所需要的工作压力和流量，火灾时不需要使用消防车或其他移动式消防水泵加压，从消火栓直接接出水带、水枪灭火或供消防车取水。采用这种给水管网时，管道内的压力，应保证用水量达到最大且水枪布置在保护范围内任何建筑物的最高处时，水枪的充实水柱不应小于 10m。

2）临时高压消防给水管网：管网内平时压力和流量不能满足水灭火设施的要求，一旦发生火灾，自动启动消防水泵，以满足水灭火设施所需要的工作压力和流量。

3）低压消防给水管网：管网内平时压力较低，一般只负担提供消防用水量，一旦发生火灾，水枪所需要的压力，由消防车或其他移动式消防水泵加压形成。采用这种给水管网时，其管网的压力保证灭火时最不利点消火栓的水压不小于 0.1MPa（从地面算起）。

（2）室外消防给水系统按用途分为生活、消防合用给水系统，生产、消防合用给水系统、生产、生活消防合用给水系统、独立的消防给水系统。

1）生活、消防合用给水管网：管网内的水经常保持流动状态，水质好、便于日常检查和保养。采用这种给水管网，当生活用水达到最大小时用水量时，仍应保证供给全部消防用水量。

2）生产、消防合用给水管网：管网内保证生产和消防用水量及水压要求，而且水质满足消防要求。

3）生活、生产和消防合用给水系统：管网内保证生活、生产和消防用水量及水压要求，而且水质满足生活水质要求。

4）独立的消防给水系统：当生产、生活用水量较小而消防水量较大，合并在一起不经济时，或者用水合并在一起技术上不可能时常采用独立的消防给水管网。

（3）室外消防给水系统按管网布置形式分为环状给水管网和枝状给水管网。

1）环状管网给水系统：环状管给水网在平面布置上形成若干闭合环的管网给水系统。

2）枝状管网消防给水系统：枝状给水管网在平面布置上线成树枝状，分枝后干线彼此无联系的管网给水系统。

2. 室外消防管网设置要求

（1）当市政给水管网设有市政消火栓时，应符合下列规定：

1）设有市政消火栓的市政给水管网宜为环状管网，但当城镇人口小于 2.5 万人时，可为枝状管网；

2）接市政消火栓的环状给水管网的管径不应小于 $DN150$，枝状管网的管径不宜小于 $DN200$。当城镇人口小于 2.5 万人时，接市政消火栓的给水管网的管径可适当减少，环状管网时不应小于 $DN100$，枝状管网时不宜小于 $DN150$；

3）工业园区、商务区和居住区等区域采用两路消防供水，当其中一条引入管发生故障时，其余引入管在保证满足 70% 生产生活给水的最大小时设计流量条件下，应仍能满足本规范规定的消防给水设计流量。

（2）室外消防给水管网应符合下列规定：

1）室外消防给水采用两路消防供水时应采用环状管网，但当采用一路消防供水时可采用枝状管网；

2）管道的直径应根据流量、流速和压力要求经计算确定，但不应小于 $DN100$；

3）消防给水管道应采用阀门分成若干独立段，每段内室外消火栓的数量不宜超过 5 个；

4）管道设计的其他要求应符合现行国家标准《室外给水设计标准》GB 50013—2018 的有关规定；

5）向室外、室内环状消防给水管网供水的输水干管不应少于两条，当其中一条发生故障时，其余的输水干管应仍能满足消防给水设计流量。

（3）下列消防给水应采用环状给水管网：

1）向两栋或两座及以上建筑供水时；

2）向两种及以上水灭火系统供水时；

3）采用设有高位消防水箱的临时高压消防给水系统时；

4）向两个及以上报警阀控制的自动水灭火系统供水时。

3.4 自动喷水灭火系统及布置

3.4.1 系统类型与组成

按照喷头的形式种类，自动喷水灭火系统分为开式系统和闭式系统。闭式系统是采用闭式喷头进行灭火、冷却，包括湿式系统、干式系统、预作用系统、重复启闭预作用系统、防护冷却系统等；开式系统是采用开式喷头进行灭火、冷却，包括雨淋系统、水幕系统等。自动喷水—泡沫联用系统可采用闭式系统或开式系统与泡沫联用。

1. 湿式系统

湿式系统由闭式喷头、湿式报警阀组、水流指示器和供水泵、管道、高位消防水箱（可带有稳压泵或气压给水设备等稳压设施）等设施组成，如图 3-8 所示，系统结构较为简单。系统的供水管网在准工作状态下充满压力水，因此仅适用于环境温度为 4～70℃ 的场所。

该系统平时由高位消防水箱维持管内水压，发生火灾时，闭式喷头感应温度后自动打开，水流指示器传输信息，由消防出水管上的流量开关或消防水泵出水管上的压力开关或报警阀组的压力开关传递信号启动消防水泵，随后消防水泵在火灾延续时间内连续向管网、喷头供水灭火。

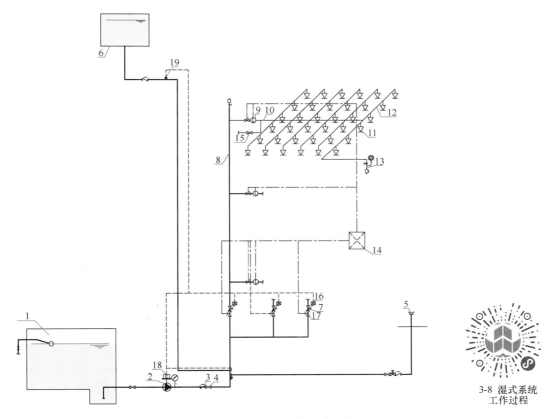

图 3-8　湿式自动喷水灭火系统

1—消防水池；2—消防水泵；3—止回阀；4—闸阀；5—消防水泵接合器；
6—高位消防水箱；7—湿式报警阀组；8—配水干管；9—水流指示器；10—配水管；
11—闭式洒水喷头；12—配水支管；13—末端试水装置；14—报警控制器；15—泄水阀；
16—压力开关；17—信号阀；18—水泵控制柜；19—流量开关

2. 干式系统

干式系统由闭式喷头、充气设备、干式报警阀组、水流指示器和供水泵、管道、高位消防水箱等设施组成，如图 3-9 所示。该系统在准工作状态时，干式报警阀前（水泵出水端）的供水管道内充以压力水，报警阀处于关闭状态，干式报警阀后的管道内充满有压气体，为保持气压需设补气设备。该系统适用于环境温度低于 4℃ 或高于 70℃ 的场所。该系统灭火时因管网需要排气、充水而使灭火作用滞后，不适用于火势蔓延速度较快的场所。

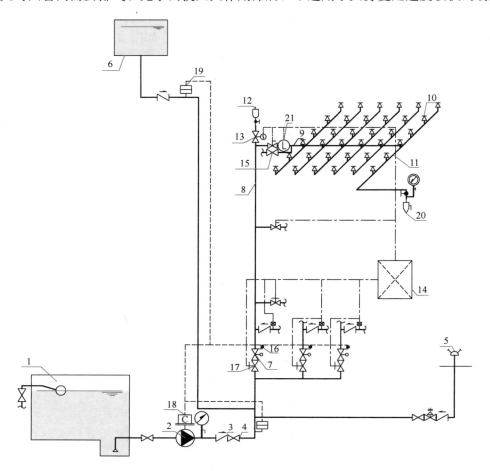

图 3-9 干式自动喷水灭火系统

1—消防水池；2—消防水泵；3—止回阀；4—闸阀；5—消防水泵接合器；

6—高位消防水箱；7—干式报警阀组；8—配水干管；9—配水管；10—闭式洒水喷头；

11—配水支管；12—排气阀；13—电动阀；14—报警控制器；15—泄水阀；

16—压力开关；17—信号阀；18—水泵控制柜；19—流量开关；20—末端试水装置；

21—水流指示器

3. 预作用系统

预作用系统由闭式喷头、充气设备，预作用报警阀（由雨淋阀、湿式阀上下串接组成）、报警装置、水流指示器和供水泵、管道、高位消防水箱等设施组成，如图 3-10 所示。该系统准工作状态时配水管道内不充水，发生火灾时由火灾自动报警系统、充气管道上的压力开关连锁预作用装置并启动消防水泵，配水管道的充水时间不宜大于 1~2min。该系统避免了干式和湿式系统受环境温度局限、在重要场所误喷或管道漏水、因排放有压气体而延迟喷水的缺点。该系统适用于严禁误喷或系统处于准工作状态时严禁管道充水、可替代干式系统的场所。

4. 重复启闭预作用系统

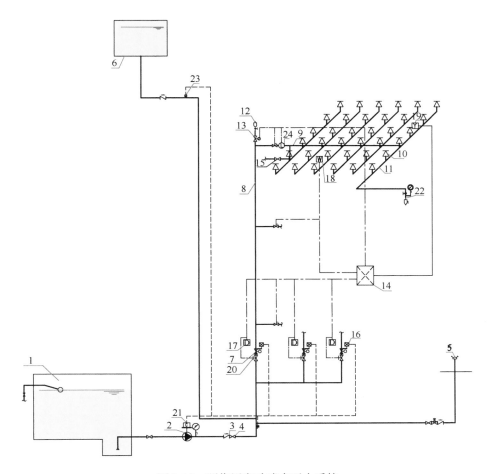

图 3-10　预作用自动喷水灭火系统

1—消防水池；2—消防水泵；3—止回阀；4—闸阀；5—消防水泵接合器；
6—高位消防水箱；7—预作用装置；8—配水干管；9—配水管；10—闭式洒水喷头；
11—配水支管；12—排气阀；13—电动阀；14—报警控制器；15—泄水阀；16—压力开关；
17—电磁阀；18—感温探测器；19—信号阀；21—水泵控制柜；22—末端试水装置；
23—流量开关；24—水流指示器

重复启闭预作用系统是预作用系统的升级版，组成与预作用系统基本相同，但由于采用了能够输出火警信号、灭火信号、火灾复燃后系统再次启动的感温探测器，所以具有在扑灭火灾后自动关阀、复燃时再次开阀喷水的重复启闭功能。该系统适用于灭火后须及时停止喷水的场所，如计算机房、棉花及烟草仓库等，以尽量减少水渍损失。

5. 防护冷却系统

防护冷却系统在组成上与湿式系统相同，由闭式喷头、湿式报警阀组等组成，发生火灾时用于冷却防火卷帘、防火玻璃墙等防火分隔设施。防护冷却系统持续喷水时间不应小于其保护的设置部位的耐火极限要求。

6. 雨淋系统

雨淋系统是由开式喷头、自动控制雨淋阀系统和火灾感应自动控制传动系统组成的自动喷水灭火系统，也分为干式系统、湿式系统，如图 3-11 所示。湿式系统的雨淋阀后的

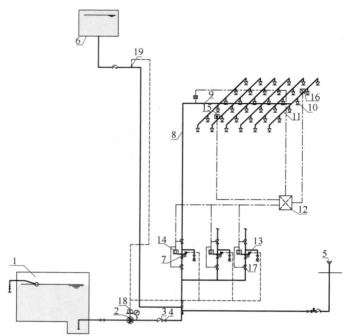

1—消防水池；2—消防水泵；3—止回阀；4—闸阀；5—消防水泵接合器；6—高位消防水箱；
7—雨淋报警阀组；8—配水干管；9—配水管；10—开式洒水喷头；11—配水支管；
12—报警控制器；13—压力开关；14—电磁阀；15—温感探测器；16—烟感探测器；
17—信号阀；18—水泵控制柜；19—流量开关

(a)

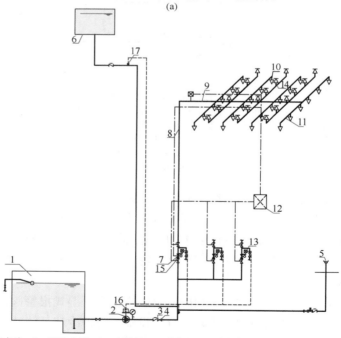

1—消防水池；2—消防水泵；3—止回阀；4—闸阀；5—消防水泵接合器；6—高位消防水箱；
7—雨淋报警阀组；8—配水干管；9—配水管；10—开式喷头；11—配水支管；12—报警控制器；
13—压力开关；14—闭式洒水喷头；15—信号阀；16—水泵控制柜；17—流量开关

(b)

图 3-11　雨淋系统

(a) 电动启动；(b) 传动管启动

配水管网内平时充水，雨淋阀启动后立即喷水；干式系统的雨淋阀后的管网平时处于无水状态，喷水速度有所延迟。

　　该系统具有两个特点，一是启动迅速，由火灾自动报警系统或传动管系统自动连锁或远控、手动启动雨淋阀；二是喷水强度大，启动后保护区范围内的所有喷头同时喷水。该系统适用于扑救面积大、燃烧猛烈、蔓延速度快的火灾以及扑救高度较高空间的地面火灾。

　　7. 水幕系统

　　水幕系统是由开式喷头或水幕喷头、雨淋报警阀组或感温雨淋阀、水流报警装置、火灾自动报警系统及供水设施及管网等组成的开式系统，如图 3-12 所示，其中：防护分隔水幕采用开式喷头或水幕喷头，通过形成密集喷洒的水墙或水帘用于防火分隔，主要起阻火、隔离和冷却作用；防护冷却水幕则是采用水幕喷头，用于冷却防火卷帘、防火玻璃墙等防火分隔设施等。

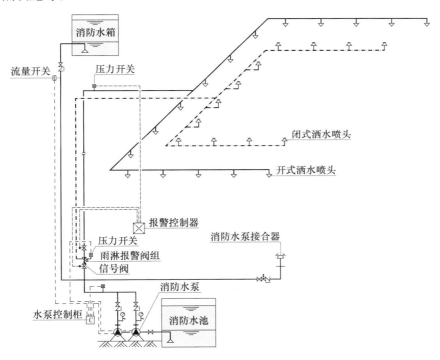

图 3-12　水幕系统

　　8. 自动喷水—泡沫联用系统

　　自动喷水—泡沫联用系统是自动喷水灭火系统和泡沫灭火系统的集成，在自动喷水灭火系统中配置泡沫混合液供给设备后，组成了喷水—喷泡沫的自动喷水—泡沫联用系统，如图 3-13 所示，具有灭火、预防 B 类易燃液体火灾蔓延或复燃以及控制火灾燃烧等作用。自动喷水—泡沫联用系统也有闭式系统和开式系统两种，根据系统的组合形式，分为雨淋—泡沫系统、干式—泡沫系统、预作用—泡沫系统、水喷雾—泡沫系统、湿式—泡沫系统等。

　　该系统可以先喷泡沫后喷水，即前期喷泡沫灭火，后期喷水冷却防止复燃；也可以是

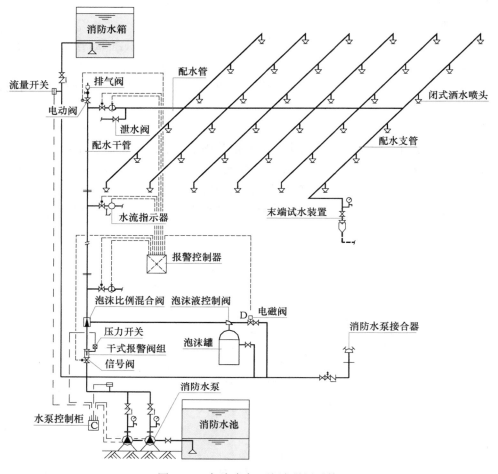

图 3-13　自动喷水—泡沫联用系统

先喷水后喷泡沫,即前期喷水控火,后期喷泡沫强化灭火效果,适用于 A 类固体火灾、B 类易燃液体火灾、C 类气体火灾,大型汽车库和地下汽车库、燃油锅炉房和柴油发电机房等场所宜采用自动喷水—泡沫联用系统。

3.4.2　系统设置与危险等级

1. 系统设置

在人员密集不易疏散、外部增援灭火与救生困难以及火灾危险性较大的场所,应考虑自动喷水灭火系统,设置场所见表 3-9。自动喷水灭火系统不适用于存在遇水发生爆炸或加速燃烧的物品、遇水发生剧烈化学反应或产生有毒有害物质的物品、洒水将发生喷溅或沸溢的液体的场所。

2. 危险等级

按使用性质建筑物可大致划分为民用建筑、仓库和厂房三类。根据《自动喷水灭火系统设计规范》GB 50084—2017 规定,设置场所火灾危险等级可分为轻危险级、中危险级、严重危险级、仓库危险级四个等级。

自动喷水灭火系统设置场所　　　　　　　　　　　　　表 3-9

系统类型	设置原则
闭式系统（湿式、干式、预作用等）	1. 厂房及生产场所（不宜用水保护或灭火的场所除外）：不小于 50000 纱锭的棉纺厂的开包、清花车间；不小于 5000 锭的麻纺厂的分级、梳麻车间；火柴厂的烤梗、筛选部位；占地面积大于 1500m² 或总建筑面积大于 3000m² 的单、多层制鞋、制衣、玩具及电子类生产的厂房；占地面积大于 1500m² 的木器厂房；泡沫塑料厂的预发、成型、切片、压花部位；高层乙、丙类厂房；建筑面积大于 500m² 的地下或半地下丙类厂房。 2. 仓库（不宜用水保护或灭火的仓库除外）：每座占地面积大于 1000m² 的棉、毛、丝、麻、化纤、皮毛及其制品的仓库（单层占地面积不大于 2000m² 的棉花库房可不设）；每座占地面积大于 600m² 的火柴仓库；邮政建筑内建筑面积大于 500m² 的空邮袋库；可燃、难燃物品的高架仓库和高层仓库；设计温度高于 0℃ 的高架冷库，设计温度高于 0℃ 且每个防火分区建筑面积大于 1500m² 的非高架冷库；总建筑面积大于 500m² 的可燃物品地下仓库；每座占地面积大于 1500m² 或总建筑面积大于 3000m² 的其他单层或多层丙类物品仓库。 3. 高层民用建筑或场所（不宜用水保护或灭火的场所除外）：一类高层公共建筑（除游泳池、溜冰场外）及其地下、半地下室；二类高层公共建筑及其地下、半地下室的公共用房、走道、办公室和旅馆客房、可燃物品库、自动扶梯底部；高层建筑内的歌舞娱乐放映游艺场所；建筑高度大于 100m 的住宅建筑。 4. 单、多层民用建筑或场所（不宜用水保护或灭火的场所除外）：特等、甲等或剧场，超过 1500 个座位的其他等级的剧场，超过 2000 个座位的会堂或礼堂，超过 3000 个座位的体育馆，超过 5000 人的体育场的室内人员休息室与器材间等；任一层建筑面积大于 1500m² 或总建筑面积大于 3000m² 的展览、商店、餐饮和旅馆建筑以及医院中同样建筑规模的病房楼、门诊和手术部位；设置有送回风道（管）的集中空气调节系统且总建筑面积大于 3000m² 的办公建筑等；藏书量超过 50 万册的图书馆；大、中型幼儿园，老年人照料设施；总建筑面积大于 500m² 的地下或半地下商店；设置在地下或半地下或地上四层及以上楼层的歌舞娱乐放映游艺场所（除游泳池外），设置在首层、二层、三层且任一层建筑面积大于 300m² 的歌舞娱乐放映游艺场所（除游泳池外）
宜设置水幕系统	特等、甲等或剧场、超过 1500 个座位的其他等级的剧场、超过 2000 个座位的会堂或礼堂和高层民用建筑内超过 800 个座位的剧场或礼堂的舞台口及上述场所内与舞台相连的侧台、后台的洞口；应设置防火墙等防火分隔物而无法设置的局部开口部位；需要防护冷却的防火卷帘或防火幕的上部
应设置雨淋自动喷水灭火系统	火柴厂的氯酸钾压碾厂房，建筑面积大于 100m² 且生产或使用硝化棉、喷漆棉、火胶棉、赛璐珞胶片、硝化纤维的厂房；乒乓球厂的轧坯、切片、磨球、分球检验部位；建筑面积大于 60m² 或储存量大于 2t 的硝化棉、喷漆棉、火胶棉、赛璐珞胶片、硝化纤维的仓库；日装瓶数量大于 3000 瓶的液化石油气储配站的灌瓶间实瓶库；特等、甲等或剧场、超过 1500 个座位的其他等级的剧场，超过 2000 个座位的会堂或礼堂的舞台葡萄架下部；建筑面积不小于 400m² 的演播室，建筑面积不小于 500m² 的电影摄影棚

（1）轻危险级是指可燃物品较少、可燃性低和火灾发热量较低、外部增援和疏散人员较容易的场所。

（2）中危险级Ⅰ级、Ⅱ级是指内部可燃物数量为中等，可燃性也为中等，火灾初期不会引起剧烈燃烧的场所。由于场所种类多、范围广，又划分为中Ⅰ级和中Ⅱ级。物品与人员密集、发生火灾的频率较高、容易酿成大火的场所列入中Ⅱ级。

（3）严重危险级Ⅰ级、Ⅱ级是指火灾危险性大，且可燃物品数量多、火灾时容易引起猛烈燃烧并可能迅速蔓延的场所，包括摄影棚、舞台"葡萄架"下部，以及存有较多数量易燃固体、液体物品工厂的备料和生产车间。

（4）仓库的储物类型很多，综合归纳后分为仓库危险级Ⅰ级、Ⅱ级、Ⅲ级。

附表 3-6 是分类举例。

3.4.3 系统组件及供水系统

1. 喷头

闭式喷头的喷口用热敏元件组成的释放机构封闭，当达到一定温度时能自动开启，如玻璃球爆炸、易熔合金脱离。其构造按溅水盘的形式和安装位置有直立型、下垂型、边墙型、普通型、吊顶型和干式下垂型洒水喷头之分（图 3-14），各种喷头的适用场所见表 3-10。

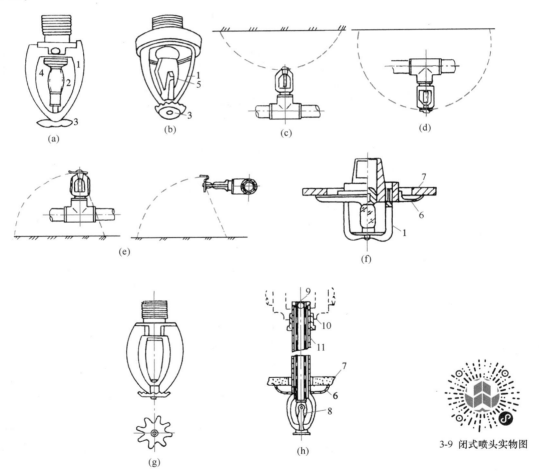

图 3-14 闭式喷头构造示意图
（a）玻璃球洒水喷头；（b）易熔合金洒水喷头；（c）直立型；（d）下垂型；
（e）边墙型（立式、水平式）；（f）吊顶型；（g）普通型；（h）干式下垂型
1—支架；2—玻璃球；3—溅水盘；4—喷水口；5—合金锁片；6—装饰罩；
7—吊顶；8—热敏元件；9—钢球；10—钢球密封圈；11—套筒

3-9 闭式喷头实物图

各种类型喷头适用场所　　　　　　　　　　　　　　　表 3-10

喷头类别		适用场所
闭式喷头	玻璃球洒水喷头	因具有外形美观、体积小、质量轻、耐腐蚀，适用于宾馆等要求美观高和具有腐蚀性场所
	易熔合金洒水喷头	适用于外观要求不高、腐蚀性不大的工厂、仓库和民用建筑
	直立型洒水喷头	适用于不做吊顶，配水支管布置在梁下的场所以及干式、预作用系统中
	下垂型洒水喷头	适用于吊顶下布置洒水喷头的场所以及干式、预作用系统中
	边墙型洒水喷头	适用于顶板为水平面的轻危险级、中危险Ⅰ级住宅建筑、宿舍、旅馆建筑客房、医疗建筑病房和办公室的场所以及自动喷水防护冷却系统中
	吊顶型喷头	适用于吊顶下设置洒水喷头的场所以及易受碰撞的部位
开式喷头	普通型洒水喷头	可直立、下垂安装，适用于有可燃吊顶的房间
	干式下垂型洒水喷头	适用于干式、预作用系统中
	开式洒水喷头	适用于防火分隔水幕场所中
	水幕喷头	适用于防火分隔水幕以及防护水幕场所中
特殊喷头	自动启闭洒水喷头	这种喷头具有自动启闭功能，凡需降低水渍损失场所适用
	快速反应洒水喷头	适用于公共娱乐场所、中庭环廊；医院、疗养院的病房以及治疗区域，老年、少儿、残疾人的集体活动场所；超出消防水泵接合器供水高度的楼层以及地下商业场所，且其系统应为湿式系统
	大水滴洒水喷头	适用于高架库房等火灾危险等级高的场所
	扩大覆盖面洒水喷头	适用于顶板为水平面，且无梁、通风管道等障碍物影响喷头洒水的场所

开式喷头根据用途又分为开启式、水幕 2 种类型。其构造如图 3-15 所示。

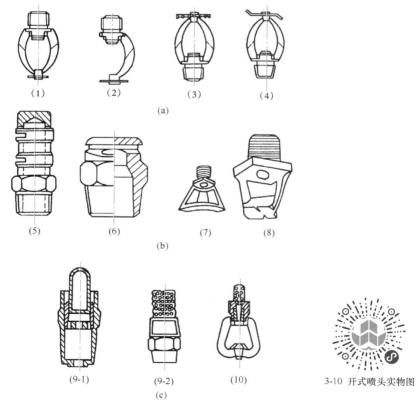

（1）　　　　（2）　　　　（3）　　　　（4）

(a)

（5）　　　　（6）　　　　（7）　　　　（8）

(b)

（9-1）　　　　（9-2）　　　　（10）　　　　3-10 开式喷头实物图

(c)

图 3-15　开式喷头构造示意图
（a）开启式洒水喷头：（1）双臂下垂型；（2）单臂下垂型；（3）双臂直立型；（4）双臂边墙型；
（b）水幕喷头：（5）双隙式；（6）单隙式；（7）窗口式；
（8）檐口式；（c）喷雾喷头：（9-1、9-2）高速喷雾式；（10）中速喷雾式上述各种喷头的技术性能和指标见表 3-11。

几种类型喷头的技术性能参数 表 3-11

喷头类别	喷头公称口径 (mm)	动作温度（℃）和色标	
		玻璃球喷头	易熔元件喷头
闭式喷头	10、15、20	57—橙，68—红，79—黄，93—绿，141—蓝，182—紫红，227—黑，343—黑	57～77—本色 80～107—白 121～149—蓝 163～191—红 204～246—绿 260～302—橙 320～343—黑
开式喷头	10、15、20		
水幕喷头	6、8、10、12.7、16、19		

2. 报警阀

报警阀的作用是开启和关闭管网的水流，传递控制信号至控制系统并启动水力警铃直接报警。有湿式、干式、干湿式和雨淋式 4 种类型，如图 3-16 所示。湿式报警阀用于湿式自动喷水灭火系统；干式报警阀用于干式自动喷水灭火系统；干湿式报警阀是由湿式、干式报警阀依次连接而成，在温暖季节用湿式装置，在寒冷季节则用干式装置；雨淋阀用于雨淋、预作用、水幕、水喷雾自动喷水灭火系统。报警阀有 DN50、DN65、DN80、DN125、DN150、DN200 等规格。

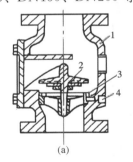 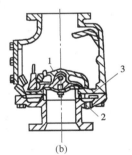 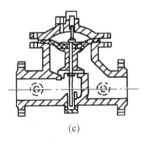

图 3-16 报警阀构造示意图

（a）座圈型湿式阀：1—阀体；2—阀瓣；3—沟槽；4—水力警铃接口；
（b）差动式干式阀：1—阀瓣；2—水力警铃接口；3—弹性隔膜；（c）雨淋阀

3. 水流报警装置

水流报警装置主要有水力警铃、水流指示器和压力开关。

水力警铃主要用于湿式系统，应设在有人值班的房间附近或公共通道的外墙上，宜装在报警阀附近，与报警阀连接管段的长度不宜超过 20m。当报警阀启动消防水泵后，具有一定压力的水流冲动叶轮打铃报警，水力警铃的工作压力不应小于 0.05MPa。水力警铃不得由电动报警装置取代。

水流指示器用于湿式喷水灭火系统中。当某个喷头开启喷水或管网发生水量泄漏时，管道中的水产生流动，引起水流指示器中桨片随水流而动作，接通延时电路 20～30s 之后，继电器触电吸合发出区域水流电信号，送至消防控制室，如图 3-17 所示。通常将水流指示器安装于各楼层的配水干管或支管上。

压力开关垂直安装于延迟器和水力警铃之间的管道上。在水力警铃报警的同时，依靠警铃管内水压的升高自动接通电触点，完成电动警铃报警，向消防控制室传送电信号或启动消防水泵。

4. 延迟器

延迟器是一个罐式容器，安装于报警阀与水力警铃（或压力开关）之间。用来防止由于水压波动原因引起报警阀开启而导致的误报。报警阀开启后，水流需经 30s 左右充满延迟器后方可冲打水力警铃。

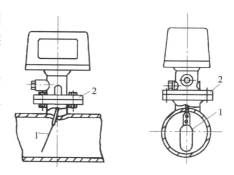

图 3-17　水流指示器
1—桨片；2—连接法兰

5. 火灾探测器

火灾探测器是自动喷水灭火系统的配套组成部分。目前常用的有感烟、感温探测器，感烟探测器是利用火灾发生地点的烟雾浓度进行探测；感温探测器是通过火灾引起的温升进行探测。火灾探测器布置在房间或过道的顶棚下面，其数量应根据探测器的保护面积和探测区面积计算而定。

6. 供水系统

3.4.4　喷头及管网布置

1. 喷头布置

喷头的布置间距应保证在所保护的区域内任何部位发生火灾都能得到一定强度的水量。喷头的布置形式应根据顶棚、吊顶的装修要求，多布置成正方形、长方形和菱形 3 种形式，如图 3-18 所示，喷头的间距应按下列公式计算：

正方形布置时

$$X = 2R\cos45° \tag{3-15}$$

长方形布置时，要求：

$$\sqrt{A^2 + B^2} \leqslant 2R \tag{3-16}$$

菱形布置时

$$A = 4R \cdot \cos30° \cdot \sin30° \tag{3-17}$$

$$B = 2R \cdot \cos30° \cdot \cos30° \tag{3-18}$$

式中　R——喷头的最大保护半径，m。

根据具体要求，喷头可以布置成"帘状""线状"，可布置成单排、双排和防火带形式，如图 3-18 所示。

喷头可敷设在建筑物的顶板或吊顶下，喷头距顶板、梁及边墙的距离可参考附表 3-4。

2. 管网布置

自动喷水灭火管网的布置，应根据建筑平面的具体情况布置成侧边式和中央布置式两种形式，如图 3-19 所示。一般情况每根支管上设置的喷头不宜多于 8 个，一个报警阀所控制的喷头数不宜超过附表 3-5 所规定的数量。

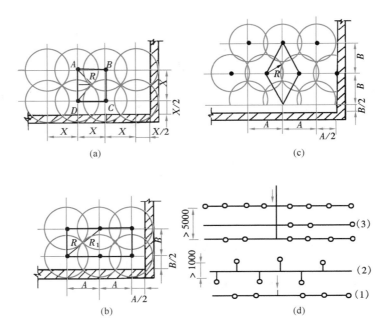

图 3-18　喷头布置

（a）正方形布置：X—喷头间距；R—喷头计算喷水半径

（b）长方形布置：A—长边喷头间距；B—短边喷头间距

（c）菱形布置：A—喷头间距；B—配水支管间距

（d）双排及水幕防水带平面布置：（1）单排；（2）双排；（3）防火带

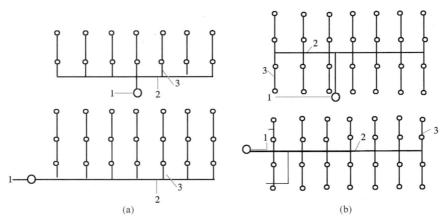

图 3-19　管网布置形式

（a）侧边布置；（b）中央布置

1—主配水管；2—配水管；3—配水支管

3.5　自动喷水灭火系统计算

3.5.1　系统设计参数

自动喷水灭火系统的设计基本参数主要包括：喷水强度、作用面积、持续喷水时间、净空高度、储物高度等。喷水强度是指在建筑物的最不利作用面积范围内，自动喷水灭火系统在单位时间内供给单位面积的喷水量；作用面积是指一次火灾中，系统按喷水强度保护的面积；持续喷水时间是指系统以设计喷水强度持续喷水的连续时间段。

系统的设计基本参数应符合《自动喷水灭火系统设计规范》GB 50084—2017 中的规定。比如，民用建筑和工业厂房采用湿式自动喷水灭火系统时，设计流量按不低于表 3-12 规定的设计基本参数计算确定；干式系统的喷水强度按表 3-12 确定，系统作用面积取对应值 1.3 倍；预作用系统的喷水强度按表 3-12 规定值确定，采用仅由火灾自动报警系统直接控制预作用装置时，系统的作用面积应按表 3-12 确定，采用由火灾自动报警系统和充气管道上设置的压力开关控制预作用装置时，系统的作用面积取表 3-12 规定值 1.3 倍。雨淋系统的喷水强度和作用面积按表 3-12 取值，每个雨淋阀控制的喷水面积不宜大于表 3-12 规定的作用面积；装设网格、栅板类通透性吊顶的场所，系统的喷水强度按表 3-12 规定值的 1.3 倍确定。

民用建筑和厂房高大空间场所采用湿式自动喷水灭火系统时，设计流量按不低于表 3-13 规定的设计基本参数计算确定。

水幕系统的设计流量按表 3-14 规定的设计基本参数计算确定。

仅在走道设置洒水喷头的闭式系统，其作用面积应按最大疏散距离所对应的走道面积确定。

仓库等其他场所采用湿式自动喷水灭火系统时，设计基本参数按《自动喷水灭火系统设计规范》GB 50084 中规定值确定。

民用建筑和工业厂房采用湿式系统的设计基本参数　　　　　　　　　　　　表 3-12

火灾危险等级		最大净空高度 h(m)	喷水强度(L/(min・m²))	作用面积(m²)
轻危险级			4	
中危险级	I		6	160
	II	$h \leqslant 8$	8	
严重危险级	I		12	260
	II		16	

注：1. 系统最不利点处洒水喷头的工作压力不应低于 0.05MPa。

　　2. 系统持续喷水时间不应小于 1h。

民用建筑和厂房高大空间场所采用湿式系统的设计基本参数　　表 3-13

适用场所		最大净空高度 h（m）	喷水强度 [L/(min·m²)]	作用面积（m²）	喷头间距 S（m）
民用建筑	中庭、体育馆、航站楼等	8<h≤12	12	160	1.8<S≤3.0
		12<h≤18	15		
	影剧院、音乐厅、会展中心等	8<h≤12	15		
		12<h≤18	20		
厂房	制衣制鞋、玩具、木器、电子生产车间等	8<h≤12	15		
	棉纺厂、麻纺厂、泡沫塑料生产车间等		20		

注：1. 表中未列入的场所，应根据本表规定场所的火灾危险性类比确定。

　　2. 当民用建筑高大空间场所的最大净空高度为 12<h≤18m 时，应采用非仓库型特殊应用喷头。

　　3. 系统持续喷水时间不应小于 1h。

水幕系统的设计基本参数　　表 3-14

水幕系统类别	喷水点高度 h（m）	喷水强度（L/(s·m)）	喷头工作压力（MPa）
防火分隔水幕	h≤12	2.0	0.1
防护冷却水幕	h≤4	0.5	

注：1. 防护冷却水幕的喷水点高度每增加 1m，喷水强度应增加 0.1L/(s·m)，但超过 9m 时喷水强度仍采用 1.0L/(s·m)。

　　2. 系统持续喷水时间不应系统设置部位的耐火极限要求。

3.5.2　管网水力计算

自动喷水灭火系统管网水力计算的目的在于确定管网各管段管径、计算管网所需的供水压力、确定高位水箱的设置高度和选择消防水泵。

1. 作用面积法

按照表 3-12 的基本设计参数选定自动喷水灭火系统中最不利工作作用面积（以 F 表示）的位置，此作用面积的形状宜采用矩形，其长边应平行于配水支管，长度不宜小于 $1.2\sqrt{F}$。

在计算喷水量时，仅包括作用面积内的喷头。对于轻危险级和中危险级建筑物的自动喷水灭火系统，计算时可假定作用面积内每只喷头的喷水量相等，均以最不利点喷头喷水量取值，且应保证作用面积内的平均喷水强度不小于表 3-12 中的规定，最不利点 4 个喷头组成的保护面积内的平均喷水强度，轻危险级、中危险级不应低于表 3-12 规定值的 85%。作用面积选定后，从最不利点喷头开始，依次计算各管段的设计流量和水头损失，直至作用面积内最末一个喷头为止。以后管段的流量不再增加，仅计算管道水头损失。

雨淋喷水灭火系统和水幕系统的设计流量，应按雨淋报警阀控制的洒水喷头的流量之和计算。多个雨淋报警阀并联的雨淋系统，系统的设计流量应按同时启用雨淋报警阀的流量之和的最大值确定。

（1）喷头的出流量应按下式计算：

$$q = K\sqrt{10P} \tag{3-19}$$

式中　q——喷头出流量，L/min；

　　　P——喷头工作压力，MPa；

　　　K——喷头流量系数，标准喷头 $K=80$。

（2）系统的设计流量，应按最不利点处作用面积内喷头同时喷水的总流量确定：

$$Q_s = \frac{1}{60}\sum_{i=1}^{n} q_i \tag{3-20}$$

式中　Q_s——系统设计流量，L/s；

　　　q_i——最不利点处作用面积内各喷头节点的流量，L/min；

　　　n——最不利点处作用面积内的喷头数。

系统的理论计算流量，应按设计喷水强度与作用面积的乘积确定：

$$Q_L = \frac{q_p F}{60} \tag{3-21}$$

式中　Q_L——系统理论计算流量，L/s；

　　　q_p——设计喷水强度，L/（min·m²）；

　　　F——作用面积，m²。

由于各个喷头在管网中的位置不同，所处的实际压力亦不同，喷头的实际喷水量与理论值有偏差，自动喷水灭火系统设计秒流量可按理论值的 1.15～1.30 倍计算。

$$Q_s = (1.15 \sim 1.30)Q_L \tag{3-22}$$

（3）沿程水头损失和局部水头损失

管道单位长度的沿程水头损失应按下式计算：

$$i = 6.05\left[\frac{q_g^{1.85}}{C_h^{1.85} d_i^{4.87}}\right] \times 10^7 \tag{3-23}$$

式中　i——管道单位长度的水头损失，kPa/m；

　　　d_i——管道的计算内径，mm，考虑管道长期使用后的结垢问题，d_i 可按管道的内径减 1～2mm 确定；

　　　q_g——管道设计流量，L/min；

　　　C_h——海曾威廉系数，见表 3-15。

海曾-威廉系数　　　　　　　　　　　　　　　　表 3-15

管道类型	C_h 值
镀锌钢管	120
铜管、不锈钢管	140
涂覆钢管、氯化聚氯乙烯（PVC-C）管	150

沿程水头损失应按下式计算：

$$h_i = il \tag{3-24}$$

式中　h_i——沿程水头损失，kPa；

　　　l——管道长度，m。

管道的局部水头损失宜采用当量长度法计算，当量长度见附表 3-8。

（4）系统供水压力或水泵所需扬程

水泵扬程或系统入口的供水水压应按下式计算：

$$H = (1.20 \sim 1.40)\sum P_P + P_0 + Z - h_c \tag{3-25}$$

式中　H——系统入口所需水压或水泵扬程，MPa；

$\sum P_P$——管道的沿程和局部水头损失的累计值，MPa；湿式报警阀取 0.04MPa，干式报警阀取 0.02MPa、水流指示器取 0.02MPa，雨淋阀取 0.07MPa，预作用装置取 0.08MPa。

P_0——最不利点处喷头的工作压力，MPa；

Z——最不利点处喷头与消防水池的最低水位或系统入口管水平中心线之间的高程差，MPa。当系统入口管或消防水池最低水位高于最不利点处喷头时，应取负值；

h_c——从市政管网直接抽水时城市管网的最低水压，MPa，当从消防水池吸水时，h_c 取 0。

（5）管道系统的减压措施

自动喷水灭火系统分支多，每个喷头位置不同，喷头出口压力也不同。为了使各分支管段水压均衡，可采用减压孔板、节流管或减压阀消除多余水压。减压孔板、节流管的结构示意图如图 3-20 所示。

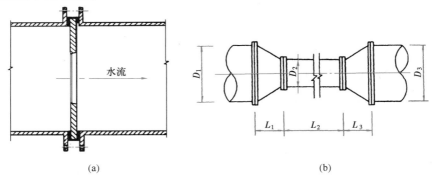

图 3-20　减压孔板、节流管的结构示意图

（a）减压孔板结构示意图；（b）节流管的结构示意图（技术要求：$L_1 = D_1$；$L_3 = D_3$）

1）减压孔板

减压孔板应设在直径不小于 50mm 的水平直管段上，前后管段的长度不宜小于该管段直径的 5 倍。孔口直径不应小于管段直径的 30%，且不应小于 20mm。减压孔板应采用不锈钢板材制作。

减压孔板的水头损失应按下式计算：

$$H_k = \xi \frac{V_k^2}{2g} \tag{3-26}$$

式中　H_k——减压孔板的水头损失，10^{-2}MPa；

V_k——减压孔板后管道内水的平均流速，m/s；

ξ——减压孔板局部阻力系数，见附表 3-9。

2）节流管

节流管直径宜按上游管段直径的 1/2 确定，且节流管内水平均流速不大于 20m/s，长度不宜小于 1m。

节流管的水头损失应按下式计算：

$$H_\mathrm{g} = \zeta \frac{V_\mathrm{k}^2}{2g} + 0.00107L \frac{V_\mathrm{g}^2}{d_\mathrm{g}^{1.3}} \tag{3-27}$$

式中　H_g——节流管的水头损失，10^{-2}MPa；

　　　V_g——节流管内水的平均流速，m/s；

　　　ζ——节流管中渐缩管与渐扩管的局部阻力系数之和，取值 0.7；

　　　d_g——节流管的计算内径，m，取值应按节流管内径减 1mm 确定；

　　　L——节流管的长度，m。

3）减压阀

减压阀应设在报警阀组入口前，为了防止堵塞，在入口前应装设过滤器。垂直安装的减压阀，水流方向宜向下。

2. 特性系数法

特性系数法是从系统设计最不利点喷头开始，沿程计算各喷头的压力、喷水量和管段的累积流量、水头损失，直至某管段累计流量达到设计流量为止。此后的管段中流量不再累计，仅计算水头损失。

喷头的出流量和管段水头损失应按下式计算：

$$q = K \sqrt{H} \tag{3-28}$$
$$h = 10ALQ^2 \tag{3-29}$$

式中　q——喷头处节点流量，L/s；

　　　H——喷头处水压，kPa；

　　　K——喷头流量系数，玻璃球喷头 $K=0.133$ 或水压 H 用 mH$_2$O 时 $K=0.42$；

　　　h——计算管段沿程水头损失，kPa；

　　　L——计算管段长度，m；

　　　Q——管段中流量，L/s；

　　　A——比阻值，见附表 3-10。

选定管网中的最不利计算管路后，管段的流量可按下列方法计算：

图 3-21 为某系统计算管路中最不利喷水工作区的管段，设喷头 1、2、3、4 为Ⅰ管段，喷头 a、b、c、d 为Ⅱ管段，管段Ⅰ的水力计算列于表 3-16。

Ⅰ管段在节点 5 只有转输流量，无支出流量，则：

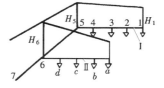

图 3-21　喷水灭火管网计算用图

$$Q_{6-5} = Q_{5-4} \tag{3-30a}$$

$$\Delta H_{5-4} = H_5 - H_4 = A_{5-4} L_{5-4} \cdot Q_{5-4}^2 \tag{3-30b}$$

与Ⅰ管段计算方法相同，Ⅱ管段可得：

$$\Delta H_{6-\mathrm{d}} = H_6 - H_\mathrm{d} = A_{6-\mathrm{d}} \cdot L_{6-\mathrm{d}} \cdot Q_{6-\mathrm{d}}^2 \tag{3-30c}$$

式（3-30b）与式（3-30c）相除（设Ⅰ、Ⅱ管段布置条件相同），可得：

$$Q_{6-d} = Q_{5-4}\sqrt{\frac{\Delta H_{6-d}}{\Delta H_{5-4}}}\tag{3-30d}$$

管段6—7的转输流量为：

$$Q_{6-7} = Q_{5-4} + Q_{6-d}\tag{3-30e}$$

将式（3-30d）代入式（3-30e）得：

$$Q_{6-7} = Q_{5-4}\left(1+\sqrt{\frac{\Delta H_{6-d}}{\Delta H_{5-4}}}\right)\tag{3-30f}$$

将（3-30a）代入式（3-30f）得：

$$Q_{6-7} = Q_{6-5}\left(1+\sqrt{\frac{\Delta H_{6-d}}{\Delta H_{5-4}}}\right)\tag{3-30g}$$

将式（3-30b）和式（3-30c）代入，得：

$$Q_{6-7} = Q_{6-5}\left(1+\sqrt{\frac{H_6-H_d}{H_5-H_4}}\right)\tag{3-30h}$$

为简化计算，认为 $\sqrt{\frac{H_6-H_d}{H_5-H_4}}\approx\sqrt{\frac{H_6}{H_5}}$ 可得：

$$Q_{6-7} = Q_{6-5}\left(1+\sqrt{\frac{H_6}{H_5}}\right)\tag{3-31}$$

式中　Q_{6-7}——管段6—7中转输流量，L/s；

　　　Q_{6-5}——管段6—5中转输流量，L/s；

　　　H_6——节点6的水压，kPa；

　　　H_5——节点5的水压，kPa；

　　　$\sqrt{\frac{H_6}{H_5}}$——调整系数。

按上述方法简化计算各管段流量值，直至达到系统所要求的消防水量为止。

这种计算方法偏于安全，在系统中除最不利点喷头外的任何喷头的喷水量，和任意4个相邻喷头的平均喷水量均高于设计要求。该方法适用于严重危险级建筑物的自动喷水灭火系统以及雨淋、水幕系统。

自动喷水灭火系统管道的沿程水头损失可按式（3-29）计算，也可由钢管水力计算表直接查得（即 i 值）。管道的局部水头损失可按其沿程水头损失的20%采用。

管段Ⅰ的水力计算结果

表3-16

节点编号	管段编号	喷头流量系数	喷头处水压 （kPa）	喷头出流量 （L/s）	管段流量 （L/s）
1		K	H_1	$q_1 = K\sqrt{H_1}$	

续表

节点编号	管段编号	喷头流量系数	喷头处水压 (kPa)	喷头出流量 (L/s)	管段流量 (L/s)
	1—2				q_1
2		K	$H_2 = H_1 + h_{1-2}$	$q_2 = K\sqrt{H_2}$	
	2—3				$q_1 + q_2$
3		K	$H_3 = H_2 + h_{2-3}$	$q_3 = K\sqrt{H_3}$	
	3—4				$q_1 + q_2 + q_3$
4		K	$H_4 = H_3 + h_{3-4}$	$q_4 = K\sqrt{H_4}$	
	4—5				$q_1 + q_2 + q_3 + q_4$

自动喷水灭火系统分支管路多、同时作用的喷头数较多且喷头出流量各不相同,因而管道水力计算烦琐。在进行初步设计时可按照表 3-17 进行估算。

配水支管、配水管控制的标准喷头数   表 3-17

公称管径 (mm)	控制的标准喷头数 (只)		
	轻危险级	中危险级	严重危险级
25	1	1	1
32	3	3	3
40	5	4	4
50	10	10	8
65	18	12	12
80	48	32	20
100	按水力计算	64	40

【例 3-1】 某综合楼地上 7 层,最高层喷头安装标高 23.7m(一层地坪标高为 ±0.00m)。喷头流量特性系数为 80,喷头处压力为 0.1MPa,设计喷水强度为 6L/(min·m²),作用面积为 160m²,形状为长方形,长边 $L = 1.2\sqrt{F} = 1.2 \times \sqrt{160} = 15.18$m,取 16m,短边为 10.8m。作用面积内喷头数共 15 个,布置形式如图 3-22 所示,按作用面积法进行管道水力计算。

【解】

1. 每个喷头的喷水量为:$q = K\sqrt{10P} = 80 \times \sqrt{1} = 80$L/min $= 1.33$L/s

2. 作用面积内的设计秒流量为:$Q_s = nq = 15 \times 1.33 = 19.95$L/s

3. 理论秒流量为:$Q_L = \dfrac{F \times q}{60} = \dfrac{(16 \times 10.8) \times 6}{60} = 17.28$L/s

比较 Q_s 与 Q_L,设计秒流量 Q_s 为理论设计秒流量 Q_L 的 1.15 倍,符合要求。

4. 作用面积内的计算平均喷水强度为:

$$q_p = \frac{15 \times 80}{172.8} = 6.94\text{L/(min·m}^2\text{)}$$

此值大于规定要求 6L/(min·m²)。

5. 按式(3-16)可推求出喷头的保护半径

$$R \geqslant \frac{\sqrt{3.2^2 + 3.6^2}}{2} = 2.41\text{m},取 R = 2.41\text{m}$$

6. 作用面积内最不利点处 4 个喷头所组成的保护面积为:

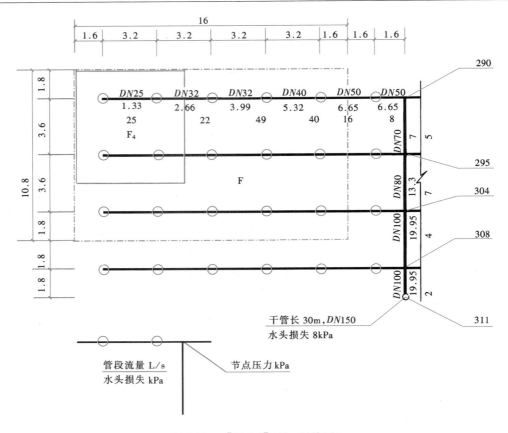

图 3-22 [例 3-1] 题(系统图)

$$F_4 = (1.6 + 3.2 + 1.6) \times (1.8 + 3.6 + 1.8) = 46.08 \text{m}^2$$

每个喷头的保护面积为:$F_1 = F_4/4 = 46.08/4 = 11.52 \text{m}^2$;

其平均喷水强度为:$q = 80 \div 11.52 = 6.94 \text{L}/(\text{min} \cdot \text{m}^2) > 6.0 \text{L}/(\text{min} \cdot \text{m}^2)$

7. 管段的总损失为:

$$\sum h = 1.2 \times (25 + 22 + 49 + 40 + 16 + 8 + 5 + 7 + 4 + 2 + 8) + 20$$
$$= 1.2 \times 186 + 20 = 243 \text{kPa}$$

8. 系统所需的水压,按式(3-25)计算:

$$H = (1.20 \sim 1.30) \times 243 + 100 + (23.7 + 2.0) \times 10 \geqslant 648.6 \text{kPa}$$

给水管中心线标高以 -2.0m 计,湿式报警阀和水流指示器的局部水头损失取 20kPa。

思 考 题 与 习 题

一、思考题

1. 室内消火栓给水系统由哪几部分组成?各有什么功能?

2. 何为水枪充实水柱长度?如何取值?

3. 为什么说预作用自动喷水灭火系统弥补了湿式和干式系统的缺点?其适用条件是什么?

4. 在满足什么条件下，小区的生活用水贮水池与消防水池可以合并设置？

5. 建筑室内外消火栓设计流量，与哪些因素有关？

6. 建筑室内消火栓系统水泵接合器的设置要求有哪些？

7. 为什么消火栓给水系统有时需要减压设施？如何计算？

二、计算题

1. 建筑高度 60m 的办公楼设有自动喷水湿式灭火系统，采用标准洒水喷头（下垂型），喷头最小工作压力为 0.05MPa。在走廊单独布置喷头，试核算走廊最大宽度是多少？

2. 一栋建筑高度 26m 的学校宿舍楼，每层最长疏散走道 20m，宽 1.4m，最长疏散走道的两侧各有三间宿舍（各间与走道仅有单扇门连通，宿舍内无吊顶）。该建筑设置自动喷水系统，试计算进行设计流量时所采用的同时喷水喷头数最少是几只（均采用 $K=80$ 的标准流量喷头，所有喷头均按最低工作压力 0.05MPa 计算）？

3. 一座单层摄影棚，净空高度为 6.9m，建筑面积 10400m²，其中自动喷水灭火湿式系统保护面积为 2600m²，布置闭式洒水喷头 300 个；雨淋系统保护面积为 5240m²，布置开式洒水喷头 890 个，计算需要设置多少个雨淋阀（一个雨淋阀控制最大面积为 260m²）？

4. 某 7 层电子厂房，长 36m，宽 22m，层高均为 6m，建筑高度 39m，设有室内消火栓系统和自动喷水灭火系统，则其室内消火栓系统设计最小用水量应为多少？

第4章 其他消防设施

4.1 水喷雾灭火系统

水喷雾灭火系统利用水雾喷头把水粉碎成细小的水雾滴之后喷射到正在燃烧的物质表面，通过表面冷却、窒息以及乳化、稀释的同时作用实现灭火。由于水喷雾具有多种灭火机理，使其具有适用范围广的优点，不仅可以提高扑灭固体火灾的灭火效率，同时由于水雾具有不会造成液体飞溅、电气绝缘性好的特点，在扑灭可燃液体火灾、电气火灾中均得到了广泛的应用，如飞机发动机试验台、各类电气设备、石油加工贮存场所等。

4.1.1 水喷雾灭火系统的组成

固定式水喷雾灭火系统一般由高压给水设备、控制阀、水雾喷头、火灾探测自动控制系统等组成，如图 4-1 所示。

1. 水雾喷头

水雾喷头的类型有离心雾化型喷头和撞击雾化型喷头，如图 4-2 所示。离心雾化型水雾喷头喷射出的雾状水滴较小，雾化程度高，具有良好的电绝缘性，可用于扑救电气火灾。撞击型水雾喷头是利用撞击原理分散水流，水的雾化程度较差，雾状水的电绝缘性能差，不适用于扑救电气火灾。

水雾喷头大多数内部装有雾化芯，雾化芯内部的有效过水断面积较小，长期暴露在有粉尘的场所，容易被堵塞使水雾喷头在发生火灾时无法工作，因此当水雾喷头设置于有粉尘的场所时，应设防尘罩，发生火灾时防尘罩在系统给水的水压作用下打开或脱落。

水雾系统用于含有腐蚀性介质的场所，水雾喷头长期暴露在腐蚀环境中极易被腐蚀，当发生火灾时必然影响水雾喷头的使用效率，因此应选用防腐型水雾喷头。

2. 雨淋阀组和控制阀门

雨淋阀组由雨淋阀、电磁阀、闸阀、水力警铃、放水阀，压力开关和压力表等部件组成（图 4-1）。

为保证水流的畅通和防止水雾喷头发生堵塞，应在雨淋阀前的管道上设置过滤器。

当水雾喷头无滤网时，雨淋阀后的管道亦应设过滤器，过滤器滤网应采用耐腐蚀金属材料，滤网的孔径应为 $4.0 \sim 4.7$ 目/cm^2。

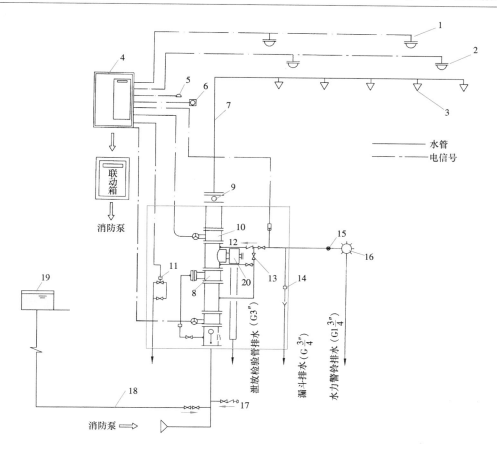

图 4-1　水喷雾灭火系统流程示意图

1—定温探测器；2—差温探测器；3—水雾喷头；4—报警控制器；5—现场声报警；6—防爆遥控现场电启动器；
7—配水干管；8—雨淋阀；9—挠曲橡胶接头；10—蝶阀；11—电磁阀；12—止回阀；13—报警试验阀；14—节
　　流孔；15—过滤器；16—水力警铃；17—水泵接合器；18—消防专用水管；19—水塔；20—泄水试验阀

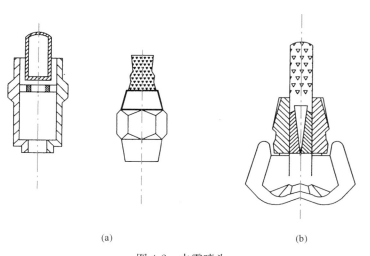

(a)　　　　　　　　　　(b)

图 4-2　水雾喷头

（a）离心雾化型水雾喷头；（b）撞击型水雾喷头

4.1.2　水喷雾灭火系统的设计

1. 水喷雾系统的应用范围

水喷雾灭火系统可用于扑救固体火灾，闪点高于 60℃的液体火灾和电气火灾。并可用于可燃气体和甲、乙、丙类液体的生产、贮存装置或装卸设施的防护冷却。

水喷雾灭火系统不得用于扑救遇水发生化学反应造成燃烧、爆炸的火灾，以及水雾对保护对象造成严重破坏的火灾。

2. 水喷雾灭火系统设计的基本参数

水喷雾灭火系统设计的基本参数包括喷雾强度、持续喷雾时间、水喷雾的工作压力和保护面积、系统的响应时间。设计时应根据防护目的和保护对象确定。

（1）喷雾强度和持续喷雾时间

喷雾强度是系统在单位时间内向每平方米保护面积提供的最低限度的喷雾量。喷雾强度和持续喷雾时间是保证灭火或防护冷却效果的基本参数，设计喷雾强度和持续喷雾时间不应小于附表 3-7 的规定。

（2）水雾喷头的工作压力

同一种水雾喷头，工作压力越高雾化效果越好。当用于灭火时，水雾喷头的工作压力不应小于 0.35MPa；用于防护冷却时不应小于 0.2MPa。

（3）保护面积

水喷雾灭火系统保护对象的保护面积应按外表面面积确定。当保护对象外形不规则时，应按包容保护对象的最小规则形体的外表面面积确定；平面保护对象应以平面面积为其保护面积；保护对象为变压器时，保护面积除应扣除底面面积以外的变压器外表面面积确定外，尚应包括油枕、冷却器的外表面面积和集油坑的投影面积；开口容器的保护面积应按液面面积确定。

（4）系统的响应时间

系统的响应时间即为自启动系统供水设施起，至系统中最不利点水雾喷头喷出水雾的时间。当用于灭火时，响应时间不应大于 60s；用于液化气生产、贮存装置或装卸设施防护冷却时不应大于 120s；用于其他设施防护冷却时不应大于 300s。

3. 水喷雾系统喷头布置

水雾喷头的布置，应使水雾直接喷射和覆盖保护对象，喷头的数量应根据设计喷雾强度、保护面积和喷头特性按下式计算并确定。

（1）水雾喷头流量按下式计算：

$$q = K\sqrt{10P} \tag{4-1}$$

式中　q——水雾喷头的流量，L/min；

　　　P——水雾喷头的工作压力，MPa；

　　　K——水雾喷头的流量系数，取值由生产厂商提供。

（2）被保护对象的水雾喷头的计算数量按下式计算：

$$N = \frac{S \cdot W}{q} \tag{4-2}$$

式中　N——被保护对象的水雾喷头的计算数量；

　　S——被保护对象的保护面积，m^2；

　　W——被保护对象的设计喷雾强度，$L/(min \cdot m^2)$。

　　水雾喷头的平面布置方式可为矩形式或菱形式。为保证水雾完全覆盖被保护对象，当按矩形布置时，水雾喷头之间的距离不应大于 $1.4R$；按菱形布置时，水雾喷头之间的距离不应大于 $1.7R$，如图 4-3 所示。

　　水雾锥底圆半径 R（图 4-4），应按下式计算：

$$R = B \cdot \tan \frac{\theta}{2} \tag{4-3}$$

式中　R——水雾锥底圆半径，m；

　　　　B——水雾喷头的喷口与保护对象之间的距离，m；

　　　　θ——水雾喷头的雾化角，°。θ 的取值范围为 30°、45°、60°、90°、120°。

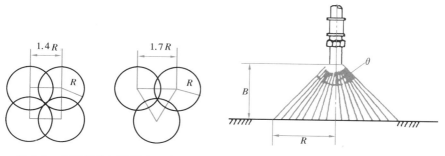

图 4-3　水雾喷头间距及布置方式　　　　图 4-4　水雾喷头的喷雾半径

　　保护油浸式电力变压器的水雾喷头应布置在变压器的周围，不宜布置在变压器的顶部。变压器的外形不规则，设计时应保证整个变压器的表面有足够的喷雾强度和完全覆盖，同时还要考虑喷头及管道与电气设备之间要有一定的安全距离。变压器水雾喷头布置如图 4-5 所示。

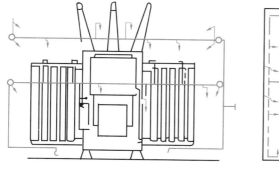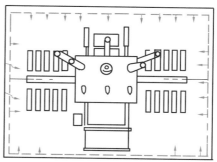

图 4-5　变压器水雾喷头布置示意图

　　当保护对象为液化石油气储罐时，要求喷头与储罐外壁之间的距离不大于 0.7m，以便利用水雾对罐壁的冲击降温冷却作用；减少火焰的热气流与风对水雾的影响。

　　当保护对象为电缆时，喷雾应完全包围电缆。

　　当保护对象为输送机皮带时，喷雾应完全包围输送机的机头、机尾和上、下行皮带。

4. 水力计算

（1）设计流量

系统的计算流量应按下式计算：

$$Q_j = 1/60 \cdot \sum_{i=1}^{n} q_i \tag{4-4}$$

式中　Q_j——系统的计算流量，L/s；

　　　n——系统启动后同时喷雾的水雾喷头数量；

　　　q_i——水雾喷头的实际流量，L/min，应按水雾喷头的实际工作压力 p_i（MPa）计算。

当采用雨淋阀控制同时喷雾的水雾喷头数量时，水喷雾灭火系统的计算流量应按系统中同时喷雾的水雾喷头的最大用水量确定。

系统的设计流量应按下式计算：

$$Q_S = k \cdot Q_j \tag{4-5}$$

式中　Q_S——系统的设计流量，L/s；

　　　k——安全系数，应取 $1.05 \sim 1.10$。

（2）水头损失计算

水喷雾灭火系统如果采用钢管时，沿程水头损失按下式计算：

$$i = 0.0000107 \frac{v^2}{D_j^{1.3}} \tag{4-6}$$

式中　i——管道的沿程水头损失，MPa/m；

　　　v——管道内水的流速，m/s，宜取 $v \leqslant 5\text{m/s}$；

　　　D_j——管道的计算内径，m。

管道的局部水头损失宜采用当量长度法计算，或按管道的沿程水头损失的 $20\% \sim 30\%$ 计算。

雨淋阀的局部水头损失应按下式计算：

$$h_r = B_R Q^2 \tag{4-7}$$

式中　h_r——雨淋阀的局部水头损失，MPa；

　　　B_R——雨淋阀的比阻值，取值由生产厂商提供；

　　　Q——雨淋阀的流量，L/s。

系统管道入口或消防水泵的计算压力应按下式计算：

$$H = \Sigma h + h_0 + Z/100 \tag{4-8}$$

式中　H——系统管道入口或消防水泵的计算压力，MPa；

　　　Σh——系统管道沿程水头损失与局部水头损失之和，MPa；

　　　h_0——最不利点水雾喷头的实际工作压力，MPa；

　　　Z——最不利点水雾喷头与系统管道入口或消防水池最低水位的高程差，当系统管道入口或消防水池最低水位高于最不利点水雾喷头时，Z 应取负值，m。

【例 4-1】使用面积 100m^2 柴油库房内设置水喷雾系统全平面保护，应至少设置几只流量系数为 64 的喷雾喷头？系统的设计流量（L/s）为多少（注：设所有喷头的工作压力相同，且均为最小工作压力）？

解：

（1）依据公式（4-1），用于灭火时，水雾喷头的工作压力不应小于 0.35MPa，故单个水喷雾喷头流量为：

$$q = K\sqrt{10P} = 64\sqrt{10 \times 0.35} = 119.73\text{L/min}$$

（2）依据公式（4-2），查阅《水喷雾灭火系统技术规范》GB 50219—2014 表 3.1.2 知 W 取 20，故所需水雾喷头个数为：

$$N = \frac{SW}{q} = \frac{100 \times 20}{119.73} \approx 17$$

（3）依据公式（4-4），公式（4-5）得：

$$Q_s = k\frac{1}{60}\sum q_i$$

故系统的设计流量为：

$$Q_s = k\frac{1}{60}\sum q_i = 1.05 \times \frac{1}{60} \times 17 \times 119.73 \approx 35.62\text{L/s}$$

4.2　固定消防炮灭火

固定消防炮灭火系统是用于保护面积较大、火灾危险性较高而且价值较昂贵的重点工程的群组设备等要害场所，能及时、有效地扑灭较大规模的区域性火灾的灭火威力较大的固定灭火设备。

消防炮灭火系统按喷射介质有水炮灭火系统、泡沫炮灭火系统和干粉炮灭火系统等。根据控制方式不同可以分为远控消防灭火系统、手动消防炮灭火系统。

水炮灭火系统为喷射水灭火剂的固定消防炮灭火系统，主要由水源、消防泵组、管道、闸门、水炮、动力源和控制装置组成。水炮灭火系统适用于一般固体可燃物火灾场所。

泡沫炮灭火系统主要由水源、泡沫液罐、消防泵组、泡沫比例混合装置、管道、阀门、泡沫炮、动力源和控制装置等组成。泡沫炮灭火系统适用于甲、乙、丙类液体、固体可燃物火灾场所。

干粉炮系统主要由干粉罐、氮气瓶组、管道、阀门、干粉炮动力源和控制装置等组成。干粉炮系统适用于液化石油气、天然气等可燃气体火灾场所。

室内消防水炮的布置数量不应少于两门，其布置高度应保证消防水炮的射流不受上部建筑构件的影响，并应能使两门水炮的水射流同时到达被保护区域的任何部位，水炮的射程应按产品射程的指标值计算。不同规格的水炮在各种工作压力时的射程的试验数据见表 4-1。

4-1 消防炮
实物图

不同规格的水炮在各种工作压力时的射程的试验数据　　　　　　　表 4-1

水炮型号	射程（m）				
	0.6MPa	0.8MPa	1.0MPa	1.2MPa	1.4MPa
PS40	53	62	70	—	—
PS50	59	70	79	86	—
PS60	64	75	84	91	—
PS80	70	80	90	98	104
PS100	—	86	96	104	112

4.2.1 水炮灭火系统

1. 水炮的设计射程

水炮的设计射程按公式（4-9）计算：

$$D_s = D_{s0}\sqrt{\frac{P_e}{P_0}} \tag{4-9}$$

式中 D_s——水炮的设计射程，m；

D_{s0}——水炮的额定工作压力时的射程，m；

P_e——水炮的设计工作压力，MPa；

P_0——水炮的额定工作压力，MPa。

若计算设计射程不能满足消防炮布置的要求时，应调整原设定的水炮数量、布置位置或规格型号，直到达到要求。

2. 水炮的设计流量

水炮的设计流量按公式（4-10）计算：

$$Q_s = Q_{s0}\sqrt{\frac{P_e}{P_0}} \tag{4-10}$$

式中 Q_s——水炮的设计流量，L/s；

Q_{s0}——水炮的额定流量，L/s；

其他同前。

扑救室内一般固体物质火灾的供给强度，其用水量应按两门水炮的水射流同时到达防护区任一部位的要求计算。民用建筑的用水量不应小于40L/s，工业建筑的用水量不应小于60L/s。水炮系统的计算总流量应为系统中需要同时开启的水炮设计流量的总和。

4.2.2 泡沫炮灭火系统

1. 泡沫炮的设计射程

泡沫炮的设计射程按公式（4-11）计算：

$$D_p = D_{p0}\sqrt{\frac{P_e}{P_0}} \tag{4-11}$$

式中 D_p——泡沫的设计射程，m；

D_{p0}——泡沫的额定工作压力时的射程，m；

P_e——泡沫的设计工作压力，MPa；

P_0——泡沫的额定工作压力，MPa。

当上述计算的泡沫炮设计射程不能满足消防炮布置的要求时，应调整原设定的泡沫炮数量、布置位置或规格型号，直至达到要求。

2. 泡沫炮的设计流量

泡沫混合液设计总流量应为系统中需要同时开启的泡沫炮设计流量的总和，且不应小于灭火面积与供给强度的乘积。混合比的范围应符合国家标准《泡沫灭火系统技术标准》GB 50151—2021的规定，计算中应取规定范围的平均值。泡沫液设计总量应为其计算总量的1.2倍。

$$Q_p = Q_{p0}\sqrt{\frac{P_e}{P_0}} \tag{4-12}$$

式中　Q_p——水炮的设计流量，L/s；

　　　Q_{p0}——水炮的额定流量，L/s；

其他同前。

扑救甲、乙、丙类液体储罐区火灾及甲、乙、丙类液体、油品码头火灾等的泡沫混合液的连续供给时间和供给强度应符合国家标准《石油化工企业设计防火标准》GB 50160—2008（2018 年版）和《油气化工码头设计防火规范》JTS 158—2019 等的规定。

泡沫炮灭火面积的计算应符合下列规定：甲、乙、丙类液体储罐区的灭火面积应按实际保护储罐中最大一个储罐横截面积计算。泡沫混合液的供给量应按两门泡沫炮计算；甲、乙、丙类液体、油品装卸码头的灭火面积应按油轮设计船型中最大油舱的面积计算；飞机库的灭火面积应符合《飞机库设计防火规范》GB 50284—2008 的规定；其他场所的灭火面积应按照国家有关标准和规范或根据实际情况确定。

4.2.3　干粉炮灭火系统

（1）室内布置的干粉炮的射程应按产品射程指标值计算，室外布置的干粉炮的射程应按产品射程指标值的 90％计算。

（2）干粉炮系统的单位面积干粉灭火剂供给量可按表 4-2 选取。

粉炮系统的单位面积干粉灭火剂供给量　　　　表 4-2

干粉种类	单位面积干粉灭火剂供给量（kg/m²）
碳酸氢钠干粉	8.8
碳酸氢钾干粉	5.2
氨基干粉、磷酸铵盐干粉	3.6

（3）可燃气体装卸站台等场所的灭火面积可按保护场所中最大一个装置主体结构表面积的 50％计算。

（4）干粉炮系统的干粉连续供给时间不应小于 60s。

4.3　非水灭火剂设施

建筑物使用功能不同，其内的可燃物质性质各异，因此，仅使用水作为消防手段不能达到扑救火灾的目的，甚至还会带来更大的损失。建筑消防应根据可燃物的物理、化学性质，采用不同的灭火方法和手段，才能达到预期的目的。

4.3.1　干粉灭火系统

以干粉作为灭火剂的灭火系统称为干粉灭火系统。干粉灭火剂是一种干燥的、易于流动的细微粉末，平时贮存于干粉灭火器或干粉灭火设备中，灭火时靠加压气体（二氧化碳或氮气）的压力将干粉从喷嘴射出，形成一股携夹着加压气体的雾状粉流射向燃烧物。

4-2　干粉灭火系统图

干粉灭火剂对燃烧有抑制作用，当大量的粉粒喷向火焰时，可以吸收维持燃烧连锁反

应的活性基团 H^*、OH^*，发生如下反应：

$$M(粉粒)+OH^* \longrightarrow MOH$$
$$MOH+H^* \longrightarrow M+H_2O$$

随着 H^*、OH^* 的急剧减少，使燃烧连锁反应中断、火焰熄灭；另外，某些化合物与火焰接触时，其粉粒受高热作用后爆裂成许多更小的颗粒，从而大大增加了粉粒与火焰的接触面积，提高了灭火效力，这种现象称为烧爆作用；还有，使用干粉灭火剂时，粉雾包围了火焰，可以减少火焰的热辐射，同时粉末受热放出结晶水或发生分解，可以吸收部分热量而分解生成不活泼气体。

干粉有普通型干粉（BC 类）、多用途干粉（ABC 类）和金属专用灭火剂（D 类火灾专用干粉）。BC 类干粉根据其制造基料的不同有钠盐、钾盐、氨基干粉之分。这类干粉适用于扑救易燃、可燃液体如汽油、润滑油等火灾，也可用于扑救可燃气体（液化气、乙炔气等）和带电设备的火灾。ABC 类干粉按其组成的基料有磷酸盐、硫酸铵与磷酸铵混合物和聚磷酸铵之分。这类干粉适用于扑救易燃液体、可燃气体、带电设备和一般固体物质如木材、棉、麻、竹等形成的火灾。D 类火灾专用灭火剂，当其投加到某些燃烧金属时，可与金属表层发生反应而形成熔层；而与周围空气隔绝，使金属燃烧窒熄。

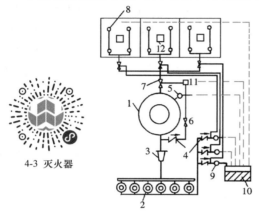

图 4-6　干粉灭火系统的组成

1—干粉贮罐；2—氮气瓶和集气管；3—压力控制器；4—单向阀；5—压力传感器；6—减压阀；7—球阀；8—喷嘴；9—启动气瓶；10—消防控制中心；11—电磁阀；12—火灾探测器

干粉灭火具有灭火历时短、效率高、绝缘好、灭火后损失小、不怕冻、不用水、可长期贮存等优点。干粉灭火主要是对燃烧物质起到化学抑制、烧爆作用使燃烧熄灭。

干粉灭火系统按其安装方式有固定式、半固定式之分。按其控制启动方法又有自动控制、手动控制之分。按其喷射干粉方式有全淹没和局部应用系统之分。干粉灭火系统的组成如图 4-6 所示。

干粉灭火系统设计方法参照《干粉灭火系统设计规范》GB 50347。干粉灭火器配置设计要求及计算详见 QR4-3。

4.3.2　泡沫灭火系统

泡沫灭火工作原理是应用泡沫灭火剂，使其与水混溶后产生一种可漂浮、粘附在可燃、易燃液体、固体表面，或者充满某一着火物质的空间，达到隔绝、冷却，使燃烧物质熄灭。

泡沫灭火剂按其成分有 3 种类型。

1. 化学泡沫灭火剂

这种灭火剂是由带结晶水的硫酸铝 $[(Al_2SO_4)_3 \cdot H_2O]$ 和碳酸氢钠（$NaHCO_3$）组成。使用时使两者混合反应后产生 CO_2 灭火。化学泡沫灭火剂，我国目前仅用于装填在灭火器中手动使用。

2. 蛋白质泡沫灭火剂

这种灭火剂成分主要是对骨胶朊、毛角朊、动物角、蹄、豆饼等水解后，适当投加稳定剂、防冻剂、缓蚀剂、防腐剂、降黏剂等添加剂混合成液体。目前国内这类产品多为蛋白泡沫液添加适量氟碳表面活性剂制成的泡沫液。

3. 合成型泡沫灭火剂

这是一种以石油产品为基料制成的泡沫灭火剂。目前国内应用较多的有凝胶剂、水成膜和高倍数 3 种合成型泡沫灭火剂。

泡沫灭火系统广泛应用于油田、炼油厂、油库、发电厂、汽车库、飞机库、矿井坑道等场所。

泡沫灭火系统按其使用方式有固定式（图 4-8）、半固定式和移动式之分，按泡沫喷射方式有液上喷射、液下喷射和喷淋方式之分，按泡沫发泡倍数有低倍、中倍和高倍之分。图 4-7 为其灭火过程框图。

图 4-7　泡沫灭火过程框图

选用和应用泡沫灭火系统时，应根据可燃物性质选用泡沫液，如液下喷射时应选用氟蛋白泡沫液或水成膜泡沫液。对水溶性某些液体贮罐，应选用抗容性泡沫液。对泡沫喷淋系统上为吸气泡沫喷头时，应用蛋白泡沫液或氟蛋白、水成膜、抗溶性泡沫液，如为非吸气型泡沫喷头时，则只能选用水成膜泡沫液。对于中倍及高数泡沫灭火系统则应选用合成泡沫

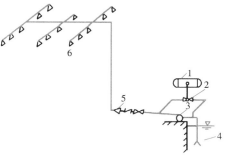

图 4-8　固定式泡沫喷淋灭火系统
1—泡沫液贮罐；2—比例混合器；3—消防泵；
4—水池；5—泡沫产生器；6—喷头

4-4 固定式泡沫
灭火系统

4-5 移动式泡沫
灭火装置

液。泡沫罐的贮存应置于通风、干燥场所，温度应在 $0 \sim 40℃$ 范围内。此外，还应保证泡沫灭火系统所需足够的消防用水量、一定的水温（$t = 4 \sim 35℃$）和必需的水质，如氟蛋白、蛋白、抗溶氟蛋白可使用淡水和海水，凝胶型、金属皂型抗溶性泡沫混合液只能使用淡水等。泡沫灭火系统设计参照《泡沫灭火系统技术标准》GB 50151—2021。

4.3.3　气体灭火系统

气体灭火系统是以某些气体作为灭火介质，通过气体在防护区内或保护对象周围的局部区域形成灭火剂浓度而实现灭火。

4-6 气体灭火
系统图

1. 分类

按灭火剂可分为液化气体、非液化气体两类。液化气体包括卤代烷（1301 仅特殊场合用）、卤代烃（HFC-227ea、HFC-23 等）、二氧化碳，非液化气体有单一气体（IG-01、IG-100）、混合气体（IG-55、IG-541）。CO_2 主要是通过稀释燃烧区的氧气浓度达到窒息燃烧、冷却作用灭火；卤代烷（1211、1301）是通过化学抑制作用灭火；卤代烃 HFC-227ea 主要通过物理作用和部分化学作用灭火；IG-541 等惰性气体主要是通过稀释氧气浓度、隔绝空气等窒息作用灭火。

按应用方式分为全淹没灭火系统、局部应用灭火系统。全淹没灭火系统是指在规定的时间内向防护区喷放设计规定用量的灭火剂，并使其均匀地充满整个防护区的灭火系统。其防护区应满足封闭性、耐火性和耐压、泄压能力等要求；局部应用灭火系统是指向保护对象以一定喷射率直接喷射灭火剂，并持续一定时间的灭火系统。

按结构特点可分为：组合分配灭火系统和单元独立灭火系统。

按装配形式可分为：管网灭火系统和预制（无管网）灭火系统。

按储存压力可分为：高压灭火系统和低压灭火系统。

按贮压方式可分为：自压式气体灭火系统、内贮压式气体灭火系统和外贮压式气体灭火系统。自压式气体灭火系统是指灭火剂瓶组中的灭火剂无需充压而是依靠灭火剂自身压力进行输送的灭火系统。内贮压式气体灭火系统是指灭火剂在瓶组内用惰性气体进行加压贮存，系统动作时灭火剂靠瓶组内的充压气体进行输送的系统。外贮压式气体灭火系统是指系统动作时，灭火剂瓶组中的灭火剂由专设的充压气体瓶组按设计压力对其进行充压并输送的系统。

2. 适用范围

气体灭火系统灭火范围较广，可用于液体火灾或石蜡、沥青等可熔化的固体火灾、气体火灾、固体表面火灾（二氧化碳可扑救部分固体深位火灾）和电气火灾。但是，不适用于硝化纤维、火药等含氧化剂的化学制品，及钾、钠、镁、钛、锆等活泼金属，以及氰化钾、氢化钠等金属氢化物火灾。

3. 系统基本要求

（1）七氟丙烷灭火系统设计要求

1）七氟丙烷灭火系统的灭火设计浓度不应小于灭火浓度的 1.3 倍，惰化设计浓度不应小于惰化浓度的 1.1 倍。

2）固体表面火灾的灭火浓度为 5.8%，其他灭火浓度参见《气体灭火系统设计规范》GB 50370—2005。

3）图书、档案、票据和文物资料库等防护区，灭火设计浓度宜采用 10%。

4）油浸变压器室、带油开关的配电室和自备发电机房等防护区，灭火设计浓度宜采用 9%。

5）通信机房和电子计算机房等防护区，灭火设计浓度宜采用 8%。

6）防护区实际应用的浓度不应大于灭火设计浓度的 1.1 倍。

7）在通信机房和电子计算机房等防护区，设计喷放时间不应大于 8s；在其他防护区，设计喷放时间不应大于 10s。

（2）IG541 混合气体灭火系统设计要求

1）IG541 混合气体灭火系统的灭火设计浓度不应小于灭火浓度的 1.3 倍，惰化设计浓度不应小于灭火浓度的 1.1 倍。

2）固体表面火灾的灭火浓度为 28.1%，其他灭火浓度参见《气体灭火系统设计规范》GB 50370—2005 附录。

3）当 IG541 混合气体灭火剂喷放至设计用量的 95% 时，喷放时间不应大于 60s 且不应小于 48s。

（3）热气溶胶预制灭火系统设计要求

1）热气溶胶预制灭火系统的灭火设计密度不应小于灭火密度的 1.3 倍。

2）S 型和 K 型热气溶胶灭固体表面火灾的灭火密度为 100g/m³。

3）通信机房和电子计算机房等场所的电气设备火灾，S 型热气溶胶的灭火设计密度不应小于 130g/m³。

4）电缆隧道（夹层、井）及自备发电机房火灾，S 型和 K 型热气溶胶的灭火设计密度不应小于 140g/m³。

5）在通信机房、电子计算机房等防护区，灭火剂喷放时间不应大于 90s，喷口温度不应大于 150℃；在其他防护区，喷放时间不应大于 120s，喷口温度不应大于 180℃。

（4）二氧化碳灭火系统设计要求

CO_2 灭火剂是液化气体型，以液相 CO_2 贮存于高压（$p \geqslant 6MPa$）容器内。当 CO_2 以气体喷向某些燃烧物时，能产生对燃烧物窒息的作用。图 4-9 为其组成部件图。

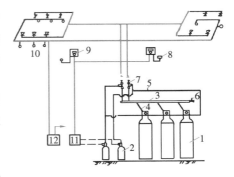

图 4-9　CO_2 灭火系统组成

1—CO_2 贮存容器；2—启动用气容器；3—总管；4—连接管；5—操作管；6—安全阀；7—选择阀；8—报警器；9—手动启动装置；10—探测器；11—控制盘；12—检测盘

二氧化碳灭火系统按应用方式可分为全淹没灭火系统和局部应用灭火系统，二氧化碳灭火系统设计要求：

1）采用全淹没灭火系统：

① 二氧化碳设计浓度不应小于灭火浓度的 1.7 倍，并不得低于 34%；

② 当防护区内存有两种及两种以上可燃物时，防护区的二氧化碳设计浓度应采用可燃物中最大的二氧化碳设计浓度；

③ 防护区应设置泄压口，并宜设在外墙上，其高度应大于防护区净高的 2/3。当防护区设有防爆泄压孔时，可不单独设置泄压口；

④ 全淹没灭火系统二氧化碳的喷放时间不应大于 1min。当扑救固体深位火灾时，喷放时间不应大于 7min，并应在前 2min 内使二氧化碳的浓度达到 30%。

2）采用局部应用灭火系统：

① 局部应用灭火系统的设计可采用面积法或体积法。当保护对象的着火部位是比较平直的表面时，宜采用面积法；当着火对象为不规则物体时，应采用体积法；

② 局部应用灭火系统的二氧化碳喷射时间不应小于 0.5min。对于燃点温度低于沸点温度的液体和可熔化固体的火灾，二氧化碳的喷射时间不应小于 1.5min；

③ 保护对象计算面积应取被保护表面整体的垂直投影面积；

④ 当采用体积法设计时，保护对象的计算体积应采用假定的封闭罩的体积。封闭罩的底应是保护对象的实际底面；封闭罩的侧面及顶部当无实际围封结构时，它们至保护对象外缘的距离不应小于 0.6m；

4.3.4 蒸汽灭火系统

蒸汽灭火工作原理是在火场燃烧区内，向其施放一定量的蒸汽时，可产生阻止空气进入燃烧区而使燃烧窒息。这种灭火系统只有在经常具备充足蒸汽源的条件下才能设置。蒸汽灭火系统适用于石油化工、炼油、火力发电等厂房，也适用于燃油锅炉房、重油油品等库房或扑救高温设备。蒸汽灭火系统具有设备简单、造价低、淹没性好等优点，但不适用于体积大、面积大的火灾区，不适用于扑灭电器设备、贵重仪表、文物档案等火灾。

蒸汽灭火系统组成如图 4-10 所示。

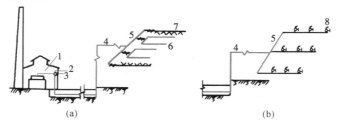

图 4-10 固定式和半固定式蒸汽灭火系统

1—蒸汽锅炉房；2—生活蒸汽管网；3—生产蒸汽管网；4—输汽干管；
5—配汽支管；6—配汽管；7—蒸汽幕；8—接蒸汽喷枪短管

蒸汽灭火系统也有固定式和半固定式两种类型。固定式蒸汽灭火系统为全淹没式灭火系统，保护空间的容积不大于 500m³ 效果好。半固定式蒸汽灭火系统多用于扑救局部火灾。

蒸汽灭火系统宜采用高压饱和蒸汽（$p \geqslant 0.49 \times 16^6$ Pa）不宜采用过热蒸汽。汽源与被保护区距离一般不大于 60m 为好，蒸汽喷射时间不长于 3min。配汽管可沿保护区一侧式四周墙面布置，距离宜短不宜太长。管线距地面高度宜在 200～300mm 范围。管线干管上应设总控制阀，配汽管段上根据情况可设置选择阀，接口短管上应设短管手阀。

4.3.5 烟雾灭火系统

烟雾灭火系统的发烟剂是以硝酸钾、三聚氰胺、木炭、碳酸氢钾、硫黄等原料混合而成。发烟剂装于烟雾灭火容器内，当使用时，使其产生燃烧反应后释放出烟雾气体，喷射到开始燃烧物质的罐装液面上的空间；形成又厚又浓的烟雾气体层，这样，该罐液面着火处会受到稀释、覆盖和抑制作用而使燃烧熄灭。

烟雾灭火系统主要用在各种油罐和醇、酯、酮类贮罐等初起火灾。图 4-11 为烟雾灭火系统图。

烟雾灭火系统如按其灭火器安装位置（图 4-11）有罐内、罐外之分。罐内式又有滑动式和三翼式两种。烟雾灭火系统具有设备简单（不需水、电，不要人工操作）、扑灭初期火灾快、适用温度范围宽，很适用野外无水、电设施的独立油罐或冰冻期较长地区。

从图 4-11 还可以看到罐内式烟雾灭火系统的烟雾灭火器；置于罐中心并用浮漂托于

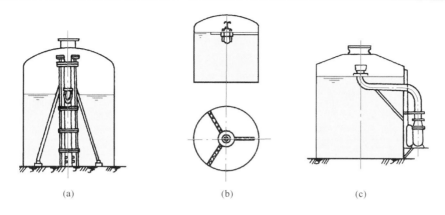

图 4-11 烟雾灭火系统图

(a) 滑动式灭火系统；(b) 三翼式灭火系统；(c) 罐外式灭火系统

液面上，而罐外灭火系统的烟雾灭火器是置于罐外，但其烟雾喷头伸入罐内中心液面上。当罐内空间温度达 110～120℃时，会使各种烟雾灭火器上探头熔化，通过导火索，导燃烟雾灭火剂，而自动喷出烟雾于罐内空间起到灭火效果。

4.4　地下工程消防系统

地下工程按其建造形式可分为附建式和单建式两类，另外还有城市交通隧道等地下工程。地下工程只有内部空间，不存在外部空间，不像地面建筑有外门、外窗与大气相通，只有通过与地面连接的通道或楼梯才有出入口，便形成了与地面建筑不同的燃烧特性，其火灾有烟雾大、温度高、人员疏散困难及扑救困难等特点。

4.4.1　地下工程消防

附建式及单建式地下建筑的室内消防用水量和消防设备的设置，应根据建筑物的使用性质、体积等因素，按照《建筑设计防火规范》GB 50016—2014（2018 年版）、《自动喷水灭火系统设计规范》GB 50084—2017、《汽车库、修车库、停车场设计防火规范》GB 50067—2014 等有关规定执行。如对地下工程防火设计从严要求，或属地下人防工程平战结合的改建、扩建，均应按《人民防空工程设计防火规范》GB 50098—2009 有关规定执行。

4.4.2　城市交通隧道消防

除了四类隧道和行人或通行非机动车辆的三类隧道，其他须设置消防给水系统。

（1）隧道消防用水量应按隧道的火灾延续时间和隧道全线同一时间发生一次火灾计算确定。一、二类隧道的火灾延续时间不应小于 3.0h；三类隧道，不应小于 2.0h。

（2）隧道内的消防用水量应按需要同时开启所有灭火设施的用水量之和计算。

（3）隧道内宜设置独立的消防给水系统。严寒和寒冷地区的消防给水管道及室外消火栓应采取防冻措施；当采用干式给水系统时，应在管网的最高部位设置自动排气阀，管道的充水时间不宜大于 90s。

（4）隧道内的消火栓用水量不应小于 20L/s。对于长度小于 1000m 的三类隧道，隧道内、外的消火栓用水量可分别为 10L/s 和 20L/s。

（5）管道内的消防供水压力应保证用水量达到最大时，最不利点处的水枪充实水柱不小于 10.0m。消火栓栓口处的出水压力大于 0.5MPa 时，应设置减压设施。

（6）在隧道出入口处应设置消防水泵接合器和室外消火栓，隧道口消火栓用水量见表 4-3。

城市交通隧道洞口外室外消火栓设计流量   表 4-3

名　称	类　别	长度（m）	消火栓设计流量（L/s）
可通行危险化学品等机动车	一、二	$L>500$	30
	三	$L \leqslant 500$	20
仅限通行非危险化学品等机动车	一、二、三	$L \geqslant 1000$	30
	三	$L<1000$	20

（7）隧道内消火栓的间距不应大于 50m，消火栓的栓口距地面高度宜为 1.1m。

（8）设置消防水泵供水设施的隧道，应在消火栓箱内设置消防水泵启动按钮。

（9）应在隧道单侧设置室内消火栓箱，消火栓箱内应配置 1 支喷嘴口径 19mm 的水枪，1 盘长 25m、直径 65mm 的水带，并宜配置消防软管卷盘。

4.5　大空间智能灭火系统

随着我国经济的快速发展，高层建筑不断出现。一些建筑场所的室内净空高度很多都超过了 12m，有的甚至达到 20m、30m。在《自动喷水灭火系统设计规范》GB 50084—2017 中，新增了自动喷水灭火系统在中庭、影剧院、音乐厅、体育馆、会展中心、自选商场等场所的适用范围，其值为适合室内净空高度不大于 18m 的建筑。大空间智能型主动喷水灭火系统是近年来针对大空间场所防火而开发的一种全新的喷水灭火系统，是通过科技手段将红外紫外传感技术、烟雾传感技术、计算机技术、机电一体化技术有机地融合在一起，真正实现监控、全自动灭火为一体的消防系统。与传统的采用由感温元件控制的被动灭火方式的闭式自动喷水灭火系统以及手动或人工喷水灭火系统相比，其具有以下优点：

（1）具有人工智能，可主动探测寻找并早期发现判定火源；

（2）可对火源的位置进行定点定位并报警；

（3）可主动开启系统定点定位喷水灭火；

（4）可迅速扑灭早期火灾；

（5）可持续喷水、主动停止喷水，并可多次重复启闭；

（6）适用空间高度范围广（灭火装置安装高度最高可达 25m）；

（7）安装方式灵活，不需贴顶安装，不需集热装置；

（8）射水型灭火装置（自动扫描射水灭火装置及自动扫描射水高空水炮灭火装置）的射水水量集中，扑灭早期火灾效果好；

（9）洒水型灭火装置（大空间智能灭火装置）的喷头洒水水滴颗粒大、对火场穿透能力强、不易雾化等；

（10）可对保护区域实施全方位连续监视。

4.5.1　系统组成

智能灭火系统由灭火装置、信号阀组、水流指示器等组件以及管道、供水设施等组成。智能喷水灭火系统主要由三个子系统组成：供水系统、执行系统和控制系统。

系统主要由火灾报警控制器、智能型红外探测组件、图形显示器、打印机、电源装置、火灾报警装置、联动控制器、水泵控制箱等组成。系统平时处于监控状态，当高大空间自动扫描定位喷水灭火装置发现火情时自动启动，对保护区域进行全方位扫描搜索火点，确认后锁定喷嘴、报警、启泵、开阀、对准火点喷水灭火，火熄后系统自动关闭。

4.5.2　系统控制流程

该系统的控制如图 4-12 所示。

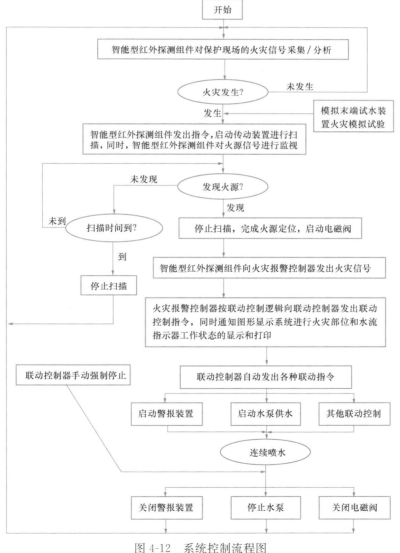

图 4-12　系统控制流程图

113

思　考　题

1. 简述二氧化碳灭火系统的特点及灭火原理。
2. 简述泡沫灭火系统的灭火原理。阐述泡沫灭火系统适用于什么场所?
3. 阐述水喷雾灭火系统的工作原理。

第5章 建筑内部排水系统

5.1 排水系统的分类和组成

5.1.1 排水系统的分类

建筑内部排水系统的功能是将人们在日常生活和工业生产工程中使用过的、受到污染的水以及降落到屋面的雨水和雪水收集起来，及时排到室外。按照建筑排水的来源、方式等可以进行如下分类。

1. 按建筑排水的来源

建筑内部排水可以来源于生活、生产、消防、医疗和雨水等，具体的划分见表5-1。

不同排水来源的建筑排水系统分类 表 5-1

序号	排水系统		排水来源		特点
1	生活排水系统	污水排水系统	卫生间排水	排泄大小便污水	污染严重，民用建筑内主要的污染源
2		废水排水系统		淋浴、洗涤水	建筑物内日常生活中排放的淋浴、洗涤水
3			厨房排水		含油脂，来源于公共厨房和住宅内厨房污水
4			设备机房排水		水泵房、空调机房、锅炉房、冷冻机房、冷却循环水机房、热交换机房等设备用房的排水
5			水处理排水		游泳池、水景、给水深度处理排水，包括泄空排水、设备反冲洗排水，因设备反冲洗水量大造成瞬间排水量大
6			车库排水		需区分有专门洗车台与一般地面排水
7			绿化排水		较清洁，可排入雨水系统
8	雨水排水系统		雨水排水		包括屋顶、阳台、门厅、雨篷排水
9	消防排水系统		消防排水		包括消防电梯井坑底排水、喷淋系统试验排水、消火栓试验排水、消防泵试验排水、车库消防排水等，属清洁废水
10	工业排水系统		工业排水		工业建筑排出生产污水和生产废水的排水系统
11	医疗排水系统		医疗污废水		医疗建筑排出的含有致病菌、放射性元素等医疗科研污废水，应按排水性质分类处理，达到排放标准后排放

注：工业建筑卫生间排水属于生活排水系统。

2. 按建筑排水的方式

建筑排水的方式有重力排水、压力排水和真空排水。重力排水是地面以上的绝大部分建筑利用重力，靠管道坡度自流的排水方式；压力排水是不能自流或发生倒灌的区域靠排水泵提升的排水方式；真空排水是一种靠真空泵抽吸形成管道负压来输送污废水的压力排水方式。

3. 按污废水在排放过程中的关系

建筑的污废水在收集排放过程中，依据污废水的来源和室内外的排放要求可以分为合流制排水和分流制排水。以生活污废水而言，污废合流是指建筑物内的生活污水与生活废水合流后排至处理构筑物或建筑物外，但在住宅中，厨房排水应单独设管道排出；污废分流则是指建筑物内的生活污水与生活废水分别排至处理构筑物或建筑物外。对于工业排水系统，依据生产工艺和排放标准，也可分为生产污废水的合流和分流。

4. 按通气方式

为了保障建筑排水系统内部的压力稳定，避免管系内有毒有害的气体进入到室内，通常设置有通气的管道或管件，依据通气设置与否和通气的方式，可将建筑排水系统进行如下分类，见表 5-2。

不同通气方式的建筑排水系统分类 表 5-2

序号	排水系统	通气形式
1	设通气管系的排水系统	伸顶通气的排水系统
		设专用通气立管的排水系统
		环形通气排水系统
		器具通气排水系统
2	特殊单立管排水系统	特殊管件的单立管排水系统
		特殊管材的单立管排水系统
		管件管材均特殊的单立管排水系统
3	不通气的排水系统	

5.1.2 污废水排水系统的组成

建筑内部污废水排水系统应能满足以下三个基本要求，首先，系统能迅速畅通地将污废水排到室外；其次，排水管道系统内的气压稳定，有毒有害气体不进入室内，保持室内良好的环境卫生；最后，管线布置合理，简短顺直，工程造价低。

为满足上述要求，建筑内部污废水排水系统的基本组成部分有：卫生器具和生产设备的受水器、排水管道（横支管、立管、横干管和排出管等）、清通设备（检查口、清扫口、检查井等）和通气管道，如图 5-1 所示。在有些建筑物的污废水排水系统中，根据需要还设有污废水的提升设备和局部处理构筑物。

1. 卫生器具和生产设备受水器

卫生器具和生产设备受水器满足人们在日常生活和生产过程中的卫生和工艺要求。其中，卫生器具又称卫生设备或卫生洁具，是接受、排出人们在日常生活中产生的污废水或污物的容器或装置。生产设备受水器是接受、排出工业企业在生产过程中产生的污废水或污物的容器或装置。

2. 排水管道

排水管道包括器具排水管（含存水弯）、横支管、立管、埋地干管和排出管。其作用

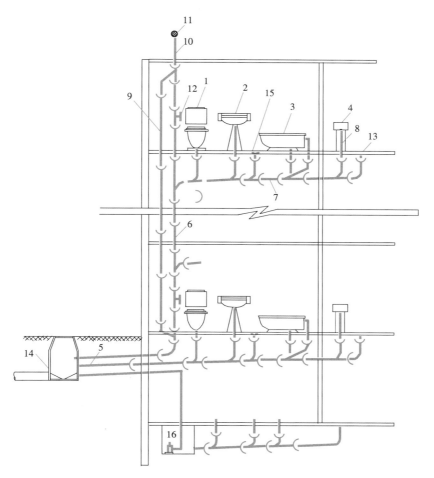

图 5-1　建筑内部排水系统的基本组成

1—坐便器；2—洗脸盆；3—浴盆；4—厨房洗涤盆；5—排水出户管；6—排水立管；

7—排水横支管；8—器具排水管（含存水弯）；9—专用通气管；10—伸顶通气管；

11—通风帽；12—检查口；13—清扫口；14—排水检查井；15—地漏；16—污水泵

是将各个用水点产生的污废水及时、迅速地输送到室外。

3. 清通设备

污废水中含有固体杂物和油脂，容易在管内沉积、粘附，减小通水能力甚至堵塞管道。为疏通管道保障排水畅通，需设清通设备。清通设备包括设在横支管顶端的清扫口、设在立管或较长横干管上的检查口和设在室内较长的埋地横干管上的检查井。

4. 提升设备

工业与民用建筑的地下室、人防建筑、高层建筑的地下技术层和地铁等处标高较低，在这些场所产生、收集的污废水不能自流排至室外的检查井，须设污废水提升设备。

5. 污水局部处理构筑物

当建筑内部污水未经处理不允许直接排入市政排水管网或水体时，须设污水局部处理构筑物。如处理民用建筑生活污水的化粪池，降低锅炉、加热设备排污水水温的降温池，去除含油污水的隔油池，以及以消毒为主要目的的医院污水处理构筑物等。

6. 通气系统

建筑内部排水管道内是水气两相流。为使排水管道系统内空气流通，压力稳定，避免因管内压力波动使有毒有害气体进入室内，需要设置与大气相通的通气管道系统。通气系统有排水立管延伸到屋面上的伸顶通气管、专用通气管、环形通气管、器具通气管等以及专用附件。

5.1.3 污废水排水系统的类型

污废水排水系统通气的好坏直接影响着排水系统的正常使用，按系统通气方式和立管数目，建筑内部污废水排水系统分为单立管排水系统、双立管排水系统和三立管排水系统，如图 5-2 所示。

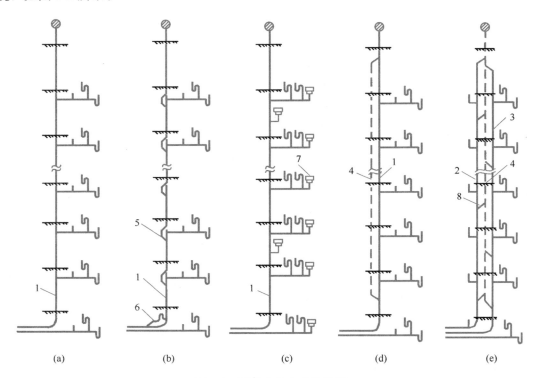

图 5-2 污废水排水系统类型

(a) 普通单立管；(b) 特制配件单立管；(c) 吸气阀单立管；

(d) 双立管；(e) 三立管

1—排水立管；2—污水立管；3—废水立管；4—通气立管；5—上部特制配件；

6—下部特制配件；7—吸气阀；8—结合通气管

1. 单立管排水系统

单立管排水系统是指只有一根排水立管，没有专门通气立管的系统。单立管排水系统利用排水立管本身及其连接的横支管和附件进行气流交换，这种通气方式称为内通气。根据建筑层数和卫生器具的多少，单立管排水系统又有 5 种类型：

(1) 无通气管的单立管排水系统。这种形式的立管顶部不与大气连通，适用于立管短，卫生器具少，排水量小，立管顶端不便伸出屋面的情况。

（2）有通气的普通单立管排水系统。排水立管与最上层排水横支管连接处向上延伸，穿出屋顶与大气连通，适用于一般多层建筑。

（3）特制配件单立管排水系统。在横支管与立管连接处，设置特制配件（叫上部特制配件）代替一般的三通；在立管底部与横干管或排出管连接处设置特制配件（叫下部特制配件）代替一般的弯头。在排水立管管径不变的情况下改善管内水流与通气状态，增大排水能力。这种内通气方式因利用特殊结构改变水流方向和状态，所以也叫诱导式内通气。适用于各类多层、高层建筑。

（4）特殊管材单立管排水系统。立管采用内壁有螺旋导流槽的塑料管，配套使用偏心三通。适用于各类多层、高层建筑。

2. 双立管排水系统

双立管排水系统也叫两管制，由一根排水立管和一根通气立管组成。双立管排水系统是利用排水立管与另一根立管之间进行气流交换，所以叫外通气。因通气立管不排水，所以，双立管排水系统的通气方式又叫干式通气。适用于污废水合流的各类多层和高层建筑。

3. 三立管排水系统

三立管排水系统也叫三管制，由三根立管组成，分别为生活污水立管、生活废水立管和通气立管。两根排水立管共用一根通气立管。三立管排水系统的通气方式也是干式外通气，适用于生活污水和生活废水需分别排出室外的各类多层、高层建筑。

图 5-2（g）是三立管排水系统的一种变形系统，去掉专用通气立管，将废水立管与污水立管每隔 2 层互相连接，利用两立管的排水时间差，互为通气立管，这种外通气方式也叫湿式外通气。

5.1.4　压力排水与真空排水系统

建筑内部排水系统绝大部分都属于重力非满流排水，由于重力作用污废水由高向低流动，不消耗动力且管理简单。但重力非满流排水系统管径大，占地面积大，横管要有坡度，管道容易淤积堵塞。建筑物中各类污废水，靠重力无法自流排至室外总排水管道时，可采用压力排水或真空排水方式。

1. 压力排水系统

建筑物室内地面低于室外地面，并且室内有排水时，应设置污水集水池、污水泵或成品污水提升装置。污水提升装置管系内的流态属于压力流，因而在该装置管系内部运行的污废水排出系统就称为压力排水系统。压力排水系统运行噪声低、振动小、结构封闭、尺寸紧凑、操作简便、运行安全可靠、安装方便、易于维护。

另一种压力流排水系统是在卫生器具排水口下装设微型污水泵，卫生器具排水时微型污水泵启动加压排水，使排水管内的水流状态由重力非满流变为压力满流。此种压力流排水系统的排水管径小，管配件少，占用空间小，横管无需坡度，流速大，自净能力较强，卫生器具出口可不设水封，室内环境卫生条件好。

2. 真空排水系统

真空排水系统与飞机上所用真空便器相似，由真空便器、真空切断阀、真空管、真空罐、真空泵、排水泵、排水管、冲洗管、冲洗水控制阀等组成。真空泵抽吸使系统中保持负压，当真空切断阀打开时，在外界大气压力与管内负压共同作用下，污废水沿真空管送到真空罐，当罐内水位达到一定高度时，排水泵的自动开启将污水排走，到预定低水位时自动停泵，真空泵则根据真空度大小自动启停。

真空排水系统具有三个显著优势：首先是节水作用，真空坐便器一次用水量是普通坐便器的 1/6；其次是安装灵活，节省空间，管系的管径小（真空坐便器排水管管径 $dn40$，而普通坐便器最小为 $dn110$），横管无需重力坡度，甚至可向高处流动（最高达 5m）；最后是卫生，真空排水是一全密闭的排水系统，无透气管，排水管系统为真空状态，正常工作时，管道无渗漏、无返溢和臭气外泄。

5.2 卫生器具、管材与附件

5.2.1 卫生器具

卫生器具是建筑内部排水系统的起点，是用来收集和排除污废水的专用设备。因各种卫生器具的用途、设置地点、安装和维护条件不同，所以卫生器具的结构、形式和材料也各不相同。

为满足卫生清洁的要求，卫生器具一般采用不透水、无气孔、表面光滑、耐腐蚀、耐磨损、耐冷热、便于清扫，有一定强度的材料制造，如陶瓷、搪瓷生铁、塑料、不锈钢、水磨石和复合材料等。随着人们生活水平和卫生标准的不断提高，卫生器具朝着材质优良、功能完善、造型美观、消声节水、色彩丰富、使用舒适的方向发展，成为衡量建筑物级别的重要标准。为防止粗大污物进入管道，发生堵塞，除了大便器外，所有卫生器具均应在放水口处设截留杂物的栏栅。

1. 盥洗用卫生器具

供人们洗漱、化妆用的洗浴用卫生器具，包括洗脸盆、洗手盆、盥洗槽等。

（1）洗脸盆

洗脸盆又称洗面器，一般用于洗脸、洗手和洗头，设置在卫生间、盥洗室、浴室及理发室内。洗脸盆的高度及深度适宜，盥洗不用弯腰较省力，使用不溅水，用流动水盥洗比较卫生。洗脸盆有长方形、椭圆形、马蹄形和三角形，安装方式有挂式、立柱式和台式，如图 5-3 所示。

（2）洗手盆

洗手盆又称洗手器，设置在标准较高的公共卫生间，供人们洗手用的盥洗用卫生器具。形状和材质与洗脸盆相同，但比洗脸盆小而浅，且排水口不带塞封，水流随用随排。

（3）盥洗槽

盥洗槽设在集体宿舍、车站候车室、工厂生活间等公共卫生间内，可供多人同时洗手、洗脸的盥洗用卫生器具，如图 5-4 所示。盥洗槽多为长方形布置，有单面、双面两种，一般为钢筋混凝土现场浇筑，水磨石或瓷砖贴面，也有不锈钢、搪瓷、玻璃钢等制品。

2. 沐浴用卫生器具

供人们清洗身体用的洗浴卫生器具。按照洗浴方式，沐浴用卫生器具有浴盆、淋浴器、淋浴盆和净身盆等。

（1）浴盆

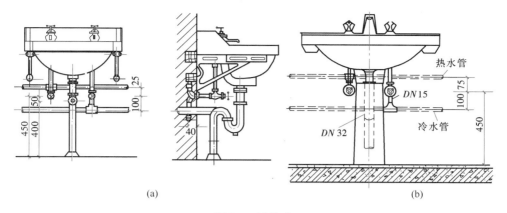

图 5-3　洗脸盆

（a）挂式；（b）柱式

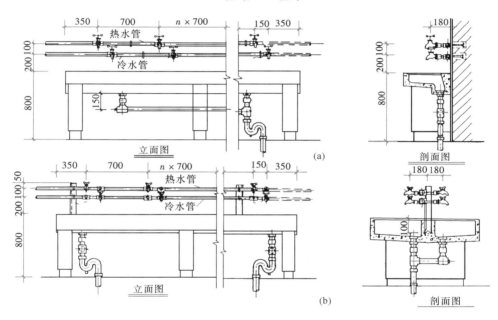

图 5-4　盥洗槽

（a）单面盥洗槽；（b）双面盥洗槽

浴盆又叫浴缸，是一种人坐在或躺在里面清洗全身用的卫生器具，设在住宅、宾馆、医院住院部等卫生间或公共浴室。多为搪瓷制品，也有陶瓷、玻璃钢、人造大理石、压克力（有机玻璃）、塑料等制品。按使用功能有普通浴盆（图 5-5）、坐浴盆和按摩浴盆三种。按形状有方形、圆形、三角形和人体形，按有无裙边分为无裙边和有裙边两类。

坐浴盆的尺寸小于普通浴盆，沐浴者只能坐在其中洗澡。按摩浴盆又称旋涡浴盆、沸腾浴盆，是一种尺寸大于普通浴盆，兼有沐浴和水力按摩双重功能的浴盆，水力按摩具有加强血液循环、松弛肌肉、促进新陈代谢、迅速消除疲劳的作用。按使用的人数，按摩浴盆有单人用、双人用和多人用三类。水力按摩系统由盆壁上的喷头、装在浴盆下面的循环水泵和过滤器等组成，循环水泵从盆内抽水经过滤器后，从喷头喷出水气混合水流，不断接触人体，对沐浴者身体的各个部位起按摩作用。喷射水流的方向、强弱和空气量可以调节。

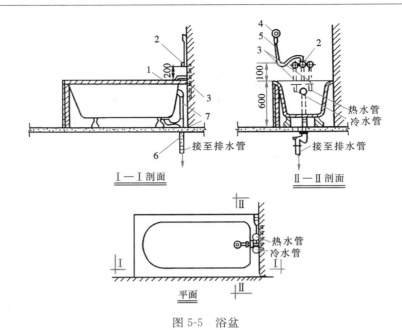

图 5-5 浴盆

1—浴盆；2—混合阀门；3—给水管；4—莲蓬头；5—蛇皮管；6—存水弯；7—溢水管

（2）淋浴器

淋浴器是一种由莲蓬头、出水管和控制阀组成，喷洒水流供人沐浴的卫生器具，如图 5-6 所示。成组的淋浴器多用于工厂、学校、机关、部队、集体宿舍、体育馆的公共浴室。与浴盆相比，淋浴器具有占地面积小，设备费用低，耗水量小，清洁卫生，避免疾病传染的优点。按供水方式，淋浴器有单管式和双管式两类；按出水管的形式有固定式和软管式；按控制阀的控制方式可分为手动式、脚踏式和自动式；莲蓬头有分流式、充气式和按

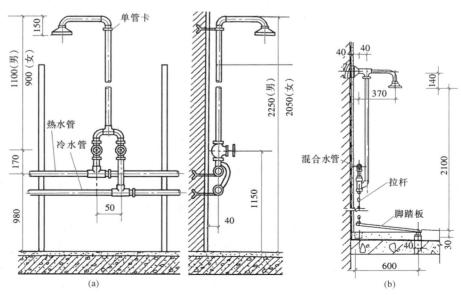

图 5-6 淋浴器

（a）双管双门手调式；（b）单管单门脚踏式

摩式等几种。淋浴器有成品的，也有现场安装的。

（3）淋浴盆

图 5-7 是专门收集淋浴排水用的淋浴盆。多为玻璃钢制品，也有现场混凝土浇筑而成的。比淋浴盆完善的是淋浴房，除用于淋浴，还有桑拿、冲浪等多种功能。

（4）净身盆

净身盆是一种由坐式便器、喷头和冷热水混合阀等组成，供使用者冲洗下身用的卫生器具，如图 5-8 所示。有的还有带有喷头自动伸缩、热风吹干装置和电热坐圈等。通常设置在医院、疗养院和养老院中的公共浴室或高级住宅、宾馆的卫生间内。净身盆的尺寸与大便器基本相同，有立式和墙挂式两种。

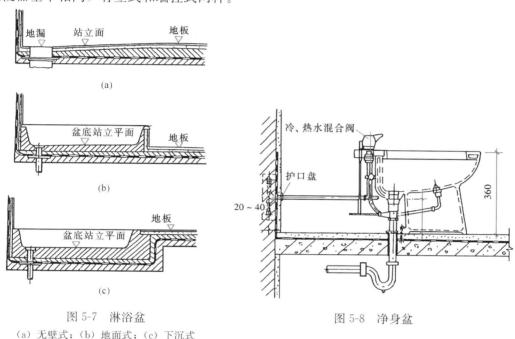

图 5-7　淋浴盆
（a）无壁式；（b）地面式；（c）下沉式

图 5-8　净身盆

3. 洗涤用卫生器具

用来洗涤食物、衣物、器皿等物品的卫生器具。常用的洗涤用卫生器具有洗涤盆（池）、化验盆、污水盆（池）、洗碗机等几种。

（1）洗涤盆（池）

装设在厨房或公共食堂内，用来洗涤碗碟、蔬菜的洗涤用卫生器具。多为陶瓷、搪瓷、不锈钢和玻璃钢制品，有单格、双格和三格之分。有的还带搁板和背衬。双格洗涤盆的一格用来洗涤，另一格泄水。大型公共食堂内也有现场建造的洗涤池，如洗菜池、洗碗池、洗米池等。图 5-9 为陶瓷单格洗涤盆、不锈钢双格洗涤盆和现场建造的双格洗涤池。

（2）化验盆

化验盆是洗涤化验器皿、供给化验用水、倾倒化验排水用的洗涤用卫生器具。设置在工厂、科研机关和学校的化验室或实验室内，盆体本身常带有存水弯。材质为陶瓷，也有玻璃钢、搪瓷制品。根据需要，可装置单联、双联、三联鹅颈龙头，如图 5-10 所示。

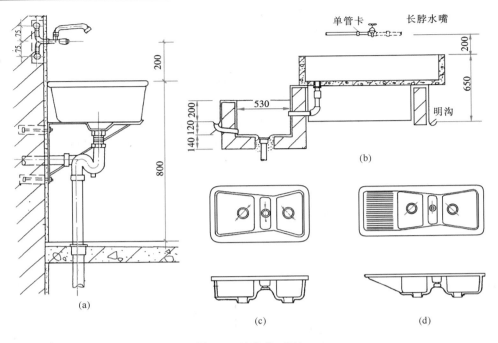

图 5-9　洗涤盆（池）

（a）单格陶瓷洗涤盆；（b）双格洗涤池；（c）双格不锈钢洗涤盆；（d）双格不锈钢带搁板洗涤盆

（3）污水盆（池）

污水盆（池）设置在公共建筑的厕所、盥洗室内，供洗涤清扫用具、倾倒污废水的洗涤用卫生器具。污水盆多为陶瓷、不锈钢或玻璃钢制品，污水池以水磨石现场建造，按设置高度，污水盆（池）有挂墙式和落地式两类，如图 5-11 所示。

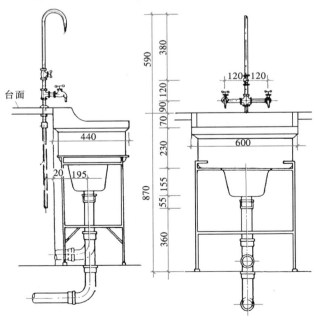

图 5-10　化验盆

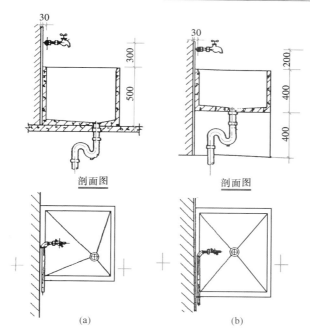

图 5-11　污水盆
（a）落地式；（b）挂墙式

4. 便溺用卫生器具

设置在卫生间和公共厕所内，用来收集排除粪便、尿液用的卫生器具。便溺用卫生器具包括便器和冲洗设备两部分。有大便器、大便槽、小便器、小便槽和倒便器 5 种类型。

（1）大便器

大便器是排除粪便的便溺用卫生器具，其作用是把粪便和便纸快速彻底地排入下水管道，同时要防臭。大便器选用应考虑使用对象、设置场所、建筑标准等因素，且应采用节水型大便器。常用的大便器有坐式和蹲式两类。

坐式大便器简称坐便器，有多种类型。按安装方式分为落地式和悬挂式；按与冲洗水箱的关系有分体式和连体式；按排出口位置有下出口(或称底排水)和后出口(或称横排水)；按用水量分有节水型和普通型；按冲洗的水力原理分为冲洗式和虹吸式两类，如图 5-12 所示。

冲洗式坐便器又称冲落式坐便器，坐便器的上口环绕着一圈开有很多小孔口的冲水槽。冲洗开始时，水进入冲洗槽，经小孔沿便器内表面冲下，便器内水面壅高，利用水的冲力将粪便等污物冲出存水弯边缘，排入污水管道。冲洗式坐便器的缺点是受污面积大，水面面积小，污物易附着在器壁上，每次冲洗不一定能保证将污物冲洗干净，易散发臭气，冲洗水量和冲洗时噪声较大。

虹吸式坐便器的积水面积和水封高度均较大，冲洗时便器内存水弯被充满，形成虹吸作用，把粪便等污物全部吸出。在冲水槽进水口处有一个冲水缺口，部分水从这里冲射下来，加快虹吸作用。因为水向下的冲射力大，流速很快，所以会发生较大的噪声。虹吸式坐便器又有两种新类型，一种叫喷射虹吸式坐便器，另一种叫旋涡虹吸式坐便器。在喷射虹吸式便器底部正对存水弯处设有喷射孔，冲水时由此孔强力喷射使存水弯迅速充满并排水。其虹吸和排污能动力强，积水面积大，不易附着污物和散发臭气，冲洗水量较小，冲洗噪声较低，

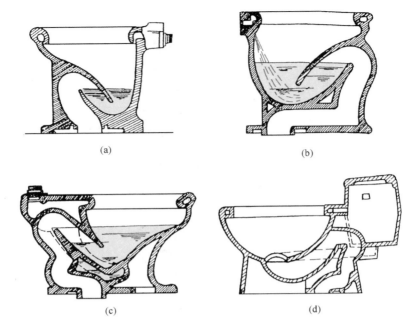

(a)   (b)

(c)   (d)

图 5-12 坐式大便器
(a) 冲洗式；(b) 虹吸式；(c) 喷射虹吸式；(d) 漩涡虹吸式

冲洗性能较好。

　　由于构造特点，旋涡虹吸式坐便器上圈下来的水量很小，其旋转已不起作用，因此在水道冲水出口处，做成弧形水流成切线冲出，形成强大的旋涡，将漂浮的污物借助于旋涡向下旋转的作用，迅速下到水管入口处，在入口底部反作用力的影响下，很快进入排水管道，从而大大加强了虹吸能力。旋涡虹吸式坐便器的冲洗水箱与便器联成一体，其冲洗水头低、降低了噪声。旋涡虹吸式坐便器使用舒适，但结构复杂，价格较贵。

　　图 5-13 是一种新型的节水防噪声坐便器，水箱内设真空箱、真空管（连接真空箱上部和坐便器的出水管）、控制水箱水出流的活门。备用状态时水箱、真空箱和坐便器内的水处于最高水位，而存水弯的水位较低，允许空气进入管道（图 5-13 (a)）。按动水箱按钮，活门打开，水箱和真空箱内的水经周边出口进入坐便器内，再进入存水弯把通气孔封闭（图 5-13 (b)）。水箱内贮水放完后，活门自动关闭并重新贮水，同时真空箱放尽冲洗水后在出水管的顶部、真空管和真空箱顶部形成真空，将坐便器内的冲洗水抽吸到出水管并冲走污物（图 5-13 (c)）。当所有冲洗水流过坐便器，真空作用将空气引进存水弯，真空箱重新贮水时将空气由真空管通过出水管将污物吸去（图 5-13 (d)）。冲洗结束后，器具又重新进入备用状态。

　　自动坐便器，是一种不需操作的现代化坐便器。其水箱进水、冲洗污物、冲洗下身、热风吹干、便器坐圈电热等全部功能与过程均由机械装置和电子装置自动完成，使用方便、舒适而且卫生。图 5-14 所示为低水箱坐便器安装图。

　　蹲式大便器是供人们蹲着使用，一般不带存水弯的大便器，又称蹲便器，按形状有盘式和斗式两种，按污水排出口的位置分为前出口和后出口。蹲式大便器使用时不与人体接触，防止疾病传染，但污物冲洗不彻底，会散发臭气。蹲式大便器采用高位水箱或延时自

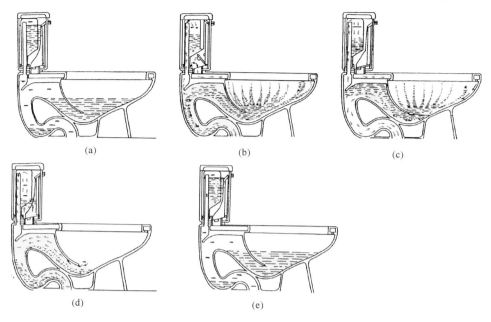

(a)　　　　　(b)　　　　　(c)

(d)　　　　　(e)

图 5-13　节水防噪声坐便器

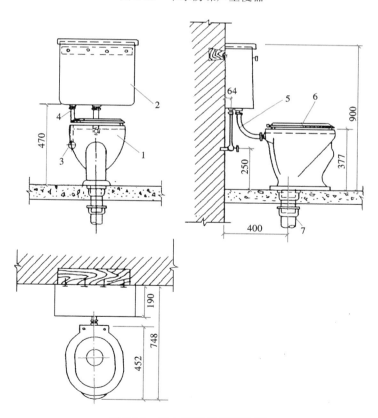

图 5-14　低水箱坐便器安装图

1—坐式大便器；2—低水箱；3—角阀；4—给水管；5—冲水管；6—木盖；7—排水管

闭式冲洗阀冲洗。一般用于集体宿舍和公共建筑物的公用厕所及防止接触传染的医院厕所内，如图 5-15 所示。

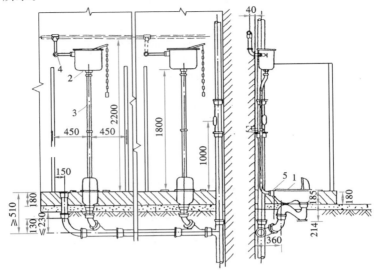

图 5-15　高水箱蹲式大便器

1—蹲式大便器；2—高水箱；3—冲水管；4—角阀；5—橡胶碗

（2）大便槽

大便槽是可供多人同时使用的长条形沟槽，用隔板隔成若干小间，多用于学校、火车站、汽车站、码头、游乐场等人员较多的场所，代替成排的蹲式大便器。大便槽一般采用混凝土或钢筋混凝土浇筑而成，槽底有坡度，坡向排出口。为及时冲洗，防止污物粘附，散发臭气，大便槽采用集中自动冲洗水箱或红外线数控冲洗装置。

（3）小便器

小便器是设置在公共建筑男厕所内，收集和排除小便的便溺用卫生器具，多为陶瓷制品，有立式和挂式两类，如图 5-16 所示。立式小便器又称落地小便器，用于标准高的建筑。挂式小便器，又称小便斗，安装在墙壁上。

（4）小便槽

小便槽是可供多人同时使用的长条形沟槽，由水槽、冲洗水管、排水地漏或存水弯等组成。采用混凝土结构，表面贴瓷砖，用于工业企业、公共建筑和集体宿舍的公共卫生间。

（5）倒便器

倒便器又称便器冲洗器。供医院病房内倾倒粪便并冲洗便盆用的卫生器具，如图 5-17 所示。有时还带有蒸汽消毒装置，通常为不锈钢制品。使用时用脚踏式开关先将倒便器密封盖打开，把存有污物的便盆插入密封盖内侧的卡子上，关闭密封盖，粪便污物落入排水道内，然后开启冲洗阀门对便盆内部进行冲洗，冲洗完后再开启蒸汽阀门，对便盆进行高温消毒，废气经排气管系排出。

除上述常用的便溺用卫生器外，还有用于特殊场所的不用水或少用水的新型大便器，如以少量水为载体，以真空作动力，用于船舶、车辆、飞机上的真空排水坐便器；以少量水为载体，以压缩空气作动力的压缩空气排水坐便器；自带燃烧室和排风系统，利用瓶装燃气和电热器焚烧粪便，由排风机和风道排除燃烧废气的焚烧式大便器；带有可以封闭并

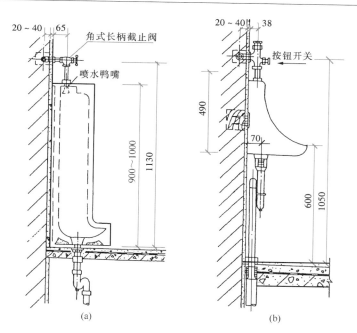

图 5-16 小便器

（a）立式小便器；（b）挂式小便器

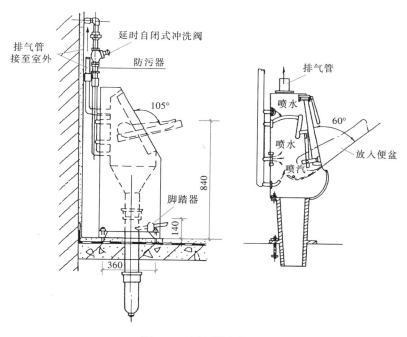

图 5-17 倒便器安装图

低温冷冻粪便贮存器的冷冻式大便器；利用化学药剂分解粪便，装有伸顶通气管的化学药剂大便器；在无条件用水冲洗的特殊场所下通过空气循环作用消除臭味，并将粪便脱水的干式大便器等。

（6）冲洗设备

冲洗设备是便溺器具的配套设备,有冲洗水箱和冲洗阀两种。冲洗水箱是冲洗便溺用卫生器具的专用水箱,箱体材料多为陶瓷、塑料、玻璃钢、铸铁等。其作用是贮存足够的冲洗用水,保证一定冲洗强度,并起流量调节和空气隔断作用,防止给水系统污染。按冲洗原理区分为冲洗式和虹吸式,如图 5-18 所示;按操作方式有手动和自动两种,按安装高度有高水箱和低水箱两类。高水箱又称高位冲洗水箱,多用于蹲式大便器、大便槽和小便槽;低水箱也叫低位冲洗水箱,用于坐式大便器,一般为手动式。

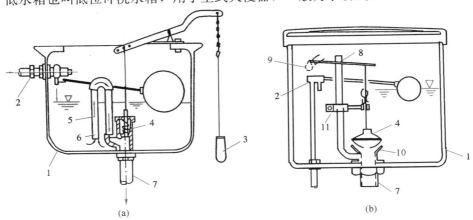

图 5-18　手动冲洗水箱

(a) 虹吸冲洗水箱;(b) 水力冲洗水箱

1—水箱;2—浮球阀;3—拉链-弹簧阀;4—橡胶球阀;5—虹吸管;6—ϕ5 小孔;

7—冲洗管;8—溢流管;9—扳手;10—阀座;11—导向装置

图 5-19 为节水 60% 的双挡冲洗水箱。水箱的开关分为两挡,可供两种冲洗水量别用于冲洗粪便和尿液。按操作方式区分有杠杆式和按钮式、手拉式。

公共厕所的大便槽、小便槽和成组的小便器常用自动冲洗水箱,如图 5-20 所示。它不需人工操作,依靠流入水箱的水量自动作用,当水箱内水位达到一定高度时,形成虹吸

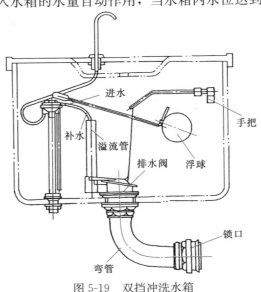

图 5-19　双挡冲洗水箱

造成压差，使自动冲洗阀开启，将水箱内存水迅速排出进行冲洗。因在无人使用或极少人使用时自动冲洗水箱也定时用整箱贮水冲洗，所以耗水量大。

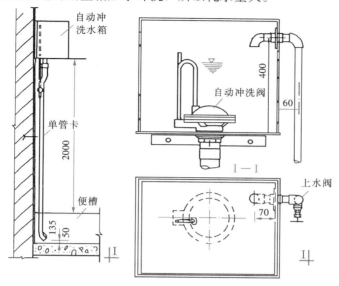

图 5-20 自动冲洗水箱

光电数控冲洗水箱可根据使用人数自动冲洗，在便器或便槽的入口附近布置一道光线，有人进出时便遮挡光线，每中断光线 2 次电控装置记录下 1 次人数，当人数达到预定数目时，水箱即放水冲洗，人数达不到时延时 20～30min 自动冲洗 1 次，无人使用便器时则不放水，可节水 50％～60％。

冲洗水箱具有所需流出水头小，进水管管径小，有足够一次冲洗便器所需的贮水容量，补水时间不受限制，浮球阀出水口与冲洗水箱的最高水面之间有空气隔断，不会造成回流污染。缺点是冲洗时噪声大，进水浮球阀容易漏水。

冲洗阀直接安装在大小便器冲洗管上，多用于公共建筑、工业企业生活间及火车上的厕所内，如图 5-21 所示。由使用者控制冲洗时间（5～10s）和冲洗用水量（1～2L）的冲洗阀叫延时自闭式冲洗阀，可以用手、脚或光控开启冲洗阀。延时自闭式冲洗阀具有体积小，占空间少，外观洁净美观，使用方便，节约水量，流出水头较小，可保证冲洗设备与大、小便器之间的空气隔断的特点。

5. 其他卫生器具

（1）吐漱类卫生器具

吐漱类卫生器具包括漱口盆和呕吐盆，漱口盆主要用来清洁口腔和牙齿，设在医院病房、住宅和旅馆卫生间的洗脸盆或盥洗盆的右上方，比洗脸盆盆沿高出 80～100mm，附有专用冲洗盆沿的冲洗阀。

呕吐盆用于收纳呕吐的食物及分泌物，宜设在饭店、餐厅中卫生间的前厅，盆上方宜设扶手，配备冲洗设备。

（2）饮水器

饮水器一般设置在幼儿园、学校、运动场、公共浴室、车站等公共建筑的走廊、休息室、前厅等易于取用的场所。1 个饮水器上可装配 1 个或数个喷水嘴，安装方式有壁式和

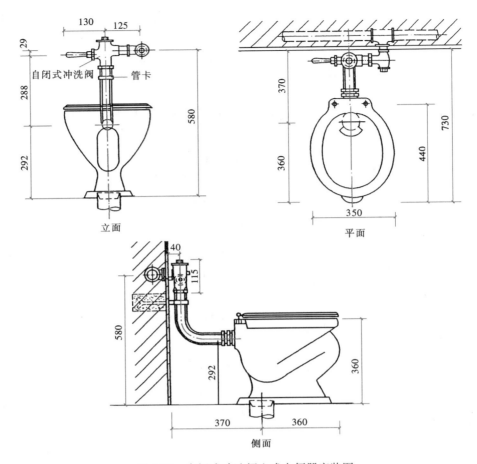

图 5-21　自闭式冲洗阀坐式大便器安装图

立式两种,壁式饮水器装在墙上,立式饮水器装在立柱上,安装高度由使用者的不同身高和年龄确定。

5.2.2　排水管材与附件

1. 管材

建筑内部排水管道应采用建筑排水塑料管及管件或柔性接口机制排水铸铁管及相应管件。在选择排水管道管材时,应综合考虑建筑物的使用性质、建筑高度、抗震要求、防火要求及当地的管材供应条件,因地制宜选用。

（1）排水铸铁管

排水铸铁管有刚性接口和柔性接口两种,为使管道在内水压下具有良好的曲挠性和伸缩性,以适应建筑楼层间变位导致的轴向位移和横向曲挠变形,防止管道裂缝、折断,建筑内部排水管道应采用柔性接口机制排水铸铁管。柔性接口机制排水铸铁管有两种,一种是连续铸造工艺制造,承口带法兰,管壁较厚,采用法兰压盖、橡胶密封圈、螺栓连接,如图 5-22（a）所示;另一种是水平旋转离心铸造工艺制造,无承口,管壁薄而均匀,质量轻,采用不锈钢带、橡胶密封圈、卡紧螺栓连接,如图 5-22（b）所示,具有安装更换管道方便、美观的特点。

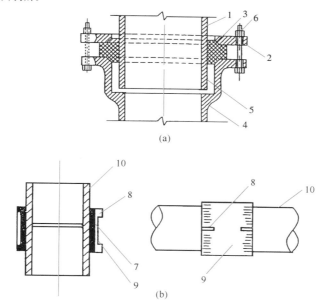

图 5-22　排水铸铁管连接方法

（a）法兰压盖螺栓连接；（b）不锈钢带卡紧螺栓连接

1—直管、管件直部；2—法兰压盖；3—橡胶密封圈；4—承口端头；5—插口端头；
6—定位螺栓；7—橡胶圈；8—卡紧螺栓；9—不锈钢带；10—排水铸铁管

柔性接口机制排水铸铁管具有强度大、抗震性能好、噪声低、防火性能好、寿命长、膨胀系数小、安装施工方便、美观（不带承口）、耐磨和耐高温性能好的优点。缺点是造价较高。建筑高度超过 100m 的高层建筑、对防火等级要求高的建筑物、要求环境安静的场所，环境温度可能出现 0℃ 以下的场所以及连续排水温度大于 40℃ 或瞬时排水温度大于 80℃ 的排水管道应采用柔性接口机制排水铸铁管或耐热塑料排水管。

（2）排水塑料管

目前在建筑内部广泛使用的排水塑料管是硬聚氯乙烯塑料管（简称 UPVC 管）。具有质量轻、不结垢、不腐蚀、外壁光滑、容易切割、便于安装、可制成各种颜色、投资省和节能的优点。但塑料管也有强度低、耐温性差（使用温度在 −5～+50℃ 之间）、立管噪声大、暴露于阳光下的管道易老化、防火性能差等缺点。排水塑料管有普通排水塑料管、芯层发泡排水塑料管、拉毛排水塑料管和螺旋消声排水塑料管等几种。硬聚氯乙烯排水塑料管的规格见表 5-3。

硬聚氯乙烯排水塑料管的规格（mm）　　　　　　　　　　　表 5-3

外径 dn		50	75	90	110	125	160	200	250	315
Ⅰ型	壁厚 e	2.0	2.3	3.2	3.2	3.2	4.0	4.9	6.2	7.7
	内径 d_j	46	70.4	83.6	103.6	118.6	152.0	190.2	237.6	299.6
Ⅱ型	壁厚 e					3.7	4.7	5.9	7.3	9.2
	内径 d_j					117.6	150.6	188.2	235.4	296.6
管　长		4000～6000								

压力排水管道可采用耐压塑料管、金属管或钢塑复合管。

排水管件用来改变排水管道的直径、方向，连接交汇的管道，检查和清通管道。常用的塑料排水管管件如图 5-23 所示。

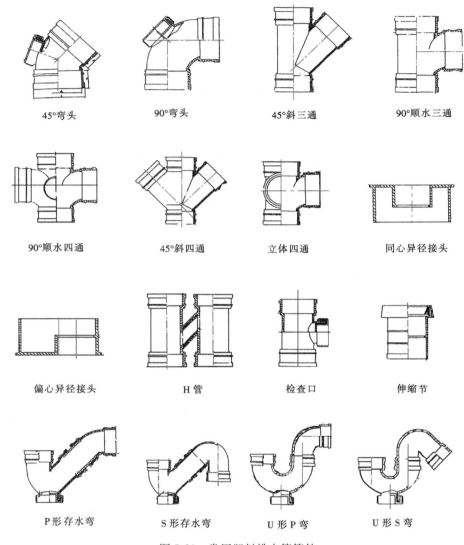

45°弯头   90°弯头   45°斜三通   90°顺水三通

90°顺水四通   45°斜四通   立体四通   同心异径接头

偏心异径接头   H 管   检查口   伸缩节

P 形存水弯   S 形存水弯   U 形 P 弯   U 形 S 弯

图 5-23　常用塑料排水管管件

2. 附件

（1）存水弯

存水弯是在卫生器具排水管上或卫生器具内部设置一定高度的水柱，防止排水管道系统中的气体窜入室内的附件，存水弯内一定高度的水柱称为水封。按存水弯的构造分为管式存水弯和瓶式存水弯。管式存水弯是利用排水管道几何形状的变化形成的存水弯，有 P 形、S 形和 U 形 3 种类型，如图 5-24 所示。P 形存水弯适用于排水横管距卫生器具出水口位置较近的情况；S 形存水弯适用于排水横管距卫生器具出水口较远，器具排水管与排水横管垂直连接的情况；U 形存水弯适用于水平横交管，为防止污物沉积，在 U 形存水弯两侧设置清扫口。瓶式存水弯本身也是由管体组成，但排水管不连续，其特点是易于清通，外形较美观，一般用于洗脸盆或洗涤盆等卫生器具的排出管上。图 5-25 为三种新型的补气存水弯，卫生器具大量排水时形成虹吸，当排水过程快结束时，向存水弯出水端补气，防止惯性虹吸过多吸走存水弯内的水，保证水封的高度。其中，图 5-25（a）为外置内补气，图 5-25（b）为内置内补气，图 5-25（c）为外补气。卫生器具排水管段上不得重复设置水封。下列设施与生活污水管道或其他可能产生有害气体的排水管道连接时须在排水口下设存水管：1）构造内无存水弯的卫生器具或无水封地漏；2）其他设备的排水口或排水沟的排水口。

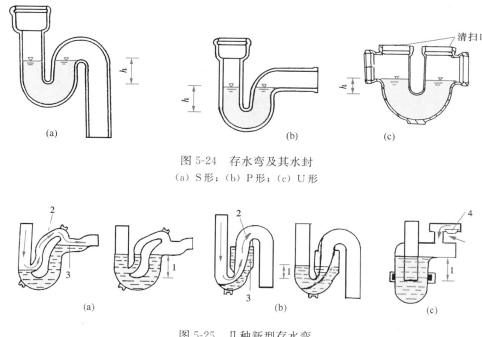

图 5-24　存水弯及其水封
（a）S 形；（b）P 形；（c）U 形

图 5-25　几种新型存水弯
（a）外置内补气存水弯；（b）内置内补气存水弯；（c）外补气存水弯
1—水封；2—补气管；3—滞水室；4—阀

（2）地漏

地漏是一种内有水封，用来排放地面水的特殊排水装置，设置在经常有水溅落的卫生器具附近地面（如浴盆、洗脸盆、小便器、洗涤盆等）、地面有水需要排除的场所（如淋浴间、水泵房）或地面需要清洗的场所（如食堂、餐厅），住宅还可用作洗衣机排水口。图 5-26 是几种类型地漏的构造图。

1）普通地漏　仅用于收集排放地面水，普通地漏的水封深度较浅。若地漏仅担负排除地面的溅落水时，注意经常注水，以免地漏内的水蒸发，造成水封破坏。

2）多通道地漏　有一通道、二通道、三通道等多种形式，不仅可以排除地面水，还有通道连接卫生间内洗脸盆、浴盆或洗衣机的排水，并设有防止卫生器具排水可能造成的地漏反冒水措施。但由于卫生器具排水时在多通道地漏处易产生排水噪声，在无安静要求和无设置环形通气管、器具通气管的场所，可采用多通道地漏。

3）双箅杯式地漏　双箅杯式地漏内部水封盒用塑料制作，形如杯子，便于清洗，比

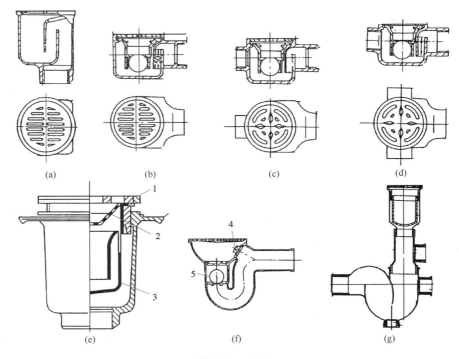

图 5-26 地漏

（a）普通地漏；（b）单通道地漏；（c）双通道地漏；（d）三通道地漏；
（e）双算杯式地漏；（f）防倒流地漏；（g）双接口多功能地漏
1—外算；2—内算；3—杯式水封；4—清扫口；5—浮球

较卫生，排泄量大，排水快，采用双算有利于拦截污物。这种地漏另附塑料密封盖，完工后去除，以避免施工时发生泥沙等物堵塞。

4）防倒流地漏　防倒流地漏可以防止污水倒流。一般可在地漏内设塑料浮球，或在地漏后设防倒流阻止阀。防倒流地漏适用于标高较低的地下室、电梯井和地下通道排水。

5）密封防干涸地漏　具有密封和防干涸性能的新型地漏，尤以磁性密封较为新颖实用，地面有积水时能利用水的重力打开密封排水，排完积水后能自动恢复密封，且防干涸性能好。

卫生标准要求高、管道技术夹层、洁净车间、手术室及地面不经常排水的场所，应设密闭地漏；公共厨房、淋浴间、理发室等杂质、毛发较多的场所，排水中挟有大块杂物时，应设置网框式地漏。

管道井等地面不需要经常排水的场所，应设置防干涸地漏；卫生间采用同层排水时，应采用同层排水专用地漏；水封容易干枯的场所，宜采用多通道地漏，以利用其他卫生器具如浴盆、洗脸盆等排水来进行补水；对于有安静要求和设置器具通气的场所，不宜采用多通道地漏；对地漏水封稳定性有严格要求的场所，应采用注水地漏；当排水管道不允许穿越下层楼板时，可设置侧墙式地漏、直埋式地漏；设备机房明沟、广场或下沉式庭院等地面允许积水深度较大、排水流匝大的场所，应采用大流量专用地漏；用于洗衣机排水的地漏应采用算面具有专供洗衣机排水管插口的地漏。

地漏应设置在易溅水的器具或冲洗水嘴附近，且应在地面的最低处，要求地面坡度坡向地漏，地漏箅子面应低于该处地面 5～10mm。地漏水封高度不得小于 50mm。

地漏规格应根据所处场所的排水量和水质情况来确定。一般卫生间为 $DN50$；空调机房、厨房、车库冲洗排水不小 $DN75$。淋浴室当采用排水沟排水时，8 个淋浴器可设置一个 $DN100$ 的地漏；当不设排水沟排水时，淋浴室的地漏可按表 5-4 设置。

地漏产品应符合现行行业标准《地漏》CJ/T 186—2018，在该标准中对地漏的排水流量、密封性能、自清能力、水封稳定性等做出了规定。地漏泄水能力应根据地漏规格、结构和排水横支管的设置坡度等经测试确定。当无实测资料时，可按表 5-5 确定。

淋浴室的淋浴水一般用地漏排除，当淋浴水沿地面径流流到地漏时，地漏直径按表 5-4 选用，当淋浴水沿排水沟流到地漏时，每 8 个淋浴器设 1 个管径为 100mm 的地漏。

淋浴室地漏管径　　　　　　　　　　　　　　　　　　　　表 5-4

地漏管径（mm）	淋浴器数量（个）	地漏管径（mm）	淋浴器数量（个）
50 75	1～2 3	100	4～5

地漏泄水能力　　　　　　　　　　　　　　　　　　　　表 5-5

地漏规格			DN50	DN75	DN100	DN150
用于地面排水 （L/s）	普通地漏	积水深 15mm	0.8	1.0	1.9	4.0
	大流量地漏	积水深 15mm	—	1.2	2.1	4.3
		积水深 50mm	—	2.4	5.0	10
用于设备排水（L/s）			1.2	2.5	7.0	18.0

（3）清扫口

一种装在排水横管上，用于清扫排水横管的附件。清扫口设置在楼板或地坪上，且与地面相平。也可用带清扫口的弯头配件或在排水管起点设置堵头代替清扫口。

（4）检查口

一种带有可开启检查盖，装设在排水立管上做检查和清通的附件。

5.3　排水管系中水气流动规律

5.3.1　建筑内部排水的流动特点

建筑内部排水管道系统的设计流态和流动介质与室外排水管道系统相同，都是按重力非满流设计的，污水中都含有固体杂物，都是水、气、固三种介质的复杂运动。其中，固体物较少，可以简化为水、气两相流。但建筑内部排水的流动特点与室外排水有所不同。

（1）水量气压变化幅度大

与室外排水相比，建筑内部排水管网接纳的排水量少，且不均匀，排水历时短，高峰流量时可能充满整个管道断面，而大部分时间管道内可能没有水。管内自由水面和气压不稳定，水、气容易掺合。

（2）流速变化剧烈

建筑外部排水管绝大多数为水平横管，只有少量跌水，且跌水深度不大，管内水流速度沿水流方向递增，但变化很小，水气不易掺合，管内气压稳定。建筑内部横管与立管交替连接，当水流由横管进入立管时，流速急骤增大，水气混合；当水流由立管进入横管时，流速急骤减小，水气分离。

（3）事故危害大

室外排水不畅时，污废水溢出检查井，有毒有害气体进入大气，影响环境卫生，因其发生在室外，对人体直接危害小。建筑内部排水不畅，污水外溢到室内地面，或管内气压波动，有毒有害气体进入房间，将直接危害人体健康，影响室内环境卫生，事故危害性大。

为合理设计建筑内部排水系统，既要使排水安全畅通，又要做到管线短、管径小、造价低，需专门研究建筑内部排水管系中的水气流动规律。

5.3.2 水封的作用及其破坏原因

1. 水封的作用

水封是设在卫生器具排水口下，用来抵抗排水管内气压变化，防止排水管道系统中气体窜入室内的一定高度的水柱，通常用存水弯来实施。水封高度 h 与管内气压变化、水蒸发率、水量损失、水中固体杂质的含量及相对密度有关，不能太大也不能太小。若水封高度太大，污水中固体杂质容易沉积在存水弯底部，堵塞管道；水封高度太小，管内气体容易克服水封的静水压力进入室内，污染环境。所以国内外一般将水封高度定为 $50 \sim 100mm$。

2. 水封破坏

因静态和动态原因造成存水弯内水封高度减少，不足以抵抗管道内允许的压力变化值时（一般为 $\pm 25mmH_2O$），管道内气体进入室内的现象叫水封破坏。在一个排水系统中，只有要一个水封破坏，整个排水系统的平衡就被打破。水封的破坏与存水弯内水量损失有关。水封水量损失越多，水封高度越小，抵抗管内压力波动的能力越弱。水封内水量的损失主要有以下 3 个原因：

（1）自虹吸损失

卫生设备在瞬时大量排水的情况下，存水弯自身充满而形成虹吸，排水结束后，存水弯内水封的实际高度低于应有的高度 h。这种情况多发生在卫生器具底盘坡度较大、呈漏斗状，存水弯的管径小，无延时供水装置，采用 S 形存水弯或连接排水横支管较长（大于0.9m）的 P 形存水弯中。

（2）诱导虹吸损失

某卫生器具不排水时，其存水弯内水封的高度符合要求。当管道系统内其他卫生器具大量排水时，系统内压力发生变化，使该存水弯内的水上下振动，引起水量损失。水量损失的多少与存水弯的形状，即存水弯流出端断面积与流入端断面积之比 K、系统内允许的压力波动值 P 有关。当系统内允许的压力波动一定时，K 值越大，水量损失越小，K 值越小时，水量损失越大。

（3）静态损失

静态损失是因卫生器具较长时间不使用造成的水量损失。在水封流入端，水封水面会因自然蒸发而降低，造成水量损失。在流出端，因存水弯内壁不光滑或粘有油脂，会在管壁上积存较长的纤维和毛发，产生毛细作用，造成水量损失。蒸发和毛细作用造成的水量减少属于正常水量损失，水量损失的多少与室内温度、湿度及卫生器具使用情况有关。

5.3.3　横管内水流状态

建筑内部排水系统所接纳的排水点少，排水时间短（几秒到 30 秒左右），具有断续的非均匀流特点。水流在立管内下落过程中会挟带大量空气一起向下运动，进入横管后变成横向流动，其能量、流动状态、管内压力及排水能力均发生变化。

1. 能量

竖直下落的污水具有较大的动能，进入横管后，由于改变流动方向，流速减小，转化为具有一定水深的横向流动，其能量转换关系式为：

$$K\frac{v_0^2}{2g} = h_e + \frac{v^2}{2g} \tag{5-1}$$

式中　v_0——竖直下落末端水流速度，m/s；

h_e——横管断面水深，m；

v——h_e 水深时水流速度，m/s；

K——与立管和横管间连接形式有关的能量损失系数。

公式中横管断面水深和流速的大小，与排放点的高度、排水流量、管径、卫生器具类型有关。

2. 水流状态

根据国内外的实验研究，污水由竖直下落进入横管后，横管中的水流状态可分为急流段、水跃及跃后段、逐渐衰减段，如图 5-27 所示。急流段水流速度大，水深较浅，冲刷能力强。急流段末端由于管壁阻力使流速减小，水深增加形成水跃。在水流继续向前运动的过程中，由于管壁阻力，能量逐渐减小，水深逐渐减小，趋于均匀流。

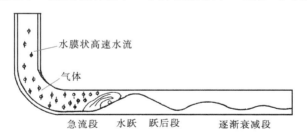

图 5-27　横管内水流状态示意图

3. 管内压力

竖直下落的大量污水进入横管形成水跃，管内水位骤然上升，以至充满整个管道断面，使水流中挟带的气体不能自由流动，短时间内横管中压力突然增加。

（1）横支管内压力变化

排水横支管内压力的变化与排水横支管的位置（立管的上部还是下部）和是否还有其他横支管同时排水有关。横支管连接 A、B、C 三个卫生器具，中间卫生器具 B 突然排水时，分三种情况分析横支管内压力的变化情况。

图 5-28 为立管内没有其他排水情况下，横支管内流态和压力变化示意图。在与卫生

器具 B 连接处的排水横支管内，水流呈八字形，在其前后形成水跃。因 AB 段内气体不能自由流动，形成正压，使 A 卫生器具存水弯进水端水面上升；因没有其他横支管排水，立管上部与大气相通，BD 段气体可以自由流动，管内压力变化很小，C 卫生器具存水弯进水端水面较稳定。随着 B 卫生器具排水量逐渐减少，在横支管坡度作用下，水流向 D 点作单向运动，A 点形成负压抽吸，带走少量水，使存水弯水面下降。

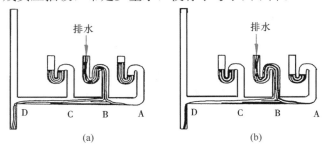

图 5-28　无其他排水时横支管内流态与压力变化
（a）排水初期；（b）排水末期

　　当排水横支管位于立管的上部，且立管内同时还有其他排水时，在立管上部和 BD 段内形成负压（参见图 5-31），对 B 卫生器具的排水有抽吸作用，减弱了 AB 段的正压；C 卫生器具存水弯进水段水面下降，带走少量水。在 B 卫生器具排水末期，三个卫生器具存水弯进水端水面都会下降，如图 5-29 所示。

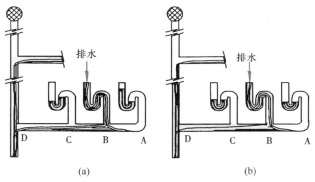

图 5-29　有其他排水时上部横支管内流态与压力变化
（a）排水初期；（b）排水末期

　　若排水横支管位于立管的底部，如图 5-30 所示，立管内同时还有其他排水，在立管底部和 BD 段内形成正压（参见图 5-31），即阻碍 B 卫生器具排水，又使 A 和 C 卫生器具存水弯进水端水面升高；其他卫生器具排水结束后，三个卫生器具存水弯进水端水面下降，横支管内压力趋于稳定。

　　以上分析说明，横支管内压力变化与横支管的位置关系较大。但是，卫生器具距横支管的高差较小（小于 1.5m），污水由卫生器具落到横支管时的动能小，形成的水跃低。所以，排水横支管自身排水造成的排水横支管内的压力波动不大。存水弯内水封高度降低的很少，一般不会造成水封破坏。

　　（2）横干管内压力变化

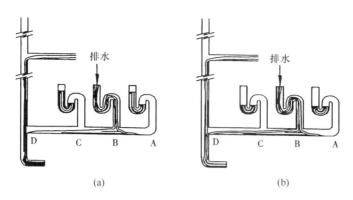

图 5-30　有其他排水时下部横支管内流态与压力变化
(a) 排水初期；(b) 排水末期

横干管连接立管和室外排水检查井，接纳的卫生器具多，存在着多个卫生器具同时排水的可能，所以排水量大。另外，排水横支管距横干管的高差大，下落污水在立管与横干管连接处动能大，在横干管起端产生的冲击流强烈，水跃高度大，水流有可能充满横干管断面。当上部水流不断下落时，立管底部与横干管之间的空气不能自由流动，空气压力骤然上升，使下部几层横支管内形成较大的正压，有时会将存水弯内的水喷溅至卫生器具内。

5.3.4　立管中水流状态

排水立管上接各层的排水横支管，下接横干管或排出管，立管内水流呈竖直下落流动状态，水流能量转换和管内压力变化很剧烈。排水立管设计是否合理，会直接影响排水系统的造价和正常使用。

1. 排水立管水流特点

由于卫生器具排水特点和对建筑内部排水安全可靠性能的要求，污水在立管内的流动有以下几个特点。

(1) 断续的非均匀流

卫生器具的使用是间断的，排水是不连续的。卫生器具使用后，污水由横支管流入立管初期，立管中流量有个递增过程，在排水末期，流量有个递减过程。当没有卫生器具排水时，立管中流量为零，被空气充满。所以，排水立管中流量是断断续续的，时大时小的。

(2) 水、气两相流

为防止排水管道系统内气压波动太大，破坏水封，排水立管是按非满流设计的。水流在下落过程中会挟带管内气体一起流动。因此，立管中是水、空气和固形污物三种介质的复杂运动，因固体污物相对较少，影响较小，可简化为水、气两相流，水中有气团，气中有水滴，气水间的界限不十分明显。

(3) 管内压力变化

图 5-31 为普通伸顶通气单立管排水系统中压力分布示意图。污水由横支管进入立管竖直下落过程中会挟带一部分气体一起向下流动，若不能及时补充带走的气体，在立管的上部会形成负压。夹气水流进入横干管后，因流速减小，挟带的气体析出，水流形成水

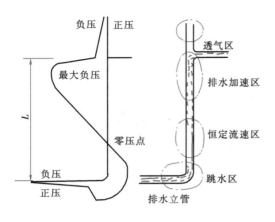

图 5-31　排水立管和横干管内压力分布示意图

跃，充满横干管断面，从水中分离出的气体不能及时排走，在立管的下部和横干管内会形成正压。沿水流方向，立管中的压力由负到正，由小到大逐渐增加，零压点靠近立管底部。

最大负压发生在排水的横支管下部，最大负压值的大小，与排水的横支管高度、排水量大小和通气量大小有关。排水的横支管距立管底部越高，排水量越大，通气量越小，形成的负压越大。

2. 水流流动状态

在部分充满水的排水立管中，水流运动状态与排水量、管径、水质、管壁粗糙度、横支管与立管连接处的几何形状、立管高度及同时向立管排水的横支管数目等因素有关。其中，排水量和管径是主要因素。通常用充水率 α 表示，充水率 α 是指水流断面积 W_t 与管道断面积 W_j 的比值。

通过对单一横支管排水，立管上端开口通大气，立管下端经排出横干管接室外检查井通大气的情况下进行实验研究发现，随着流量的不断增加，立管中水流状态主要经过附壁螺旋流、水膜流和水塞流 3 个阶段，如图 5-32 所示。

（1）附壁螺旋流

当横支管排水量较小时，横支管的水深较浅，水平流速较小。因排水立管内壁粗糙，固（管道内壁）液（污水）两相间的界面力大于液体分子间的内聚力，进入立管的水不能以水团形式脱离管壁在管中心坠落，而是沿管内壁周边向下做螺旋流动。因螺旋运动产生离心力，使水流密实，气液界面清晰，水流夹气作用不明显，立管中心气流正常，管内气压稳定，如图 5-32（a）所示。

随着排水量的增加，当水量足够覆盖立管的整个管壁时，水流改作附着于管壁向下流动。因没有离心力作用，只有水与管壁间的界面力，这时气液两相界面不清晰，水流向下有夹气作用。但因排水量较小，管中心气流仍旧正常，气压较稳定。这种状态历时很短，很快会过渡到下一个阶段。经实验，在设有专用通气立管的排水系统中，充水率 $\alpha < 1/4$ 时，立管内为附壁螺旋流。

（2）水膜流

当流量进一步增加，由于空气阻力和管壁摩擦力的共同作用，水流沿管壁作下落运动，形成有一定厚度的带有横向隔膜的附壁环状水膜流。附壁环状水膜流与其上部的横向隔膜连在一起向下运动，如图 5-32（b）所示。附壁环状水膜流与横向隔膜的运动方式不

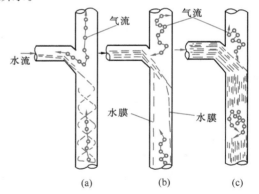

图 5-32　排水立管水流状态图
（a）附壁螺旋流；（b）水膜流；（c）水塞流

同，环状水膜形成后比较稳定，向下作加速运动，水膜厚度近似与下降速度成正比。随着水流下降流速的增加，水膜所受管壁摩擦力也随之增加。当水膜所受向上的摩擦力与重力达到平衡时，水膜的下降速度和水膜厚度不再变化，这时的流速叫终限流速（v_t），从排水横支管水流入口至终限流速形成处的高度叫终限长度（L_t）。

横向隔膜不稳定，在向下运动过程中，隔膜下部管内压力不断增加，压力达到一定值时，管内气体将横向隔膜冲破，管内气压又恢复正常。在继续下降的过程中，又形成新的横向隔膜，横向隔膜的形成与破坏交替进行。由于水膜流时排水量不是很大，形成的横向隔膜厚度较薄，横向隔膜破坏的压力小于水封破坏的控制压力（水封破坏的控制压力波动范围是±245Pa）。在水膜流阶段，立管内的充水率在 1/4～1/3 之间，立管内气压有波动，但其变化不会破坏水封。

（3）水塞流

随着排水量继续增加，充水率超过 1/3 后，横向隔膜的形成与破坏越来越频繁，水膜厚度不断增加，隔膜下部的压力不能冲破水膜，最后形成较稳定的水塞，如图 5-32（c）所示。水塞向下运动，管内气体压力波动剧烈，超过±245Pa，水封破坏，整个排水系统不能正常使用。

排水立管内的水流流动状态影响着排水系统的安全可靠程度和工程造价，若选用附壁螺旋流状态，系统内压力稳定，安全可靠，室内环境卫生好，但管径大，造价高；若选用水塞流状态，管径小造价低，但系统内压力波动大，水封容易破坏，污染室内环境卫生。所以，在同时考虑安全因素和经济因素的情况下，各国都选用水膜流作为设计排水立管的依据。

3. 水膜流运动的力学分析

为确定水膜流阶段排水立管在允许的压力波动范围内的最大允许排水能力，给建筑内部排水立管的设计提供理论依据，应该对排水立管中的水膜流运动进行力学分析。

在水膜流时，水沿管壁呈环状水膜竖直向下运动，环中心是空气流（气核），管中不存在水的静压。水膜和中心气流间没有明显的界线，水膜中混有空气，含气量从管壁向中心逐渐增加，气核中也含有下落的水滴，含水量从管中心向四周逐渐增加。这样立管中流体的运动分为两类特性不同的两相流，一种是水膜区以水为主的水、气两相流，一种是气核区以气为主的气、水两相流。为便于研究，水膜区中的气可以忽略，气核区中的水也可忽略。管道内复杂的两类两相流简化为两类单相流。水流运动和气流运动可以用能量方程和动量方程来描述。

排水立管中水膜可以近似看作一个中空的环状物体，这个环状物体在变加速下降过程中，同时受到向下的重力 W 和向上的管壁摩擦力 P 的作用。取一个长度为 ΔL 的基本小环，如图 5-33 所示。根据牛顿第二定律

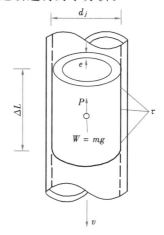

图 5-33　环状水膜隔离体

$$F = ma = m\frac{\mathrm{d}v}{\mathrm{d}t} = W - P \tag{5-2}$$

式中重力的表达式为

$$W = m \cdot g = Q \cdot \rho \cdot t \cdot g \tag{5-3}$$

式中 m——t 时刻内通过所给断面水流的质量，kg；

W——重力，N；

g——重力加速度，m/s^2；

Q——下落水流流量，m^3/s；

ρ——水的密度，kg/m^3；

t——时间，s。

表面摩擦力 P 的表达式为

$$P = \tau \cdot \pi \cdot d_j \cdot \Delta L \tag{5-4}$$

式中 P——表面摩擦力，N；

d_j——立管内径，m；

ΔL——中空圆柱体长度，m；

τ——水流内摩擦力，以单位面积上的平均切应力表示，N/m^2。在紊流状态下，水流内摩擦力 τ 可表示为

$$\tau = \frac{\lambda}{8} \rho \cdot v^2 \tag{5-5}$$

式中的 λ 为沿程阻力系数，由实验分析可知，λ 值的大小与管壁的粗糙高度 K_P（m）和水膜的厚度 e（m）有关

$$\lambda = 0.1212 \left(\frac{K_P}{e} \right)^{\frac{1}{3}} \tag{5-6}$$

将式（5-3）～式（5-6）代入式（5-2）整理得

$$m \cdot \frac{dv}{dt} = Q \cdot \rho \cdot t \cdot g - \frac{0.1212\pi}{8} \cdot \left(\frac{K_P}{e} \right)^{\frac{1}{3}} \cdot \rho \cdot v^{\frac{1}{2}} \cdot d_j \cdot \Delta L \tag{5-7}$$

等式两侧同除以 $t \cdot \rho$，且 $\frac{\Delta L}{t} = v$，式（5-7）变为

$$\frac{m}{\rho \cdot t} \cdot \frac{dv}{dt} = Q \cdot g - \frac{0.1212\pi}{8} \cdot \left(\frac{K_P}{e} \right)^{\frac{1}{3}} \cdot v^3 \cdot d_j \tag{5-8}$$

当水流下降速度达到终限流速 v_t 时，水膜厚度 e 达到终限流速时的水膜厚度 e_t，此时水流下降速度恒定不变，加速度 $a = \frac{dv}{dt} = 0$，式（5-8）可整理为

$$v_t = \left[\frac{21Q \cdot g}{d_j} \left(\frac{e_t}{K_P} \right)^{\frac{1}{3}} \right]^{\frac{1}{3}} \tag{5-9}$$

终限流速时的排水流量为终限流速与环状过水断面积之积

$$Q = v_t \frac{\pi}{4} \left[d_j^2 - (d_j - 2e_t)^2 \right] \tag{5-10}$$

展开式（5-10）右侧，因 e_t^2 项很小，忽略不计，整理得

$$e_t = \frac{Q}{v_t \pi d_j} \tag{5-11}$$

将式（5-11）代入式（5-9），得

$$v_t = 2.22 \left(\frac{g^3}{K_P} \right)^{\frac{1}{10}} \cdot \left(\frac{Q}{d_j} \right)^{\frac{2}{5}} \tag{5-12}$$

将 $g = 9.81 \text{m/s}^2$ 代入式（5-12），得到终限流速 v_t（m/s）与流量 Q（m^3/s）、管径 d_j（m）和管壁粗糙高度 K_P（m）之间的关系式

$$v_t = 4.4 \left(\frac{1}{K_P} \right)^{\frac{1}{10}} \cdot \left(\frac{Q}{d_j} \right)^{\frac{2}{5}} \tag{5-13}$$

5.3.5 排水立管在水膜流时的通水能力

式（5-13）表达了在水膜流状态下，终限流速 v_t 与排水量 Q、管径 d_j 及粗糙高度 K_P 之间的关系。在实际应用中，终限流速 v_t 不便测定，应将其消去。找出立管通水能力 Q 与管径 d_j、充水率 α，以及粗糙高度间 K_P 的关系，便于设计中应用。

水膜流状态达到终限流速 v_t 时，水膜的厚度和下降流速保持不变，立管内通水能力为过水断面积 ω_t 与终限流速 v_t 的乘积

$$Q = \omega_t \cdot v_t \tag{5-14}$$

过水断面积为

$$\omega_t = \alpha \omega_j = \frac{\alpha \pi d_j^2}{4} \tag{5-15}$$

式中　ω_j——立管断面面积。

将式（5-13）和式（5-15）代入式（5-14），整理得

$$Q = 7.89 \left(\frac{1}{K_P} \right)^{\frac{1}{6}} \cdot d_j^{\frac{8}{3}} \cdot \alpha^{\frac{5}{3}} \tag{5-16}$$

将式（5-16）分别代入式（5-13）整理得

$$v_t = 10.05 \left(\frac{1}{K_P} \right)^{\frac{1}{6}} \cdot d_j^{\frac{2}{3}} \cdot \alpha^{\frac{2}{3}} \tag{5-17}$$

令 d_0 表示立管内中空断面的直径，则

$$d_0 = d_j - 2e_t \tag{5-18}$$

$$\alpha = \frac{\omega_t}{\omega_j} = 1 - \left(\frac{d_0}{d_j} \right)^2 \tag{5-19}$$

由式（5-18）和式（5-19）可得水膜厚度表达式

$$e_t = \frac{1}{2} (1 - \sqrt{1 - \alpha}) \cdot d_j \tag{5-20}$$

水膜厚度 e_t 与管内径 d_j 比值为

$$\frac{e_t}{d_j} = \frac{1 - \sqrt{1 - \alpha}}{2} \tag{5-21}$$

在有专用通气立管的排水系统中，水膜流时 $\alpha = 1/4 \sim 1/3$，代入式（5-20），求出不同管径时水膜厚度见表 5-6。

水膜流状态时的水膜厚度（mm）　　　　　　　表 5-6

管道内径	α		
(mm)	1/4	7/24	1/3
50	3.3	4.0	4.6
75	5.0	5.9	6.9

续表

管道内径	α		
(mm)	1/4	7/24	1/3
100	6.7	7.9	9.2
125	8.4	9.9	11.5
150	10.1	11.9	13.8

沿程阻力系数计算式（5-6）是在人工粗糙基础上得出来的经验公式，实际应用于排水管道时，由于材料及制作技术不同，其粗糙高度、粗糙形状及其分布是无规则的。计算时引入"当量粗糙高度"概念。当量粗糙高度是指和实际管道沿程阻力系数 λ 值相等的同管径人工粗糙管的粗糙高度。塑料管当量粗糙高度为 15×10^{-6} m，铸铁管的当量粗糙高度为 25×10^{-5} m。

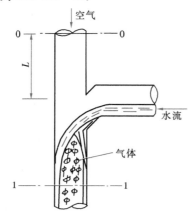

图 5-34　立管内压力分析示意图

5.3.6　影响立管内压力波动的因素及防止措施

增大排水立管的通水能力和防止水封破坏是建筑内部排水系统中两个最重要的问题，这两个问题都与排水立管内的压力有关。因此，需要分析排水立管内压力变化规律，找出影响排水立管内压力变化的因素，根据这些影响因素，采取相应的解决办法和措施，增大排水立管的通水能力。

1. 影响排水立管内部压力的因素

图 5-34 为普通单立管系统，水流由横支管进入立管，在立管中呈水膜流状态夹气向下流动，空气从伸顶通气管顶端补入。选取立管顶部空气入口处为基准面（0-0），另一断面(1-1)选在排水横支管下最大负压形成处。空气在两个断面上的能量方程为

$$\frac{v_0^2}{2g} + \frac{P_0}{\rho g} = \frac{v_1^2}{2g} + \frac{P_1}{\rho g} + \left(\xi + \lambda \frac{L}{d_j} + K\right)\frac{v_a^2}{2g} \tag{5-22}$$

式中　v_0——0-0 断面处空气流速，m/s；

　　　　v_1——1-1 断面处空气流速，m/s；

　　　　P_0——0-0 断面处空气相对压力，Pa；

　　　　P_1——1-1 断面处空气相对压力，Pa；

　　　　v_a——空气在通气管内流速，m/s；

　　　　ρ——空气密度，kg/m³；

　　　　g——重力加速度，9.81m/s²；

　　　　ξ——管顶空气入口处的局部阻力系数，一般取 0.5；

　　　　L——从管顶到排水横支管处的长度，m；

　　　　d_j——管道内径，m；

　　　　λ——管壁总摩擦系数，包括沿程损失和局部损失，一般取 0.03～0.05；

K——水舌局部阻力系数。

水舌是水流在冲激流状态下，由横支管进入立管下落，在横支管与立管连接部短时间内形成的水力学现象，如图 5-35 所示。它沿进水流动方向充塞立管断面，同时，水舌两侧有两个气孔作为空气流动通路。这两个气孔的断面远比水舌上方立管内的气流断面积小，在水流的拖拽下，向下流动的空气通过水舌时，造成空气能量的局部损失。在排水立管管径一定的条件下，水舌局部阻力系数 K 与排水量大小，横支管与立管连接处的几何形状有关。

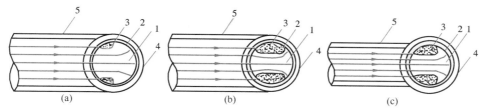

图 5-35　水舌
（a）同径正三通；（b）同径斜三通；（c）异径三通
1—水舌；2—环状水膜；3—气流通道；4—立管；5—横支管

管顶空气入口处空气流速和相对压力很小，为简化计算，令 $v_0 = 0$，$P_0 = 0$，式（5-22）简化整理得：

$$P_1 = -\rho \left[\frac{v_1^2}{2} + \left(\xi + \lambda \frac{L}{d_j} + K \right) \frac{v_a^2}{2} \right] \tag{5-23}$$

为补充夹气水流造成的真空，伸顶通气管内空气向下流动，所以，$v_a = v_1$，式（5-23）简化为

$$P_1 = -\rho \left(1 + \xi + \lambda \frac{L}{d_j} + K \right) \frac{v_1^2}{2} \tag{5-24}$$

式中 $\left(1 + \xi + \lambda \frac{L}{d_j} + K \right)$ 为空气在通气管内总阻力系数，令

$$\beta = \left(1 + \xi + \lambda \frac{L}{d_j} + K \right) \tag{5-25}$$

式（5-24）简化为

$$P_1 = -\rho \beta \frac{v_1^2}{2} \tag{5-26}$$

断面 1-1 处为产生最大负压处，该处气核随水膜一起下落，其流速 v_1 与终限流速 v_t 近似相等，式（5-26）变为

$$P_1 = -\rho \beta \frac{v_t^2}{2} \tag{5-27}$$

将式（5-13）代入上式得

$$P_1 = -9.68 \rho \beta \left(\frac{1}{K_p} \right)^{\frac{1}{5}} \left(\frac{Q}{d_j} \right)^{\frac{4}{5}} \tag{5-28}$$

式中　P_1——立管内最大负压值，Pa；

　　　ρ——空气密度，kg/m^3；

　　　K_p——管壁粗糙高度，m；

Q——排水流量，m^3/s；

d_j——管道内径，m；

β——空气阻力系数，$\beta=\left(1+\xi+\lambda\dfrac{L}{d_j}+K\right)$。

由式（5-27）和式（5-28）可以看出，立管内最大负压值的大小与排水立管内壁粗糙高度和管径成反比；与排水流量、终限流速以及空气总阻力系数成正比。空气总阻力系数中，水舌阻力系数 K 值最大，是 ξ 的几十倍，其他几项都很小。但是，当排水立管不伸顶通气时，局部阻力 $\xi\rightarrow\infty$，排水时造成的负压很大，水封极易破坏，因此对不通气系统的最大通水能力作了严格的限制。

2. 稳定立管压力增大通水能力的措施

当管径一定时，在影响排水立管压力波动的几个因素中，管顶空气进口阻力系数 ξ 值小，影响很小，而通气管长度 L 和空气密度 ρ 又不能随意调整改变。所以，只能改变立管流速 v 和水舌阻力系数 K 两个影响因素。目前，稳定立管压力，增大通水能力的切实可行的技术措施有：

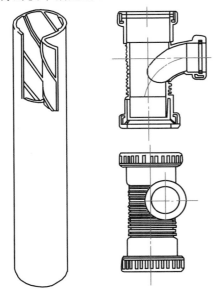

图 5-36　螺旋排水立管和偏心三通

（1）不断改变立管内水流的方向，增加水向下流动的阻力，消耗水流的动能，减小污水在立管内的下降速度。如每隔一定距离（5～6 层），在立管上设置乙字弯消能，可减小流速 50% 左右。

（2）改变立管内壁表面的形状，改变水在立管内的流动轨迹和下降流速。如增加管材内壁粗糙高度 K_p，使水膜与管壁间的界面力增加，增加水向下流动的阻力，减小污水在立管内的下降速度。将光滑的排水立管内壁制作成有凸起的螺旋导流槽，图 5-36 为内壁有 6 条间距 50mm 呈三角形凸起的螺旋排水立管和与之配套使用的偏心三通。横支管采用普通管材，横支管的污水经偏心三通导流沿切线方向进入立管，避免形成水舌。在螺旋凸起的导流下，水流形成较为密实的水膜紧贴立管管壁旋转下落，既减小了污水的竖向流速，又使立管中心保持气流畅通，管内压力稳定。因横支管的污水沿切线方向进入立管，减小了下落水团之间的相互撞击，也降低了排水时的噪声。

（3）设置专用通气管，改变补气方向，使向负压区补充的空气不经过水舌，由通气立管从下补气，或由环形通气管、器具通气管从上补气，参见图 5-2。

（4）改变横支管与立管连接处的构造形式，代替原来的三通，避免形成水舌或减小水舌面积，减小排水横支管下方立管内的负压值，这种管件叫上部特制配件。改变立管与排出管、横干管连接处的构造形式，代替一般的弯头，减小立管底部和排出管、横干管内的正压值，这种管件叫下部特制配件。上部特制配件要与下部特制配件配套使用。

图 5-37 为 4 种上部特制配件。混合器由上流入口、乙字弯、挡板、挡板上部的孔隙、横支管流入口、混合室和排出口等组成。挡板将混合器上部分隔成立管水流区和横支管水

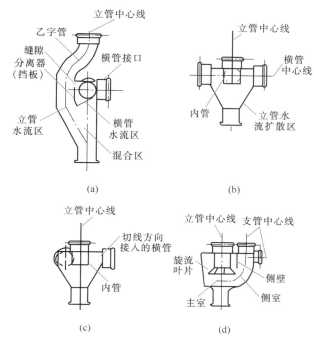

图 5-37　上部特制配件
（a）混合器；（b）环流器；（c）环旋器；（d）侧流器

流区两部分，使立管水流和横支管水流在各自的隔间内流动，避免了冲击和干扰。自立管下降的污水，经过乙字管时，水流受撞击分散与周围的空气混合，形成相对密度较轻的水沫状气水混合液，下降速度减慢，可避免出现过大的抽吸力。横支管排出的污水被挡板反弹，只能从挡板右侧向下排放，不会在立管中形成水舌，能使立管中保持气流畅通，气压稳定。挡板上部留有孔隙，可流通空气，平衡立管和横支管的压力，防止虹吸作用。混合器构造简单，维护容易，安装方便，运行可靠，可接纳来自三个方向的横支管。

侧流器由底座、盖板组成，盖板上带有固定旋流叶片，底座横支管和立管接口处，沿立管切线方向有导流板。从横支管排出的污水，通过导流板从切线方向以旋转状态进入立管，立管下降水流经固定旋流叶片后，沿管壁旋转下降，随着水流的下降，旋流作用逐渐减弱，经过下一层侧流器旋流叶片的导流，又增强了旋流作用，直至立管底部。

侧流器使立管和横支管的水流同时同步旋转，在立管中心形成气流畅通的空气芯，管内压力变化很小，能有效地控制排水噪声。侧流器可接 3 个横支管，但构造比其他形式复杂，涡流叶片容易堵塞。

环流器由倒锥体、内管和 2～4 个横向接口组成，内管可消除横支管水流与立管水流的相互冲击和干扰。横支管排出的污水受内管阻挡反弹后，沿立管管壁向下流动；立管水流从内管流出成倒漏斗状，以自然扩散下落，与倒锥体内的空气混合，形成相对密度较小的水沫状气水混合液，流速减慢，沿壁呈水膜状下降，使管中气流畅通。因环流器可多向与多根横支管连接，各器具排水管可单独接入立管，减少了横管内因排水合流而产生的水塞现象，还形成环形通路，进一步加强了立管与横管中的空气流通，从而减小了管内的压力波动。

环流器构造简单，不易堵塞，可连接四个方向的横管，可以做到横管在地面上与立管连接，不需穿越楼板。四个接入口还可被当作清扫口用。

环旋器的内部构造同环流器基本相同，不同点在于横支管以切线方向接入，使横支管水流进入环旋器后形成一定程度的旋流，更有利于立管中心形成空气芯。但反向的两个横支管接口中心无法对准，不便于共用排水立管对称布置的卫生间采用。

图 5-38 为四种下部特制配件。跑气器由流入口，顶部通气口、有凸块的气体分离室、跑气管和排出口组成。自立管下降的水气混合液撞击凸块后被溅散，改变方向冲击到凸块对面的斜面上，气与水分离，分离的气体经过跑气管引入干管下游，使进入横干管的污水体积减小，速度减慢，动能减小，立管底部和横干管的正压减小，管内气压稳定。跑气器常和混合器配套使用。

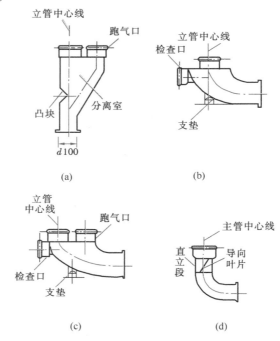

图 5-38　下部特制配件
(a) 跑气器；(b) 角笛式弯头；(c) 带跑气器角笛式弯头；(d) 大曲率导向弯头

大曲率导向弯头是一种曲率半径大，内有导向叶片的弯头。立管中下降的附壁薄膜水流在叶片角度的导引下，使水流沿弯头下部流入横干管，避免了在横干管起端形成水跃和壅水，大大减小立管底部和横干管的正压力。消除了水流对弯头底部的撞击。大曲率导向弯头常和侧流器配套使用。

角笛式弯头是一种形如牛角，曲率半径大，空间大带有检查口的弯头，有的角笛式弯头还带跑气口。由排水立管进入角笛式弯头的水流因过水断面突然扩大，流速变缓，混合在污水中的空气释出，使进入横干管的污水体积减小，速度减慢，动能减小。另外，角笛式弯头内部空间大，可以容纳高峰瞬时流量，弯头曲率半径大，加强了排水能力，这些都有助于消除水跃和水塞现象的发生，避免立管底部和横干管内产生过大正压。角笛式弯头常与环流器或环旋器配套使用。

5.4　排水系统选择与管道布置敷设

建筑内部排水系统的选择和管道布置敷设直接影响着人们的日常生活和生产活动，在设计过程中应首先保证排水畅通和室内良好的生活环境，再根据建筑类型、标准、投资等因素，在兼顾其他管道、线路和设备的情况下，进行系统的选择和管道的布置敷设。

5.4.1　排水系统的选择

在确定建筑内部排水体制和选择建筑内部排水系统时，需根据污水性质、建筑标准与特征、是否设置中水或污水处理等情况，结合总体条件和市政管网接管等因素综合考量。

（1）污废水的性质

根据污废水中所含污染物的种类，确定是合流还是分流。生活排水与雨水分流排出。较洁净的废水如空调凝结水、消防试验排水，可排至室外雨水管道，但须采用间接排水方式和防雨水倒流至室内的技术措施。当两种生产污水合流会产生有毒有害气体和其他难处理的有害物质时应分流排放；与生活污水性质相似的生产污水可以和生活污水合流排放。不含有机物且污染轻微的生产废水可排入雨水排水系统。

（2）污废水污染程度

为便于轻污染废水的回收利用和重污染废水的处理，污染物种类相同，但浓度不同的两种污水宜分流排除。

（3）污废水综合利用的可能性和处理要求

工业废水中常含有能回收利用的贵重工业原料，为减少环境污染，变废为宝，宜采用清浊分流，分质分流，否则会影响回收价值和处理效果。

对卫生标准要求较高，设有中水系统的建筑物，生活污水与废水宜采用分流排放。含油较多的公共饮食业厨房的洗涤废水和洗车台冲洗水；含有大量致病病毒、细菌或放射性元素超过排放标准的医院污水；水温超过 40℃的锅炉和水加热器等加热设备排水；可重复利用的冷却水以及用作中水水源的生活排水应单独排放。

（4）管道流态和压力

建筑物内排水多采用重力排水。当无条件重力排出时，可采用水泵提升的压力排水。重力管道应与压力管道分别设置。真空排水应单独设置。

5.4.2　卫生器具的布置与敷设

在卫生间和公共厕所布置卫生器具时，既要考虑所选用的卫生器具类型、尺寸和方便使用，又要考虑管线短，排水通畅，便于维护管理。图 5-39 是住宅卫生间、宾馆卫生间和公共厕所的卫生器具平面布置图。为使卫生器具使用方便，使其功能正常发挥，卫生器具的安装高度应满足附表 5-1 的要求。

卫生间和公共厕所内的地漏应设在地面最低处，易于溅水的卫生器具附近。地漏不宜设在排水支管顶端，以防止卫生器具排放的固形杂物在最远卫生器具和地漏之间的横支管内沉淀。

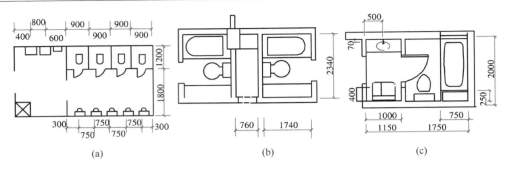

图 5-39　卫生间平面布置图

(a) 公共建筑；(b) 宾馆；(c) 住宅

5.4.3　排水管道的布置与敷设

室内排水管道的布置与敷设在保证排水畅通，安全可靠的前提下，还应兼顾经济、施工、管理、美观等因素。

（1）排水畅通，水力条件好

为使排水管道系统能够将室内产生的污废水以最短的距离、最短的时间排出室外，应采用水力条件好的管件和连接方法。排水支管不宜太长，尽量少转弯，连接的卫生器具不宜太多；排水立管宜靠近外墙，靠近排水量最大、水质最差的排水点；厨房废水和卫生间污水的排水立管应分别设置；排出管以最短的距离排出室外，尽量避免在室内转弯。

（2）保证排水空间和建筑物正常使用

在某些房间或场所布置排水管道时，要保证这些房间或场所正常使用，如横支管不得穿过有特殊卫生要求的生产厂房、食品及贵重商品仓库、通风小室和变电室；不得布置在遇水易引起燃烧、爆炸或损坏的原料、产品和设备上面，也不得布置在食堂、饮食业的主副食操作烹调场所的上方。排水管道穿越楼板、防火墙或管道井时应考虑设置防火材料封堵或阻火装置。

（3）保证排水管道不受损坏

为使排水系统安全可靠的使用，必须保证排水管道不会受到腐蚀、外力、热烤等破坏。如排水管道不得穿过变形缝、烟道和风道，必须穿过变形缝时应采取保护措施。管道穿过承重墙和基础时应预留洞；埋地管不得布置在可能受重物压坏处或穿越生产设备基础；湿陷性黄土地区横干管应设在地沟内；排水立管应采用柔性接口；塑料排水管道应远离温度高的设备和装置，在汇合配件处（如三通）设置伸缩节等。

（4）室内环境卫生条件好

为创造一个安全、卫生、舒适、安静、美观的生活、生产环境，管道不得穿越卧室、病房等对卫生、安静要求较高的房间，不得穿越住户的客厅、餐厅和贮藏室，并不宜靠近与卧室相邻的内墙；商品住宅卫生间的卫生器具排水管不宜穿越楼板进入他户；建筑层数较多，对于伸顶通气的排水管道而言，底层横支管与立管连接处至立管底部的距离小于表 5-7 规定的最小距离时，底部支管应单独排出，参见图 5-2。如果立管底部放大一号管径或横干管比与之连接的立管大一号管径时，可将表中垂直距离缩小一挡。有条件时宜设专用通气管道。

最低层横支管与立管连接处至立管管底的最小垂直距离（m）　　表 5-7

立管连接卫生器具的层数	垂直距离	
	仅设伸顶通气	设通气立管
≤4	0.45	按配件最小安装尺寸确定
5～6	0.75	
7～12	1.20	
13～19	底层单独排出	0.75
≥20		1.20

（5）施工安装、维护管理方便

为便于施工安装，管道距楼板和墙应有一定的距离。为便于日常维护管理，排水立管宜靠近外墙，以减少埋地横干管的长度；对于废水含有大量的悬浮物或沉淀物，管道需要经常冲洗，排水支管较多，排水点位置不固定的公共餐饮业的厨房、公共浴池、洗衣房、生产车间可以用排水沟代替排水管。

应按规范规定设置检查口或清扫口。排水立管上连接排水横支管的楼层应设检查口，且在建筑物底层必须设置；当立管水平拐弯或有乙字管时，在该层立管拐弯处和乙字管的上部应设检查口；检查口中心高度距操作地面宜为 1.0m，并应高于该层卫生器具上边缘0.15m；当排水立管设有 H 管时，检查口应设置在 H 管件的上边；当地下室立管上设置检查口时，检查口应设置在立管底部；立管上检查口的检查盖应面向便于检查清扫的方向。连接 2 个及 2 个以上的大便器或 3 个及 3 个以上卫生器具的铸铁排水横管上，宜设置清扫口；连接 4 个及 4 个以上的大便器的塑料排水横管上宜设置清扫口；水流转角小于135°的排水横管上，应设清扫口；清扫口可采用带清扫口的转角配件代替；当排水立管底部或排出管上的清扫口至室外检查井中心的最大长度大于表 5-8 的规定时，应在排出管上设清扫口。排水横管的直线管段上清扫口之间的最大距离，应符合表 5-9 的规定。当排水横管悬吊在转换层或地下室顶板下设置清扫口有困难时，可用检查口替代清扫口。生活排水管道不应在建筑物内设检查井代替清扫口。

排水立管底部或排出管上的清扫口至室外检查井的最大允许长度　　表 5-8

管径（mm）	50	75	100	>100
最大长度（m）	10	12	15	20

排水横管的直线管段上清扫口之间的最大距离　　表 5-9

管径（mm）	距离（m）	
	生活废水	生活污水
50～75	10	8
100～150	15	10
200	25	20

（6）占地面积小，总管线短、工程造价低。

5.4.4　异层排水系统和同层排水系统

按照室内排水横支管所设位置，可将排水系统分为异层排水系统和同层排水系统。

1. 异层排水

异层排水是指室内卫生器具的排水支管穿过本层楼板后接下层的排水横管，再接入排水立管的敷设方式，也是排水横支管敷设的传统方式。其优点是排水通畅，安装方便，维修简单，土建造价低，配套管道和卫生器具市场成熟。主要缺点是对下层造成不利影响，譬如易在穿楼板处造成漏水，下层顶板处排水管道多、不美观、有噪声等。

2. 同层排水

同层排水是指卫生间器具排水管不穿越楼板，排水横管在本层套内与排水立管连接，安装检修不影响下层的一种排水方式。当不允许卫生间排水支管穿越楼板设置在下层住户时，应采用同层排水，同层排水还适用于下层为卧室、厨房或生活饮用水池，遇水会引起燃烧、爆炸的原料、产品和设备等情况。同层排水具有如下特点：首先，产权明晰，卫生间排水管路系统布置在本层中，不干扰下层；其次，卫生器具的布置不受限制，楼板上没有卫生器具的排水预留孔，用户可以自由布置卫生器具的位置，满足卫生器具个性化的要求，从而提高房屋品味；再次，排水噪声小，渗漏概率小。

同层排水的技术包括：

（1）降板式同层排水

卫生间的结构板下沉 300～400mm，排水管敷设在楼板下沉的空间内，是简单、实用且较为普遍的方式。但排水管的连接形式有不同：

1）采用传统的接管方式，即用 P 弯和 S 弯连接浴缸、面盆、地漏。这种传统方式维修比较困难，一旦垃圾杂质堵塞弯头，不易清通。

2）采用多通道地漏连接，即将洗脸盆、浴缸、洗衣机、地平面的排水收入到多通道地漏，再排入立管。采用多通道地漏连接，无需安装存水弯装置，杂质也可通过地漏内的过滤网收集和清除。很显然，该方式易于疏通检修，但对相对的下沉高度要求较高。

3）采用接入器连接，即用同层排水接入器连接卫生器具排水支管、排水横管。除大便器外，其他卫生器具无需设置存水弯，水封问题在接入器本身解决，接入器设有检查盖板、检查口，便于疏通检修。该方式综合了多通道地漏和苏维脱排水系统中混合器的优点，可以减少降板高度，做成局部降板卫生间。

（2）不降板的同层排水

不降板同层排水，即是将排水管敷设在卫生间地面或外墙。住宅卫生间宜采用之。

1）排水管设在卫生间地面，即是在卫生器具后方砌一堵假墙，排水支管不穿越楼板而在假墙内敷设，并在同一楼层内与主管连接，坐便器采用后出口，洗面盆、浴盆、淋浴器的排水横管敷设在卫生间的地面，地漏设置在仅靠立管处，其存水弯设在管井内。此种方式在卫生器具的选型、卫生间的布置都有一定的局限性，且卫生间难免会有明管。

2）排水管设于外墙，就是将所有卫生器具沿外墙布置，器具采用后排水方式，地漏采用侧墙地漏，排水管在地面以上接至室外排水管，排水立管和水平横管均明装在建筑外墙。该方式卫生间内排水管不外露，整洁美观，噪声小；但限于无冰冻期的南方地区使用，对建筑的外观也有一定的影响。

（3）隐蔽式安装系统的同层排水

隐蔽式的同层排水是一种隐蔽式卫生器具安装的墙排水系统。在墙体内设置隐蔽式支架，卫生器具与支架固定，排水与给水管道也设置在支架内，并与支架充分固定。该方式的卫生间因只明露卫生器具本体和配水嘴，而整洁、干净，适合于高档住宅装修品质的要求，是同层排水设计和安装的趋势。

同层排水形式应根据卫生间空间、卫生器具类型及布局、室外环境气温等条件，经技术经济比较后合理确定。

5.4.5　通气系统的布置与敷设

通气管是建筑排水系统的重要组成部分，重力排水管不工作时，管道内有气体存在，排水时，废水、杂物裹着空气一起向下流动，使管内气压发生波动，或为正压或为负压。为平衡室内排水管内的气压变化，在布置排水管道时，应同时设置通气管，其作用如下：

1）保护排水管中的水封，防止排水管内的有害气体进入室内，维护室内的环境卫生；

2）排除排水管内的腐气，延长管道使用寿命；

3）降低排水时产生的噪声；

4）增大排水立管的通水能力。

建筑排水系统应依据建筑物和建筑排水类型、排水管道布置和长度、卫生器具设置的数量等因素合理设置不同类型的通气管。常用的通气管系统有伸顶通气管、专用通气管、环形通气管、器具通气管、结合通气管、汇合通气管等，如图 5-40 所示。

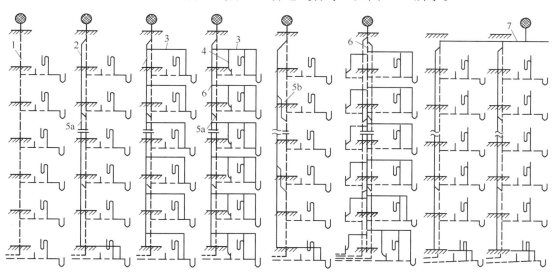

图 5-40　常用通气管系统图

1—伸顶通气管；2—专用通气管；3—环形通气管；4—器具通气管；5—结合通气管（5a 为 H 管、5b 为共轭管）；

6—主通气立管；7—汇合通气管

（1）伸顶通气管

伸顶通气是指排水立管与最上层排水横支管连接处向上垂直延伸至室外通气用的管

段。用于排水横支管较短，连接卫生器具较少的多层居住类等排水系统。伸顶通气的管材少、造价低，但其平衡排水系统内部气压波动的效果差，卫生间空气质量较差。

高出屋面的通气管顶端应装设风帽或网罩，避免杂物落入排水立管。通气管伸出屋面的高度与周围环境、该地的气象条件、屋面使用情况有关，通气管高出屋面不小于0.3m，但应大于该地区最大积雪厚度；屋顶有人停留时，高度应大于2.0m；若在通气管口周围4m以内有门窗时，通气管口应高出窗顶0.6m或引向无门窗一侧；通气管口不宜设在建筑物挑出部分（如屋檐檐口、阳台和雨篷等）的下面。当伸顶通气管为金属管材时，应根据防雷要求设置防雷装置。

（2）专用通气管

专用通气管与排水立管连接，或同时与环形通气管连接，为排水立管内或包括排水横支管内空气流通而设置的垂直通气管道。通气系统不设环形通气管和器具通气管时，通气立管通常叫专用通气立管；系统设有环形通气管和器具通气管，通气立管与排水立管相邻布置时，叫主通气立管；通气立管与排水立管相对布置时，叫副通气立管。专用通气管可减缓排水立管气压波动、增大其通水能力，卫生间空气质量较好。通气立管不得接纳器具污水、废水和雨水，不得与风道和烟道连接。专用通气立管和主通气立管的上端可在最高层卫生器具上边缘0.15m或检查口以上与排水立管通气部分以斜三通连接，下端应在最低排水横支管以下与排水立管以斜三通连接；或者下端应在排水立管底部距排水立管底部下游侧10倍立管直径长度距离范围内与横干管或排出管以斜三通连接。

（3）环形通气管

当排水横支管较长、连接的卫生器具较多时（连接4个及4个以上卫生器具且长度大于12m的排水横支管或连接6个及6个以上大便器的污水横支管）应设置环形通气管。环形通气管能够提高排水支管的通畅性，缓减排水系统的压力波动，使卫生间空气质量好，但是增加了通气管材用量和所占空间。环形通气管在横支管起端的两个卫生器具之间接出，连接点在横支管中心线以上，与横支管呈垂直或45°连接。

（4）器具通气管

器具通气管是指从卫生器具存水弯出口端接至专用通气管或环形通气管的管段。通常对水封稳定性有严格要求的场所和对卫生、安静要求较高的建筑，排水系统需要设置器具通气管。因其平衡管内压力变化的能力强，使卫生间空气质量最好，但是通气管耗量大，造价高，安装复杂。环形通气管和器具通气管与通气立管连接，连接处的标高应在卫生器具上边缘0.15m以上或检查口以上，且有不小于0.01的上升坡度。

（5）其他通气系统

1）结合通气

为在排水系统形成空气流通环路，通气立管与排水立管间需设结合通气管（或H管件），结合通气管宜每层或隔层与专用通气立管、排水立管连接，与主通气立管连接；结合通气管下端宜在排水横支管以下与排水立管以斜三通连接，上端可在卫生器具上边缘0.15m处与通气立管以斜三通连接。当采用H管件替代结合通气管时，其下端宜在排水横支管以上与排水立管连接。当污水立管与废水立管合用一根通气立管时，结合通气管配件可隔层分别与污水立管和废水立管连接；通气立管底部分别以斜三通与污废水立管连接。

2）汇合通气

若建筑物要求不可能每根通气管单独伸出屋面时，可设置汇合通气管。也就是将若干根通气立管在室内汇合后，再设一根伸顶通气管。

3）不伸顶通气

若建筑物不允许设置伸顶通气时，可依次考虑设置侧墙通气、自循环通气和吸气阀的通气方式。侧墙式通气口首先要远离进风口、窗、门，避免设在阳台板等挑檐下面，防止污浊气体回流和积聚；其次要和建筑协商，尽量不影响建筑立面美观。自循环通气管道系统，如图 5-41 所示。该管路不与大气直接相通，而是通过自身管路的连接方式变化来平衡排水管路中的气压波动，是一种安全、卫生的新型通气模式。当采取专用通气立管与排水立管连接时，自循环通气系统的顶端应在卫生器具上边缘以上不小于 0.15m 处采用 2 个 90°弯头相连，通气立管下端应在排水横管或排出管上采用倒顺水三通或倒斜三通相接，每层采用结合通气管与排水立管相连，如图 5-41（a）所示。当采取环形通气管与排水横支管连接时，顶端仍应在卫生器具上边缘以上不小于 0.15m 处采用 2 个 90°弯头相连，且从每层排水支管下游端接出环形通气管，应在高出卫生器具上边缘不小于 0.15m 与通气立管相接，如图 5-41（b）所示；当横支管连接卫生器具较多且横支管较长时，需设置支管的环形通气。通气立管的结合通气管与排水立管连接间隔不宜多于 8 层。吸气阀密封材料采用软塑料、橡胶之类材质，年久宜老化，会导致排水管道中的有害气体窜入室内，危及人身安全，所以，吸气阀要做好维护管理，诸如防杂质异物堵塞进气孔；定期检查阀瓣是否老化，并防止吸气阀被机械损坏，如有老化或损坏需及时更换。

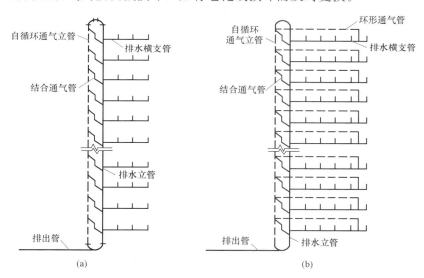

图 5-41 自循环通气系统图
（a）专用通气自循环；（b）环形通气自循环

4）不通气

当住宅底层的生活排水管以户单独排出或底层排水横管长度不大于 12m 时，可不设通气管；对于公共建筑，底层生活排水支管单独排出时，管道接纳的最大卫生器具数量符合表 5-10 规定的条件下，也可作无通气的设计。

公共建筑无通气的底层生活排水支管单独排出的最大卫生器具数量　　　表 5-10

排水横支管管径（mm）	卫生器具	数 量
50	排水管径≤50mm	1
75	排水管径≤75mm	1
	排水管径≤50mm	3
100	大便器	5

注：1. 排水横支管连接地漏时，地漏可不计数量；

2. DN100 管道除连接大便器外，还可连接该卫生间配置的小便器及洗涤设备。

5.5　污废水提升和局部处理

5.5.1　污废水提升

民用和公共建筑的地下室、人防建筑、消防电梯底部集水坑内以及工业建筑内部标高低于室外地坪的车间和其他用水设备房间排放的污废水，若不能自流排至室外检查井时，必须提升排出，以保持室内良好的环境卫生。建筑内部污废水提升包括污水泵的选择，污水集水池容积确定和排水泵房设计。

1. 排水泵房

排水泵房应设在靠近集水池，通风良好的地下室或底层单独的房间内，以控制和减少对环境的污染。对卫生环境有特殊要求的生产厂房和公共建筑内，有安静和防振要求房间的邻近和下面不得设置排水泵房。排水泵房的位置应使室内排水管道和水泵出水管尽量简洁，并考虑维修检测的方便。

2. 排水泵

建筑物内使用的排水泵有潜水排污泵、液下排水泵、立式污水泵和卧式污水泵等。因潜水排污泵和液下排水泵在水面以下运行，无噪声和振动，水泵在集水池内，不占场地，自灌问题也自然解决，所以，应优先选用，其中液下排污泵一般在重要场所使用；当潜水排污泵电机功率大于等于 7.5kW 或出水口管径大于等于 DN100 时，可采用固定式；当潜水排污泵电机功率小于 7.5kW 或出水口管径小于 DN100 时，可设软管移动式。立式和卧式污水泵因占用场地，要设隔振装置，必须设计成自灌式，所以使用较少。

排水泵的流量应按生活排水设计秒流量选定；当有排水量调节时，可按生活排水最大小时流量选定。消防电梯集水池内的排水泵流量不小于 10L/s。排水泵的扬程按提升高度、管道水头损失和 0.02～0.03MPa 的附加自由水头确定。排水泵吸水管和出水管流速应在 0.7～2.0m/s 之间。

公共建筑内应以每个生活排水集水池为单元设置一台备用泵，平时宜交互运行。设有两台及两台以上排水泵排除地下室、设备机房、车库冲洗地面的排水时可不设用泵。

为使水泵各自独立，自动运行，各水泵应有独立的吸水管。当提升带有较大杂质的污废水时，不同集水池内的潜水排污泵出水管不应合并排出。当提升一般废水时，可按实际情况考虑不同集水池的潜水排污泵出水管合并排出。排水泵较易堵塞，其部件易磨损，需要经常检修，所以，当两台或两台以上的水泵共用一条出水管时，应在每台水泵出水管上装设阀门和止回阀；单台水泵排水有可能产生倒灌时，应设止回阀。不允许压力排水管与建筑内重力排水管合并排出。

如果集水池不设事故排出管，水泵应有不间断的动力供应；如果能关闭排水进水管时，可不设不间断动力供应，但应设置报警装置。

排水泵应能自动启闭或现场手动启闭。多台水泵可并联交替运行，也可分段投入运行。

3. 集水池

在地下室最低层卫生间和淋浴间的底板下或邻近、地下室水泵房和地下车库内、地下厨房和消防电梯井附近、人防工程出口处应设集水池，消防电梯集水池池底低于电梯井底不小于 0.7m。为防止生活饮用水受到污染，集水池与生活给水贮水池的距离应在 10m 以上。

集水池容积不宜小于最大一台水泵 5min 的出水量，且水泵 1 小时内启动次数不宜超过 6 次。设有调节容积时，有效容积不得大于 6 小时生活排水平均小时流量。消防电梯井集水池的有效容积不得小于 2.0m³，工业废水按工艺要求定。

为保持泵房内的环境卫生，防止管理和检修人员中毒，设置在室内地下室的集水池池盖应密闭并设与室外大气相连的通气管；汇集地下车库、泵房、空调机房等处地面排水的集水池和地下车库坡道处的雨水集水井可采用敞开式集水池（井），但应设强制通风装置。

集水池的有效水深一般取 1～1.5m，保护高度取 0.3～0.5m。因生活污水中有机物分解成酸性物质，腐蚀性大，所以生活污水集水池内壁应采取防腐防渗漏措施。池底应坡向吸水坑，坡度不小于 0.05，并在池底设冲洗管，利用水泵出水进行冲洗，防止污泥沉淀。为防止堵塞水泵，收集含有大块杂物排水的集水池入口处应设格栅，敞开式集水池（井）顶应设置格栅盖板，否则，潜水排污泵应带有粉碎装置。为便于操作管理，集水池应设置水位指示装置，必要时应设置超警戒水位报警装置，将信号引至物业管理中心。污水泵、阀门、管道等应选择耐腐蚀、大流通量、不易堵塞的设备器材。

【例 5-1】某全托托老所生活污水汇集到地下室污水集水池后，由污水泵提升排出。根据选泵要求确定污水泵的流量为 2.5m³/h，求污水调节池最大有效容积为多少。

【解】室内的污水水泵的流量应按生活排水设计秒流量选定；当有排水量调节时，污水水泵的流量可按生活排水最大小时流量选定。且生活排水调节池的有效容积不得大于 6h 生活排水平均小时流量。

题目中污水泵的流量为 2.5m³/h，即为生活排水最大小时流量，需要求解出来生活排水平均小时流量。

$$Q_{生活排水平均小时流量} = Q_{生活排水最大小时流量}/K$$

根据表 2-3，公共建筑生活用水定额及小时变化系数：$K=2.5\sim2.0$，则

$$Q_{生活排水平均小时流量} = 2.5/2 = 1.25m^3/h$$

调节池最大有效容积 $=1.25m^3/h \times 6h = 7.5m^3$

5.5.2　污废水局部处理

1. 化粪池

化粪池是一种利用沉淀和厌氧发酵原理，去除生活污水中悬浮性有机物的处理设施，

属于初级的过渡性生活污水处理构筑物。生活污水中含有大量粪便、纸屑、病原菌，悬浮物固体浓度为 $100\sim350mg/L$，有机物浓度 BOD_5 在 $100\sim400mg/L$ 之间，其中悬浮性的有机物浓度 BOD_5 为 $50\sim200mg/L$。污水进入化粪池经过 $12\sim24h$ 的沉淀，可去除 $50\%\sim60\%$ 的悬浮物。沉淀下来的污泥经过 3 个月以上的厌氧消化，使污泥中的有机物分解成稳定的无机物，易腐败的生污泥转化为稳定的熟污泥，改变了污泥的结构，降低了污泥的含水率。定期将污泥清掏外运，填埋或用作肥料。

污水在化粪池中的停留时间是影响化粪池出水的重要因素。在一般平流式沉淀池中，污水中悬浮固体的沉淀效率在 2h 内最显著。但是，因为化粪池服务人数较少，排水量少，进入化粪池的污水不连续、不均匀；矩形化粪池的长宽比和宽深比很难达到平流式沉淀池的水力条件；化粪池的配水不均匀，容易形成短流；同时，池底污泥厌氧消化产生的大量气体上升，破坏了水流的层流状态，干扰颗粒的沉降。所以，化粪池的停留时间取 $12\sim24h$，污水量大时取下限；生活污水单独排入时取上限。

污泥清掏周期是指污泥在化粪池内平均停留时间。污泥清掏周期与新鲜污泥发酵时间有关。而新鲜污泥发酵时间又受污水温度的控制，其关系见表 5-11，也可用下式计算。

$$T_h = 482 \times 0.87^t \tag{5-29}$$

式中　T_h——新鲜污泥发酵时间，d；

　　　t——污水温度，℃，可按冬季平均给水温度再加上 $2\sim3℃$ 计算。

为安全起见，污泥清掏周期应比污泥发酵时间再延长一定时间，一般为 $3\sim12$ 个月。清掏污泥后应要保留 20% 的污泥量，以便为新鲜污泥提供厌氧菌种，保证污泥腐化分解效果。

污水温度与污泥发酵时间关系表

表 5-11

污水温度（℃）	6	7	8.5	10	12	15
污泥发酵时间（d）	210	180	150	120	90	60

化粪池多设于建筑物背向大街一侧靠近卫生间的地方。应尽量隐蔽，不宜设在人们经常活动之处。化粪池距建筑物的净距不小于 5m，因化粪池出水处理不彻底，含有大量细菌，为防止污染水源，化粪池距地下取水构筑物不得小于 30m。

化粪池的设计主要是计算化粪池容积，按《给水排水国家标准图集》选用化粪池标准图。化粪池总容积由有效容积 V 和保护层容积 V_0 组成，保护层高度一般为 $250\sim450mm$。有效容积由污水所占容积 V_1 和污泥所占容积 V_2 组成。

$$V = V_1 + V_2 = \frac{\alpha N \cdot q \cdot t}{24 \times 1000} + \frac{\alpha N \cdot a \cdot T \cdot (1-b) \cdot K \cdot m}{(1-c) \times 1000} (m^3) \tag{5-30}$$

式中　V——化粪池有效容积，m^3；

　　　V_1——污水部分容积，m^3；

　　　V_2——污泥部分容积，m^3；

　　　N——化粪池服务总人数（或床位数、座位数）；

　　　α——使用卫生器具人数占总人数的百分比，与人们在建筑内停留时间有关，医院、疗养院、养老院和有住宿的幼儿园取 100%；住宅、集体宿舍、旅馆取 70%；办公室、教学楼、实验楼、工业企业生活间取 40%；职工食堂、餐饮业、影剧院、体育场、商场和其他类似公共场所（按座位计）取 5%～10%；

q——每人每日污水量，生活污水与生活废水合流排出时，为用水量的 0.85～0.95 倍，生活污水单独排放时，生活污水量取 15～20L/（人·d）；

a——每人每日污泥量，生活污水与生活废水合流排放时取 0.7L/（人·d），生活污水单独排放时，取 0.4L/（人·d）；

t——污水在化粪池内停留时间，h，一般取 12～24h，当化粪池作为医院污水消毒前的预处理时，停留时间不小于 36h；

T——污泥清掏周期，d；宜采用 90～360d，当化粪池作为医院污水消毒前的预处理时，污泥清掏周期宜为一年；

b——新鲜污泥含水率，取 95%；

c——污泥发酵浓缩后的含水率，取 90%；

K——污泥发酵后体积缩减系数，取 0.8；

m——清掏污泥后遗留的熟污泥量容积系数，取 1.2。

将 b、c、K、m 值代入式（5-30），化粪池有效容积计算公式简化为

$$V = \frac{aN}{1000}\left(\frac{q \cdot t}{24} + 0.48a \cdot T\right)(\text{m}^3) \tag{5-31}$$

化粪池有 13 种规格，容积从 2m³ 到 100m³，附表 5-2 是生活污水单独排放时，各种规格化粪池的最大允许实际使用人数，设计时可根据设计人数选用化粪池。

化粪池有矩形和圆形两种，对于矩形化粪池，当日处理污水量小于等于 10m³ 时，采用双格化粪池，其中第一格占总容积的 75%；当日处理水量大于 10m³ 时，采用 3 格化粪池，第一格容积占总容积的 60%，其余两格各占 20%。化粪池的长度与深度、宽度的比例应按污水中悬浮物的沉降条件和积存数量，经水力计算确定，但深度（水面至池底）不得小于 1.3m，宽度不得小于 0.75m，长度不得小于 1.0m；圆形化粪池直径不得小于 1.0m。图 5-42 为矩形化粪池构造简图。

化粪池具有结构简单、便于管理、不消耗动力和造价低的优点，在我国已推广使用多年。但是，实践中发现化粪池有许多致命的缺点，如有机物去除率低，仅为 20% 左右；沉淀和厌氧消化在一个池内进行，污水与污泥接触，使化粪池出水呈酸性，有恶臭。另外，化粪池距建筑物较近，清掏污泥时臭气扩散，影响环境卫生。

对于没有污水处理厂的城镇，居住小区内的生活污水是否采用化粪池作为分散或过渡性处理设施，应按当地有关规定执行；而新建居住小区若远离城镇，或其他原因污水无法排入城镇污水管道，污水应处理达标后才能向水体排放时，是否选用化粪池作为生活污水处理设施应根据各地区具体情况慎重进行技术经济比较后确定。

为克服化粪池存在的缺点，出现了一些新型的生活污水局部处理设施，图 5-43（a）是一种小型的无动力污水局部处理构筑物。这种处理工艺经过沉淀池去除大的悬浮物后，污水进入厌氧消化池，经水解和酸化作用，将复杂的大分子有机物水解成小分子溶解性有机物，提高污水的可生化性。然后污水进入兼性厌氧生物滤池，溶解氧保持在 0.3～0.5mg/L，阻止了污水中甲烷细菌的产生。生成气体主要是 CO_2 和 H_2。出水经氧化沟进一步的好氧生物处理，由单独设立或与建筑物内雨水管连接的拔风管供氧，溶解氧浓度在 1.5～2.8mg/L 之间。实际运行结果表明，这种局部生活污水处理构筑物具有不耗能、水

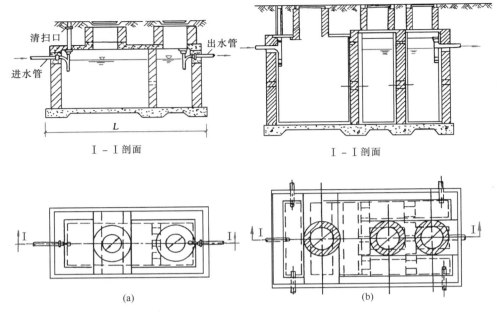

Ⅰ-Ⅰ剖面　　　　　　　　　　　Ⅰ-Ⅰ剖面

(a)　　　　　　　　　　　　　(b)

图 5-42　化粪池构造简图

(a) 双格化粪池；(b) 三格化粪池

头损失小（0.5m）、处理效果好（去除率可达 90%）、产泥量少、造价低、无噪声、不占地表面积、不需常规操作的特点。

图 5-43（b）为小型一体化埋地式污水处理装置示意图，这类装置由水解调节池、接触氧化池、二沉池、消毒池和好氧消化池组成，其优点是占地少、噪声低、剩余污泥量小、处理效率高和运行费用低。处理后出水水质可达到污水排放标准，可用于无污水处理厂的风景区、保护区，或对排放水质要求较高的新建住宅区。

2. 隔油池

公共食堂和饮食业排放的污水中含有植物油和动物油脂。污水中含油量的多少与地区、生活习惯有关，一般在 50～150mg/L 之间。厨房洗涤水中含油约 750mg/L。据调查，含油量超过 400mg/L 的污水进入排水管道后，随着水温的下降，污水中挟带的油脂颗粒开始凝固，并粘附在管壁上，使管道过水断面减小，最后完全堵塞管道。所以，公共食堂和饮食业的污水在排入城市排水管网前，应去除污水中的浮油（占总含油量的 65%～70%），目前一般采用隔油池。设置隔油池还可以回收废油脂，制造工业用油，变废为宝。

汽车洗车台、汽车库及其他类似场所排放的污水中含有汽油、煤油、柴油等矿物油。汽油等轻油进入管道后挥发并聚集于检查井，达到一定浓度后会发生爆炸引起火灾，破坏管道，所以也应设隔油池进行处理。

图 5-44 为隔油池构造图，含油污水进入隔油池后，过水断面增大，水平流速减小，污水中密度小的可浮油自然上浮至水面，收集后去除。

隔油池设计的控制条件是污水在隔油池内停留时间 t 和污水在隔油池内水平流速 v，隔油池的设计计算可按下列公式进行

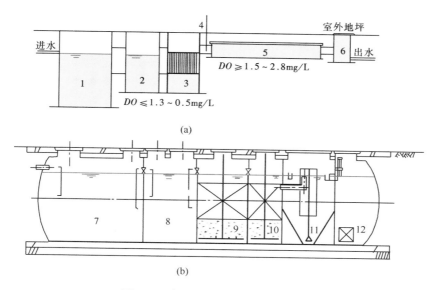

(a)

(b)

图 5-43　新型生活污水局部处理设施

（a）小型无动力生活污水处理工艺；（b）小型一体化地埋式污水处理装置

1—沉淀池；2—厌氧消化池；3—厌氧生物滤池；4—拔风管；5—氧化沟；6—进气出水井；

7、8、11—沉淀室；9、10—接触氧化室；12—消毒室

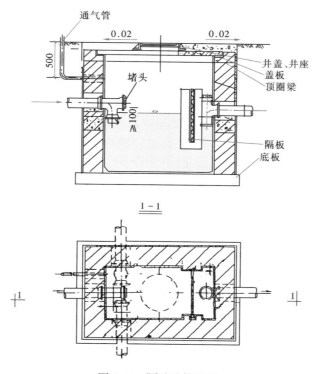

图 5-44　隔油池构造图

$$V = 60Q_{\max}t \tag{5-32}$$

$$A = \frac{Q_{\max}}{v} \tag{5-33}$$

$$L = \frac{V}{A} \tag{5-34}$$

$$b = \frac{A}{h} \tag{5-35}$$

$$V_1 \geqslant 0.25V \tag{5-36}$$

式中　V——隔油池有效容积，m^3；

　　$Q_{\max}$——含油污水设计流量，按设计秒流量计，m^3/s；

　　t——污水在隔油池中停留时间，min，含食用油污水的停留时间为 $2\sim10min$；含矿物油污水的停留时间为 $10min$；

　　v——污水在隔油池中水平流速，m/s，一般不大于 $0.005m/s$；

　　A——隔油池中过水断面积，m^2；

　　b——隔油池宽，m；

　　h——隔油池有效水深，即隔油池出水管底至池底的高度，m，取大于 $0.6m$；

　　V_1——贮油部分容积，是指出水挡板的下端至水面油水分离室的容积，m^3。

对挟带杂质的含油污水，应在隔油井内设有沉淀部分，生活污水和其他污水不得排入隔油池内，以保障隔油池正常工作。

3. 隔油器

隔油器主要用于餐饮废水的隔油。近年来，随着城市经济发展，商业的建筑也越来越多，餐饮成为商业建筑中的重要组成部分。餐饮厨房排放的油污水量很大，根据有关规定餐饮废水不允许直接排放到市政污水管道内，因此在室内（地下室）合理设置油水分离装置成为亟需解决的问题。餐饮废水隔油器是处理餐饮废水的主要设施之一。餐饮废水隔油器是由固液分离区、油水分离区和浮油收集装置组成，用于分离和收集餐饮废水中的固体污物和油脂。隔油器按结构形式可分为长方形和圆形隔油器，如图 5-45、图 5-46 所示。餐饮废水隔油器选型参见《餐饮废水隔油器》CJ/T 295—2015。

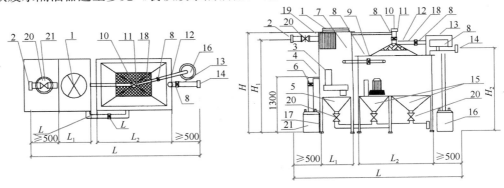

图 5-45　方形隔油器示意图

1—检修口；2—进水管；3—无堵塞泵（内/外置）；4—排渣管；5—级沉砂斗；6—手动蝶阀；7—连通管；8—电动蝶阀；9—微气泡发生器（内/外置）；10—通气管；11—加热装置；12—排油管；13—溢流管；14—1h 出水管；15—二级沉砂斗；16—集油桶；17—放空管；18—透明管；19—格栅；20—闸阀；21—排渣涌口

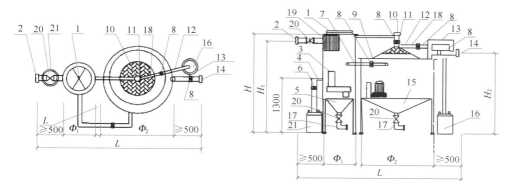

图 5-46　圆形隔油器示意图

1—检修口；2—进水管；3—无堵塞泵（内/外置）；4—排渣管；5——级沉砂斗；6—手动蝶阀；
7—连通管；8—电动蝶阀；9—微气泡发生器（内/外置）；10—通气管；11—加热装置；12—排
油管；13—溢流管；14—1h 出水管；15—二级沉砂斗；16—集油桶；17—放空管；18—透明管；
19—格栅；20—闸阀；21—排渣桶口

4. 小型沉淀池

汽车库冲洗废水中含有大量的泥沙，为防止堵塞和淤积管道，在污废水排入城市排水管网之前应进行沉淀处理，一般宜设小型沉淀池。

小型沉淀池的有效容积，它包括污水和污泥两部分容积，应根据车库存车数、冲洗水量和设计参数确定。沉淀池有效容积按下式计算：

$$V = V_1 + V_2 \tag{5-37}$$

式中　V——沉淀池有效容积，m^3；

　　　V_1——污水部分容积，m^3；

　　　V_2——污泥部分容积，m^3。

污水停留容积 V_1，按下式计算：

$$V_1 = \frac{q n_1 t_2}{1000 t_1} \quad (m^3) \tag{5-38}$$

式中　q——每辆每次汽车冲洗水量，L，小型车取 250～400L，大型车按 400～600L；

　　　n_1——同时冲洗车数，当存车数小于 25 辆时，n_1 取 1；当存车数在 25～50 辆时，设两个洗车台，n_1 取 2；

　　　t_1——冲洗一台汽车所用时间，一般取 10min；

　　　t_2——沉淀池中污水停留时间，取 10min。

污泥停留容积 V_2，按下式计算：

$$V_2 = q n_2 t_3 k / 1000 \quad (m^3) \tag{5-39}$$

式中　n_2——每天冲洗汽车数量；

　　　t_3——污泥清除周期，d，一般取 10～15d；

　　　k——污泥容积系数，是指污泥体积占冲洗水量的百分数，按车辆的大小取 2%～4%。

5. 降温池

温度高于 40℃的废水，在排入城镇排水管道之前应采取降温处理，否则，会影响维护管理人员身体健康和管材的使用寿命。一般采用设于室外的降温池处理。对于温度较高的废水,宜考虑将其所含热量回收利用。

降温池降温的方法主要有二次蒸发、水面散热和加冷水降温。以锅炉排污水为例,当锅炉排出的污水由锅炉内的工作压力骤然减到大气压力时,一部分热污水汽化蒸发(二次蒸发),减少了排污水量和所带热量,再将冷却水加入剩余的热污水混合,使污水温度降到40℃后排放。降温采用的冷却水应尽量利用低温废水。

降温池有虹吸式和隔板式两种类型,如图5-47所示。虹吸式适用于主要靠自来水冷却降温;隔板式常用于由冷却废水降温的情况。

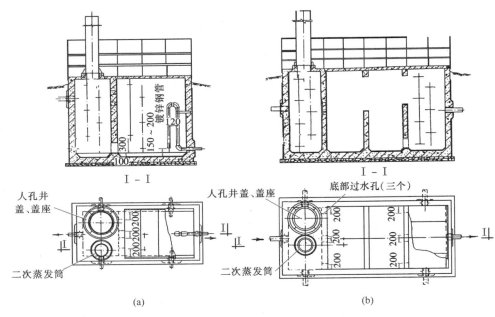

图 5-47　降温池构造图
(a) 虹吸式降温池;(b) 隔板式降温池

降温池的容积与废水的排放形式有关,若废水是间断排放时,按一次最大排水量与所需冷却水量的总和计算有效容积;若废水连续排放时,应保证废水与冷却水能够充分混合。

降温池的容积 V 由三部分组成

$$V = V_1 + V_2 + V_3 \tag{5-40}$$

式中　V——降温池容积,m³;

　　　V_1——存放排废水的容积,m³;

　　　V_2——存放冷却水的容积,m³;

　　　V_3——保护容积,m³。

存放排废水的容积 V_1 与排放的热废水量 Q 和蒸发的热废水量 q 有关

$$V_1 = \frac{Q - k_1 q}{\rho} \tag{5-41}$$

式中　Q——一次排放的废水量,kg;

　　　q——蒸发带走的废水量,kg;

k_1——安全系数，取 0.8；

ρ——锅炉工作压力下水的密度，kg/m^3。

二次蒸发带走的废水量 q 与排放的热废水量 Q 及设备工作压力下（大于大气压力）热废水的热焓有关，设 i_1 为设备工作压力下的热废水热焓，i 和 i_2 分别为大气压力下饱和蒸汽热焓和热废水热焓，由热量平衡式

$$Q \cdot i_1 = q \cdot i + (Q-q)i_2 \tag{5-42}$$

整理得

$$q = \frac{i_1 - i_2}{i - i_2}Q \tag{5-43}$$

在大气压力下，水与蒸汽的热焓差等于汽化热 γ。

$$i - i_2 = \gamma \tag{5-44}$$

不同压力下的热焓差近似等于温度差与比热的乘积，即

$$i_1 - i_2 = C_B(t_1 - t_2) \tag{5-45}$$

将式（5-44）和式（5-45）代入式（5-43）得

$$q = \frac{(t_1 - t_2)QC_B}{\gamma} \tag{5-46}$$

式中　q——蒸发的水量，kg；

Q——排放的废水量，kg；

t_1——设备工作压力下排放的废水温度，℃；

t_2——大气压力下热废水的温度，℃；

C_B——水的比热，$C_B=4.19kJ/$（℃ · kg）。

为简化计算，单位体积排废水的二次蒸发量可从图 5-48 中查出。例如，当绝对压力由 1.2MPa 减到 0.2MPa 时，$1m^3$ 排污水可以蒸发 112kg 水蒸气。

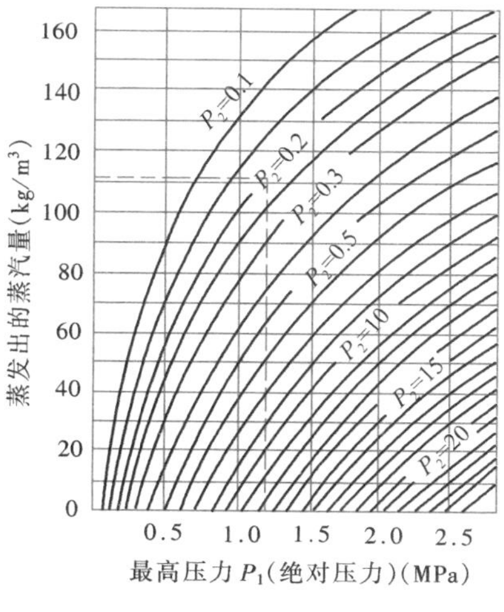

存放冷却水部分的容积 V_2 按下式计算

$$V_2 = \frac{t_2 - t_y}{t_y - t_1}KV_1 \tag{5-47}$$

式中　t_y——允许排放的水温，一般取 40℃；

t_1——冷却水温度，取该地最冷月平均水温，℃；

K——混合不均匀系数，取 1.5。

其他同前。

保护容积 V_3 按保护高度 $h=0.3\sim0.5m$ 计算确定。

图 5-48　过热水蒸发量计算图

6. 医院污水处理

医院污水处理包括医院污水消毒处理、放射性污水处理、重金属污水处理、废弃药物污水处理和污泥处理。其中消毒处理是最基本的处理，也是最低要求的处理。

需要消毒处理的医院污水是指医院（包括综合医院、传染病医院、专科医院、疗养院）和医疗卫生的教学及科研机构排放的被病毒、病菌、螺旋体和原虫等病原体污染了的水。这些水如不进行消毒处理，排入水体后会污染水源，导致传染病流行，危害很大。

（1）医院污水水量和水质

医院污水包括住院病房排水和门诊、化验部制剂、厨房、洗衣房的排水。医院污水排水量按病床床位计算，日平均排水量标准和时变化系数与医院的性质、规模、医疗设备完善程度有关，见表5-12。

医院污水排水量标准和时变化系数　　　　　　　　　　表 5-12

医院类型	病床床位	平均日污水量 （L/（床·d））	时变化系数 K
设备齐全的大型医院	>300	400~600	2.0~2.2
一般设备的中型医院	100~300	300~400	2.2~2.5
小型医院	<100	250~300	2.5

医院污水的水质与每张病床每日排放的污染物量有关，应实测确定，无实测资料时，每张病床每日污染物排放量可按下列数值选用，BOD_5 为 60g/（床·d），COD 为 100~150g/（床·d），悬浮物为 50~100g/（床·d）。

医院污水经消毒处理后，应连续三次取样 500mL 进行检测，不得检出肠道致病菌和结核杆菌；每升污水的总大肠杆菌数不得大于 500 个；若采用氯消毒时，接触时间和余氯量应满足表5-13的要求。达到这三个要求后方可排放。

医院污水消毒接触时间表　　　　　　　　　　表 5-13

医院污水类别	接触时间（h）	余氯量（mg/L）
医院、兽医院污水、医疗机构含病原体污水	>2.0	>2.0
传染病、结核杆菌污水	>1.5	>5.0

医院污水处理过程中产生的污泥需进行无害化处理，使污泥中蛔虫卵死亡率大于95%，粪大肠菌值不小于 10^{-2}；每 10g 污泥中不得检出肠道致病菌和结核杆菌。

（2）医院污水处理

医院污水处理由预处理和消毒两部分组成。预处理可以节约消毒剂用量和使消毒彻底。医院污水所含的污染物中有一部分是还原性的，若不进行预处理去除这些污染物，直接进行消毒处理会增加消毒剂用量。医院污水中含有大量的悬浮物，这些悬浮物会把病菌、病毒和寄生虫卵等致病体会包藏起来，阻碍消毒剂作用，使消毒不彻底。

根据医院污水的排放去向，预处理方法分为一级处理和二级处理。当医院污水处理是以解决生物性污染为主，消毒处理后的污水排入有集中污水处理厂的城市排水管网时，可采用一级处理。一级处理主要去除漂浮物和悬浮物，主要构筑物有化粪池、调节池等，工艺流程如图5-49所示。

一级处理去除的悬浮物较高，一般为 50%~60%，去除的有机物较少，BOD_5 仅去除 20% 左右，在后续消毒过程中，消毒剂耗费多，接触时间长。因工艺流程简单，运转费用和基建投资少，所以，当医院所在城市有污水处理厂时，宜采用一级处理。

当医院污水处理后直接排入水体时，应采用二级处理或三级处理。医院污水二级处理主要经过调节池、沉淀池和生物处理构筑物组成，工艺流程如图5-50所示。医院污水经二级处理后，有机物去除率在 90% 以上，所以，消毒剂用量少，仅为一级处理的 40%，而且消毒

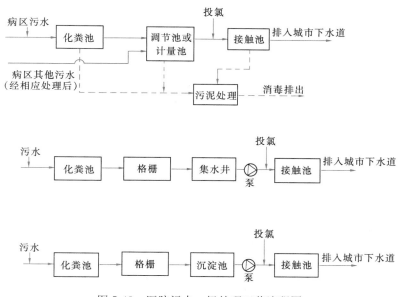

图 5-49 医院污水一级处理工艺流程图

彻底。为了防止造成环境污染，中型以上的医疗卫生机构的医院污水处理设施的调节池、初次沉淀池、生化处理构筑物、二次沉淀池、接触池等应分两组，每组按 50％的负荷计算。

（3）消毒方法

医院污水消毒方法主要有氯化法和臭氧法。氯化法按消毒剂又分为液氯、商品次氯酸钠、现场制备次氯酸钠、二氧化氯、漂粉精或三氯异尿酸。消毒方法和消毒剂的选择应根据污水量、污水水质、受纳水体对排放污水的要求及投资、运行费用、药剂供应、处理站离病房和居民区的距离、操作管理水平等因素，经技术经济比较后确定。

1）氯化法

氯化法具有消毒剂货源充沛、价格低、消毒效果好，且消毒后在污水中保持一定的余氯，能抑制和杀灭污水中残留的病菌，已广泛应用于医院污水消毒处理。

液氯法具有成本低、运行费用省的优点，但要求安全操作，如有泄漏会危及人身安全。所以，污水处理站离病房和居民区保持一定距离的大型医院可采用液氯法。

漂粉精投配方便，操作安全，但价格较贵，适用于小型或局部污水处理。漂白粉含氯量低，操作条件差，投加后有残渣，适用于县级医院或乡镇卫生院。次氯酸钠法安全可靠，但运行费用高，适用于处理站离病房和居民区较近的情况。

为满足表 5-13 中对排放污水中余氯量的要求，预处理为一级处理时，加氯量为 30～50mg/L；预处理为二级处理时，加氯量为 15～25mg/L。加氯量不是越多越好。处理后水中余氯过多，会形成氯酚等有机氯化物，造成二次污染。而且，余氯过多也会腐蚀管道和设备。

2）臭氧法

臭氧消毒灭菌具有快速和全面的特点。不会生成危害很大的三氯甲烷，能有效去除水中色、臭、味及有机物，降低污水的浊度和色度，增加水中的溶解氧。臭氧法同时也存在投资大、制取成本高、工艺设备腐蚀严重、管理水平要求高的缺点。当处理后污水排入有

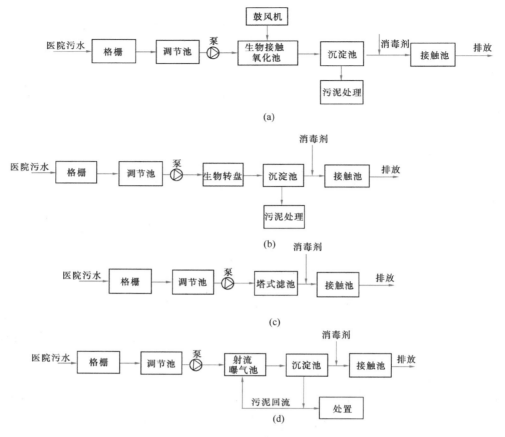

图 5-50 医院污水二级处理工艺流程图

特殊要求的水域，不能用氯化法消毒时，可考虑用臭氧法。

（4）污泥处理

医院污水处理过程中产生的污泥中含有大量的病原体，所有污泥必须经过有效的消毒处理。经消毒处理后的污泥不得随意弃置，也不得用于根块作物的施肥。处理方法有加氯法、高温堆肥法、石灰消毒法和加热法，也可用干化和焚烧法处理。当污泥采用氯化法消毒时，加氯量应通过试验确定，当无资料时，可按单位体积污泥中有效氯投加量为 2.5g/L 设计，消毒时应充分搅拌混合均匀。并保证有不小于 2h 的接触时间。当采用高温堆肥法处理污泥时，堆温保持在 60℃ 以上不小于 1d。并保证堆肥的各部分都能达到有效消毒。当采用石灰消毒时，石灰投加量可采用 15g/L（以 Ca（OH）$_2$ 计）。污泥的 pH 在 12 以上的时间不少于 7d。若有废热可以利用，可采用加热法消毒，但应有防止臭气扩散污染环境的措施。

5.6 排水定额和排水设计秒流量

建筑内部排水系统计算是在布置完排水管线，绘出系统计算草图后进行的。计算的目的是确定排水系统各管段的管径、横向管道的坡度、通气管的管径和各控制点的标高。

5.6.1　排水定额

建筑内部的排水定额有两个，一个是以每人每日为标准，另一个是以卫生器具为标准。每人每日排放的污水量和时变化系数与气候、建筑物内卫生设备完善程度有关。从用水设备流出的生活给水使用后损失很小，绝大部分被卫生器具收集排放，所以生活排水定额和时变化系数与生活给水相同。生活排水平均时排水量和最大时排水量的计算方法与建筑内部的生活给水量计算方法相同，计算结果主要用来设计污水泵和化粪池等。

卫生器具排水定额是经过实测得来的。主要用来计算建筑内部各个管段的排水流量，进而确定各个管段的管径。某管段的设计流量与其接纳的卫生器具类型、数量及使用频率有关。为了便于累加计算，与建筑内部给水相似，以污水盆排水量 0.33L/s 为一个排水当量，将其他卫生器具的排水量与 0.33L/s 的比值，作为该种卫生器具的排水当量。由于卫生器具排水具有突然、迅速、流量大的特点，所以，一个排水当量的排水流量是一个给水当量额定流量的 1.65 倍。各种卫生器具的排水流量和当量值见表 5-14。

卫生器具排水流量、当量和排水管的管径　　　　　　　　　表 5-14

序号	卫生器具名称	卫生器具类型	排水流量（L/s）	排水当量	排水管管径（mm）
1	洗涤盆、污水盆（池）		0.33	1.00	50
2	餐厅、厨房洗菜盆（池）	单格洗涤盆（池）	0.67	2.00	50
		双格洗涤盆（池）	1.00	3.00	50
3	盥洗槽（每个水嘴）		0.33	1.00	50～75
4	洗手盆		0.10	0.30	32～50
5	洗脸盆		0.25	0.75	32～50
6	浴盆		1.00	3.00	50
7	淋浴器		0.15	0.45	50
8	大便器	冲洗水箱	1.50	4.50	100
		自闭式冲洗阀	1.20	3.60	100
9	医用倒便器		1.50	4.50	100
10	小便器	自闭式冲洗阀	0.10	0.30	40～50
		感应式冲洗阀	0.10	0.30	40～50
11	大便槽	≤4 个蹲位	2.50	7.50	100
		＞4 个蹲位	3.00	9.00	150
12	小便槽（每米）	自动冲洗水箱	0.17	0.50	—
13	化验盆（无塞）		0.20	0.60	40～50
14	净身器		0.10	0.30	40～50
15	饮水器		0.05	0.15	25～50
16	家用洗衣机		0.50	1.50	50

注：家用洗衣机下排水软管直径为 30mm、上排水软管内径为 19mm。

5.6.2 排水设计秒流量

建筑内部排水管道的设计流量是确定各管段管径的依据，因此，排水设计流量的确定应符合建筑内部排水规律。建筑内部排水流量与卫生器具的排水特点和同时排水的卫生器具数量有关，具有历时短、瞬时流量大、两次排水时间间隔长、排水不均匀的特点。为保证最不利时刻的最大排水量能迅速、安全地排放，某管段的排水设计流量应为该管段的瞬时最大排水流量，又称为排水设计秒流量。

建筑内部排水设计秒流量有三种计算方法：经验法、平方根法和概率法。按建筑物的类型，我国生活排水设计秒流量计算公式有两个。

（1）住宅、宿舍（Ⅰ、Ⅱ类）、旅馆、酒店式公寓、医院、疗养院、幼儿园、养老院、办公楼、商场、图书馆、书店、客运中心、航站楼、会展中心、中小学教学楼、食堂或营业餐厅等建筑用水设备使用不集中，用水时间长，同时排水百分数随卫生器具数量增加而减少，其设计秒流量计算公式为

$$q_p = 0.12\alpha\sqrt{N_p} + q_{max} \tag{5-48}$$

式中 q_p——计算管段排水设计秒流量，L/s；

N_p——计算管段卫生器具排水当量总数；

q_{max}——计算管段上排水量最大的一个卫生器具的排水流量，L/s；

α——根据建筑物用途而定的系数，按表5-15确定。

根据建筑物用途而定的系数 α 值　　　　　　　　　　　表 5-15

建筑物名称	宿舍（居室内设卫生间）、住宅、宾馆、酒店式公寓、医院、疗养院、幼儿园、养老院的卫生间	旅馆和其他公共建筑的盥洗室和厕所间
α 值	1.5	2.0~2.5

注：如计算所得流量值大于该管段上按卫生器具排水流量累加值时，应按卫生器具排水流量累加值计。

用式（5-48）计算排水管网起端的管段时，因连接的卫生器具较少，计算结果有时会大于该管段上所有卫生器具排水流量的总和，这时应按该管段所有卫生器具排水流量的累加值作为排水设计秒流量。

（2）宿舍（设公用盥洗卫生间）、工业企业生活间、公共浴室、洗衣房、职工食堂或营业餐厅的厨房、实验室、影剧院、体育场（馆）等建筑的卫生设备使用集中，排水时间集中，同时排水百分数大，其排水设计秒流量计算公式为

$$q_p = \sum_{i=1}^{m} q_{0i}n_{0i}b_i \tag{5-49}$$

式中 q_p——计算管段排水设计秒流量，L/s；

q_{0i}——第 i 种一个卫生器具的排水流量，L/s；

n_{0i}——第 i 种卫生器具的个数；

b_i——第 i 种卫生器具同时排水百分数，冲洗水箱大便器按12%计算，其他卫生器具同给水；

m——计算管段上卫生器具的种类数。

对于有大便器接入的排水管网起端，因卫生器具较少，大便器的同时排水百分数较小

（如冲洗水箱大便器仅定为 12%），按式（5-49）计算的排水设计秒流量可能会小于一个大便器的排水流量，这时应按一个大便器的排水量作为该管段的排水设计秒流量。

5.7　排水管网的水力计算

5.7.1　横管水力计算

1. 设计规定

为保证管道系统有良好的水力条件，稳定管内气压，防止水封破坏，保证良好的室内环境卫生，在设计计算横支管和横干管时，根据排水流量、排水管材、设计充满度、设计坡度或自清（净）流速及安装空间等因素确定。

（1）设计充满度和设计坡度

建筑内部排水采用重力排水设计时，横管按非满流设计计算，以便使污废水释放出的气体能自由流动排入大气，调节排水管道系统内的压力，接纳意外的高峰流量。充满度是指水流在管渠中的充满程度，管道以水深与管径之比值表示，渠道以水深与渠高的比值表示。

污水中含有固体杂质，如果管道坡度过小，污水的流速慢，固体杂物会在管内沉淀淤积，减小过水断面积，造成排水不畅或堵塞管道，为此对管道坡度作了相应规定。建筑内部生活排水管道的坡度有通用坡度和最小坡度，通用坡度是指正常条件下应予保证的坡度；最小坡度为必须保证的坡度。一般情况下应采用通用坡度，当横管过长或建筑空间受限制时，可采用最小坡度。

建筑物内生活排水铸铁管道的最小坡度和最大设计充满度按表 5-16 确定。塑料排水横支管的标准坡度应为 0.026，最大设计充满度应为 0.5；排水横干管的最小坡度、通用坡度和最大设计充满度按照表 5-17 确定。

建筑物内生活排水铸铁管道的最小坡度、通用坡度和最大设计充满度　表 5-16

管径（mm）	通用坡度	最小坡度	最大设计充满度
50	0.035	0.025	
75	0.025	0.015	
100	0.020	0.012	0.5
125	0.015	0.010	
150	0.010	0.007	
200	0.008	0.005	0.6

建筑排水塑料横干管的最小坡度、通用坡度和最大设计充满度　表 5-17

管径（mm）	通用坡度	最小坡度	最大设计充满度
110	0.012	0.0040	0.5
125	0.010	0.0035	
160	0.007		
200		0.0030	0.6
250	0.005		
315			

注：胶圈密封接口的塑料排水横支管可调整为通用坡度。

（2）最小管径

为了排水通畅，防止管道堵塞，保障室内环境卫生，建筑物内部排出管的最小管径为50mm。单根排水立管的排出管宜与立管的管径相同。医院、厨房、浴室排放的污水水质特殊，其最小管径应大于50mm。

医院洗涤盆和污水盆内往往有一些棉花球、纱布、玻璃碴和竹签等杂物落入，为防止管道堵塞，管径不小于75mm。

厨房排放的污水中含有油脂和泥沙，容易在管道内壁附着聚集，减小管道的过水面积。为防止管道堵塞，多层住宅厨房间的排水立管管径不宜小于75mm，公共食堂厨房排水管管径的确定应比计算管径大一号，且干管管径不小于100mm，支管管径不小于75mm。

公共浴池泄水管的管径不宜小于100mm。

大便器是唯一没有十字栏栅的卫生器具，瞬时排水量大，污水中的固体杂质多，所以，凡连接大便器的支管，即使仅有1个大便器，其最小管径也为100mm。若小便器和小便槽冲洗不及时，尿垢容易聚积，堵塞管道，因此，小便槽或连接3个及3个以上小便器的排水支管管径不小于75mm。

2. 水力计算

对于横干管和连接多个卫生器具的横支管，应逐段计算各管段的排水设计秒流量，依据充满度及坡度的设计要求来确定各管段的管径。建筑内部横向排水管道按圆管均匀流公式计算：

$$q = \omega \cdot v \tag{5-50}$$

$$v = \frac{1}{n} R^{\frac{2}{3}} \cdot I^{\frac{1}{2}} \tag{5-51}$$

式中　q——计算管段排水设计秒流量，m^3/s；

　　ω——管道在设计充满度的过水断面，m^2；

　　v——流速，m/s；

　　R——水力半径，m；

　　I——水力坡度，采用排水管坡度；

　　n——管道粗糙系数，铸铁管取0.013；钢管取0.012；塑料管取0.009。

根据表5-16和表5-17中规定的建筑内部排水管道最大设计充满度，计算出不同充满度条件下的湿周、过水断面积和水力半径，式（5-50）和式（5-51）变为：

$$q = a \cdot v \cdot d^2 = \frac{1}{n} b \cdot d^{\frac{8}{3}} \cdot I^{\frac{1}{2}} \tag{5-52}$$

$$v = \frac{1}{n} c \cdot d^{\frac{2}{3}} \cdot I^{\frac{1}{2}} \tag{5-53}$$

式中　d——管道内径，m；

　　a、b、c——与管道充满度有关的系数，见表5-18；

　　其他符号同前。

系数 表 5-18

系数	充满度 (h/D)				
	0.5	0.6	0.7	0.8	1.0
a	0.3927	0.4920	0.5872	0.6736	0.7855
b	0.1558	0.2094	0.2610	0.3047	0.3117
c	0.3969	0.4256	0.4444	0.4523	0.3969

为便于使用，根据式（5-52）和式（5-53）及各项规定，编制了建筑内部塑料排水管水力计算表和机制铸铁排水管水力计算表，见附表 5-3 和附表 5-4。

5.7.2 立管水力计算

排水立管管径的确定除与排水流量、通气方式、通气量有关外，还与排水入口形式、入口在排水立管上的高度位置、排出管坡度、出水状态（自由出流、淹没出流）等因素有关，在同等条件下排水流量和通气状况是影响排水能力的主要因素。通常计算排水管段设计秒流量后，依据排水立管的最大排水能力（最大允许排水流量）来确定排水立管的管径，见表 5-19。设有副通气立管的排水立管系统，共最大设计排水能力可参照表 5-19 中仅设伸顶通气的排水立管系统通水能力。

排水立管最大排水能力 表 5-19

排水立管系统类型			最大设计通水能力（L/s）		
			排水立管管径（mm）		
			75	100（110）	150（160）
伸顶通气		厨房	1.00	4.00	6.40
		卫生间	2.00		
专用通气	专用通气管 75mm	结合通气管每层连接		6.30	
		结合通气管隔层连接		5.20	
	专用通气管 100mm	结合通气管每层连接	—	10.00	
		结合通气管隔层连接		8.00	
	主通气立管＋环形通气管				
自循环通气	专用通气形式			4.40	
	环形通气形式			5.90	

【例 5-2】某连锁营业餐馆（地上 5 层）。厨房设有洗涤池 5 个，每个配一个 DN15 水嘴，排水流量为 0.67L/s，排水当量为 2.0；设有 3 眼灶具两台，每个灶眼配一个 DN15 水嘴，排水流量为 0.25L/s，排水当量为 0.75；设有汤锅、煮锅共 3 口，每口配一个 DN15 水嘴，排水流量为 0.5L/s，排水当量为 1.5；设有洗碗机 2 台，每个配 DN20 供水管，排水流量为 0.67L/s，排水当量为 2.0；设有电开水器 3 台，每个配 DN15 供水管，排水流量为 0.15L/s，排水当量为 0.45。厨房各器具排水横支管均汇入一根排水横干管，并以一根立管在首层埋地出户。厨房排水立管采取伸顶通气。排水管采用机制铸铁排水管，45°斜三通连接，通用坡度敷设。试计算排水立管最小管径（mm）。

【解】 首先应该计算排水管道设计设计秒流量

连锁营业餐馆的厨房排水管道设计设计秒流量计算依照公式（5-49）

$$q_p = \sum q_{0i} n_{0i} b_i$$

查表 2-9 得，卫生器具的同时排水百分数如下：洗涤池 70%，灶具水嘴 30%，汤锅、煮锅 60%，洗碗机 90%，电开水器 50%。

$$q_p = \sum q_{0i} n_{0i} b_i = 0.67 \times 5 \times 70\% + 0.25 \times 6 \times 30\% + 0.5 \times 3 \times 60\%$$
$$+ 0.67 \times 2 \times 90\% + 0.15 \times 3 \times 50\% = 5.126 \text{L/s}$$

由于厨房各器具排水横支管均汇入一根排水横干管，所以应该先计算出横管管径，再查表确定立管管径，且立管管径不得小于横管管径。

厨房排水横管的设计流量为 5.126L/s，查附表 5-4 排水铸铁管水力计算表，充满度 $h/D = 0.5$，$DN125$，通用坡度 $i = 0.015$ 时，排水量为 5.74L/s，满足要求。公共厨房排水挂管径应比计算管径大一级。故排水横干管管径为 $DN150$。

立管管径确定：查表 5-19 可知，伸顶通气，排水管采用机制铸铁排水管，45°斜三通连接时，$DN150$ 管径，排水能力为 6.40L/s，且立管管径不小于横管管径，满足要求。

5.7.3 通气管道计算

单立管排水系统的伸顶通气管管径可与排水立管管径相同，但在最冷月平均气温低于 $-13℃$ 的地区，为防止伸顶通气管管口结霜，减小通气管断面，应在室内平顶或吊顶以下 0.3m 处将管径放大一级。

通气管的管径应根据排水能力、管道长度来确定，一般不宜小于排水管管径的 1/2，通气管最小管径可按表 5-20 确定。

通气管最小管径 表 5-20

通气管名称	排水管管径（mm）			
	50	75	100	150
器具通气管	32	—	50	
环形通气管	32	40	50	—
通气立管	40	50	75	100

注：表中通气立管系指专用通气立管、主通气立管、副通气立管。

专用通气立管、主通气立管、副通气立管长度大于 50m 时，空气在管内流动时阻力损失增加，为保证排水支管内气压稳定，通气立管管径应与排水立管相同。自循环通气系统的通气立管管径也应与排水立管管径相同。

通气立管长度小于等于 50m 的三立管或多立管排水系统中，两根或两根以上排水立管共用一根通气立管，应按最大一根排水立管管径查表 5-20 确定共用通气立管管径，但同时应保证共用通气立管的管径不小于其余任何一根排水立管管径。

当通气立管伸顶时，结合通气管管径不宜小于与其连接的通气立管；对于自循环通气系统，结合通气管管径宜小于与其连接的通气立管管径。

汇合通气管和总伸顶通气管的断面积应不小于最大一根通气立管断面积与 0.25 倍的其余通气立管断面积之和，可按下式计算

$$d_e \geqslant \sqrt{d_{max}^2 + 0.25 \sum d_i^2} \tag{5-54}$$

式中　d_e——汇合通气管和总伸顶通气管管径，mm；

　　　d_{max}——最大一根通气立管管径，mm；

　　　d_i——其余通气立管管径，mm。

【例 5-3】某城市最冷月平均气温−20℃，一座 4 层医院门诊楼的排水立管共接有 2 个污水盆和 4 个洗手盆，采用 UPVC 排水塑料管。该排水立管的伸顶通气管管径（mm）宜为多少？

【解】根据公式（5-48）计算得：

$$q_p = 0.12\alpha\sqrt{N_p} + q_{max} = 0.12 \times 1.5 \times \sqrt{3.2} + 0.33 = 0.65\text{L/s}$$

根据表 5-19，排水立管管径为 DN75；伸顶通气管管径应与排水立管管径相同。最冷月平均气温低于−13℃的地区，应在室内平顶或吊顶以下 0.3m 处将管径放大一级。故伸顶通气管管径应为 DN110。

【例 5-4】图 5-51 为某 7 层教学楼公共卫生间排水管平面布置图，每层男厕设冲洗水箱蹲式大便器 3 个，自动冲洗小便器 3 个，洗手盆 1 个，地漏 1 个。每层女厕设冲洗水箱蹲式大便器 3 个，洗手盆 1 个，地漏 1 个。开水房设污水盆 1 个，地漏 2 个。图 5-52 为排水管道系统计算草图，管材为排水塑料管。试进行水力计算，确定各管段管径和坡度。

【解】

（1）横支管计算

按公式（5-48）计算排水设计秒流量，其中 α 取 2.5，卫生器具当量和排水流量按表 5-14 选取，计算出各管段的设计秒流量后，查附表 5-3，确定管径和坡度（均采用标准坡度）。计算结果见表 5-21。

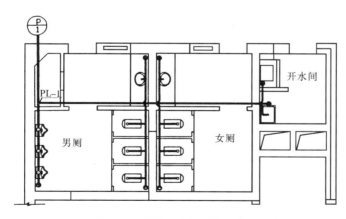

图 5-51　某教学楼公共卫生间排水管道平面布置图

（2）立管计算

立管计算

立管接纳的排水当量总数为

$$N_p = (28.6 + 0.9) \times 7 = 206.5$$

立管最下部管段排水设计秒流量

$$q_p = 0.12\alpha\sqrt{N_p} + q_{max} = 0.12 \times 2.5\sqrt{206.5} + 1.5 = 5.81\text{L/s}$$

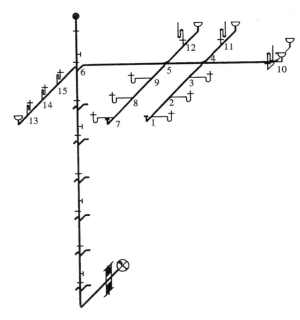

图 5-52　某教学楼公共卫生间排水系统计算草图

查表 5-19，选用立管管径 $dn160\text{mm}$，因设计秒流量 5.81L/s 小于表 5-19 中 $dn160\text{mm}$ 排水塑料管最大允许排水流量 6.4L/s，所以不需要设专用通气立管。

各层横支管水力计算表　　　　　　　　　　　　　　　　　　表 5-21

| 管段编号 | 卫生器具名称数量 | | | | 排水当量总数 N_p | 设计秒流量 q_p (L/s) | 管径 dn (mm) | 坡度 i | 备　注 |
	大便器 $N_p=4.5$	小便器 $N_p=0.3$	污水盆 $N_p=1.0$	洗手盆 $N_p=0.3$					
1—2	1				4.50	1.50	110	0.012	①管段 1—2、10—4、11—4、13—14 排水当量按表 5-1 确定； ②管段 14—15、15—6 按式 (5-1) 计算结果大于卫生器具排水流量累加值，所以，设计秒流量按卫生器具排水流量累加值计算； ③管段 15—6 连接 3 个小便器，最小管径为 75mm； ④管段 7—5 与管段 1—4 相同；管段 12—5 与管段 11—4 相同
2—3	2				9.00	2.40	110	0.012	
3—4	3				13.5	2.60	110	0.012	
4—5	3		1	1	14.8	2.65	110	0.012	
5—6	6		1	2	28.6	3.10	110	0.012	
10—4			1		1.0	0.33	50	0.026	
11—4				1	0.3	0.10	50	0.026	
13—14		1			0.3	0.10	50	0.026	
14—15		2			0.6	0.20	50	0.026	
15—6		3			0.9	0.30	75	0.026	

（3）立管底部和排出管计算

立管底部和排出管仍取 $dn160\text{mm}$，取通用坡度，查附表 5-3，符合要求。

【例 5-5】 某 24 层饭店层高 3m，排水系统采用污废水分流制，设专用通气立管，管材采用柔性接口机制铸铁排水管。卫生间管道布置如图 5-53 所示，排水管道系统计算图如图 5-54 所示。试进行水力计算，确定各管段管径和坡度。

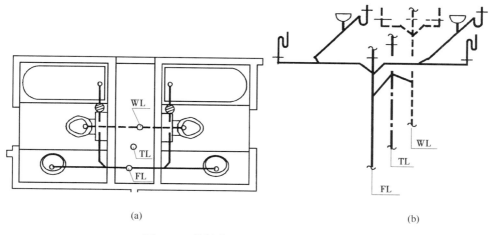

图 5-53　某饭店卫生间排水管道布置图

（a）平面布置图；（b）轴测图

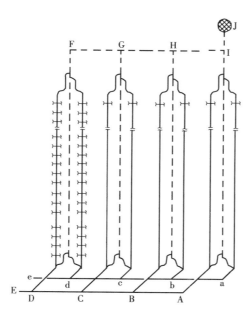

图 5-54　某饭店排水管道系统计算图

【解】

（1）计算公式及参数

排水设计秒流量按公式（5-48）计算，其中 α 取 1.5。生活污水系统 $q_{max}=1.5L/s$；生活废水系统，$q_{max}=1.0L/s$。

（2）支管

污水系统每层支管只连接一个大便器，支管管径取 $DN100$，采用通用坡度 $i=0.020$；

洗脸盆排水支管和浴盆排水支管管径都取 $DN50$，采用通用坡度 $i=0.035$；

洗脸盆与浴盆汇合后排水支管管段的排水设计秒流量按公式计算为：

$$q_p = 0.12 \times 1.5\sqrt{3.75} + 1.00 = 1.35 \text{L/s}$$

结果大于洗脸盆和浴盆排水量之和 $1.00 + 0.25 = 1.25$（L/s），取 $q_p = 1.25 \text{L/s}$，查附表 5-4，管径为 $DN75$，采用通用坡度 $i = 0.025$。

（3）立管

污水系统每根立管的排水设计秒流量为

$$q_p = 0.12 \times 1.5\sqrt{4.5 \times 2 \times 24} + 1.5 = 4.15 \text{L/s}$$

因有大便器，立管管径取 $DN100$，设专用通气立管。

废水系统每根立管的排水设计秒流量为：

$$q_p = 0.12 \times 1.5\sqrt{(3+0.75) \times 2 \times 24} + 1 = 3.41 \text{L/s}$$

查表 5-19，排水立管管径 $DN100$，与污水共用专用通气立管，专用通气立管管径 $DN75$。

（4）排水横干管计算

计算各管段设计秒流量，查附表 5-4，选用通用坡度，计算结果见表 5-22。

排水横干管水力计算表　　　　　　　　　　　　　　表 5-22

管段编号	卫生器具数量			当量总数 N_P	设计秒流量 (L/s)	管径 DN (mm)	坡度 i
	坐便器 $N_p = 4.5$	浴盆 $N_p = 3$	洗脸盆 $N_p = 0.75$				
A—B	48			216	4.15	125	0.015
B—C	96			432	5.24	125	0.015
C—D	144			648	6.08	150	0.010
D—E	192			864	6.79	150	0.010
a—b		48	48	180	3.41	100	0.020
b—c		96	96	360	4.41	125	0.015
c—d		144	144	540	5.18	125	0.015
d—e		192	192	720	5.83	125	0.015

（5）通气管计算

专用通气立管与生活污水和生活废水两根立管连接，生活污水立管管径为 $DN100$，该建筑 24 层，层高 3m，通气立管超过 50m，所以通气立管管径与生活污水立管管径相同，为 $DN100$。

（6）汇合通气管及总伸顶通气管计算

FG 段汇合通气管只负担一根通气立管，其管径与通气立管相同，取 $DN100$，GH 段汇合通气管负担两根通气立管，按式（5-54）计算得

$$DN \geqslant \sqrt{100^2 + 0.25 \times 100^2} = 111.8 \text{mm}$$

GH 段汇合通气管管径取 125mm。HI 段和总伸顶通气管 IJ 段分别负担 3 根和 4 根通气立管，经计算，管径分别为 $DN125$ 和 $DN150$。

（7）结合通气管

结合通气管隔层分别与污水立管和废水立管连接，与污水立管连接的结合通气管径与污水立管相同，为 $DN100$；与废水立管连接的结合通气管径与废水立管相同，为 $DN75$。

思考题与习题

一、思考题

1. 排水系统的类型有哪些？
2. 水封的作用以及如何减少水封的破坏？
3. 如何增大排水立管的通水能力？
4. 污废水的局部处理有哪些装置或设施？

二、选择题

1. 为便于计算排水流量，提出排水当量的概念，排水当量是以污水盆的排水量____ L/s 为一个排水当量。

A. 0.20　　　B. 0.30　　　C. 0.33　　　D. 0.50

2. 连接大便器的排水管最小管径不得小于____ mm。

A. 75　　　B. 100　　　C. 200　　　D. 50

3. 通气管的最小管径不宜小于排水立管管径的____。

A. 1/2　　　B. 1/3　　　C. 1/5　　　D. 2/3

4. 建筑排水塑料管外径 110mm，排水横管的最小坡度为____。

A. 0.012　　　B. 0.004　　　C. 0.003　　　D. 0.007

5. 某 8 层办公室层高 4.2m，男女卫生间共设置洗脸盆 4 个、坐便器 8 个、小便器 4 个，由表 5-14 查得卫生器具排水当量及排水流量见表 5-23。设置专用通气管生活污水排水立管系统，且共用一根排水立管。下列设置哪项是正确的？

表 5-23 卫生器具排水当量及排水流量

卫生洁具	排水当量	排水流量（L/s）
洗脸盆	0.75	0.25
坐便器	4.5	1.5
小便器	0.3	0.1

A. 排水立管管径 $DN100$；专用通气管管径 $DN100$；结合通气管每层连接
B. 排水立管管径 $DN100$；专用通气管管径 $DN75$；结合通气管隔层连接
C. 排水立管管径 $DN100$；专用通气管管径 $DN75$；结合通气管每层连接
D. 排水立管管径 $DN100$；专用通气管管径 $DN100$；结合通气管隔层连接

三、计算题

1. 某办公楼卫生间（$\alpha=2.0$），排水出户管负担排水当量总数为 324，其中最大的卫生器具排水流量为 1.5L/s。试计算该管段的设计秒流量值，并确定管径和通用坡度。

2. 某小区公共浴室每日接待顾客 60 人次，内设卫生洁具见表 5-24，公共浴室设一条排出管。公共浴室最大小时流量及排出管设计秒流量最小应为多少？

某公共浴室内设卫生洁具

表 5-24

卫生器具	数量	当量	排水流量（L/s）
有间隔淋浴	10	0.45	0.15
大便器	3	4.5	1.5
小便器	3	0.3	0.1
洗涤盆	2	1	0.33

第6章 建筑雨水排水系统

6.1 建筑雨水排水系统分类与组成

降落在建筑物屋面的雨水和雪水，特别是暴雨，在短时间内会形成积水，需要设置屋面雨水排水系统，有组织、有系统地迅速、及时将屋面雨水及时排除到室外地面或雨水控制利用设施和管道系统，否则会造成四处溢流或屋面漏水，影响人们的生活和生产活动。

6.1.1 建筑雨水排水系统分类

建筑屋面雨水排水系统的分类与管道的设置、管内的压力、水流状态和屋面排水条件等有关。

（1）按建筑物内部是否有雨水管道分为内排水系统和外排水系统两类。建筑物内部设有雨水管道，屋面设雨水斗（一种将建筑物屋面的雨水导入雨水管道系统的装置）的雨水排除系统为内排水系统，否则为外排水系统。按照雨水排至室外的方法，内排水系统又分为架空管排水系统和埋地管排水系统。雨水通过室内架空管道直接排至室外的排水管（渠），室内不设埋地管的内排水系统称为架空管内排水系统；架空管内排水系统排水安全，避免室内冒水，但需用金属管材多，易产生凝结水。雨水通过室内埋地管道排至室外，室内不设架空管道的内排水系统称为埋地管内排水系统。

（2）按雨水在管道内的流态分为重力无压流、重力半有压流和压力流三类。重力无压流是指雨水通过自由堰流入管道，在重力作用下附壁流动，管内压力正常，这种系统也称为堰流斗系统，檐沟外排水宜采用重力无压流系统。重力半有压流是指管内气水混合，在重力和负压抽吸双重作用下流动，这种系统也称为87雨水斗系统。压力流是指管内充满雨水，主要在负压抽吸作用下流动，这种系统也称为虹吸式系统。该系统设计排水能力大，适用于工业厂房、公共建筑的大型屋面雨水排水。

（3）按屋面的排水条件分为檐沟排水、天沟排水和无沟排水。当建筑屋面面积较小时，在屋檐下设置汇集屋面雨水的沟槽，称为檐沟排水。在面积大且曲折的建筑物屋面设置汇集屋面雨水的沟槽，将雨水排至建筑物的两侧，称为天沟排水。降落到屋面的雨水沿屋面径流，直接流入雨水管道，称为无沟排水。

（4）按出户埋地横干管是否有自由水面分为敞开式排水系统和密闭式排水系统两类。敞开式排水系统是非满流的重力排水，管内有自由水面，连接埋地干管的检查井是普通检查井。该系统可接纳生产废水，省去生产废水埋地管，但是暴雨时会出现检查井冒水现象，雨水漫流室内地面，造成危害。密闭式排水系统是满流压力排水，连接埋地干管的检查井内用密闭的三通连接，室内雨水管道系统中无开口，室内不会发生冒水现象。但不能接纳生产废水，需另设生产废水排水系统。

（5）按一根立管连接的雨水斗数量分为单斗系统和多斗系统。单斗系统是指一根悬吊管上只连接一个雨水斗；多斗系统是指一根悬吊管上连接两个或两个以上的雨水斗。在重力无压流和重力半有压流状态下，由于互相干扰，多斗系统中每个雨水斗的泄流量小于单斗系统的泄流量。一根悬吊管上，处于不同位置的雨水斗，在雨水斗直径和汇水面积相同的情况下，泄流能力不同。

6.1.2　建筑雨水排水系统的组成

1. 普通外排水

普通外排水由檐沟和敷设在建筑物外墙外侧的雨落水管组成，如图 6-1 所示。降落到屋面的雨水沿屋面集流到檐沟，然后流入隔一定距离设置的雨落水管排至室外的地面或雨水口。根据降雨量和管道的通水能力确定 1 根雨落水管服务的屋面面积，再根据屋面形状和面积确定雨落水管的间距。普通外排水适用于普通住宅、一般的公共建筑和小型单跨厂房。

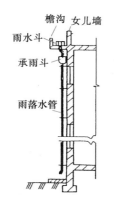

图 6-1　普通外排水

2. 天沟外排水

天沟外排水由天沟、雨水斗和排水立管组成。天沟设置在两跨中间并坡向端墙，雨水斗设在伸出山墙的天沟末端，也可设在紧靠山墙的屋面，如图 6-2 所示。立管连接雨水斗并沿外墙布置。降落到屋面上的雨水沿坡向天沟的屋面汇集到天沟，再沿天沟流至建筑物两端（山墙、女儿墙），流入雨水斗，经立管排至地面或雨水井。

6-1 雨水普通外排水系统示意图

天沟外排水系统一般用于排除大型屋面的雨雪水特别是长度不超过 100m 的多跨工业厂房。

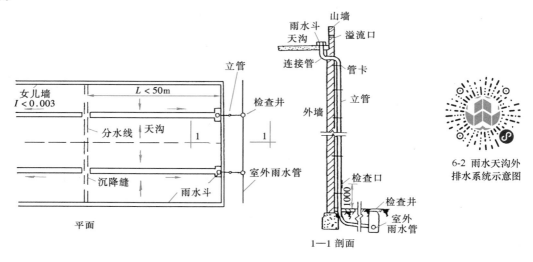

图 6-2　天沟外排水

6-2 雨水天沟外排水系统示意图

天沟的排水断面形式应根据屋面情况而定，一般多为矩形和梯形。天沟坡度不宜太大，以免天沟起端屋顶垫层过厚而增加结构的荷重，但也不宜太小，以免天沟抹面时局部出现倒坡，使雨水在天沟中积存，造成屋顶漏水，所以天沟坡度不宜小于 0.003。

应以建筑物变形缝为屋面分水线，在分水线两侧设置天沟，天沟排水不得流经变形缝和防火墙。天沟的长度应根据本地区的暴雨强度、建筑物跨度、断面形式等进行水力计算确定，长度一般不要超过 50m。为满足雨水斗安装要求，天沟宽度不宜小于 300mm，天沟的设计水深应根据屋面的汇水面积、天沟坡度、天沟宽度、雨水斗的斗前水深、天沟溢流水位确定，最小有效水深不应小于 100mm。为了排水安全，防止天沟末端积水太深，在外墙、女儿墙上或天沟末端宜设置溢流口，溢流口比天沟上檐低 50～100mm。

天沟外排水方式在屋面不设雨水斗，管道不穿过屋面，排水安全可靠，不会因施工不善造成屋面漏水或检查井冒水，且节省管材，施工简便，有利于厂房内空间利用，也可减小厂区雨水管道的埋深。但因天沟有一定的坡度，而且较长，排水立管在山墙外，也存在着屋面垫层厚、结构负荷增大、晴天屋面堆积灰尘多，雨天天沟排水不畅，寒冷地区排水立管可能冻裂的缺点。

3. 内排水

内排水系统一般由雨水斗、连接管、悬吊管、立管、排出管、埋地干管和附属构筑物几部分组成，如图 6-3 所示。降落到屋面上的雨水，沿屋面流入雨水斗，经连接管、悬吊管、流入立管，再经排出管流入雨水检查井，或经埋地干管排至室外雨水管道。对于某些建筑物，由于受建筑结构形式、屋面面积、生产生活的特殊要求以及当地气候条件的影响，内排水系统可能只有其中的部分组成。

内排水系统适用于跨度大、特别长的多跨建筑，在屋面设天沟有困难的锯齿形、壳形

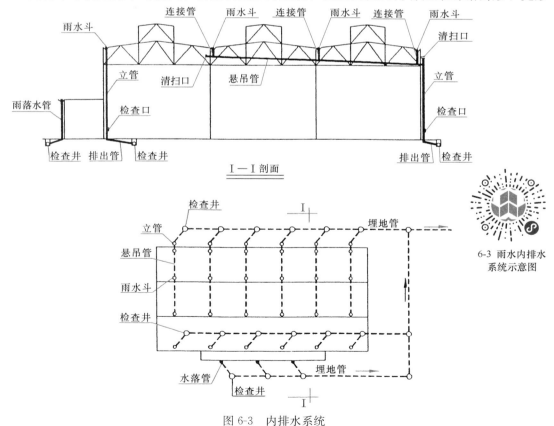

图 6-3　内排水系统

屋面建筑，屋面有天窗的建筑，建筑立面要求高的建筑，大屋面建筑及寒冷地区的建筑，在墙外设置雨水排水立管有困难时，也可考虑采用内排水形式。

（1）雨水斗

雨水斗是将建筑屋面的雨水导入雨水立管的装置，是整个雨水管道系统的进水口。雨水斗数量应按屋面总的雨水流量和每个雨水斗的设计排水负荷确定，且宜均匀布置。一个汇水区域内雨水斗不宜少于2个，雨水立管不宜少于2根。设在天沟或屋面的最低处。实验表明有雨水斗时，天沟水位稳定、水面旋涡较小，水位波动幅度约1～2mm，掺气量较小；无雨水斗时，天沟水位不稳定，水位波动幅度为5～10mm，掺气量较大。雨水斗有重力式和虹吸式两类，如图6-4所示。

重力式雨水斗由顶盖、进水格栅（导流罩）、短管等构成，进水格栅既可拦截较大杂物又对进水具有整流、导流作用。使水流平稳，以减少系统的掺气。重力式雨水斗有65式、79式和87式3种，其中87式雨水斗的进出口面积比（雨水斗格栅的进水孔有效面积与雨水斗下连接管截面积之比）最大，斗前水位最深，掺气量少，水力性能稳定，能迅速排除屋面雨水。

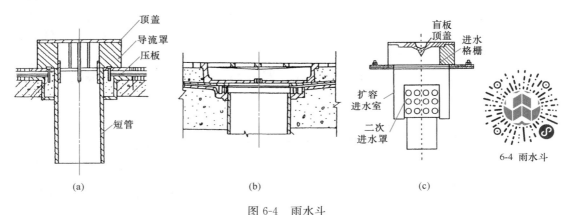

图6-4　雨水斗

（a）87式（重力半有压流）；（b）平算式（重力流）；（c）虹吸式（压力流）

虹吸式雨水斗由顶盖、进水格栅、扩容进水室、整流罩（二次进水罩）、短管等组成。为避免在设计降雨强度下雨水斗掺入空气，虹吸式雨水斗设计为下沉式。挟带少量空气的雨水进入雨水斗的扩容进水室后，因室内有整流罩，雨水经整流罩进入排出管，挟带的空气被整流罩阻挡，不能进入排水管。所以，排水管道中是全充满的虹吸式排水。当屋面雨水管道按满管压力流排水设计时，同一系统的雨水斗宜在同一平面上。

在阳台、花台和供人们活动的屋面，可采用无格栅的平算式雨水斗。平算式雨水斗的进出口面积比较小，在设计负荷范围内，其泄流状态为自由堰流。

（2）连接管

连接管是连接雨水斗和悬吊管的一段竖向短管。连接管管径可小于雨水斗管径连接管应牢固固定在建筑物的承重结构上，下端用45°三通与悬吊管连接。

（3）悬吊管

悬吊管是悬吊在屋架、楼板和梁下或架空在柱上的雨水横管。悬吊管连接雨水斗和排水立管，悬吊管中心线与雨水斗出口的高差宜大于1.0m，其管径不小于连接管管径，也不应大于 300mm。塑料管的坡度不小于 0.005；铸铁管的坡度不小于 0.01。悬吊管设计流速不宜小于 1m/s。在悬吊管的端头和长度大于 15m 的悬吊管上设检查口或带法兰盘的三通，位置宜靠近墙柱，以利检修。

连接管与悬吊管，悬吊管与立管间宜采用 45° 三通或 90° 斜三通连接。悬吊管一般采用塑料管或铸铁管，固定在建筑物的桁架或梁上，在管道可能受振动或生产工艺有特殊要求时，可采用钢管，焊接连接。

（4）立管

雨水排水立管承接悬吊管或雨水斗流来的雨水建筑屋面各汇水范围内，雨水排水立管不宜少于 2 根。当一根立管连接 2 根或 2 根以上悬吊管时，立管的最大设计排水流量宜按附表 6-4 确定。立管设计流速不宜大于 10m/s。立管宜沿墙、柱安装，在距地面 1m 处设检查口，立管管径可小于悬吊管管径。立管的管材和接口与悬吊管相同。

（5）排出管

排出管是建筑物内至室外检查井或排水沟渠的排水横管段，其管径不得小于与之连接的前端立管管径。排出管与下游埋地干管在检查井中宜采用管顶平接，水流转角不得小于 135°。

（6）埋地管

埋地管敷设于室内地下，承接立管的雨水，并将其排至室外雨水管道。埋地管最小管径为 200mm，最大不超过 600mm。埋地管一般采用混凝土管，钢筋混凝土管或陶土管，管道坡度按表 5-5 生产废水管道最小坡度设计。

（7）附属构筑物

附属构筑物用于埋地雨水管道的检修、清扫和排气。主要有检查井、检查口井和排气井。检查井适用于敞开式内排水系统，设置在排出管与埋地管连接处，埋地管转弯、变径及超过 30m 的直线管路上，检查井井深不小于 0.7m，井内采用管顶平接，井底设高流槽，流槽应高出管顶 200mm。埋地管起端几个检查井与排出管间应设排气井，如图 6-5 所

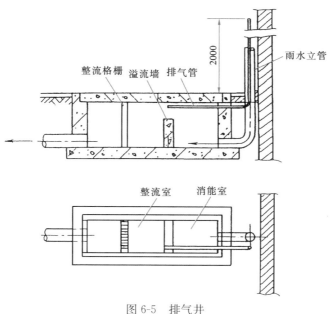

图 6-5　排气井

示。水流从排出管流入排气井，与溢流墙碰撞消能，流速减小，气水分离，水流经格栅稳压后平稳流入检查井，气体由排气管排出。密闭内排水系统的埋地管上设检查口，将检查口放在检查井内，便于清通检修，称检查口井。

6.1.3 雨水排水系统的选用

建筑物屋面雨水排水系统应根据屋面形态进行选择。屋面雨水斗排水系统的设计流态，应根据排水安全性、经济性、建筑竖向空间要求等因素综合比较确定。安全的含义是指能迅速、及时地将屋面雨水排至室外，屋面溢水频率低，室内管道不漏水，地面不冒水。为此，密闭式系统优于敞开式系统，外排水系统优于内排水系统。堰流斗重力流排水系统的安全可靠性最差。经济是指在满足安全的前提下，系统的造价低，寿命长。虹吸式系统泄流量大管径小造价最低，87 斗重力流系统次之，堰流斗重力流系统管径最大，造价最高。

6.2 雨水内排水系统中的水气流动规律

雨水从屋面暴露于大气中的雨水斗用管道输送到与大气接触的雨水井或地面，其间没有能量输入，水体的这种流动通常称为重力流动。屋面雨水进入雨水斗时，会挟带一部分空气进入雨水管道，所以，雨水管道中泄流的是水、气两种介质。降雨历时、汇水面积和天沟水深影响了雨水斗斗前的水面深度 h，雨水斗斗前水面深度又决定了进气口的大小和进入雨水管道的相对空气量的多少，进入雨水管道的相对空气量的多少直接影响管道内的压力波动和水流状态，随着雨水斗斗前水深 h 的不断增加，输水管道中会出现重力无压流、重力半有压流和压力流（虹吸流）三种流态。这些变化受到天沟距埋地管的位置高度 H、天沟水深 h、悬吊管的管径、长度、坡度及立管管径等诸多因素的影响。其变化规律是合理设计雨水排水系统的依据。

6.2.1 单斗雨水排水系统

降雨开始后，降落到屋面的雨水沿屋面径流到天沟，再沿天沟流到雨水斗。随降雨历时的延长，雨水斗斗前水深不断增加，如图 6-6 所示。进气口不断减小，系统的泄流量 Q、压力 P 和掺气比 K 随之发生变化，如图 6-7 所示。掺气比是指进入雨水斗的空气量与雨水

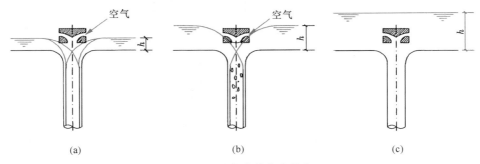

图 6-6　雨水斗前水流状态

（a）初始阶段；（b）过渡阶段；（c）饱和阶段

量的比值。按降雨历时 t，系统的泄流状态可分为三个阶段：降雨开始到掺气比最大的初始阶段（$0 \leqslant t < t_A$），掺气比最大到掺气比为零的过渡阶段（$t_A \leqslant t < t_B$）和不掺气的饱和阶段（$t \geqslant t_B$）。

1. 初始阶段（$0 \leqslant t < t_A$，$\alpha < 1/3$）

（1）雨水斗和连接管

在初始阶段，降雨刚刚开始，只有少部分汇水面积上的雨水汇集到雨水斗，天沟水深较浅。随着汇水面积的增加，天沟水深增加较快，雨水斗泄流量也增加较快。但泄流量和水深的增长速度变缓。在这一阶段，因天沟水深较浅，雨水斗大部分暴露在大气中，雨水斗斗前水面稳定，进气面积大，而泄水量较小，所以掺气比急剧上升，到 t_A 时达到最大，如图 6-6（a）所示，因泄水量较小，充水率 $\alpha < 1/3$，雨水在连接管内呈附壁流或膜流，管中心空气畅通，管内压力很小且变化缓慢，约等于大气压力。

（2）悬吊管与立管

雨水由连接管进入悬吊管后，因泄水量较小，管内是充满度很小（$h/D < 0.37$）的非满流，呈现有自由水面的波浪流、脉动流、拉拨流，水面上的空气经连接管和雨水斗与大气自由流通，悬吊管内压力变化很小。立管管径与连接管管径相同，立管内也是附壁水膜流。因立管内雨水流速大于悬吊管内的流速，雨水会挟带一部分空气向下流动，其空间会由经雨水斗、连接管、悬吊管来的空气来补充，所以，立管内压力变化也很小。

（3）埋地干管

因管径、泄水量与悬吊管相同，排出管和埋地干管内的流态与悬吊管相似，也是充满度很小有自由水面的波浪流、脉动流，系统内压力变化很小。

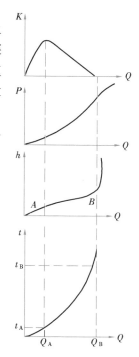

图 6-7　雨水斗性能
参数变化曲线

Q—泄流量；K—掺气比；
P—管内负压；h—雨水
斗前水深

由以上分析可以看出，单斗雨水系统的初始阶段，雨水排水系统的泄流量小，管内气流畅通，压力稳定，雨水靠重力流动，是水气两相重力无压流。

2. 过渡阶段（$t_A \leqslant t < t_B$，$1/3 \leqslant \alpha < 1$）

（1）雨水斗和连接管

在过渡阶段，随着汇水面积增加，雨水斗斗前水深逐渐增加，因泄流量随水深增加而加大，所以这个阶段水深增加缓慢，近似呈线性关系。因泄流量逐渐增加，管内充水率增加，而管道断面积固定不变，所以，泄流量的增长速率越来越小。因大气压力、地球引力和地球自转切力的共同作用，当天沟的水深达到一定高度时，在雨水斗上方，会自然生成漏斗状的立轴旋涡，雨水斗斗前水面波动大，如图 6-6（b）所示。随着雨水斗前水位的上升，漏斗逐渐变浅，旋涡逐渐收缩，雨水斗进气面积和掺气量逐渐减小，而泄流量增加，所以掺气比急剧下降，到 t_B 时掺气比为零。因泄水量增加和掺气量减少，管内频繁形成水塞，出现负压抽力，管内压力增加较快。

（2）悬吊管与立管

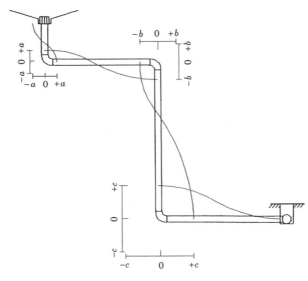

图 6-8　单斗系统管内压力分布示意图

连接管内频繁形成水塞的气水混合流进入悬吊管后流速减小，雨水与挟带的空气充分混合，形成没有自由水面的满管气泡流、满管气水乳化流，管内压力波动大。悬吊管的水头损失迅速增加，因可利用的水头几乎不变，所以，管内负压不断增大。由单斗雨水系统压力实测资料可得单斗雨水排水系统管内压力分布示意图，如图 6-8 所示。从中可以得出，悬吊管起端呈正压，悬吊管末端和立管的上部呈负压，在悬吊管末端与立管连接处负压最大。气水混合物流入立管后，由横向流动变成竖向流动，流速增加，但不足部分不能由空气来补充。为达到平衡，抽吸悬吊管内的水流，水气紊流混合，形成水塞流、气泡流、气水乳化流。

随着水流沿立管向下流动，可利用的水头迅速增加，其速度远大于管道水头损失的增加速度，立管内的负压值迅速减小，至某一高度时压力为零。再向下管内压力为正，压力变化曲线近似呈线性关系，其斜率随泄流量增加而减小，零压点随泄流量增加而上移，满流时零压点的位置最高。因横干管内的流速比立管流速小，水气在立管下部进行剧烈的能量交换，水气完全混合，所以立管底部正压力达到最大值。

（3）埋地干管

高速夹气水流进入密闭系统的埋地管后，流速急骤减小，其动能的绝大部分用于克服水流沿程阻力、转变为水壅，形成水跃，水流波动剧烈，是使立管下半部产生正压的主要原因。水中挟带的气体随水流向前运动的同时，受浮力作用作垂直运动扰动水流，使水流掺气现象激烈，形成满管的气水乳化流，导致水流阻力和能量损失增加。

水流在埋地横管内向前流动过程中，水中气泡的能量减小，逐渐从水中分离出来，聚积在管道断面上部形成气室，并具有压力作用在管道内雨水液面上。虽然气室占据了一定的管道断面积，使管道过水断面减小，但同时有压力作用在水面上，水力坡度不再仅是管道坡度一项，还有液面压力产生的水力坡度，这又增加了埋地管的排水能力。

对于敞开式内排水系统，立管或排出管中的高速水流冲入检查井，流速骤减，动能转化成位能，使检查井内水位上升。同时，夹气水流在检查井内上下翻滚，使井内水流旋转紊乱，阻扰水流进入下游埋地管。水中挟带的气体与水分离，在井内产生压力。在埋地管起端，因管径小，检查井内的雨水极易从井口冒出，造成危害。

由以上分析可以看出，单斗雨水系统的过渡阶段的泄流量较大，管内气流不畅通，管内压力不稳定，变化大，雨水靠重力和负压抽吸流动，是水气两相重力半有压流。

3. 饱和阶段（$t \geq t_B$，$\alpha = 1$）

（1）雨水斗和连接管

到达 t_B 时刻,变成饱和阶段。这时天沟水深淹没雨水斗,雨水斗上的漏斗和旋涡消失,如图 6-6(c)所示。不掺气,管内满流。因雨水斗安装高度不变,天沟水深增加所产生的水头不足以克服因流量增加在管壁上产生的摩擦阻力,泄流量达到最大,基本不再增加。所以天沟水深急剧上升,泄水主要由负压抽力进行,所以雨水斗和连接管内为负压。

(2)悬吊管与立管

因雨水斗完全淹没不进气,所以悬吊管、立管和埋地横干管内都是水一相流,受位能和系统管路压力损失的制约,悬吊管起端管内压力可能是负压也可能是正压。随悬吊管的延伸,管内压力逐渐减小,负压值增大,至悬吊管与立管的连接处负压值最大,形成虹吸。立管内的压力变化规律与过渡阶段末端相似,由负压逐渐增加到正压。在立管与埋地管连接处达到最大正压。

(3)埋地干管

雨水进入埋地干管向前流动过程中,水头损失不断增加,而可利用水头 H 不变,所以,埋地干管正压值逐渐减少,至室外雨水检查井处压力减为零,从屋面雨水斗斗前的进水水面至埋地干管排出口的总高度差,即有效作用水头 H,全部用尽。

由以上分析可以看出,单斗雨水系统饱和阶段的雨水斗完全淹没,管内满流不掺气,雨水排水系统的泄流量达到最大,雨水主要靠负压抽吸流动,是水一相压力流。

通过以上对单斗雨水排水系统各个组成部分的水流状态、压力变化规律和泄水量大小的分析,压力流状态下系统的泄流量最大,重力流时泄流量最小。在重力半有压流和压力流状态下,雨水排水系统的泄水能力取决于天沟位置高度、天沟水深、管道摩阻及雨水斗的局部阻力。其中主要取决于天沟位置高度,雨水斗离排出管的垂直距离越大,产生的抽力越大,泄水能力也就越大。系统最大负压在悬吊管与立管的连接处,最大正压在立管与埋地横干管的连接处。

6.2.2　多斗雨水排水系统

1. 初始和过渡阶段

一根悬吊管上连接 2 个或 2 个以上雨水斗的雨水排水系统为多斗雨水系统,这些雨水斗都与大气相通,当雨水斗斗前水深较浅时,从连接管落入悬吊管的雨水,产生向下冲击力,在连接管与悬吊管的连接处,水流呈八字形,向上游产生回水壅高,对上游雨水的排放产生阻隔和干扰作用,使上游雨水斗的泄水能力减小。回水线长度与管径、坡度、泄流量及管内压力有关。初始阶段泄流量小,管内空气流通,气压稳定,回水线长,随泄流量的增加,管内产生负压抽吸,雨水在重力半有压流状态下流动时,则回水线缩短。在初始和过渡阶段,多斗雨水系统中雨水斗之间相互干扰的大小与悬吊管上雨水斗的个数、互相之间的间距及雨水斗离排水立管的远近有关。即使每个雨水斗的直径和汇水面积都相同,其泄流量也是不同的。

图 6-9 是立管高度为 4.2m,天沟水深为 40mm 时多斗雨水排水系统泄流量的实测资料,图中数据为泄流量,单位为"L/s"。

由图 6-9 中的数据可以看出,距立管近的雨水斗泄水能力大;距立管远,则泄水能力小。这是因为沿水流方向悬吊管内的负压值逐渐增大,距立管近的雨水斗受到的负压抽吸作用大,由雨水斗流到立管的水头损失小,所以泄流能力大;而距立管远的雨水斗受到的

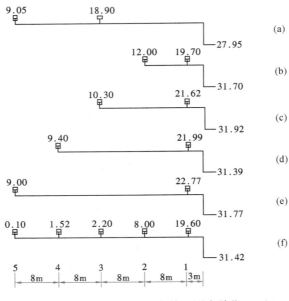

图 6-9　多斗系统雨水泄流规律（图中单位：L/s）

负压抽吸作用小，且排水流程长，水流阻力大，还受到近立管处的雨水斗排泄流量的阻挡和干扰，泄流能力小。

因距立管远的雨水斗泄水能力小，该雨水斗处天沟水位上升快，雨水斗可能淹没。为防止屋顶溢水，天沟水深不可能无限增高，所以近立管雨水斗不可能淹没。这样近立管雨水斗泄水时总要掺气，立管内呈水气两相流。

在设两个雨水斗，且近立管雨水斗至立管距离相等的情况下（图 6-9 中的 b、c、d、e），总泄流量基本相同。随着两个雨水斗间距的增加，近立管雨水斗泄流量逐渐增加，远离立管雨水斗泄流量逐渐减小，但变化幅度不大。

当两个雨水斗间距相同（图 6-9 中的 (a) 和 (c)），距离立管不同时，两个雨水斗泄流量的比值基本相同（18.9/9.05＝2.09，21.62/10.30＝2.10）。但两种情况总泄流量不同，距立管越近，总泄流量越大。

若 1 根悬吊管上连接 5 个雨水斗时（图 6-9 中的 (f)），各个雨水斗泄流量变化很大。离立管越远，泄流量越小，5 个雨水斗泄流量之比为 1∶15∶22∶80∶196。距离立管最近的两个雨水斗泄流量之和已占总泄流量的 87.8%，第 3 个及其以后的雨水斗形同虚设。

比较图 6-9 中的 (b) 与 (f) 两种情况还可以看出，近立管雨水斗泄流量和总泄流量基本相同，(f) 中其余 4 个雨水斗泄流量之和（11.82L/s）比 (b) 中离立管较远的一个雨水斗的泄流量（12L/s）还小。

通过以上分析，可以得出下列结论：重力半有压流的多斗雨水排水系统中，一根悬吊管连接的雨水斗不宜过多，雨水斗之间的距离不宜过大，近立管雨水斗应尽量靠近立管。

2. 饱和阶段

在饱和阶段，多斗雨水排水系统的每个雨水斗都被淹没，空气不会进入系统，系统内为水一相流，悬吊管和立管上部负压值达到最大，抽吸作用大，下游雨水斗的泄流不会向上游回水，对上游雨水斗排水产生的阻隔和干扰很小，各雨水斗的泄流量相差不多。系统内水流速度大，泄流量远大于初始和过渡阶段的重力流和重力半有压流。

下游某雨水斗到悬吊管的距离小于上游雨水斗到这一点的距离，为保持该处压力平衡，应增加下游雨水斗到悬吊管的水头损失。因悬吊管和立管上部负压值很大，为保证安全，防止管道损坏，应选用铸铁管或承压塑料管。

6.3 雨水排水系统的水力计算

6.3.1 雨水量计算

屋面雨水排水系统雨水量的大小是设计计算雨水排水系统的依据，其值与该地暴雨强度 q、汇水面积 F 以及屋面的径流系数 ϕ 有关，屋面径流系数一般取 $\phi=1.00$，当采用屋面绿化时，应按绿化面积和相关规范选取。

1. 设计暴雨强度 q

暴雨强度是指单位时间内的降雨量。与设计重现期 P 和屋面集水时间 t 有关。重现期是指经过一定时间的雨量观测数据统计分析，大于或等于某暴雨强度的降雨出现一次的平均间隔时间。设计重现期应根据建筑物的重要程度、气象特征等因素确定，一般性建筑物取 5 年，重要公共建筑物不小于 10 年。工业厂房屋面雨水排水管道工程的设计重现期应根据生产工艺、重要程度等因素确定。由于屋面面积较小，屋面集水时间较短，因为我国推导暴雨强度公式所需实测降雨资料的最小时段为 5min，所以屋面集水时间按 5min 计算。

2. 汇水面积 F

屋面雨水汇水面积应按屋面水平投影面积计算。满管压力流多斗系统服务汇水面积不宜大于 2500m²，考虑大风作用下雨水倾斜降落的影响，高出裙房屋面的毗邻侧墙，应附加其最大受雨面正投影的 1/2 计入有效汇水面积计算。窗井、贴近高层建筑外墙的地下汽车库出入口坡道，应附加其高出部分侧墙面积的1/2。同一汇水区内高出的侧墙多于一面时，按有效受水侧墙面积的 1/2 折算汇水面积。

【例 6-1】某建筑的左边为高层建筑，右边为高层建筑的裙房，相邻中间有一面墙，墙的宽度为 15m，高层屋面的标高为 46.00m，裙房屋面的标高为 16.00mm；高层屋面长 20m，裙房屋面长 30m，求裙房屋面汇水面积。

【解】裙房与高层建筑相邻一面墙，其汇水面积按高出墙面积的 1/2 计，故裙房屋面汇水面积为

$$F_{w} = 30 \times 15 + \frac{15 \times (46-16)}{2} = 450 + 225 = 675m^2$$

3. 雨水量计算公式

雨水量由暴雨强度、汇水面积和径流系数而计算，可按以下公式计算

$$q_y = \frac{\phi F q_i}{10000} \quad (L/s) \qquad (6-1)$$

式中　q_y——屋面设计雨水流量，L/s，当坡度大于2.5%的斜屋顶或采用内檐沟集水时，设计雨水流量应乘以系数1.5；

　　　　F——屋面设计汇水面积，m^2；

　　　　q_i——设计暴雨强度，L/（s·hm^2）；

　　　　ψ——径流系数。

6.3.2　系统计算原理与参数

当采用天沟集水且沟檐溢水会流入室内时，设计暴雨强度应乘以1.5的系数。

1. 雨水斗泄流量

雨水斗的泄流量与流动状态有关，重力流状态下，雨水斗的排水状况是自由堰流，通过雨水斗的泄流量与雨水斗进水口直径和斗前水深有关，可按环形溢流堰公式计算：

$$Q = \mu\pi Dh\sqrt{2gh} \qquad (6-2)$$

式中　Q——通过雨水斗的泄流量，m^3/s；

　　　　μ——雨水斗进水口的流量系数，取0.45；

　　　　D——雨水斗进水口直径，m；

　　　　h——雨水斗进水口前水深，m。

在半有压流和压力流状态下，排水管道内产生负压抽吸，所以通过雨水斗的泄流量与雨水斗出水口直径、雨水斗前水面至雨水斗出水口处的高度及雨水斗排水管中的负压有关：

$$Q = \frac{\pi d^2}{4}\mu\sqrt{2g(H+P)} \qquad (6-3)$$

式中　Q——雨水斗出水口泄流量，m^3/s；

　　　　μ——雨水斗出水口的流量系数，取0.95；

　　　　d——雨水斗出水口内径，m；

　　　　H——雨水斗前水面至雨水斗出水口处的高度，m；

　　　　P——雨水斗排水管中的负压，m。

各种类型雨水斗的最大泄流量可按表6-1～表6-3选取。

重力流多斗系统的雨水斗设计最大排水流量　　　　　　　　表6-1

项目	雨水斗规格（mm）		
	75	100	150
流量（L/s）	7.1	7.4	13.7
斗前水深（mm）	48	50	68

单斗压力流排水系统雨水斗的最大设计排水流量　　　　　　　　表6-2

雨水斗规格（mm）			75	100	≥150
满管压力（虹吸）斗	平底型	流量（L/s）	18.6	41.0	宜定制，泄流量应经测试确定
		斗前水深（mm）	55	80	
	集水盘型	流量（L/s）	18.6	53.0	
		斗前水深（mm）	55	87	

满管压力流多斗系统雨水斗的设计泄流量 表 6-3

雨水斗规格（mm）	50	75	100
雨水斗泄流量（L/s）	4.2～6.0	8.4～13.0	17.5～30.0

87式多斗排水系统中，一根悬吊管连接的87式雨水斗最多不超过4个，离立管最远端雨水斗的设计流量不得超过表中数值，其他各斗的设计流量依次比上游斗递增10%。

2. 天沟流量

屋面天沟为明渠排水，天沟水流流速可按明渠均匀流公式计算

$$v = \frac{1}{n}R^{\frac{2}{3}}I^{\frac{1}{2}} \tag{6-4}$$

$$Q = v\omega \tag{6-5}$$

式中　Q——天沟排水流量，m^3/s；

　　　v——流速，m/s；

　　　n——天沟粗糙度系数，与天沟材料及施工情况有关，见表6-4；

　　　I——天沟坡度，不小于0.003；

　　　ω——天沟过水断面积，m^2；

　　　R——水力半径。

各种抹面天沟粗糙度系数 表 6-4

天沟壁面材料	粗糙度系数 n	天沟壁面材料	粗糙度系数 n
水泥砂浆光滑抹面	0.011	喷浆护面	0.016～0.021
普通水泥砂浆抹面	0.012～0013	不整齐表面	0.020
无抹面	0.014～0.017	豆砂沥青玛瑙脂表面	0.025

3. 横管

横管包括悬吊管、管道层的汇合管、埋地横干管和出户管，横管可以近似地按圆管均匀流计算：

$$Q = v\omega \tag{6-6}$$

$$v = \frac{1}{n}R^{\frac{2}{3}}I^{\frac{1}{2}} \tag{6-7}$$

式中　Q——排水流量，m^3/s；

　　　v——管内流速，m/s，不小于0.75m/s，埋地横干管出建筑外墙进入室外雨水检查井时，为避免冲刷，流速应小于1.8m/s；

　　　ω——管内过水断面积，m^2；

　　　n——粗糙系数，塑料管取0.010，铸铁管取0.014，混凝土管取0.013；

　　　R——水力半径，m，悬吊管按充满度$h/D=0.8$计算，横干管按满流计算；

　　　I——水力坡度，重力流的水力坡度按管道敷设坡度计算，金属管不小于0.01，塑料管不小于0.005；重力半有压流的水力坡度与横管两端管内的压力差有关，按下式计算：

$$I = (h + \Delta h)/L \tag{6-8}$$

式中　I——水力坡度；

h——横管两端管内的压力差，mH_2O，悬吊管按其末端（立管与悬吊管连接处）的最大负压值计算，取 0.5m；埋地横干管按其起端（立管与埋地横干管连接处）的最大正压值计算，取 1.0m；

Δh——位置水头，mH_2O，悬吊管是指雨水斗顶面至悬吊管末端的几何高差，m，埋地横干管是指其两端的几何高差，m；

L——横管的长度，m。

将各个参数代入式（6-6）和式（6-7），计算出不同管径、不同坡度时非满流（$h/D=0.8$）横管（铸铁管、钢管、塑料管）和满流横管（混凝土管）的流速和最大泄流量，见附表 6-1、附表 6-2、附表 6-3。横管的管径根据各雨水斗流量之和确定，并宜保持管径不变。

4. 立管

重力流状态下雨水排水立管按水膜流计算

$$Q = 7890K_p^{-\frac{1}{6}}\alpha^{\frac{5}{3}}d^{\frac{8}{3}}(L/s) \tag{6-9}$$

式中　Q——立管排水流量，L/s；

　　　K_p——粗糙高度，m，塑料管取 15×10^{-6}m，铸铁管取 25×10^{-5}m；

　　　α——充水率，塑料管取 0.3，铸铁管取 0.35；

　　　d——管道计算内径，m。

重力流立管最大允许流量见附表 6-4。

重力半有压流系流状态下雨水排水立管按水塞流计算，铸铁管充水率 $\alpha=0.35\sim0.57$，小管径取大值，大管径取小值。重力半有压流系统除了重力作用外，还有负压抽吸作用，所以，重力半有压流系统立管的排水能力大于重力流，其中，单斗系统立管的管径与雨水斗口径、悬吊管管径相同，多斗系统立管管径根据立管设计排水量按表 6-5 确定。

重力半有压流立管的最大允许泄流量　　　　　　　　表 6-5

管　　径　　(mm)		75	100	150	200	250	300
排水流量 (L/s)	建筑高度≤12m	10	19	42	75	135	220
	建筑高度＞12m	12	25	55	90	155	240

5. 压力流（虹吸式）

（1）沿程阻力损失计算

压力流（虹吸式）系统的连接管、悬吊管、立管、埋地横干管都按满流设计，管道的沿程阻力损失按海曾－威廉公式计算：

$$R = \frac{2.959 \times Q^{1.85} \times 10^{-4}}{C^{1.85} \times d_j^{4.87}} \tag{6-10}$$

式中　R——单位长度的阻力损失，kPa/m；

　　　Q——流量，L/s；

　　　d_j——管道的计算内径，m，内壁喷塑铸铁管塑膜厚度为 0.0005m；

　　　C——海曾－威廉系数，塑料管：$C=130$，内壁喷塑铸铁管：$C=110$，钢管 $C=120$，铸铁管：$C=100$。

常用的压力流内壁喷塑铸铁管水力计算表见附表 6-5。

（2）局部阻力损失计算

管件的局部阻力损失应按下式计算

$$h_{j} = 10\xi \frac{v^2}{2g}\tag{6-11}$$

式中　h_{j}——管件的局部阻力损失，kPa；

　　　　v——流速，m/s；

　　　　ξ——管件局部阻力系数，见表 6-6。

管件局部 ξ 系数

表 6-6

管　件　名　称	内壁涂塑铸铁或钢管	塑　料　管
90°弯头	0.65～0.80	1.00
45°弯头	0.30～0.45	0.40
干管上斜三通	0.25～0.50	0.35
支管上斜三通	0.80～1.00	1.20
转变为重力流处出口	1.80	1.80
50mm 雨水斗	1.30，或由厂商提供	
75mm 雨水斗	2.40，或由厂商提供	
100mm 雨水斗	5.60，或由厂商提供	

（3）阻力损失估算

管路的局部阻力损失可以折算成等效长度，按沿程水头损失估算

$$L_{0} = kL\tag{6-12}$$

式中　L_{0}——等效长度，m；

　　　　L——设计长度，m；

　　　　k——考虑管件阻力引入的系数：钢管、铸铁管 $k=1.2～1.4$，塑料管 $k=1.4～$
　　　　　　1.6。

①计算管路阻力损失估算

计算管路单位等效长度的阻力损失可按下式计算

$$R_{0} = \frac{E}{L_{0}} = \frac{9.81H}{L_{0}}\tag{6-13}$$

式中　R_{0}——计算管路单位等效长度的阻力损失，kPa/m；

　　　　E——系统可以利用的最大压力，kPa；

　　　　H——雨水斗顶面至雨水排出口的几何高差，m；

　　　　L_{0}——计算管路等效长度，m。

②悬吊管阻力损失估算

悬吊管单位等效长度的阻力损失按下式计算

$$R_{x0} = \frac{P_{max}}{L_{x0}}\tag{6-14}$$

式中　R_{x0}——悬吊管单位等效长度的阻力损失，kPa/m；

　　　　P_{max}——最大允许负压值，kPa；

L_{x0}——悬吊管等效长度，m。

（4）管内压力

由于雨水在管道内流动过程中的水头损失不断增加，横向管道的位置水头变化微小，而立管内的位置水头增加很大，所以，系统中不同断面管内的压力变化很大，为使各个雨水斗泄流量平衡，不同支路计算到某一节点的压力差（$|P_i-P_i^*|$）不应大于 10kPa。

系统某断面处管内的压力按下式计算

$$P_i = 9.8H_i - (v_i^2/2 + \sum h_i) \tag{6-15}$$

式中　P_i——i 断面处管内的压力，kPa；

　　　　H_i——雨水斗顶面至 i 断面的高度差，m；

　　　　v_i——i 断面处管内流速，m/s；

　　　　$\sum h_i$——雨水斗顶面至 i 断面的总阻力损失，kPa。

压力流（虹吸式）雨水排水系统的最大负压值在悬吊管与总立管的连接处。为防止管道受压损坏，选用铸铁管和钢管时，系统允许的最大负压值为 −90kPa，选用塑料管时，小管径（$dn=50\sim160mm$）允许的最大负压值为 −80kPa，大管径（$dn=200\sim315mm$）允许的最大负压值为 −70kPa。

（5）系统的余压

排水管系统的总水头损失与排水管出口速度水头之和应小于雨水斗天沟底面至排水管出口的几何高差，其压力余量宜稍大于 10kPa。系统压力余量为

$$\Delta P = 9.8H - (v_n^2/2 + \sum h_n) \tag{6-16}$$

式中　ΔP——压力余量，kPa；

　　　　v_n——排水管出口的管道流速，m/s；

　　　　H——雨水斗顶面与排水管出口的高差，m；

　　　　$\sum h_n$——雨水斗顶面到排水管出口处系统的总阻力损失，kPa。

（6）管内流速

压力流雨水排水管道系统内的流速和压力直接影响着系统的正常使用，为使管道有良好的自净能力，悬吊管的设计流速不宜小于 1m/s，立管的设计流速不宜小于 2.2m/s，系统的最大流速通常发生在立管上，为减小水流动时的噪声，立管的设计流速宜小于 6m/s，最大不大于 10m/s。系统底部的排出管的流速小于 1.8m/s，以减少水流对检查井的冲击。

6．溢流口

溢流口的功能主要是雨水系统事故时排水和超量雨水排除。一般建筑物屋面雨水排水工程与溢流设施的总排水能力，不应小于 10 年（重要建筑物 50 年）重现期的雨水量。溢流口的孔口尺寸可按下式近似计算。

$$Q = mb\sqrt{2g}h^{\frac{3}{2}} \tag{6-17}$$

式中　Q——溢流口服务面积内的最大溢流水量，L/s；

　　　　b——溢流口宽度，m；

　　　　h——溢流孔口高度，m；

　　　　m——流量系数，取 385；

　　　　g——重力加速度，m/s^2，取 9.81。

6.3.3　设计计算步骤

1. 普通外排水系统（宜按重力无压流系统设计）

（1）根据屋面坡度和建筑物立面要求，布置雨落水管，立管间距 8～12m；

（2）计算每根雨落水管的汇水面积；

（3）求每根雨落水管的泄水量；

（4）按堰流式斗雨水系统查附表 6-4 确定雨落水管管径。

2. 天沟外排水

天沟外排水系统的设计计算主要是配合土建要求，确定天沟的形式和断面尺寸，校核重现期。为了增大天沟泄流量，天沟断面形式多采用水力半径大、湿周小的宽而浅的矩形或梯形，具体尺寸应由计算确定。为了排水安全可靠，天沟应有不小于 100mm 的保护高度，天沟起点水深不小于 80mm。对于粉尘较多的厂房，考虑积灰占去部分容积，应适当增大天沟断面，以保证天沟排水畅通。天沟的设计计算有两种情况，一种是已经确定天沟的长度、形状、几何尺寸、坡度、材料和汇水面积，校核重现期是否满足要求。其设计计算步骤为：

（1）计算过水断面积 ω；

（2）求流速 v；

（3）求天沟允许通过的流量 $Q_{允}$；

（4）计算汇水面积 F；

（5）由

$$Q_1 \geqslant q_y = \frac{\psi F q_5}{10000}$$

求 5min 的暴雨强度 q_5；

（6）求计算重现期 $P_计$，若计算重现期 $P_计$ 大于等于设计重现期 $P_设$，确定立管管径；若计算重现期 $P_计$ 小于设计重现期 $P_设$，改变天沟几何尺寸，增大过水断面积，重新计算校核重现期。

另一种是已知天沟的长度、坡度、材料、汇水面积和设计重现期，设计天沟的形状和几何尺寸，其设计计算步骤为：

（1）确定分水线求每条天沟的汇水面积 F；

（2）求 5min 的暴雨强度 q_5；

（3）求天沟设计流量 $Q_设$；

（4）初步确定天沟形状和几何尺寸；

（5）求天沟过水断面积 ω；

（6）求流速 v；

（7）求天沟允许通过的流量 $Q_允$；

（8）若天沟的设计流量 $Q_设$ 小于等于天沟允许通过的流量 $Q_允$，确定立管管径；若天沟的设计流量 $Q_设$ 大于天沟允许通过的流量 $Q_允$，改变天沟的形状和几何尺寸，增大天沟的过水断面积 ω，重新计算。

【例 6-2】某一般性公共建筑全长 90m，宽 72m。利用拱形屋架及大型屋面板构成的矩

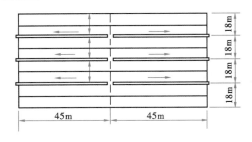

图 6-10 天沟平面布置

形凹槽作为天沟，向两端排水。每条天沟长 45m，宽 $B=0.35\text{m}$，积水深度 $H=0.15\text{m}$，天沟坡度 $I=0.006$，天沟表面铺设豆石，粗糙度系数 $n=0.025$。屋面径流系数 $\psi=1.0$，天沟平面布置如图 6-10 所示。根据该地的气象特征和建筑物的重要程度，设计重现期取 4 年，5min 暴雨强度为 243L/（s·10^4m²），验证天沟设计是否合理，选用雨水斗，确定立管管径和溢流口的泄流量（该地区 10 年重现期的暴雨强度为 306L/（s·10^4m²））。

【解】

（1）天沟过水断面积

$$\omega=B\cdot H=0.35\times0.15=0.0525\text{m}^2$$

（2）天沟的水力半径

$$R=\frac{\omega}{B+2H}=\frac{0.0525}{0.35+2\times0.15}=0.081\text{m}$$

（3）天沟的水流速度

$$v=\frac{1}{n}R^{\frac{2}{3}}I^{\frac{1}{2}}=\frac{1}{0.025}0.081^{\frac{2}{3}}0.006^{\frac{1}{2}}=0.58\text{m/s}$$

（4）天沟允许泄流量

$$Q_{允}=\omega\cdot v=0.0525\times0.58=0.03045\text{m}^3/\text{s}=30.45\text{L/s}$$

（5）每条天沟的汇水面积

$$F=45\times18=810\text{m}^2$$

（6）天沟的雨水设计流量

$$Q_{设}=\frac{\psi Fq_5}{10000}=\frac{1.0\times810\times243\times1.5}{10000}=29.5\text{L/s}$$

天沟允许泄流量大于雨水设计流量，满足要求。

（7）雨水斗的选用

按重力半有压流设计，根据《建筑屋面雨水排水系统技术规程》CJJ 142—2014，查表 3.2.5，选用 150mm 87 型雨水斗，最大允许泄流量 36L/s，满足要求。

（8）立管选用

按每根立管的雨水设计流量 29.5L/s 查表 6-5，立管可选用 150mm，所以，雨落水管选用 150mm。

（9）溢流口计算

10 年重现期的雨水量

$$Q_{10}=\frac{\psi Fq_5}{10000}=\frac{1.0\times810\times306\times1.5}{10000}=37.2\text{L/s}$$

在天沟末端山墙上设溢流口，溢流口宽取 0.40m，堰上水头取 0.15m，溢流口排水量

$$Q_y=mb\sqrt{2g}h^{\frac{3}{2}}=385\times0.40\times\sqrt{2\times9.8}\times0.15^{\frac{3}{2}}=39.6\text{L/s}$$

溢流口排水量大于 10 年重现期时的雨水量 37.2L/s，即使雨水斗和雨落水管被全部堵塞，也能满足溢流要求，不会造成屋面水淹现象。

3. 重力流和重力半有压流内排水系统

重力流和重力半有压流内排水设计计算的内容包括选择布置雨水斗，布置并计算确定

连接管、悬吊管、立管、排出管和埋地管的管径。其中，合理选择雨水斗的规格，确定雨水斗的具体位置和数量十分重要。为了简化计算，迅速确定雨水斗的规格和数量，将雨水斗的最大允许泄流量换算成不同小时降雨厚度 h_5 情况下最大允许汇水面积，即：

$$F = \frac{3600}{\phi \cdot h_5} Q \tag{6-18}$$

径流系数 $\phi = 1.0$，将表 6-1 的雨水斗最大允许泄流量代入上式，可得雨水斗最大允许汇水面积表，见附表 6-6。

重力流和重力半有压流内排水系统具体的设计步骤为：

（1）根据建筑物内部墙、梁、柱的位置，屋面的构造和坡度划分为几个系统，确定立管的数量和位置；

（2）根据各个系统的汇水面积，查附表 6-6 确定雨水斗的规格和数量；

（3）确定连接管管径，连接管管径与雨水斗出水管管径相同。对于单斗系统，悬吊管、立管、排出横管的管径均与连接管管径相同；

（4）计算悬吊管连接的各雨水斗流量之和，确定（重力流）或计算（重力有压流）水力坡度，查附表 6-1 或附表 6-2，确定悬吊管的管径，悬吊管的管径宜保持不变；

（5）计算立管连接的雨水斗泄流量之和，查立管最大允许泄流量表确定立管管径，当立管只连接一根悬吊管时，因立管管径不得小于悬吊管管径，所以立管管径与悬吊管管径相同；

（6）排出管管径一般与立管管径相同，如果为了改善整个雨水排水系统的泄水能力，排出管也可以比立管放大一级管径；

（7）计算埋地干管的设计排水量，确定（重力流）或计算（重力有压流）水力坡度，为保障排水通畅，埋地管坡度应不小于 0.003，查附表 6-3 确定埋地横干管的管径。

【例 6-3】某多层建筑雨水内排水系统如图 6-11 所示，每根悬吊管连接 3 个雨水斗，雨水斗顶面至悬吊管末端几何高差为 0.6m，每个雨水斗的实际汇水面积为 378m²。设计重现期为 2 年，该地区 5min 降雨强度 401L/（s·10⁴m²）。选用 87 式雨水斗，采用密闭式排水系统，设计该建筑雨水内排水系统。

【解】

（1）雨水斗的选用

该地区 5min 降雨历时的小时降雨深度

$$h_5 = 401 \times 0.36 = 144.36 \text{mm/h}$$

查附表 6-6，选用口径 $D_1 = 100$mm 的 87 式雨水斗，每个雨水斗的泄流量

$$Q_1 = \frac{\phi F q_5}{10000} = \frac{0.9 \times 378 \times 401}{10000} = 13.64 \text{L/s}$$

（2）连接管管径 D_2 与雨水斗口径相同，$D_2 = D_1 = 100$mm

（3）悬吊管设计

每根悬吊管设计排水量

$$Q_2 = 3 \times Q_1 = 3 \times 13.64 = 40.92 \text{L/s}$$

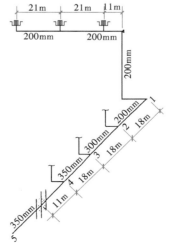

图 6-11　内排水系统计算草图

悬吊管的水力坡度

$$I_x = \frac{h + \Delta h}{L} = \frac{0.5 + 0.6}{21 \times 2 + 11} = 0.021$$

查悬吊管水力计算表（附表 6-1），悬吊管管径 $D_3 = 200mm$，悬吊管不变径。

（4）立管只连接一根悬吊管，立管管径 D_4 与悬吊管管径相同，$D_4 = D_3 = 200mm$。

（5）排出管管径 D_5 与立管相同，$D_5 = D_4$。

（6）埋地干管按最小坡度 0.003 铺设，埋地干管总长

$$L = 18 \times 3 + 11 = 65m$$

埋地干管的水力坡度

$$I_g = \frac{h + \Delta h}{L} = \frac{1 + 65 \times 0.003}{65} = 0.018$$

埋地干管选用混凝土排水管，查满流横管水力计算表（附表 6-3），管段 1—2 的管径与立管相同为 200mm，管段 2—3 的管径为 300mm，管段 3—4 和 4—5 的管径均为 350mm。

4. 压力流（虹吸式）雨水系统设计计算步骤

（1）计算屋面总的汇水面积。

（2）计算总汇水面积上的暴雨量。

（3）确定雨水斗的口径和数量。

（4）布置雨水斗，组成屋面雨水排水管网系统。

（5）绘制水力计算草图，标注各管段的长度，雨水斗、悬吊管和埋地干管起端与末端的标高。

（6）估算计算管路的单位等效长度的阻力损失。

（7）估算悬吊管的单位管长的阻力损失。

（8）初步确定管径。根据最小允许流速 v_{min} 和悬吊管的单位管长的阻力损失 R_{x0} 查虹吸式雨水管道水力计算表（附表 6-5），初步确定悬吊管管径。立管与排出管管径可采用相应的控制流速初选管径，立管管径一般可比悬吊管末端管径小一号。

（9）列表进行水力计算求出各管段的沿程水头损失、局部水头损失、位置水头、各节点的压力。

（10）校核：

1）系统的最大负压值（悬吊管与立管连接处）；

2）不同支路计算到某一节点的压力差；

3）系统出口压力余量。

若不满足，则应对系统中某些管段的管径进行调整，必要时有可能对系统重新布置，然后再次进行水力计算，直至满足为止。

（11）按最后结果绘制正式图纸。

【例 6-4】某建筑屋面长 100m，宽 60m，面积为 $F = 6000m^2$，悬吊管标高 12.6m，设雨水斗的屋面标高 13.2m，排出管标高 -1.30m。屋脊与宽平行，取设计重现期 $P = 5a$，5min 暴雨强度为 386L/（s·10^4m^2），管材为内壁涂塑离心排水铸铁管，设计压力流（虹吸式）屋面雨水排水系统。

【解】

（1）屋面设计雨水量

$$Q=\psi F q_5/10000=1.0\times6000\times386/10000=231.66\text{L/s}$$

（2）雨水斗数量及布置

选用 75mm 压力流（虹吸式）雨水斗，单斗的排水量 $Q=12\text{L/s}$，所需雨水斗数量

$$n=Q/q=231.66/12=19.31$$

取 20 个，每侧 10 只分成两个系统，每个系统 5 只，设计重现期略大于 5a。雨水斗间距

$$X=L/10=60/10=6\text{m}$$

雨水系统平面布置如图 6-12 所示，图 6-13 为水力计算草图。各管段的管长见表 6-7。

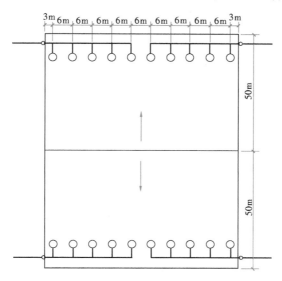

图 6-12 雨水系统平面布置

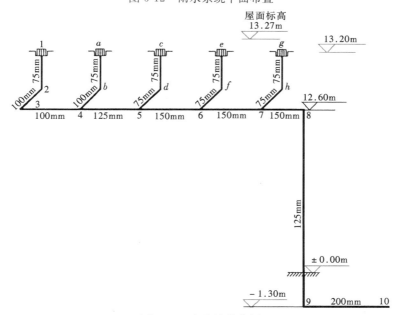

图 6-13 水力计算草图

计算管路管道长度 表 6-7

管段	1-2	2-3	3-4	4-5	5-6	6-7	7-8	8-9	9-10
管长（m）	0.6	1.0	6.0	6.0	6.0	6.0	3.0	13.9	9.6

（3）系统可利用的最大压力

$$E=9.8H=9.8（13.2+1.3）=142.1kPa$$

（4）计算管路的等效长度

$$L_0=1.2L=1.2（0.6+1.0+6×4+3+12.6+1.3+9.6）=52.1m$$

（5）估算计算管路的单位等效长度阻力损失

$$R_0=E/L_0=142.1/52.1=2.727kPa/m$$

（6）估算悬吊管的单位管长的压力损失

系统最大负压发生在悬吊管与立管连接处，为了安全，系统最大负压值取 $-70kPa$，悬吊管等效长度

$$L_{x0}=1.4L_x=1.4（1.0+6×4+3）=39.2m$$

悬吊管的单位管长的压力损失

$$R_x=70/39.2=1.786kPa/m$$

（7）初步确定管径

根据最小流速的规定，参考悬吊管的单位管长的压力损失，查虹吸式雨水管道段水力计算表，初步确定管径，列表进行水力计算，见表 6-8 和表 6-9。

计算管路水力计算表 表 6-8

管 段	Q (L/s)	L (m)	D (mm)	v (m/s)	R (kPa/m)	h_y (kPa)	ξ
(1)	(2)	(3)	(4)	(5)	(6)	(7)	(8)
1-2	12	0.6	75	2.79	1.839	1.103	3.2
2-3	12	1.0	100	1.56	0.446	0.446	0.3
3-4	12	6	100	1.56	0.446	2.676	0.5
4-5	24	6	125	1.99	0.537	3.222	0.5
5-6	36	6	150	2.07	0.465	2.79	0.5
6-7	48	6	150	2.75	0.791	4.746	0.5
7-8	60	3	150	3.44	1.195	3.585	0.8
8-9	60	13.9	125	4.97	2.924	40.644	0.8
9-10	60	9.6	150	3.44	1.195	11.472	1.8
						17.468	
						71.13	

管 段	h_j (kPa)	h_z (kPa)	$\sum h_z$ (kPa)	$9.8H_i$ (kPa)	P_i (kPa)	P_i^* (kPa)	$\lvert P_i-P_i^*\rvert$ (kPa)
(1)	(9)	(10)	(11)	(12)	(13)	(14)	(15)
1-2	12.455	13.558	13.558	5.88	−11.170		

续表

管　段	h_j (kPa)	h_z (kPa)	$\sum h_z$ (kPa)	$9.8H_i$ (kPa)	P_i (kPa)	P_i^* (kPa)	$\lvert P_i - P_i^* \rvert$ (kPa)
2-3	0.365	0.811	14.369	5.88	−9.733		
3-4	0.608	3.284	17.653	5.88	−12.99	−10.923	2.067
4-5	0.99	4.212	21.865	5.88	−18.415	−17.733	0.682
5-6	1.071	3.861	25.726	5.88	−21.989	−17.733	4.256
6-7	1.891	6.637	32.363	5.88	−30.264	−17.733	12.531
7-8	4.733	8.318	40.681	5.88	−40.718		
8-9	9.88	50.524	91.205	142.1	38.544		
9-10	10.650	22.122	113.327	142.1	22.856		
	9.68						
	34.131						

注：带 * 者为支管水力计算到该点的压力。

支管水力计算表　　　　　　　　　　　　　　　　　表 6-9

管段	Q (L/s)	L (m)	D (mm)	v (m/s)	R kPa/m	h_y (kPa)	ξ	h_j (kPa)	h_z (kPa)	$\sum h_z$ (kPa)	$9.8H_i$ (kPa)	P_i (kPa)
(1)	(2)	(3)	(4)	(5)	(6)	(7)	(8)	(9)	(10)	(11)	(12)	(13)
a-b	12	0.6	75	2.79	1.839	1.103	3.2	12.455	13.558	13.558	5.88	−11.57
b-4	12	1.0	100	1.56	0.446	0.446	1.3	1.582	2.028	15.586	5.88	−10.923
c-d	12	0.6	75	2.79	1.839	1.103	3.2	12.455	13.558	13.558	5.88	−11.57
d-5	12	1.0	75	2.79	1.839	1.839	1.3	5.060	6.899	19.721	5.88	−17.733

注：管段 e-f- f-6 和管段 g-h- h-7 与管段 c-d-d-5 相同。

（8）由计算表可以看出，最大负压发生在节点 8，负压值为−40.718kPa，小于最大允许负压值−90kPa。节点 4、节点 5、节点 6 的压力差分别为 2.067kPa、0.682kPa、4.256kPa，小于 5kPa，满足要求。节点 7 压力差 12.531kPa，大于 5kPa，应减压。排出管口余压为 22.856kPa，稍大于 10kPa，满足要求。

（9）绘制正式系统图。

思考题与习题

一、思考题

1. 叙述建筑雨水排水系统的组成。
2. 叙述雨水内排水系统的水气流动规律。
3. 屋面雨水排水管道的排水设计重现期应如何选取？
4. 建筑雨水内排水系统和外排水系统各自的适用条件是什么？
5. 建筑雨水排水系统的功能是什么？

二、选择题

1. 屋面雨水排水管道设计降雨历时应按____ min 计算。

A. 10　　　　　　　B. 5　　　　　　　C. 1.2　　　　　　D. 2

2. 屋面的雨水径流系数可取____。

A. 0.9　　　　　B. 0.45　　　　　C. 1.0　　　　　D. 0.8

3. 悬吊管设计流速不宜小于____ m/s，立管设计流速不宜大于____ m/s。

A. 1.0，2.5　　B. 1.5，10　　　C. 1.0，10　　　D. 1.5，2.2

4. 工业厂房、库房、公共建筑的大型屋面雨水排水宜按____设计。

A. 满管压力流　　B. 重力流　　　C. 非满流　　　D. 满流

第7章 建筑内部热水供应系统

7.1 热水供应系统的分类、组成和供水方式

7.1.1 热水供应系统的分类

建筑内部热水供应系统按热水供应范围，可分为局部热水供应系统、集中热水供应系统和区域热水供应系统。

1. 局部热水供应系统

采用各种小型加热器在用水场所就地加热，供局部范围内的一个或几个用水点使用的热水系统称局部热水供应系统。例如，采用小型燃气热水器、电热水器、太阳能热水器等，供给单个厨房、浴室、生活间等用水。对于大型建筑，也可以采用多个局部热水供应系统分别对各个用水场所供应热水。

局部热水供应系统的优点是：热水输送管道短，热损失小；设备、系统简单，造价低；维护管理方便、灵活；改建、增设较容易。缺点是：小型加热器热效率低，制水成本较高；使用不够方便舒适；每个用水场所均需设置加热装置，占用建筑总面积较大。

局部热水供应系统适用于热水用量较小且较分散的建筑，如一般单元式居住建筑，小型饮食店、理发馆、医院、诊所等公共建筑和布置较分散的车间卫生间等工业建筑。

2. 集中热水供应系统

在锅炉房、热交换站或加热间将水集中加热后，通过热水管网输送到整幢或几幢建筑的热水系统称集中热水供应系统。

集中热水供应系统的优点是：加热和其他设备集中设置，便于集中维护管理；加热设备热效率较高，热水成本较低；各热水使用场所不必设置加热装置，占用总建筑面积较少；使用较为方便舒适。其缺点是：设备、系统较复杂，建筑投资较大；需要有专门维护管理人员；管网较长，热损失较大；一旦建成后，改建、扩建较困难。

集中热水供应系统适用于热水用量较大，用水点较集中的建筑，如标准较高的居住建筑、旅馆、公共浴室、医院、疗养院、体育馆、游泳馆（池）、大型饭店等公共建筑，布置较集中的工业企业建筑等。

3. 区域热水供应系统

在热电厂、区域性锅炉房或热交换站将水集中加热后，通过市政热力管网输送至整个建筑群、居民区、城市街坊或整个工业企业的热水系统称区域热水供应系统。如城市热力网水质符合用水要求，热力网工况允许时，也可从热力网直接取水。

区域热水供应系统的优点是：便于集中统一维护管理和热能的综合利用；有利于减少环境污染；设备热效率和自动化程度较高；热水成本低，设备总容量小，占用面积少；使

用方便舒适，保证率高。其缺点是：设备、系统复杂，建设投资高；需要较高的维护管理水平；改建、扩建困难。

区域热水供应系统适用于建筑布置较集中、热水用量较大的城市和工业企业，目前在国外特别是发达国家中应用较多。

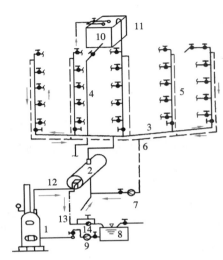

图 7-1　热媒为蒸汽的集中热水系统

1—锅炉；2—水加热器；3—配水干管；4—配水立管；5—回水立管；6—回水干管；7—循环泵；8—凝结水池；9—冷凝水泵；10—给水水箱；11—透气管；12—热媒蒸汽管；13—凝水管；14—疏水器

7.1.2　热水供应系统的组成

热水供应系统的组成因建筑类型和规模、热源情况、用水要求、加热和贮存设备的情况、建筑对美观和安静的要求等不同情况而异。图7-1所示为一典型的集中热水供应系统，其主要由热媒系统、热水供水系统、附件三部分组成。

1. 热媒系统（第一循环系统）

热媒系统由热源、水加热器和热媒管网组成。由锅炉生产的蒸汽（或高温热水）通过热媒管网送到水加热器加热冷水，经过热交换蒸汽变成冷凝水，靠余压经疏水器流到冷凝水池，冷凝水和新补充的软化水经冷凝水循环泵再送回锅炉加热为蒸汽，如此循环完成热的传递作用。对于区域性热水系统不需设置锅炉，水加热器的热媒管道和冷凝水管道直接与热力网连接。

2. 热水供水系统（第二循环系统）

热水供水系统由热水配水管网和回水管网组成。被加热到一定温度的热水，从水加热器出来经配水管网送至各个热水配水点，而水加热器的冷水由高位水箱或给水管网补给。为保证各用水点随时都有规定水温的热水，在立管和水平干管甚至支管设置回水管，使一定量的热水经过循环水泵流回水加热器以补充管网所散失的热量。

3. 附件

附件包括蒸汽、热水的控制附件及管道的连接附件，如温度自动调节器、疏水器、减压阀、安全阀、自动排气阀、膨胀罐、管道伸缩器、闸阀、水嘴等。

7.1.3　热水供水方式

1. 按热水加热方式的不同，有直接加热和间接加热之分，如图7-2所示。

直接加热也称一次换热，是以燃气、燃油、燃煤为燃料的热水锅炉，把冷水直接加热到所需热水温度，或者是将蒸汽或高温水通过穿孔管或喷射器直接通入冷水混合制备热水。热水锅炉直接加热具有热效率高、节能的特点；蒸汽直接加热方式具有设备简单、热效率高、无需冷凝水管的优点，但存在噪声大，对蒸汽质量要求高，冷凝水不能回收，热源需大量经水质处理的补充水，运行费用高等缺点。适用于具有合格的蒸汽热媒且对噪声无严格要求的公共浴室、洗衣房、工矿企业等用户。吸收太阳辐射热能，加热冷水的小型太阳能热水器也属直接加热。

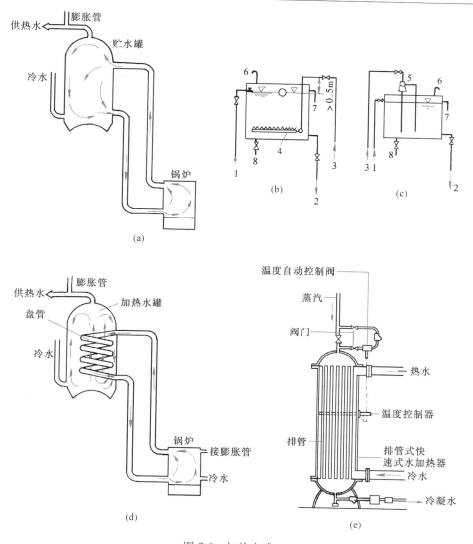

图 7-2 加热方式

（a）热水锅炉直接加热；（b）蒸汽多孔管直接加热；（c）蒸汽喷射器混合直接加热；
（d）热水锅炉间接加热；（e）蒸汽-水加热器间接加热
1—给水；2—热水；3—蒸汽；4—多孔管；5—喷射器；
6—通气管；7—溢水管；8—泄水管

间接加热也称二次换热，是将热媒通过水加热器把热量传递给冷水达到加热冷水的目的，在加热过程中热媒（如蒸汽）与被加热水不直接接触。该方式的优点是回收的热媒冷凝水可重复利用，只需对少量补充水进行软化处理，运行费用低，且加热时不产生噪声，热媒蒸汽不会对热水产生污染，供水安全稳定。适用于要求供水稳定、安全，噪声要求低的旅馆、住宅、医院、办公楼等建筑。采用大型太阳能热水器、水源热泵、空气源热泵等可再生低温能源制备生活热水也属间接加热。

2. 按热力管网的压力工况，可分为开式和闭式两类。

开式热水供水方式，即在所有配水点关闭后，热水管道系统内的水仍与大气相通，如图 7-3 所示。该方式一般在管网顶部设有膨胀管或高位开式热水箱，系统内的水压仅取决于水箱的设置高度，而不受室外给水管网水压波动的影响，可保证系统水压稳定和供水安全可靠。其缺点是，高位水箱占用建筑空间和开式热水箱易受外界污染。该方式适用于用户要求水压稳定，且允许设高位水箱的热水系统。

闭式热水供水方式，即在所有配水点关闭后，整个热水管道系统与大气隔绝，形成密闭系统，如图 7-4 所示。该方式中应采用设有安全阀的承压水加热器，最高日热水量大于 $30m^3$ 的热水系统应设置压力式膨胀罐，以确保系统安全运转。闭式热水供水方式具有管路简单、水质不易受外界污染的优点，但供水水压稳定性较差，安全可靠性较差，适用于不宜设置高位水箱的热水供应系统。

3. 按热水管网设置循环管网的方式不同，有全循环、半循环、无循环热水供水方式之分，如图 7-5 所示。

全循环供水方式，是指热水干管、热水立管和热水支管都设置相应循环管道，保持热水循环，各配水嘴随时打开均能提供符合设计水温要求的热水。该方式适用于对热水供应要求比较高的建筑中，如高级宾馆、饭店、高级住宅等。

半循环供水方式，又有立管循环和干管循环之分。立管循环方式是指热水干管和热水立管均设置循环管道，保持热水循环，打开配水嘴时只需放掉热水支管中少量的存水，就能获得规定水温的热水。该方式多用于设有全日供应热水的建筑和设有定时供应热水的高层建筑中；干管循环方式是指仅热水干管设置循环管道，保持热水循环，多用于采用定时供应热水的建筑中。在热水供应前，先用循环泵把干管中已冷却的存水循环加热，当打开配水嘴时只需放掉立管和支管内的冷水就可以流出符合要求的热水。

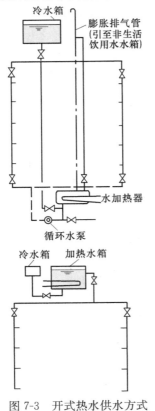

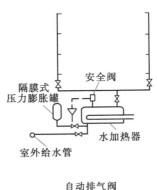

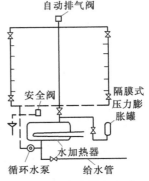

图 7-3　开式热水供水方式　　　　图 7-4　闭式热水供水方式

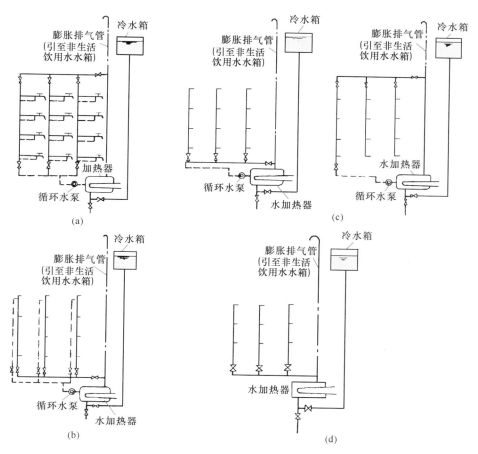

图 7-5　循环方式
（a）全循环；（b）立管循环；（c）干管循环；（d）无循环

无循环供水方式，是指在热水管网中不设任何循环管道。对于热水供应系统较小、使用要求不高的定时热水供应系统，如公共浴室、洗衣房等可采用此方式。

4. 按热水管网运行方式不同，可分为全天循环方式和定时循环方式。

全天循环方式，即全天任何时刻，管网中都维持有不低于循环流量的流量，使设计管段的水温在任何时刻都保持不低于设计温度。

定时循环方式，即在集中使用热水前，利用水泵和回水管道使管网中已经冷却的水强制循环加热，在热水管道中的热水达到规定温度后再开始使用的循环方式。

5. 按热水管网采用的循环动力不同，可分为自然循环方式和机械循环方式。

自然循环方式，即利用热水管网中配水管和回水管内的温度差所形成的自然循环作用水头（自然压力），使管网内维持一定的循环流量，以补偿管道热损失，保持一定的供水温度。因一般配水管与回水管内的水温差仅为 5～10℃，自然循环作用水头值很小，所以实际使用自然循环的很少，尤其对于中、大型建筑采用自然循环有一定的困难。

机械循环方式，即利用水泵强制水在热水管网内循环，造成一定的循环流量，以补偿管网热损失，维持一定的水温。目前实际运行的热水供应系统，多数采用这种循环方式。

6. 按热水配水管网水平干管的位置不同,可分为下行上给供水方式和上行下给供水方式。

选用何种热水供水方式,应根据建筑物用途,热源供给情况、热水用量和卫生器具的布置情况进行技术和经济比较后确定。在实际应用时,常将上述各种方式按照具体情况进行组合,比如:图 7-1 为蒸汽间接加热机械强制全循环干管下行上给的热水供水方式,适用于全天供应热水的大型公共建筑或工业建筑。图 7-6 为热水锅炉直接加热机械强制半循环干管下行上给的热水供水方式,适用于定时供应热水的公共建筑。图 7-7 为蒸汽直接加热干管上行下给不循环供水方式,适用于工矿企业的公共建筑、公共洗衣房等场所。

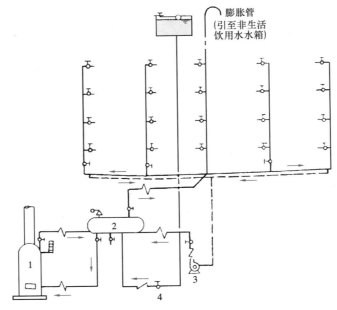

图 7-6 干管下行上给机械半循环方式

1—热水锅炉;2—热水贮罐;3—循环泵;4—给水管

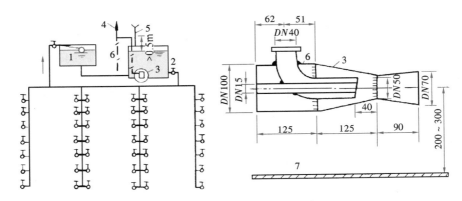

图 7-7 直接加热上行下给方式

1—冷水箱;2—加热水箱;3—消声喷射器;4—排气阀;

5—透气管;6—蒸汽管;7—热水箱底

7.2　热水供应系统的热源、加热设备和贮热设备

7.2.1　热水供应系统的热源

1. 集中热水供应系统的热源，可按下列顺序选择：

（1）当条件许可时，宜首先利用工业余热、废热、地热、太阳能和可再生低温能源热泵作为热源。利用烟气、废气作热源时，烟气、废气的温度不宜低于 400℃。利用地热水作热源时，应按地热水的水温、水质、水量和水压，采取相应的升温、降温、去除有害物质、选用合适的设备及管材、设置贮存调节容器、加压提升等技术措施，以保证地热水的安全合理利用。采用空气、水等可再生低温热源的热泵热水器需经当地主管部门批准，并进行生态环境、水质卫生方面的评估及配备质量可靠的热泵机组。利用太阳能作热源时，宜附设一套电热或其他热源的辅助加热装置。

（2）选择能保证全年供热的热力管网为热源。为保证热水不间断供应，宜设热网检修期用的备用热源。在只能有采暖期供热的热力管网时，应考虑其他措施（如设锅炉）以保证热水的供应。

（3）选择区域锅炉房或附近能充分供热的锅炉房的蒸汽或高温热水作热源。

（4）当无（1）、（2）、（3）所述热源可利用时，可采用燃油、燃气热水机组、低谷电蓄热设备制备热水。

2. 局部热水供应系统的热源，宜因地制宜采用太阳能、空气源热泵、燃气、电能、蒸汽等。当采用电能为热源时，宜采用贮热式电热水器以降低耗电功率。

3. 利用废热（废气、烟气、高温无毒废液等）作为热媒时，应采取下列措施：

（1）加热设备应防腐，其构造便于清理水垢和杂物。

（2）防止热媒管道渗漏而污染水质。

（3）消除废气压力波动和除油。

4. 采用蒸汽直接通入水中或采取汽水混合设备的加热方式时，宜用于开式热水供应系统，并应符合下列要求：

（1）蒸汽中不含油质及有害物质。

（2）应采用消声混合器，加热时产生的噪声应符合现行的《城市区域环境噪声标准》GB 3096—2008 的要求。

（3）应采取防止热水倒流至蒸汽管道的措施。

7.2.2　局部加热设备

1. 燃气热水器

燃气热水器的热源有天然气、焦炉煤气、液化石油气和混合煤气 4 种。依照燃气压力有低压（$P \leqslant 5\text{kPa}$）、中压（$5\text{kPa} < P \leqslant 150\text{kPa}$）热水器之分。民用和公共建筑生活、洗涤用燃气热水设备一般采用低压，工业企业生产所用燃气热水器可采用中压。按加热冷水的方式不同，燃气热水器有直流快速式和容积式之分，图 7-8 和图 7-9 为两类热水器的构造示意图。直流快速式燃气热水器一般安装在用水点就地加热，可随时点燃并可立即取得

213

热水，供一个或几个配水点使用，常用于厨房、浴室、医院手术室等局部热水供应。容积式燃气热水器具有一定的贮水容积，使用前应预先加热，可供几个配水点或整个管网用水，可用于住宅、公共建筑和工业企业的局部和集中热水供应。

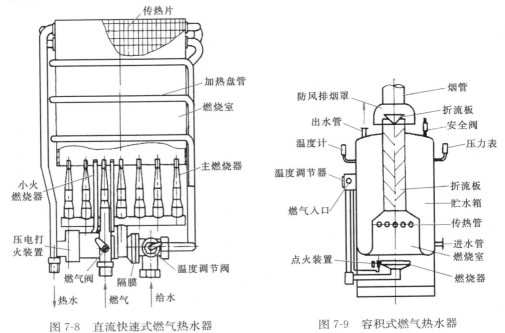

图 7-8　直流快速式燃气热水器　　　　图 7-9　容积式燃气热水器

2. 电热水器

电热水器是把电能通过电阻丝变为热能加热冷水的设备，一般以成品在市场上销售。电热水器产品分快速式和容积式两种。

快速式电热水器无贮水容积或贮水容积很小，不需在使用前预先加热，在接通水路和电源后即可得到被加热的热水。该类热水器具有体积小、质量轻、热损失少、效率高、容易调节水量和水温、使用安装简便等优点，但电耗大，尤其在一些缺电地区使用受到限制。目前市场上该种热水器种类较多，适合家庭和工业、公共建筑单个热水供应点使用。

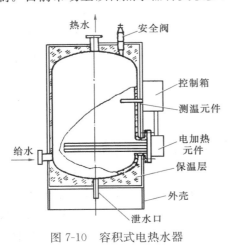

图 7-10　容积式电热水器

容积式电热水器具有一定的贮水容积，其容积可由 10L 到 $10m^3$。该种热水器在使用前需预先加热，可同时供应几个热水用水点在一段时间内使用，具有耗电量较小、管理集中、能够在一定程度上起到削峰填谷、节省运行费用的优点。但其配水管段比快速式电热水器长，热损失也较大。一般适用于局部供水和管网供水系统。典型容积式电热水器构造如图 7-10 所示。

3. 太阳能热水器

太阳能热水器是将太阳能转换成热能并将水加热的装置。其优点是：结构简单、维护方便、节省燃料、运行费用低、不存在环境污染问题。其缺点是：受天气、季节、地理位置等影响不能连续稳定运行，为满足用户要求需配置贮热和辅助加热设施、占地面积较大，布置受到一定的限制。适用于年日照时数大于 1400h 且年太阳辐射量大于 4200MJ/m² 及年极端最低气温不低于 $-45℃$ 的地区。

太阳能热水器按组合形式分为装配式和组合式两种。装配式太阳能热水器一般为小型热水器，即将集热器、贮热水箱和管路由工厂装配出售，适于家庭和分散使用场所，目前市场上有多种产品，如图 7-11 所示。组合式太阳能热水器，即是将集热器、贮热水箱、循环水泵、辅助加热设备按系统要求分别设置而组成，适用于大面积供应热水系统和集中供应热水系统，如图 7-12～图 7-14 所示。

太阳能热水器按热水循环方式分自然循环和机械循环两种。自然循环太阳能热水器是靠水温差产生的热虹吸作用进行水的循环加热，该种热水器运行安全可靠、不需用电和专人管理，但贮热水箱必须装在集热器上面，同时使用的热水会受到时间和天气的影响，如图 7-12 所示。机械循环太阳能热水器是利用水泵强制水进行循环的系统。该种热水器贮热水箱和水泵可放置在任何部位，系统制备热水效率高，产水量大。为克服天气对热水加热的影响，可增加辅助加热设备，如燃气加热、电加热和蒸汽加热等措施，适用于大面积和集中供应热水场所，如图 7-13 和图 7-14 所示。

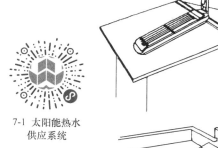

7-1 太阳能热水供应系统

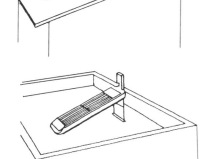

图 7-11　装配式太阳能热水器

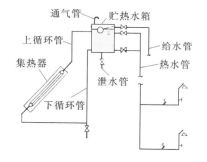

图 7-12　自然循环太阳能热水器

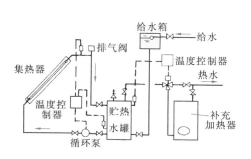

图 7-13　直接加热机械循环
太阳能热水器

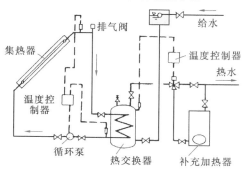

图 7-14　间接加热机械循环
太阳能热水器

7.2.3　集中热水供应系统的加热和贮热设备

1. 热水机组

集中热水供应系统采用的热水机组主要有直接加热机组和间接加热机组，它们使用的热源有燃油、燃气以及电。

图 7-15 为壳管式直接加热机组构造原理图，直接加热机组是将燃烧室内的燃油或燃气经燃烧机燃烧，产生的高温烟气经炉膛后与对流管束强化换热，直接将机组内的冷水加热为热水。机组顶部设有通气管与大气相通，为开式结构，常压运行。

图 7-16 为壳管式间接加热机组构造原理图，机组内被加热水、热媒水各自独立，热媒水不参与系统循环，保证了热媒水的水质，同时也减少了机组本体的结垢。机组加热时，燃料经燃烧机燃烧，产生的高温烟气与对流管束强化换热，产生的高温热媒水与内置的换热器进行二次热交换，由被加热承压水供应生活热水。机组顶部设有通气管接口与大气相通，本体为开式结构，常压设计、常压运行。

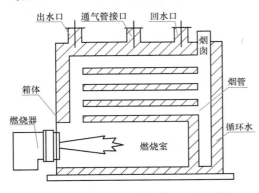

图 7-15　壳管式直接加热机组原理图

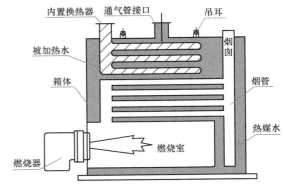

图 7-16　壳管式间接加热机组原理图

2. 水加热器

集中热水供应系统中常用的水加热器有容积式水加热器、快速式水加热器、半容积式水加热器和半即热式水加热器。

（1）容积式水加热器

容积式水加热器是内部设有热媒导管的热水贮存容器，具有加热冷水和贮备热水两种功能，热媒为蒸汽或热水，有卧式和立式之分。常用的容积式水加热器有传统的 U 形管型容积式水加热器和导流型容积式水加热器。

图 7-17 为 U 形管型容积式水加热器构造示意图，共有 10 种型号，其容积为 0.5～15m³，换热面积为 0.86～50.82m²，主要参数见附表 7-1 和附表 7-2。

U 形管型容积式水加热器的优点是具有较大的贮存和调节能力，可提前加热，热媒负荷均匀，被加热水通过时压力损失较小，用水点处压力变化平稳，出水温度较稳定，对温度自动控制的要求较低，管理比较方便。但该加热器中，被加热水流速较缓慢，传热系数小，热交换效率低，且体积庞大占用过多的建筑空间，在热媒导管中心线以下约有 20%～25% 的贮水容积是低于规定水温的常温水或冷水，所以贮罐的容积利用率较低。此外，由于局部区域水温合适、供氧充分、营养丰富，因此容易滋生军团菌，造成水质生物污染。

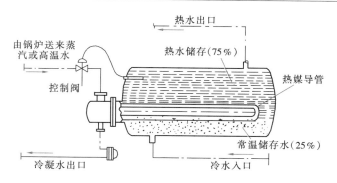

图 7-17　容积式水加热器（卧式）

U 形管型容积式水加热器这种层叠式的加热方式可称为"层流加热"。

导流型容积式水加热器是传统型的改进，图 7-18 为 RV 系列导流型容积式水加热器的构造示意图。该类水加热器具有多行程列管和导流装置，在保持传统型容积式水加热器优点的基础上，克服了其被加热水无组织流动、冷水区域大、产水量低等缺点，贮罐的有效贮热容积约为 85%~90%。

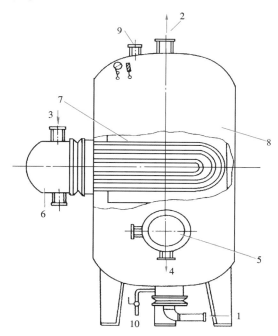

图 7-18　RV 型容积式水加热器构造示意图

1—进水管；2—出水管；3—热媒进口；4—热媒出口；

5—下盘管；6—导流装置；7—U 形盘管；8—罐体；

9—安全阀；10—排污口

（2）快速式水加热器

针对容积式水加热器中"层流加热"的弊端，出现了"紊流加热"理论：即通过提高热媒和被加热水的流动速度，来提高热媒对管壁、管壁对被加热水的传热系数，以改善传热效果。快速式水加热器就是热媒与被加热水提高较大速度的流动进行快速换热的一种间接加热设备。

根据热媒的不同，快速式水加热器有汽—水和水—水两种类型，前者热媒为蒸汽，后者热媒为过热水。根据加热导管的构造不同，又有单管式、多管式、板式、管壳式、波纹板式、螺旋板式等多种形式。图 7-19 所示为多管式汽—水快速式水加热器，图 7-20 所示为单管式汽—水快速式水加热器，它可以多组并联或串联。这种水加热器是将被加热水通入导管内，热媒（即蒸汽）在壳体内散热。

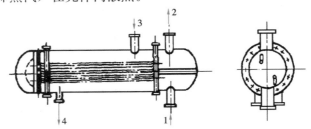

图 7-19 多管式汽—水快速式水加热器
1—冷水；2—热水；3—蒸汽；4—凝水

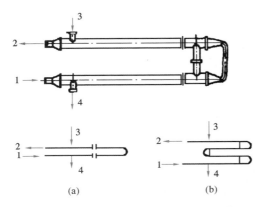

图 7-20 单管式汽—水快速式水加热器
(a) 并联；(b) 串联
1—冷水；2—热水；3—蒸汽；4—凝结水

快速式水加热器具有效率高，体积小，安装搬运方便的优点；缺点是不能贮存热水，水头损失大，在热媒或被加热水压力不稳定时，出水温度波动较大，仅适用于用水量大，而且比较均匀的热水供应系统或建筑物热水采暖系统。

（3）半容积式水加热器

半容积式水加热器是带有适量贮存与调节容积的内藏式容积式水加热器，是由英国引进的设备。其原装设备的基本构造如图 7-21 所示，由贮热水罐、内藏式快速换热器和内循环泵 3 个主要部分组成。其中贮热水罐与快速换热器隔离，被加热水在快速换热器内迅速加热后，通过热水配水管进入贮热水罐，当管网中热水用量低于设计用水量时，热水的一部分落到贮罐底部，与补充水（冷水）一道经内循环泵升压后再次进入快速换热器加热。内循环泵的作用有 3 个：其一，提高被加热水的流速，以增大传热系数和换热能力；其二，克服被加热水流经换热器时的阻力损失；其三，形成被加热水的连续内循环，消除了冷水区或温水区，使贮罐容积的利用率达到 100％。内循环泵的流量根据不同型号的加热器而定，其扬程在 20～60kPa 之间。当管网中热水用量达到设计用水量时，贮罐内没有循环水，如图 7-22 所示，瞬间高峰流量过后又恢复到图 7-21 所示的工作状态。

半容积式水加热器具有体型小（贮热容积比同样加热能力的容积式水加热器减少 2/3）、加热快、换热充分、供水温度稳定、节水节能的优点，但由于内循环泵不间断地运行，需要有极高的质量保证。

图 7-23 所示为国内专业人员开发研制的 HRV 型高效半容积式水加热器装置的工作系

统图，其特点是取消了内循环泵，被加热水（包括冷水和热水系统的循环回水）进入快速换热器被迅速加热，然后先由下降管强制送至贮热水罐的底部再向上升，以保持整个贮罐内的热水同温。

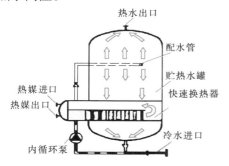

图 7-21 半容积式水加热器构造示意图

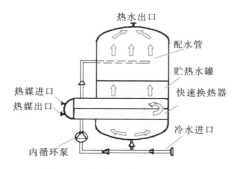

图 7-22 高峰用水时工作状态

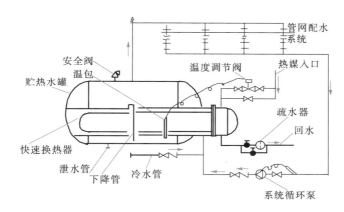

图 7-23 HRV 型半容积式水加热器工作系统图

当管网配水系统处于高峰用水时，热水循环系统的循环泵不启动，被加热水仅为冷水；当管网配水系统不用水或少量用水时，热水管网由于散热损失而产生温降，利用系统循环泵前的温包可以自动启动系统循环泵，将循环回水打入快速换热器内，生成的热水又送至贮热水罐的底部，依然能够保持罐内热水的连续循环，罐体容积利用率亦为100%。

HRV 型高效半容积式水加热器具有与带有内循环泵的半容积式水加热器同样的功能和特点，更加符合我国的实际情况，适用于机械循环的热水供应系统。

（4）半即热式水加热器

半即热式水加热器是带有超前控制，具有少量贮存容积的快速式水加热器，其构造如图 7-24 所示。热媒蒸汽经控制阀和底部入口通过蒸汽立管进入各并联盘管，热交换后，冷凝水入冷凝水立管后由底部流出，冷水从底部经孔板入罐，同时有少量冷水进入分流管。入罐冷水经转向器均匀加热罐底并向上流过盘管得到加热，热水由上部出口流出。部分热水在顶部进入感温管开口端，冷水以与热水用水量成比例的流量由分流管同时入感温管，感温元件读出瞬时感温管内的冷、热水平均温度，即向控制阀发出信号，按需要调节控制阀，以保持所需的热水输出温度。只要一有热水需求，热水出口处的水温尚未下降，感温元件就能发出信号开启控制阀,具有预测性。加热盘管内的热媒由于不断改向,加热时盘管颤动,形成局部紊流区,属于"紊流加热",故传热系数大,换热速度快,又具有预测温控装置,所以其热水贮存容量小,仅为半容积式水加热器的1/5。同时,由于盘管内外温差的作用,盘管不断收缩、膨胀,可使传热面上的水垢自动脱落。

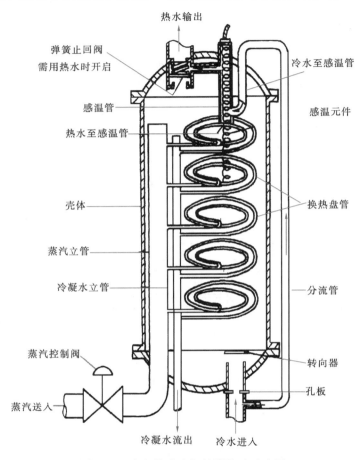

图 7-24 半即热式水加热器构造示意图

半即热式水加热器具有快速加热被加热水,浮动盘管自动除垢的优点,其热水出水温度一般能控制在±2.2℃内,且体积小,节省占地面积,适用于各种不同负荷需求的机械循环热水供应系统。

3. 加热水箱和热水贮水箱

加热水箱是一种简单的热交换设备,在水箱中安装蒸汽多孔管或蒸汽喷射器,可构成直接加热水箱。在水箱内安装排管或盘管即构成间接加热水箱。加热水箱适用于公共浴室等用水量大而均匀的定时热水供应系统。

热水贮水箱(罐)是一种专门调节热水量的容器。可在用水不均匀的热水供应系统中设置,以调节水量,稳定出水温度。

4. 可再生低温能源的热泵热水器

当合理应用水源热泵、空气源热泵等制备生活热水,具有显著的节能效果。

热泵热水器主要由蒸发器、压缩机、冷凝器和膨胀阀等部分组成，通过让工质不断完成蒸发（吸取环境中的热量）→压缩→冷凝（放出热量）→节流→再蒸发的热力循环过程，从而将环境里的热量转移到水中，如图 7-25 所示。

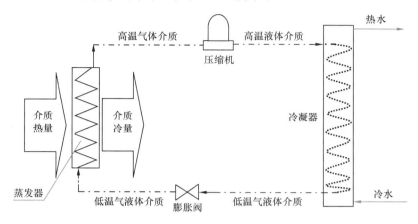

图 7-25　热泵水加热系统原理

热泵在工作时，把环境介质中贮存的热量 Q_A 在蒸发器中加以吸收；其本身消耗一部分能量，即压缩机耗电 Q_B；通过工质循环系统在冷凝器中进行放热 Q_C 来加热热水，$Q_C = Q_A + Q_B$。由此可以看出，热泵输出的能量为压缩机做的功 Q_B 和热泵从环境中吸收的热量 Q_A。因此，采用热泵技术可以节约大量的电能。其实质是将热量从温度较低的介质中"泵"送到温度较高的介质中去的有趣过程。

7.2.4　加热设备的选择

加热设备是热水供应系统的核心组成部分，加热设备的选择是关系到热水供应系统能否满足用户使用要求和保证系统长期正常运转的关键。应根据热源条件、建筑物功能及热水用水规律、耗热量和维护管理等因素综合比较后确定。

1. 选用局部热水供应设备时，应符合下列要求：

（1）需供给 2 个及 2 个以上用水器具同时使用时，宜选用带有贮热调节容积的热水器。

（2）当以太阳能作热源时，应设辅助热源。

（3）热水器不应安装在易燃物堆放或对燃气管、表或电气设备产生安全影响及有腐蚀性气体和灰尘多的场所。

（4）燃气热水器、电热水器必须带有保证使用安全的装置。严禁在浴室内安装直接排气式燃气热水器等在使用空间内积聚有害气体的加热设备。

2. 集中热水供应系统的加热设备选择，应符合下列要求：

（1）热效率高，换热效果好，节能，节省设备用房；

（2）生活热水侧阻力损失小，有利于整个系统冷、热水压力的平衡；

（3）设备应留有人孔等方便维护检修的装置；

（4）具体选择水加热设备时，应遵循下列原则：

1）当采用自备热源时，应根据冷水水质总硬度大小，供水温度等采用直接供应热水或间接供应热水的燃油（气）热水机组；

2）当采用蒸汽、高温水为热媒时，应结合用水的均匀性、水质要求、热媒的供应能力、系统对冷热水压力平衡稳定的要求及设备所带温控安全装置的灵敏度、可靠性等，经综合技术经济比较后选择间接水加热设备。

3）当采用电能作热源时，其水加热设备应采取保护电热元件的措施。

4）采用太阳能作热源的水加热设备选择：集热器总面积 A_j<500m² 时，宜选用板式快速水加热器配集热水箱（罐），或选用导流型容积式或半容积式水加热器集热；A_j≥500m² 时，宜选用板式水加热器配集热水箱集热。

5）选用可再生低温能源时，应注意其适用条件及配备质量可靠的热泵机组。在夏热冬暖地区，宜采用空气源热泵热水供应系统；在地下水源充沛、水文地质条件适宜、能保证回灌的地区，宜采用地下水源热泵热水供应系统；在沿江、沿海、沿湖、地表水源充足，水文地质条件适宜，以及有条件利用城市污水、再生水的地区，宜采用地表水源热泵热水供应系统。

7.3　热水供应系统的管材和附件

7.3.1　热水供应系统的管材和管件

（1）热水供应系统采用的管材和管件，应符合现行产品标准的要求。

（2）热水管道的工作压力和工作温度不得大于产品标准标定的允许工作压力和工作温度。

（3）热水管道应选用耐腐蚀、安装连接方便可靠、符合饮用水卫生要求的管材及相应的配件。一般可采用薄壁铜管、薄壁不锈钢管、三型无规共聚聚丙烯（PP-R）管、聚丁烯管（PB）、铝塑复合管、交联聚乙烯（PE-X）管等。

（4）当选用塑料热水管或塑料和金属复合热水管材时，应符合下列要求：

1）管道的工作压力应按相应温度下的允许工作压力选择。

2）管件宜采用和管道相同的材质。

3）定时供应热水的系统因其水温周期性变化大，不宜采用对温度变化较敏感的塑料热水管。

4）设备机房内的管道不应采用塑料热水管。

7.3.2　热水供应系统的附件

1. 自动温度调节装置

热水供应系统中为实现节能节水、安全供水，在水加热设备的热媒管道上应装设自动温度调节装置来控制出水温度。自动调温装置有直接式和电动式两种类型。

直接式自动调温装置由温包、感温元件和自动调节阀组成，其构造原理如图 7-26 所示。其安装方法如图 7-27（a）所示，温度调节阀必须垂直安装，温包内装有低沸点液体，插装在水加热器出口的附近，感受热水温度的变化，产生压力升降，并通过毛细导管传至调节阀，通过改变阀门开启度来调节进入加热器的热媒流量，起到自动调温的作用。

电动式自动调温装置由温包、电触点压力式温度计、电动调节阀和电气控制装置组成，其安装方法如图7-27（b）所示。温包插装在水加热器出口的附近，感受热水温度的变化，产生压力升降，并传导到电触点压力式温度计。电触点压力式温度计内装有所需温度控制范围内的上下两个触点，例如60～70℃。当加热器的出水温度过高，压力表指针与70℃触点接通，电动调节阀门关小。当水温降低，压力表指针与60℃触点接通，电动调节阀门开大。如果水温符合在规定范围内，压力表指针处于上下触点之间，电动调节阀门停止动作。

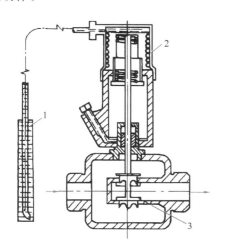

图7-26 自动温度调节器构造
1—温包；2—感温原件；3—调压阀

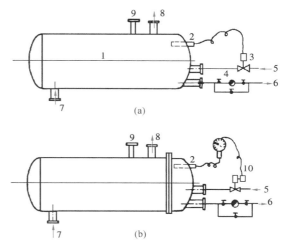

图7-27 自动温度调节器安装示意图
（a）直接式自动温度调节；（b）间接式自动温度调节
1—加热设备；2—温包；3—自动调节阀；4—疏水器；
5—蒸汽；6—凝结水；7—冷水；8—热水；9—安全阀；
10—电动调节阀

2. 疏水器

热水供应系统以蒸汽作热媒时，为保证凝结水及时排放，同时又防止蒸汽漏失，在每台用汽设备（如水加热器、开水器等）的凝结水回水管上应设疏水器。当水加热器工作时，能确保热媒的凝结水回水温度不大于80℃时，可不装疏水器。蒸汽立管最低处、蒸汽管下凹处的下部宜设疏水器。

（1）疏水器的选用

疏水器按其工作压力有低压和高压之分，热水系统通常采用高压疏水器，一般可选用浮动式或热动力式疏水器。

疏水器如仅作排除管道中的冷凝积水时，可选用$DN15$、$DN20$的规格。当用于排除水加热器等用汽设备的凝结水时，则疏水器管径应按式（7-1）计算后确定。

$$Q = k_0 G \tag{7-1}$$

式中　Q——疏水器最大排水量，kg/h；

　　　k_0——附加系数，见表7-1；

　　　G——水加热设备最大凝结水量，kg/h。

223

名　　　称	附　加　系　数　k_0	
	压差 $\Delta P \leqslant 0.2\text{MPa}$	压差 $\Delta P > 0.2\text{MPa}$
上开口浮筒式疏水器	3.0	4.0
下开口浮筒式疏水器	2.0	2.5
恒温式疏水器	3.5	4.0
浮球式疏水器	2.5	3.0
喷嘴式疏水器	3.0	3.2
热动力式疏水器	3.0	4.0

附加系数 k_0　　　　　　　　表 7-1

疏水器进出口压差 ΔP，可按式（7-2）计算：

$$\Delta P = P_1 - P_2 \tag{7-2}$$

式中　ΔP——疏水器进出口压差，MPa；

$\quad\quad P_1$——疏水器前的压力，MPa，对于水加热器等换热设备，可取 $P_1 = 0.7 P_z$（P_z 为进入设备的蒸汽压力）；

$\quad\quad P_2$——疏水器后的压力，MPa，当疏水器后凝结水管不抬高自流坡向开式水箱时取 $P_2 = 0$；当疏水器后凝结水管道较长，又需抬高接入闭式凝结水箱时，P_2 按式（7-3）计算：

$$P_2 = \Delta h + 0.01H + P_3 \tag{7-3}$$

式中　Δh——疏水器后至凝结水箱之间的管道压力损失，MPa；

$\quad\quad H$——疏水器后回水管的抬高高度，m；

$\quad\quad P_3$——凝结水箱内压力，MPa。

（2）疏水器的安装

1）疏水器的安装位置应便于检修，并尽量靠近用汽设备，安装高度应低于设备或蒸汽管道底部 150mm 以上，以便凝结水排出。

2）浮筒式或钟形浮子式疏水器应水平安装。

3）加热设备宜各自单独安装疏水器，以保证系统正常工作。

4）疏水器一般不装设旁通管，但对于特别重要的加热设备，如不允许短时间中断排除凝结水或生产上要求速热时，可考虑装设旁通管。旁通管应设在疏水器上方或同一平面上安装，避免在疏水器下方安装。

5）当采用余压回水系统、回水管高于疏水器时，应在疏水器后装设止回阀。

6）当疏水器距加热设备较远时，宜在疏水器与加热设备之间安装回汽支管，如图 7-28 所示。

图 7-28　回汽支管的安装

7）当凝结水量很大，一个疏水器不能排除时，则需几个疏水器并联安装。并联安装的疏水器应同型号、同规格，一般适宜并联 2 个或 3 个疏水器，且必须安装在同一平面内。

8）疏水器的安装方式，如图 7-29 所示。

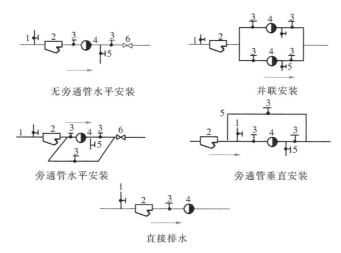

无旁通管水平安装　　　　　　　并联安装

旁通管水平安装　　　　　　　旁通管垂直安装

直接排水

图 7-29　疏水器的安装方式
1—冲洗管；2—过滤器；3—截止阀；4—疏水器；5—检查管；6—止回阀

3. 减压阀

热水供应系统中的加热器常以蒸汽为热媒，若蒸汽管道供应的压力大于水加热器的需求压力，则应设减压阀把蒸汽压力降到需要值，才能保证设备使用安全。

减压阀是利用流体通过阀瓣产生阻力而减压并达到所求值的自动调节阀，阀后压力可在一定范围内进行调整。减压阀按其结构形式可分为薄膜式、活塞式和波纹管式三类。图 7-30 是 Y43H-6 型活塞式减压阀的构造示意图。

（1）蒸汽减压阀的选择与计算

蒸汽减压阀的选择应根据蒸汽流量计算出所需阀孔截面积，再查有关产品样本确定阀门公称直径。当无资料时，可按高压蒸汽管路的公称直径选用相同孔径的减压阀。

蒸汽减压阀阀孔截面积可按式（7-4）计算：

$$f = \frac{G}{0.6q} \quad (7-4)$$

式中　f——所需阀孔截面积，cm^2；

　　　G——蒸汽流量，kg/h；

　0.6——减压阀流量系数；

　　　q——通过每平方厘米阀孔截面积的理论流量，$kg/(cm^2 \cdot h)$，可按图7-31查得。

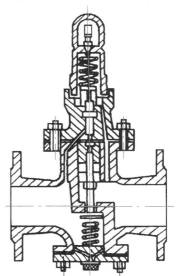

图 7-30　Y43H-6 型活塞式减压阀

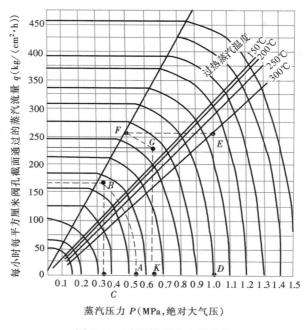

图 7-31　减压阀理论流量曲线

【例 7-1】已知某容积式水加热器采用蒸汽作为热媒，蒸汽管网压力（阀前压力）$P_1=0.55$MPa（绝对压力），水加热器要求压力（阀后压力）$P_2=0.35$MPa（绝对压力），蒸汽流量 $G=800$kg/h，求所需减压阀阀孔截面积。

【解】按图 7-31 中 A 点（即 P_1）画等压力曲线，与 C 点（即 P_2）引出的垂线相交于 B 点，得 $q=168$kg/（$cm^2 \cdot h$）。

所需阀孔截面积：

$$f=\frac{G}{0.6q}=\frac{800}{0.6 \times 168}=7.94cm^2$$

【例 7-2】过热蒸汽温度为 300℃，$G=1000$kg/h，$P_1=1.0$MPa（绝对压力），$P_2=0.65$MPa（绝对压力），求所需减压阀阀孔截面积。

【解】按图 7-32 中 D 点（即 P_1）引垂线与 300℃的过热蒸汽线相交于 E 点，自 E 点引水平线与标线相交于 F，自 K 点（即 P_2）引垂线与过 F 点的等压力曲线相交于 G 点，即得 $q=230$kg/（$cm^2 \cdot h$）。

所需阀孔截面积：$f=\dfrac{G}{0.6q}=\dfrac{1000}{0.6 \times 230}=7.25cm^2$

（2）蒸汽减压阀的安装

1）减压阀应安装在水平管段上，阀体应保持垂直。

2）阀前、阀后均应安装闸阀和压力表，阀后应装设安全阀，一般情况下还应设置旁路管，如图 7-32 所示，其中各部分的安装尺寸见表 7-2。

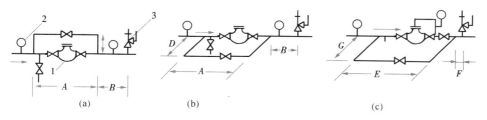

图 7-32　减压阀安装

(a) 活塞式减压阀旁路管垂直安装；(b) 活塞式减压阀旁路管水平安装；(c) 薄膜式或波纹管减压阀的安装

1—减压阀；2—压力表；3—安全阀

减压阀安装尺寸（mm）　　　　　　　　　　表 7-2

减压阀公称直径 DN（mm）	A	B	C	D	E	F	G
25	1100	400	350	200	1350	250	200
32	1100	400	350	200	1350	250	200
40	1300	500	400	250	1500	300	250
50	1400	500	450	250	1600	300	250
65	1400	500	500	300	1650	350	300
80	1500	550	650	350	1750	350	350
100	1600	550	750	400	1850	400	400
125	1800	600	800	450			
150	2000	650	850	500			

4. 自动排气阀

为排除热水管道中热水气化产生的气体（溶解氧和二氧化碳），以保证管内热水畅通，防止管道腐蚀，上行下给式系统的配水干管最高处应设自动排气阀。图 7-33（a）为自动排气阀的构造示意图，图 7-33（b）为其装设位置。

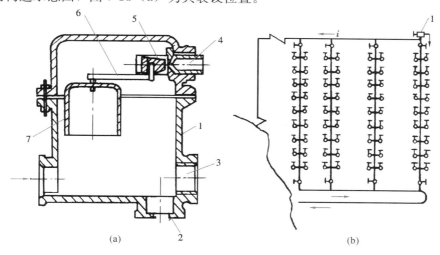

图 7-33　自动排气阀及其装置位置

1—排气阀体；2—直角安装出水口；3—水平安装出水口；4—阀座；5—滑阀；6—杠杆；7—浮钟

5. 膨胀管、膨胀水罐和安全阀

在集中热水供应系统中，冷水被加热后，水的体积要膨胀，如果热水系统是密闭的，在卫生器具不用水时，必然会增加系统的压力，有胀裂管道的危险，因此需要设置膨胀管、安全阀或膨胀水罐。

（1）膨胀管

膨胀管用于由高位冷水箱向水加热器供应冷水的开式热水系统，膨胀管的设置应符合下列要求：

1）当热水系统由生活饮用高位冷水箱补水时，不得将膨胀管引至高位冷水箱上空，以防止热水系统中的水体升温膨胀时，将膨胀的水量返至生活用冷水箱，引起该水箱内水体的热污染。通常可将膨胀管引入同一建筑物的中水供水箱、专用消防水箱（不与生活用水共用的消防水箱）等非生活饮用水箱的上空，其设置高度应按式（7-5）计算：

$$h \geqslant H\left(\frac{\rho_l}{\rho_r} - 1\right) \quad\quad (7\text{-}5)$$

式中　h——膨胀管高出生活饮用高位水箱水面的垂直高度，m；

　　　H——锅炉、水加热器底部至生活饮用高位水箱水面的高度，m；

　　　ρ_l——冷水密度，kg/m³；

　　　ρ_r——热水密度，kg/m³。

以上参数如图 7-34 所示。

膨胀管出口离接入非生活饮用水水箱溢流水位的高度不少于 100mm。

2）热水供水系统上如设置膨胀水箱，其容积应按式（7-6）计算；膨胀水箱水面高出系统冷水补给水箱水面的垂直高度按式（7-7）计算。

$$V_p = 0.0006\Delta t V_s \quad\quad (7\text{-}6)$$

式中　V_p——膨胀水箱有效容积，L；

　　　Δt——系统内水的最大温差，℃；

　　　V_s——系统内的水容量，L。

$$h = H\left(\frac{\rho_h}{\rho_r} - 1\right) \quad\quad (7\text{-}7)$$

式中　h——膨胀水箱水面高出系统冷水补给水箱水面的垂直高度，m；

　　　H——锅炉、水加热器底部至系统冷水补给水箱水面的高度，m；

　　　ρ_h——热水回水密度，kg/m³；

　　　ρ_r——热水供水密度，kg/m³。

3）膨胀管上严禁装设阀门，且应防冻，以确保热水供应系统的安全。其最小管径应按表 7-3 确定。

表 7-3

膨胀管的最小管径

锅炉或水加热器的传热面积（m²）	<10	≥10 且<15	≥15 且<20	≥20
膨胀管最小管径（mm）	25	32	40	50

（2）膨胀水罐

闭式热水供应系统的最高日用热水量大于 30m³ 时，应设压力膨胀水罐（隔膜式或胶囊式）以吸收贮热设备及管道内水升温时的膨胀量，防止系统超压，保证系统安全运行。

压力膨胀水罐宜设置在水加热器和止回阀之间的冷水进水管或热水回水管的分支管上。图 7-35 是隔膜式膨胀水罐的构造示意图。

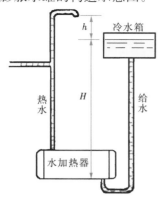

图 7-34　膨胀管安装
高度计算用图

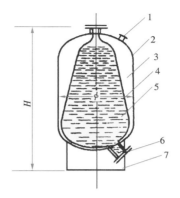

图7-35　隔膜式膨胀水罐构造示意图
1—充气嘴；2—外壳；3—气室；4—隔膜；5—水室；6—接管口；7—罐座

膨胀水罐总容积按式（7-8）计算：

$$V_e = \frac{(\rho_f - \rho_r)P_2}{(P_2 - P_1)\rho_r}V_s \tag{7-8}$$

式中　V_e——膨胀水罐总容积，m^3；

ρ_f——加热前加热、贮热设备内水的密度，kg/m^3，相应 ρ_f 的水温可按下述情况设计计算：

加热设备为单台，且为定时供应热水的系统，可按加热设备的冷水温度 t_l 计算；

加热设备为多台的全日制热水供应系统，可按最低回水温度计算，其值一般可取 40~50℃。

ρ_r——热水密度，kg/m^3；

P_1——膨胀水罐处管内水压力，MPa（绝对压力）；为管内工作压力+0.1（MPa）；

P_2——膨胀水罐处管内最大允许水压力，MPa（绝对压力）；其数值可取 $1.10P_1$，但应校核 P_2，并应小于水加热器设计压力；

V_s——系统内热水总容积，m^3；当管网系统不大时，V_s 可按水加热设备的容积计算。

（3）安全阀

闭式热水供应系统的日用水量≤30m^3时，可采用设安全阀泄压的措施。开式热水供应系统的热水锅炉和水加热器可不装安全阀（劳动部门有要求者除外）。设置安全阀的具体要求如下：

1）水加热器宜采用微启式弹簧安全阀，安全阀应设防止随意调整螺栓的装置。

2）安全阀的开启压力，一般取热水系统工作压力的 1.1 倍，但不得大于水加热器本体的设计压力（一般分为 0.6MPa、1.0MPa、1.6MPa 三种规格）。

3）安全阀的直径应比计算值放大一级；一般实际工程应用中，对于水加热器用的安全阀，其阀座内径可比水加热器热水出水管管径小 1 号。

4）安全阀应直立安装在水加热器的顶部。

5）安全阀装设位置应便于检修。其排出口应设导管将排泄的热水引至安全地点。

6）安全阀与设备之间，不得装设取水管、引气管或阀门。

6. 自然补偿管道和伸缩器

热水供应系统中管道因受热膨胀而伸长，为保证管网使用安全，在热水管网上应采取补偿管道温度伸缩的措施，以避免管道因为承受了超过自身所许可的内应力而导致弯曲甚至破裂。

管道的热伸长按式（7-9）计算：

$$\Delta L = \alpha (t_{2r} - t_{1r}) L \qquad (7\text{-}9)$$

式中　ΔL——管道的热伸长（膨胀）量，mm；

　　　t_{2r}——管中热水最高温度，℃；

　　　t_{1r}——管道周围环境温度，℃，一般取 $t_{1r}=5$℃；

　　　L——计算管段长度，m；

　　　α——线膨胀系数，mm/（m·℃），见表7-4。

不同管材的 α 值 表 7-4

管材	PP-R	PEX	ABS	PVC-U	PAP	薄壁铜管	钢管	无缝铝合金衬塑	PVC-C	薄壁不锈钢管
α	0.16 (0.14~0.18)	0.15 (0.2)	0.1	0.07	0.025	0.02 (0.017~0.018)	0.012	0.025	0.08	0.0166

补偿管道热伸长技术措施有两种，即自然补偿和设置伸缩器补偿。自然补偿即利用管道敷设自然形成的 L 形或 Z 形弯曲管段，来补偿管道的温度变形。通常的做法是在转弯前后的直线段上设置固定支架，让其伸缩在弯头处补偿，如图 7-36 所示。弯曲两侧管段的长度不宜超过表 7-5 所列数值。

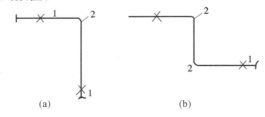

图 7-36　自然补偿管道
（a）L形；（b）Z形
1—固定支架；2—弯管

当直线管段较长，不能依靠管路弯曲的自然补偿作用时，每隔一定的距离应设置不锈钢波纹管、多球橡胶软管等伸缩器来补偿管道伸缩量。

热水管道系统中使用最方便、效果最佳的是波形伸缩器，即由不锈钢制成的波纹管，用法兰或螺纹连接，具有安装方便、节省面积、外形美观及耐高温、耐腐蚀、寿命长等优点。

另外，近年来也有在热水管中安装可曲挠橡胶接头代替伸缩器的做法，但必须注意采用耐热橡胶。

不同管材弯曲两侧管段允许的长度　　　　　表 7-5

管材	薄壁铜管	薄壁不锈钢管	衬塑钢管	PP-R	PEX	PB	铝塑管 PAP
长度（m）	10.0	10.0	8.0	1.5	1.5	2.0	3.0

7.4　热水供应系统的敷设与保温

除了满足给（冷）水管网敷设的要求外，热水管网的布置与敷设还应注意因水温高带来的体积膨胀、管道伸缩器、保温和排气等问题。

7.4.1　热水管道的布置与敷设

与给（冷）水管网一样，热水管网也有明设和暗设两种敷设方式。铜管、薄壁不锈钢管、衬塑钢管等可根据建筑、工艺要求暗设或明设。塑料热水管宜暗设；明设时立管宜布置在不受撞击处，如不可避免时，应在管外加防撞击的保护措施；同时应考虑防紫外线照射的措施。

热水管道暗设时，其横干管可敷设于地下室、技术设备层、管廊、吊顶或管沟内，其立管可敷设在管道竖井或墙壁竖向管槽内，支管可预埋在地面、楼板面的垫层内，但铜管和聚丁烯管（PB）埋于垫层内宜设保护套，暗设管道在便于检修的地方装设法兰，装设阀门处应留检修门，以利于管道更换和维修。管沟内敷设的热水管应置于冷水管之上，并且进行保温。

热水管道穿过建筑物的楼板、墙壁和基础处应加金属套管，穿越屋面及地下室外墙时，应加防水套管，以免管道膨胀时损坏建筑结构和管道设备。当穿过有可能发生积水的房间地面或楼板面时，套管应高出地面 50～100mm。热水管道在吊顶内穿墙时，可预留孔洞。

上行下给式配水干管的最高点应设排气装置（自动排气阀，带手动放气阀的集气罐和膨胀水箱），下行上给配水系统可利用最高配水点放气。

下行上给热水供应系统的最低点应设泄水装置（泄水阀或丝堵等），有可能时也可利用最低配水点泄水。

下行上给式热水系统设有循环管道时，其回水立管应在最高配水点以下约 0.5m 处与配水立管连接。上行下给式热水系统只需将循环管道与各立管连接。

热水横干管的敷设坡度，在上行下给式系统中不宜小于 0.005，在下行上给式系统中不宜小于 0.003，配水横干管应沿水流方向上升，利于管道中的气体向高点聚集，便于排放；回水横管应沿水流方向下降，便于检修时泄水和排除管内污物。这样布管还可保持配、回水管道坡向一致，方便施工安装。

热水立管与横管连接时，为避免管道伸缩应力破坏管网，应采用乙字弯的连接方式，如图 7-37 所示。

室外热水管道一般为管沟内敷设，如有困难时，也可直埋敷设，其保温材料为聚氨酯硬质泡沫塑料，外做玻璃钢管壳，并做伸缩补偿处理。直埋管道的安装与敷设还应符合有关直埋供热管道工程技术规程的规定。

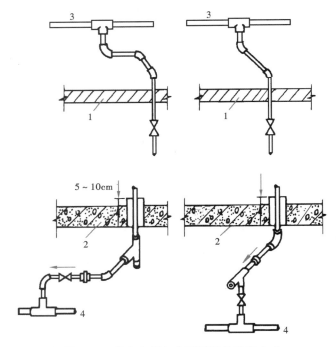

图 7-37　热水立管与水平干管的连接方式
1—吊顶；2—地板或沟盖板；3—配水横管；4—回水管

　　热水管道应设固定支架，一般设于伸缩器或自然补偿管道的两侧，其间距长度应满足管段的热伸长量不大于伸缩器所允许的补偿量。固定支架之间宜设导向支架。

　　为调节平衡热水管网的循环流量和检修时缩小停水范围，在配水、回水干管连接的分干管上，配水立管和回水立管的端点，以及居住建筑和公共建筑中每一用户或单元的热水支管上，均应装设阀门，如图 7-38 所示。

　　热水管网在下列管段上，应装设止回阀，如图 7-39 所示。

　　（1）水加热器、贮水器的冷水供水管上，防止加热设备的升压或冷水管网水压降低时产生倒流，使设备内热水回流至冷水管网产生热污染和安全事故。若安装倒流防止器时，应采取保证系统冷热水供水压力平衡的措施。

　　（2）机械循环系统的第二循环回水管上，防止冷水进入热水系统，保证配水点的供水温度。

　　（3）冷热水混合器的冷、热水供水管上，防止冷、热水通过混合器相互串水而影响其他设备的正常使用。

　　为计算热水总用水量，应在水加热设备的冷水管上装设冷水表；对成组和个别用水点可在其热水供水支管上装设热水水表。水表应安装在便于观察及维修的地方。

7.4.2　热水供应系统的保温

　　热水供应系统中的水加热设备，贮热水器，热水供水干管、立管，机械循环的回水干管、立管，有冰冻可能的自然循环回水干管、立管，均应保温，减少介质传送过程中无效的热损失。

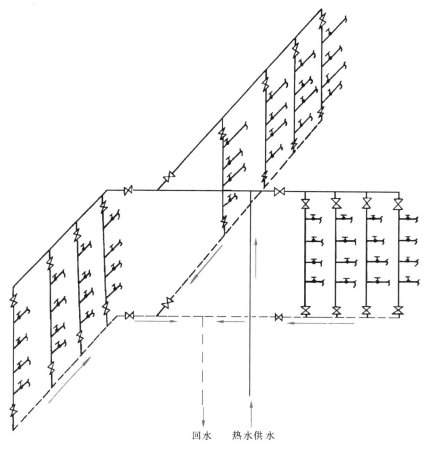

图 7-38　热水管网上阀门的安装位置

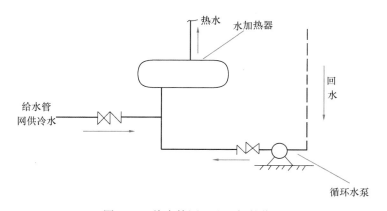

图 7-39　热水管网上止回阀的位置

热水供应系统保温材料应符合导热系数小、具有一定的机械强度、质量轻、无腐蚀性、易于施工成型及可就地取材等要求。

保温层的厚度可按式（7-10）计算：

$$\delta = 3.41 \frac{d_{w}^{1.2} \lambda^{1.35} \tau^{1.75}}{q^{1.5}} \qquad (7\text{-}10)$$

式中 δ——保温层厚度，mm；

d_{w}——管道或圆柱设备的外径，mm；

λ——保温层的导热系数，kJ/（h·m·℃）；

τ——未保温的管道或圆柱设备外表面温度，℃；

q——保温后的允许热损失，kJ/（h·m），可按表 7-6 采用。

保温后允许热损失值（kJ/（h·m）） 表 7-6

管径 DN（mm）	流体温度（℃）					备 注
	60	100	150	200	250	
15	46.1					
20	63.8					
25	83.7					
32	100.5					
40	104.7					
50	121.4	251.2	335.0	367.8		流体温度60℃只适用于热水管道
70	150.7					
80	175.5					
100	226.1	355.9	460.55	544.3		
125	263.8					
150	322.4	439.6	565.2	690.8	816.4	
200	385.2	502.4	669.9	816.4	983.9	
设备面	—	418.7	544.3	628.1	753.6	

　　热水配、回水管、热媒水管常用的保温材料为岩棉、超细玻璃棉、硬聚氨酯、橡塑泡沫等材料，其保温层厚度可参照表 7-7 采用。蒸汽管用憎水珍珠岩管壳保温时，其厚度见表 7-8。水加热器、开水器等设备采用岩棉制品、硬聚氨酯发泡塑料等保温时，保温层厚度可为 35mm。

热水配、回水管、热媒水管保温层厚度 表 7-7

管道直径 DN（mm）	热水配、回水管				热媒水、蒸汽凝结水管	
	15～20	25～50	65～100	>100	≤50	>50
保温层厚度（mm）	20	30	40	50	40	50

蒸汽管保温层厚度 表 7-8

管道直径 DN（mm）	≤40	50～65	≥80
保温层厚度（mm）	50	60	70

管道和设备在保温之前，应进行防腐蚀处理。保温材料应与管道或设备的外壁紧密相贴，并在保温层外表面做防护层。如遇管道转弯处，其保温应做伸缩缝，缝内填柔性材料。

7.5　高层建筑热水供应系统

7.5.1　技术要求

高层建筑具有层数多、建筑高度高、热水用水点多等特点，如果选用本章 7.1.3 所述一般建筑的各种热水供水方式，则会使热水管网系统中压力过大，产生配水管网始末端压差悬殊、配水均衡性难以控制等一系列问题。热水管网系统压力过大，虽然可选用耐高压管材、耐高压水加热器或减压设施加以解决，但不可避免地会增加管道和设备投资。因此，为保证良好的供水工况和节省投资，高层建筑热水供应系统必须解决热水管网系统压力过大的问题。

7.5.2　技术措施

与给水系统相同，解决热水管网系统压力过大的问题，可采用竖向分区的供水方式。高层建筑热水系统分区的范围，应与冷水给水系统的分区一致。各区的水加热器、贮水器的进水，均应由同区的冷水给水系统设专管供应，以保证系统内冷、热水的压力平衡，便于调节冷、热水混合龙头的出水温度，也便于管理。但因热水系统水加热器、贮水器的进水由同区冷水给水系统供应，水加热后，再经热水配水管送至各配水嘴，故热水在管道中的流程远比同区冷水嘴流出冷水所经历的流程长，所以尽管冷、热水分区范围相同，混合龙头处冷、热水压力仍有差异。为保持良好的供水工况，还应采取相应措施适当增加冷水管道的阻力，减小热水管道的阻力，以使冷、热水压力保持平衡，也可采用内部设有温度感应装置，能根据冷、热水压力大小、出水温度高低自动调节冷热水进水量比例，保持出水温度恒定的恒温式水嘴。

7.5.3　供水方式

高层建筑热水供应系统的分区供水方式主要有集中式和分散式两种。

1. 集中式

各区热水配水循环管网自成系统，加热设备、循环水泵集中设在底层或地下设备层，各区加热设备的冷水分别来自各区冷水水源，如冷水箱等，如图 7-40 所示。其优点是：各区供水自成系统，互不影响，供水安全、可靠；设备集中设置，便于修理、管理。其缺点是：高区水加热器和配、回水主立管管材需承受高压，设备和管材费用较高。所以该分区方式不宜用于多于 3 个分区的高层建筑。

2. 分散式

各区热水配水循环管网也自成系统，但各区的加热设备和循环水泵分散设置在各区的设备层中，如图 7-41 所示。图 7-41（a）所示为各区均为上行下给热水供应图式，图 7-41（b）所示为各区采用上行下给与下行上给热水供应图式。该方式的优点是：供水安全可

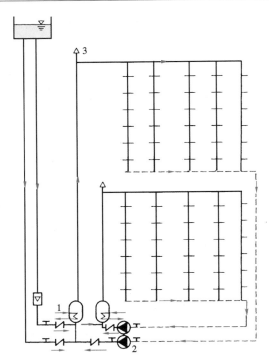

图 7-40　集中设置水加热器、分区设置热水管网的供水方式
1—水加热器；2—循环水泵；3—排气阀

靠，且水加热器按各区水压选用，承压均衡，且回水立管短。其缺点是：设备分散设置，不但要占用一定的建筑面积，维修管理也不方便，且热媒管线较长。

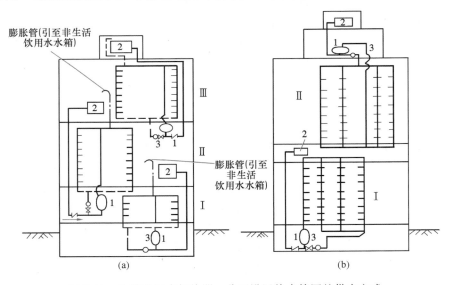

图 7-41　分散设置水加热器、分区设置热水管网的供水方式
（a）各区系统均为上行下给方式；（b）各区系统混合设置
1—水加热器；2—给水箱；3—循环水泵

7.5.4 管网布置与敷设

一般高层建筑热水供应的范围大，热水供应系统的规模较大，为确保系统运行时的良好工况，进行管网布置与敷设时，应注意以下几点：

（1）当分区范围超过 5 层时，为使各配水点随时得到设计要求的水温，应采用全循环或立管循环方式；当分区范围小，但立管多于 5 根时，应采用立管循环或干管循环方式。

（2）为防止循环流量在系统中流动时出现短流，影响部分配水点的出水温度，如本章 7.4.1 中所述，可在回水管上设置阀门，通过调节阀门的开启度，平衡各循环管路的水头损失和循环流量。若因管网系统大，循环管路长，用阀门调节效果不明显时，可采用同程式管网布置形式，如图 7-42 和图 7-43 所示，使循环流量通过各循环管路的流程相当，可避免短流现象，保证各配水点所需水温。

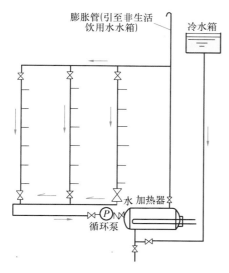 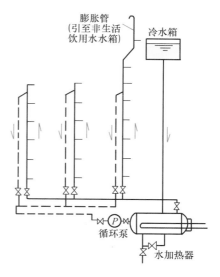

图 7-42 上行下给式同程系统   图 7-43 下行上给式同程系统

（3）为提高供水的安全可靠性，尽量减小管道、附件检修时的停水范围，或充分利用热水循环管路提供的双向供水的有利条件，放大回水管管件，使它与配水管径接近，当管道出现故障时，可临时作配水管使用。

思考题与习题

一、思考题

1. 叙述热水供应系统的组成。
2. 热水供应系统的热源、加热设备应如何选择？
3. 热水管网为何要设置循环管道？
4. 叙述生活热水供应对水质的要求。
5. 叙述热水供应系统中膨胀管、膨胀罐和安全阀的作用。

6. 请查阅相关文献，了解太阳能热水系统的应用现状。

二、选择题

热水锅炉、热水机组成或加热器（均有水质处理设施）出口的最高水温应为＿＿℃，配水点的最低水温应为＿＿℃。

A. 60，50   B. 80，60   C. 70，50   D. 75，50

第8章 建筑内部热水供应系统的计算

8.1 热水用水定额、水温及水质

8.1.1 热水用水定额

生产用热水定额，应根据生产工艺要求确定。

生活用热水定额，应根据建筑的使用性质、热水水温、卫生设备完善程度、热水供应时间、当地气候条件和生活习惯等因素合理确定。集中供应热水时，各类建筑的热水用水定额应按表8-1确定。卫生器具的一次和小时热水用水定额及水温应按表8-2确定。

热水用水定额 表8-1

序号	建筑物名称		单位	用水定额（L）		使用时间（h）
				最高日	平均日	
1	普通住宅	有热水器和沐浴设备	每人每日	40~80	20~60	24
		有集中热水供应（或家用热水机组）和沐浴设备		60~100	25~70	
2	别墅		每人每日	70~110	30~80	24
3	酒店式公寓		每人每日	80~100	65~80	24
4	宿舍	居室内设卫生间	每人每日	70~100	40~55	24 或定时供应
		设公用盥洗卫生间		40~80	35~45	
5	招待所、培训中心、普通旅馆	设公用盥洗室	每人每日	25~40	20~30	24 或定时供应
		设公用盥洗室、淋浴室		40~60	35~45	
		设公用盥洗室、淋浴室、洗衣室		50~80	45~55	
		设单独卫生间、公用洗衣室		60~100	50~70	
6	宾馆客房	旅客	每床位每日	120~160	110~140	24
		员工	每人每日	40~50	35~40	8~10
7	医院住院部	设公用盥洗室	每床位每日	60~100	40~70	24
		设公用盥洗室、淋浴室		70~130	65~90	
		设单独卫生间		110~200	110~140	
		医务人员	每人每班	70~130	65~90	8
	门诊部、诊疗所	病人	每病人每次	7~13	3~5	8~12
		医务人员	每人每班	40~60	30~50	8
		疗养院、休养所住房部	每床每位每日	100~160	90~110	24

续表

序号	建筑物名称		单位	用水定额（L）		使用时间（h）
				最高日	平均日	
8	养老院、托老所	全托	每床位每日	50～70	45～55	24
		日托		25～40	15～20	10
9	幼儿园、托儿所	有住宿	每儿童每日	25～50	20～40	24
		无住宿		20～30	15～20	10
10	公共浴室	淋浴	每顾客每次	40～60	35～40	12
		淋浴、浴盆		60～80	55～70	
		桑拿浴（淋浴、按摩池）		70～100	60～70	
11	理发室、美容院		每顾客每次	20～45	20～35	12
12	洗衣房		每公斤干衣	15～30	15～30	8
13	餐饮业	中餐酒楼	每顾客每次	15～20	8～12	10～12
		快餐店、职工及学生食堂		10～12	7～10	12～16
		酒吧、咖啡厅、茶座、卡拉OK房		3～8	3～5	8～18
14	办公楼	坐班制办公	每人每班	5～10	4～8	8～10
		公寓式办公	每人每日	60～100	25～70	10～24
		酒店式办公		120～160	55～140	24
15	健身中心		每人每次	15～25	10～20	8～12
16	体育场（馆）	运动员淋浴	每人每次	17～26	15～20	4
17	会议厅		每座位每次	2～3	2	4

注：1. 表内所列用水定额均已包括在给水用水定额中。

2. 本表以60℃热水水温为计算温度，卫生器具的使用水温见表8-2。

3. 学生宿舍使用IC卡计费用热水时，可按每人每日最高日用水定额25～30L、平均日用水定额20～25L。

4. 表中平均日用水定额仅用于计算太阳能热水系统集热器面积和计算节水用水量。

卫生器具的一次和小时热水用水定额及水温　　　　　　　　　　表 8-2

序号	卫生器具名称	一次用水量（L）	小时用水量（L）	使用水温（℃）
1	住宅、旅馆、别墅、宾馆、酒店式公寓			
	带有淋浴器的浴盆	150	300	40
	无淋浴器的浴盆	125	250	40
	淋浴器	70～100	140～200	37～40
	洗脸盆、盥洗槽水嘴	3	30	30
	洗涤盆（池）	—	180	50
2	宿舍、招待所、培训中心			
	淋浴器：有淋浴小间	70～100	210～300	37～40
	无淋浴小间	—	450	37～40
	盥洗槽水嘴	3～5	50～80	30

续表

序号	卫生器具名称	一次用水量 （L）	小时用水量 （L）	使用水温 （℃）
3	餐饮业 　洗涤盆（池） 　洗脸盆：工作人员用 　　　　　顾客用 　淋浴器	— 3 — 40	250 60 120 400	50 30 30 37～40
4	幼儿园、托儿所 　浴　盆：幼儿园 　　　　　托儿所 　淋浴器：幼儿园 　　　　　托儿所 　盥洗槽水嘴 　洗涤盆（池）	100 30 30 15 15 —	400 120 180 90 25 180	35 35 35 35 30 50
5	医院、疗养院、休养所 　洗手盆 　洗涤盆（池） 　淋浴器 　浴盆	— — — 125～150	15～25 300 200～300 250～300	35 50 37～40 40
6	公共浴室 　浴盆 　淋浴器：有淋浴小间 　　　　　无淋浴小间 　洗脸盆	125 100～150 — 5	250 200～300 450～540 50～80	40 37～40 37～40 35
7	办公楼　洗手盆	—	50～100	35
8	理发室　美容院　洗脸盆	—	35	35
9	实验室 　洗脸盆 　洗手盆	— —	60 15～25	50 30
10	剧场 　淋浴器 　演员用洗脸盆	60 5	200～400 80	37～40 35
11	体育场馆　淋浴器	30	300	35
12	工业企业生活间 　淋浴器：一般车间 　　　　　脏车间 　洗脸盆或盥洗槽水嘴： 　　　　　一般车间 　　　　　脏车间	40 60 3 5	360～540 180～480 90～120 100～150	37～40 40 30 35
13	净身器	10～15	120～180	30

注：1. 一般车间是指现行国家标准《工业企业设计卫生标准》GBZ 1—2010 中规定的3、4级卫生特征的车间，脏车间指该标准中规定的1、2级卫生特征的车间。

2. 学生宿舍等建筑的淋浴间，当使用 IC 卡计费用热水时，其一次用水量可按表中数值的 25%～40% 取值。

8.1.2 热水水温

1. 热水使用温度

生活用热水的水温应能满足生活使用的要求。各种卫生器具使用水温，按表 8-2 确定。其中淋浴器使用水温，应根据气候条件、使用对象和使用习惯确定。设有集中热水供应系统的住宅，配水点放水 15s 的水温不应低于 45℃。对养老院、精神病医院、幼儿园等建筑的淋浴和浴盆设备的热水管道应有防烫伤措施。

餐厅厨房用热水温度与水的用途有关，洗衣机用热水温度与洗涤衣物的材质有关，其热水使用温度见表 8-3。汽车冲洗用水，在寒冷地区，为防止车身结冰，宜采用 20～25℃ 的热水。

生产热水使用温度应根据工艺要求或同类型生产实践数据确定。

表 8-3

餐厅厨房、洗衣机热水使用温度表

用水对象	用水温度（℃）	用水对象	用水温度（℃）
餐厅厨房：		洗衣机：	
一般洗涤	50	棉麻织物	50～60
洗碗机	60	丝绸织物	35～45
餐具过清	70～80	毛料织物	35～40
餐具消毒	100	人造纤维织物	30～35

2. 热水供水温度

热水供水温度，是指热水供应设备（如热水锅炉、水加热器等）的出口温度。最低供水温度，应保证热水管网最不利配水点的水温不低于使用水温要求。最高供水温度，应便于使用，过高的供水温度虽可增加蓄热量，较少热水供应量，但也会增大加热设备和管道的热损失，增加管道腐蚀和结垢的可能性，并易引发烫伤事故。考虑水质处理情况、病菌滋生温度情况等因素，加热设备出口的最高水温和配水点最低水温可按表 8-4 采用。

表 8-4

直接供应热水的热水锅炉、热水机组或
水加热器出口的最高水温和配水点的最低水温

水质处理情况	热水锅炉、热水机组或水加热器出口最高水温（℃）	配水点最低水温（℃）
原水水质无需软化处理，原水水质需水质处理且有水质处理	70	45
原水水质需水质处理但未进行水质处理	60	45

系统不设灭菌消毒设施时，医院、疗养院（所）等建筑的集中热水供应，其水加热设备出水温度应为 60～65℃，其他建筑应为 55～60℃；系统设灭菌消毒设施时，水加热设备出水温度宜降低 5℃。局部热水供应系统加热设备的供水温度一般为 50℃，个别要求水温较高的设备，如洗碗机、餐具过清、餐具消毒等，宜采用将热水供应系统一般水温的热水进一步加热或单独加热方式获得高水温。

3. 冷水计算温度

热水供应系统所用冷水的计算温度，应以当地最冷月平均水温确定。当无资料时，可按表 8-5 采用。

冷水计算温度　　　　　　　　　　　　　　　表 8-5

区域	省、市、自治区		地面水（℃）	地下水（℃）
东北	黑龙江		4	6～10
	吉林		4	6～10
	辽宁	大部	4	6～10
		南部	4	10～15
华北	北京		4	10～15
	天津		4	10～15
	河北	北部	4	6～10
		大部	4	10～15
	山西	北部	4	6～10
		大部	4	10～15
	内蒙古		4	6～10
西北	陕西	偏北	4	6～10
		大部	4	10～15
		秦岭以南	7	15～20
	甘肃	南部	4	10～15
		秦岭以南	7	15～20
	青海	偏东	4	10～15
	宁夏	偏东	4	6～10
		南部	4	10～15
	新疆	北疆	5	10～11
		南疆	—	12
		乌鲁木齐	8	12
东南	山东		4	10～15
	上海		5	15～20
	浙江		5	15～20
	江苏	偏北	4	10～15
		大部	5	15～20
	江西	大部	5	15～20
	安徽	大部	5	15～20
	福建	北部	5	15～20
		南部	10～15	20
	台湾		10～15	20
中南	河南	北部	4	10～15
		南部	5	15～20
	湖北	东部	5	15～20
		西部	7	15～20
	湖南	东部	5	15～20
		西部	7	15～20
	广东、港澳		10～15	20
	海南		15～20	17～22

续表

区域	省、市、自治区		地面水（℃）	地下水（℃）
西南	重庆		7	15～20
	贵州		7	15～20
	四川	大部	7	15～20
	云南	大部	7	15～20
		南部	10～15	20
	广西	大部	10～15	20
		偏北	7	15～20
	西藏		—	5

4. 冷热水比例计算

在冷热水混合时，应以配水点要求的热水水温、当地冷水计算水温和冷热水混合后的使用水温求出所需热水量和冷水量的比例。

若以混合水量为100%，则所需热水量占混合水量的百分数，按式（8-1）计算：

$$K_r = \frac{t_h - t_l}{t_r - t_l} \times 100\% \tag{8-1}$$

式中　K_r——热水混合系数；

　　　t_h——混合水水温，℃；

　　　t_l——冷水水温，℃；

　　　t_r——热水水温，℃。

所需冷水量占混合水量的百分数 K_l，按式（8-2）计算：

$$K_l = 1 - K_r \tag{8-2}$$

8.1.3　热水水质

生产用热水的水质，应根据生产工艺要求确定。

生活用热水的原水水质，应符合我国现行的《生活饮用水卫生标准》GB 5749—2006；生活热水的水质应符合现行行业标准《生活热水水质标准》CJ/T 521—2018 的规定。由于水加热后，水中钙、镁离子会受热析出，附着在设备和管道表面形成水垢，降低管道输水能力和设备的导热系数；同时水温升高，水中的溶解氧也会受热逸出，增加水的腐蚀性。因此在热水供应系统中应采取必要的防止结垢和控制腐蚀的措施。

集中热水供应系统原水的水处理，应根据水质、水量、水温、水加热设备的构造、使用要求、工程投资等因素，经技术经济比较按下列要求确定。

（1）洗衣房日用水量（按60℃计）大于或等于10m³且原水总硬度（以碳酸钙计）大于300mg/L时，应进行水质软化处理；原水总硬度（以碳酸钙计）为150～300mg/L时，宜进行水质软化处理。

（2）其他生活日用水量（按60℃计）大于或等于10m³且原水总硬度（以碳酸钙计）大于300mg/L时，宜进行水质软化或阻垢缓蚀处理。

（3）经软化处理后的水质总硬度（以碳酸钙计）宜为：洗衣房用水：50～100mg/L；其他用水：75～120mg/L。

（4）系统对溶解氧控制要求较高时，宜采取除氧措施。

水质处理包括原水软化处理与原水稳定处理。生活热水的原水软化处理，一般采用离子交换法，可按比例将部分软化水与原水混合后使用，也可对原水全部进行软化处理。适用于对热水水质要求高、维护管理水平高的高级旅馆等场所。原水的稳定处理，有物理处理和化学稳定剂处理两种方法。物理处理可采用磁水器、电子水处理器、静电水处理器、碳铝离子水处理器等装置；化学稳定剂处理可使用聚磷酸盐/聚硅酸盐等稳定剂。

除氧处理（去除水中的氧和二氧化碳气体）目前也在一些热水用量较大的高级宾馆等建筑中采用，其工作原理是利用除氧装置，减少水中的溶解氧，如热力除氧、真空除氧、解析除氧、化学除氧等。

8.2　耗热量、热水量和热媒耗量的计算

耗热量、热水量和热媒耗量时热水供应系统中选择设备和管网计算的主要依据。

8.2.1　耗热量计算

集中热水供应系统的设计小时耗热量，应根据用水情况和冷、热水温差计算。

（1）宿舍（居室内设卫生间）、住宅、别墅、酒店式公寓、办公楼、招待所、培训中心、旅馆、宾馆的客房（不含员工）、医院住院部、养老院、幼儿园、托儿所（有住宿）等建筑的全日集中热水供应系统的设计小时耗热量应按式（8-3）计算：

$$Q_h = K_h \frac{m q_r C(t_r - t_l)\rho_r}{T} C_\gamma \tag{8-3}$$

式中　Q_h——设计小时耗热量，kJ/h；

m——用水计算单位数，人数或床位数；

q_r——热水用水定额，L/（人·d）或 L/（床·d）等，按表 8-1 采用；

C——水的比热，$C = 4.187$ kJ/（kg·℃）；

t_r——热水温度，℃，$t_r = 60$℃；

t_l——冷水计算温度，℃，按表 8-5 选用；

ρ_r——热水密度，kg/L；

K_h——小时变化系数，可按表 8-6 采用；

T——每日使用时间，h，按表 8-1 选用；

C_γ——热水供应系统热损失系数，取 1.10~1.15。

热水小时变化系数 K_h 值　　　　　　　　　　　　　　　　　表 8-6

类别	住宅	别墅	酒店式公寓	宿舍（居室内设卫生间）	招待所培训中心、普通旅馆	宾馆	医院	幼儿园托儿所类别	养老院
热水用水定额（L/（d·人）或 L/（床·d））	60~100	70~110	80~100	70~100	25~50 40~60 50~80 60~100	120~160	60~100 70~130 110~200 100~160	20~40	50~70

续表

类别	住宅	别墅	酒店式公寓	宿舍（居室内设卫生间）	招待所培训中心、普通旅馆	宾馆	医院	幼儿园托儿所类别	养老院
使用人（床）数 m	100～6000	100～6000	150～1200	150～1200	150～1200	150～1200	50～1000	50～1000	50～1000
K_h	4.8～2.75	4.21～2.47	4.00～2.58	4.80～3.20	3.84～3.00	3.33～2.60	3.63～2.56	4.80～3.20	3.20～2.74

注：1. K_h 应根据热水用水定额高低、使用人（床）数多少取值，当热水用水定额高、使用人（床）数多时取低值，反之取高值，中间值可用内插法求得。

2. 设有全日集中热水供应系统的办公楼、公共浴室等表中未列入的其他类建筑的 K_h 值可参照表 2-3 中给水的小时变化系数选值。

（2）定时集中热水供应系统、工业企业生活间、公共浴室、宿舍（设公共盥洗卫生间）、剧院化妆间、体育馆（场）运动员休息室等建筑的全日集中热水供应系统及局部热水供应系统的设计小时耗热量应按式（8-4）计算：

$$Q_h = \sum q_h C(t_{rl} - t_l) \rho_r N_o b_g C_\gamma \tag{8-4}$$

式中　Q_h——设计小时耗热量，kJ/h；

q_h——卫生器具热水的小时用水定额，L/h，应按表 8-2 采用；

C——水的比热，$C=4.187$kJ/（kg・℃）；

t_{rl}——使用温度，按表 8-2 "使用温度"采用；

t_l——冷水计算温度，℃，按表 8-5 选用；

ρ_r——热水密度，kg/L，为表 8-2 热水混合温度时的密度；

N_o——同类型卫生器具数；

b_g——同类型卫生器具的同时使用百分数：住宅、旅馆，医院、疗养院病房、卫生间内浴盆或淋浴器可按 70%～100% 计，其他器具不计，但定时连续供水时间应大于等于 2h；工业企业生活间、公共浴室、宿舍（设公用盥洗卫生间）、剧院、体育馆（场）等的浴室内的淋浴器和洗脸盆均按表 2-8 的上限取值；住宅一户设有多个卫生间时，可只按一个卫生间计算；

C_γ——热水供应系统的热损失系数。

（3）设有集中热水供应系统的居住小区的设计小时耗热量，当公共建筑的最大用水时时段与住宅的最大用水时时段一致时，应按两者的设计小时耗热量叠加计算；当公共建筑的最大用水时时段与住宅的最大用水时时段不一致时，应按住宅的设计小时耗热量加公共建筑的平均小时耗热量叠加计算。

（4）具有多个不同使用热水部门的单一建筑（如旅馆内具有客房卫生间、职工公用淋浴间、洗衣房、厨房、游泳池及健身娱乐设施等多个热水用户）或多种使用功能的综合性建筑（如同一栋建筑内具有公寓、办公楼、商业用房、旅馆等多种用途），当其热水由同一热水系统供应时，设计小时耗热量，可按同一时间内出现用水高峰的主要用水部门的设计小时耗热量加其他用水部门的平均小时耗热量计算。

【例 8-1】某住宅楼共 144 户，每户按 3.5 人计，采用集中热水供应系统，热水供水时间为 19：00～23：00。热水用水定额按 80L/（人・d）计（60℃，$\rho=0.9832$kg/L），冷水温度按 10℃计（$\rho = 0.9997\text{kg/L}$），每户设有 2 个卫生间和 1 个厨房，每个卫生间内设 1 个浴盆（小时用水量为 300L/h，水温 40℃，$\rho = 0.9922\text{kg/L}$，b 为 70%）、1 个洗手盆（小时用水量为 30L/h，水温 30℃，$\rho = 0.9957\text{kg/L}$，b 为 50%）和一个大便器，厨房内设 1 个洗涤盆（小时用水量为 180L/h，水温 50℃，$\rho = 0.9881\text{kg/L}$，b 为 70%）。小时变化系数为 3.28。试计算：采用全日或定时（热水供应时间：19：00～23：00）集中热水供应系统时，该住宅楼的设计小时耗热量至少为多少？

【解】①采用全日集中热水供应系统

由题可知：$m = 3.5 \times 144 = 504$ 人，$q_r = 80\text{L}/$（人·d），$t_r = 60℃$，$t_l = 10℃$，$\rho_r = 0.9832\text{kg/L}$，$T = 24\text{h}$，$K_h = 3.28$

由公式（8-3）计算得：

$$Q_h = K_h \frac{mq_r C(t_r - t_l)\rho_r}{T}C_r = 3.28 \times \frac{504 \times 80 \times 4.187 \times (60 - 10) \times 0.9832}{24} \times 1.10\text{kJ/h}$$

$$= 1247643.89\text{kJ/h}$$

② 采用定时集中热水供应系统

由公式（8-4）计算可得：

$$Q_h = \sum q_h C(t_{rl} - t_l)\rho_r N_o b_g C_\gamma$$

$$= 300 \times 4.187 \times (40 - 10) \times 0.9922 \times 144 \times 70\% \times 1.10$$

$$+ 180 \times 4.187 \times (50 - 10) \times 0.9881 \times 144 \times 70\% \times 1.10$$

$$= 7448555.87\text{kJ/h}$$

8.2.2　热水量计算

设计小时热水量，可按式（8-5）计算：

$$q_{rh} = \frac{Q_h}{(t_{r2} - t_l)C\rho_r C_\gamma} \tag{8-5}$$

式中　q_{rh}——设计小时热水量（L/h）；

　　　t_{r2}——设计热水温度（℃）；

其他符号意义同前。

8.2.3　热媒耗量计算

根据热水被加热方式的不同，热媒耗量应按下列方法计算：

1. 采用蒸汽直接加热时，蒸汽耗量按式（8-6）计算：

$$G = (1.10 \sim 1.20)\frac{Q_g}{i_m - i_r} \tag{8-6}$$

式中　G——蒸汽耗量，kg/h；

　　　Q_g——设计小时供热量 kJ/kg，当采用蒸汽直接通入热水箱中加热水时，Q_g 按公式（8-22）计算；当采用汽—水混合设备直接供水而无贮热水容积时，Q_g 应按设计秒流量相应的耗热量计算；

i_m——饱和水蒸气热焓，kJ/kg，按表 8-7 选用；

i_r——蒸汽与冷水混合后的热水热焓，kJ/kg，$i_r = 4.187t_r$；

t_r——蒸汽与冷水混合后的热水温度，℃。

2. 采用蒸汽间接加热时，蒸汽耗量按式（8-7）计算：

$$G = (1.10 \sim 1.20) \frac{Q_h}{\gamma_h} \tag{8-7}$$

式中　G——蒸汽耗量，kg/h；

　　　Q_h——设计小时耗热量，kJ/h；

　　　γ_h——蒸汽的汽化热，kJ/kg，按表 8-7 选用。

饱和蒸汽的热焓　　　　　　　　　　　　　　表 8-7

蒸汽压力（MPa）	温度（℃）	热焓 i''（kJ/kg）	蒸汽压力（MPa）	温度（℃）	热焓 i''（kJ/kg）
0.1	120.2	2706.9	0.5	158.8	2756.4
0.2	133.5	2725.5	0.6	164.5	2762.9
0.3	143.6	2738.5	0.7	169.6	2766.8
0.4	151.9	2748.5	0.8	174.5	2771.8

注：蒸汽压力为相对压力。

3. 采用高温热水间接加热时，高温热水耗量按式（8-8）计算：

$$G = (1.10 \sim 1.20) \frac{Q_g}{C(t_{mc} - t_{mz})\rho_r} \tag{8-8}$$

式中　G——高温热水耗量，kg/h；

　　　Q_g——设计小时耗热量，kJ/h；

　　　C——水的比热，$C = 4.187$ kJ/（kg·℃）；

　　　t_{mc}——高温热水进口水温，℃；

　　　t_{mz}——高温热水出口水温，℃。

【例 8-2】　某宾馆建筑，有 300 张床位 150 套客房，客房均设专用卫生间，内有浴盆、脸盆各 1 件。宾馆全日集中供应热水，加热器出口热水温度为 70℃，当地冷水温度 10℃。采用容积式水加热器，以蒸汽为热媒，蒸汽压力 0.3MPa（表压）。

试计算：设计小时耗热量，设计小时热水量。

【解】

1. 设计小时耗热量 Q_h

已知：$m = 300$，$q_r = 150$ L/（人·d）（60℃），查表 8-6 可得：$K_h = 3.33 + \frac{300 - 150}{1200 - 150} \times$

$(2.6 - 3.33) \approx 3.23$

$t_r = 70℃$，$t_l = 10℃$，$\rho_r = 0.983$ kg/L（60℃），$T = 24$h。

按式（8-3）计算：

$$Q_h = K_h \frac{mq_r C(t_r - t_l)\rho_r C_r}{T}$$

$$= 3.23 \times \frac{300 \times 150 \times 4.187 \times (70 - 10) \times 0.983 \times 1.10}{24}$$

$$=1645145.1\text{kJ/h}$$

2. 设计小时热水量 Q_r

已知：$t_r=70℃$，$t_l=10℃$，$Q_h=1161433\text{kJ/h}$，$\rho_r=0.978\text{kg/L}$（70℃）

按式（8-5）计算：

$$Q_r=\frac{Q_h}{(t_r-t_l)C\rho_r C_r}$$

$$=\frac{1487979.2}{(70-10)\times 4.187\times 0.978\times 1.10}$$

$$=6087.21\text{L/h}$$

8.3　热水加热及贮存设备的选择计算

8.3.1　局部加热设备计算

1. 燃气热水器的计算

（1）燃具热负荷，按式（8-9）计算：

$$Q=\frac{KWC(t_r-t_l)}{\eta\tau} \tag{8-9}$$

式中　Q——燃具热负荷，kJ/h；

W——被加热水的质量，kg；

C——水的比热，$C=4.187\text{kJ/}$（kg·℃）；

τ——升温所需时间，h；

t_r——热水温度，℃；

t_l——冷水温度，℃，按表 8-5 选用；

K——安全系数，$K=1.28\sim 1.40$；

η——燃具热效率，对容积式燃气热水器 η 大于 75%，快速式燃气热水器 η 大于 70%，开水器 η 大于 75%。

（2）燃气耗量，按式（8-10）计算：

$$\phi=\frac{Q}{Q_d} \tag{8-10}$$

式中　ϕ——燃气耗量，m^3/h；

Q——燃具热负荷，kJ/h；

Q_d——燃气的低热值，kJ/m^3。

2. 电热水器的计算

（1）快速式电热水器耗电功率，按式（8-11）计算：

$$N=(1.10\sim 1.20)\frac{3600q(t_r-t_l)C\rho_r}{3617\eta} \tag{8-11}$$

式中　　　N——耗电功率，kW；

q——热水流量，L/s，可根据使用场所、卫生器具类型、数量、要求水温和1
次用水量或1h用水量，参考表8-2确定；

t_r——热水温度，℃；

t_l——冷水温度，℃，按表8-5选用；

C——水的比热，$C=4.187kJ/（kg·℃）$；

ρ_r——热水密度，kg/L；

3617——热功当量，$kJ/（kW·h）$；

η——加热器效率，一般为0.95～0.98；

1.10～1.20——热损失系数。

（2）容积式电热水器耗电功率

1）只在使用前加热，使用过程中不再加热时，按式（8-12）计算：

$$N = (1.10 \sim 1.20) \frac{V(t_r - t_l)C\rho_r}{3617\eta T} \tag{8-12}$$

式中　V——热水器容积，L；

T——加热时间，h；

其他符号意义同式（8-11）。

2）若除使用前加热外，在使用过程中还继续加热时，按式（8-13）计算：

$$N = (1.10 \sim 1.20) \frac{(3600qT_1 - V)(t_r - t_l)C\rho_r}{3617\eta T_1} \tag{8-13}$$

式中　T_1——热水用水时间，h；

其他符号意义同式（8-11）。

3）需要预热时间（T_2），按式（8-14）计算：

$$T_2 = (1.10 \sim 1.20) \frac{V(t_r - t_l)C\rho_r}{3617\eta N} \tag{8-14}$$

式中　T_2——预热时间，h；

其他符号意义同式（8-11）。

3. 太阳能热水器系统的计算

（1）热水量计算，详见8.2节。

（2）集热器总面积

集热器总面积应根据日用水量和水温、当地年平均日太阳辐照量和集热器集热效率等
因素计算。

1）局部热水供应系统

$$A_s = \frac{q_{rd}}{q_s} \tag{8-15}$$

式中　A_s——太阳能集热器集热面积，m²；

q_{rd}——设计日用热水量，L/d，可按不高于表8-1的下限取值；

q_s——集热器日产热水量，$L/（m^2·d）$，根据产品样本确定，可参考表8-8。

表8-8列出了国内生产的几类太阳能集热器的日产水量和产水水温的实测数据，可供

设计时选用。

国内生产的几类太阳能集热器的日产水量和产水水温　　表 8-8

集热器类型	实测季节	日产水量（L/（m² · d））	产水温度（℃）
钢管板	春、夏、秋 有阳光天气	70～90	40～50
扁盒		80～110	40～60
铜管板		80～100	40～60
铜铝复合管板		90～120	40～65

2）集中热水供应系统

①直接加热供水系统的集热器总面积

$$A_{jz} = \frac{q_{rd}C\rho_r(t_r - t_l)f}{b_j J_t \eta_j (1 - \eta_l)} \tag{8-16}$$

式中　A_{jz}——直接加热集热器总面积，m²；

q_{rd}——设计平均日热水量，L/d，$q_{rd} = q_{mr} \cdot m \cdot b$，$q_{mr}$ 为平均日热水用水定额，L（人 · d）或 L/（床 · d），见表 8-1；m 为用水计算单位数（人数或床位数）；b 为同时使用率（住宅建筑为入住率）的平均值应按实际使用工况确定，当无条件时可按以下规定取值：住宅 0.5～0.9，宾馆或旅馆 0.3～0.7，宿舍 0.7～1.0，医疗或疗养院 0.8～1.0，幼儿园、托儿所或养老院 0.8～1.0；

b_j——集热器面积补偿系数，b_j 应根据集热器的布置方位及安装倾角确定，当集热器朝南布置的偏离角小于或等于 15℃，安装倾角为当地纬度 $\varphi \pm 10°$ 时，b_j 取 1；当集热器布置不符合上述规定时，应按照现行的国家标准《民用建筑太阳能热水系统应用技术标准》GB 50364—2018 的规定进行集热器面积的补偿计算。

t_r——热水温度，℃，$t_r = 60℃$；

t_l——年平均冷水温度，℃，可参照城市当地自来水厂年平均水温值；

C——水的比热，$C = 4.187$kJ/（kg · ℃）；

ρ_r——热水密度，kg/L；

J_t——集热器总面积的平均日太阳辐照量，kJ/（m² · d）；

f——太阳能保证率，根据系统使用期内的太阳辐照量、系统经济性和用户要求等因素综合考虑后确定，宜取 30%～80%；

η_j——集热器平均集热效率，分散集热、分散供热系统的经验值为 40%～70%；集中集热系统的经验值为 30%～45%；

η_l——集热系统的热损失率，当集热器或集热器组紧靠热水箱（罐）时，取 15%～20%；当集热器或集热器组与热水箱（罐）分别布置在两处时，取 20%～30%。

②间接加热供水系统的集热器总面积

$$A_{jj} = A_{jz}\left(1 + \frac{U_l \cdot A_{jz}}{K \cdot F_{jr}}\right) \tag{8-17}$$

式中 A_{jj}——间接加热集热器总面积，m^2；

$\quad\quad U_l$——集热器热损失系数，$kJ/(m^2 \cdot h \cdot \text{℃})$，平板型可取 $14.4 \sim 21.6 kJ/(m^2 \cdot h \cdot \text{℃})$，真空管型可取 $3.6 \sim 7.2 kJ/(m^2 \cdot h \cdot \text{℃})$，具体数值根据集热器产品的实测数据确定；

$\quad\quad K$——换热器传热系数，$kJ/(m^2 \cdot h \cdot \text{℃})$；

$\quad\quad F_{jr}$——换热器的传热面积，m^2；

$\quad\quad A_{jz}$——直接加热集热器总面积，m^2。

（3）贮热水箱容积

太阳能集热水加热器或集热水箱（罐）的有效容积可按式（8-18）计算：

$$V_{rx} = q_{rjd} \cdot A_j \tag{8-18}$$

式中 V_{rx}——集热水加热器或集热水箱（罐）有效容积（L）；

$\quad\quad A_j$——集热器总面积（m^2），$A_j = A_{jz}$ 或 $A_j = A_{jj}$；

$\quad\quad q_{rjd}$——集热器单位轮廓面积平均日产 60℃ 热水量，（$L/(m^2 \cdot d)$），根据集热器产品的实测结果确定。当无条件时，根据当地太阳能辐照量、集热面积大小等选用下列参数；直接太阳能热水系统 $q_{rjd} = 40 \sim 80 L/(m^2 \cdot d)$；间接太阳能热水系统 $q_{rjd} = 30 \sim 55 L/(m^2 \cdot d)$。

（4）循环泵

强制循环的太阳能集热系统应设循环泵。

1）循环泵的流量

$$q_x = q_{gz} \cdot A_j \tag{8-19}$$

式中 q_x——集热系统循环流量，L/s；

$\quad\quad q_{gz}$——单位采光面积集热器对应的工质流量，$L/(m^2 \cdot s)$，根据集热器产品的实测数据确定。无条件时，可取 $0.015 \sim 0.02 L/(m^2 \cdot s)$；

$\quad\quad A_j$——集热器总面积，m^2。

2）循环泵的扬程

① 开式太阳能集热系统循环泵的扬程

$$H_x = h_p + h_j + h_z + h_f \tag{8-20}$$

式中 H_x——循环泵扬程，kPa；

$\quad\quad h_p$——循环流量通过循环管道的沿程与局部阻力损失，kPa；

$\quad\quad h_j$——循环流量流经集热器的阻力损失，kPa；

$\quad\quad h_z$——集热器顶与集热水箱最低水位之间的几何高差，kPa；

$\quad\quad h_f$——附加压力，kPa，一般取 $20 \sim 50 kPa$。

② 闭式太阳能集热系统循环泵的扬程

$$H_x = h_p + h_j + h_e + h_f \tag{8-21}$$

式中 h_e——循环流量经换热器的阻力损失，kPa；

其他符号意义同前。

（5）辅助热源

太阳能热水供应系统应设置辅助热源及其加热设施，并按下述要求进行设计计算。

1）辅助能源宜因地制宜选择城市热力管网、燃气、燃油、电、热泵等；

2）辅助热源的供热量宜按第 8.3.2 节中无太阳能时供热量计算；

3）辅助热源及其水加热设施应结合热源条件、系统形式及太阳能供热的不稳定状态等因素，经技术经济比较后合理选择、配置；

4）辅助热源加热设备应根据热源种类及其供水水质、冷热水系统形式等选用直接加热或间接加热设备；

5）辅助热源的控制应在保证充分利用太阳能集热量的条件下，根据不同的热水供水方式采用手动、全日自动控制或定时自动控制。

8.3.2　集中热水供应加热及贮存设备的选择计算

在集中热水供应系统中，起加热兼起贮存作用的设备有容积式水加热器和加热水箱等，仅起加热作用的设备为快速式水加热器；仅起贮存热水作用的设备是贮水器。上述设备的主要计算内容是确定加热设备的加热面积和贮热设备的贮存容积。

1. 加热设备供热量的计算

集中热水供应系统中，水加热设备的设计小时供热量应根据日热水用量小时变化曲线、加热方式及水加热设备的工作制度经积分曲线计算后确定。当无上述资料时，可按下列方法确定：

（1）导流型容积式水加热器或贮热容积与其相当的水加热器、热水机组的供热量，按式（8-22）计算：

$$Q_g = Q_h - \frac{\eta V_r}{T}(t_r - t_l)C\rho_r \tag{8-22}$$

式中　Q_g——导流式容积式水加热器的设计小时供热量，kJ/h；

Q_h——设计小时耗热量，kJ/h；

η——有效贮热容积系数，导流型容积式水加热器 $\eta = 0.8 \sim 0.9$；第一循环系统为自然循环时，卧式贮热水罐 η 取 $0.80 \sim 0.85$；立式贮热水罐 η 取 $0.85 \sim 0.90$；第一循环系统为机械循环时，卧、立式贮热水罐 η 取 1.0；

V_r——总贮热容积，L；

T——设计小时耗热量持续时间，h，全日制集中热水供应系统 $T = 2 \sim 4h$；定时集中热水供应系统 T 取定时供水时间；

t_r——热水温度，℃，按设计水加热器出水温度或贮水温度计算；

t_l——冷水温度，℃，按表 8-5 选用；

C——水的比热，$C = 4.187\text{kJ}/(\text{kg} \cdot \text{℃})$；

ρ_r——热水密度，kg/L。

式（8-22）的意义：带有相当量贮热容积的水加热器供热时，系统的设计小时耗热量由两部分组成：一部分是设计小时耗热量时间段内热媒的供热量 Q_h；一部分是供给设计小时耗热量前水加热器内已贮存好的热量，即 $\frac{\eta V_r}{T}(t_r - t_l)C\rho_r$。

（2）半容积式水加热器或贮热容积与其相当的水加热器、热水机组的供热量按设计小时耗热量计算。

（3）半即热式、快速式水加热器的设计小时供热量应按下式计算：

$$Q_R = 3600 q_R (t_y - t_1) C \cdot \rho_r \tag{8-23}$$

Q_R——半即热式、快速式水加热器的设计小时供热量，kJ/h；

q_R——集中热水供应系统供水总干管的设计秒流量。

2. 水加热器加热面积的计算

容积式水加热器、快速式水加热器和加热水箱中加热排管或盘管的传热面积应按下列方法计算。

根据热平衡原理，制备热水所需的热量应等于水加热器传递的热量，即：

$$\varepsilon \cdot K \cdot \Delta t_j \cdot F_{jr} = C_r \cdot Q_z$$

则由上式导出水加热器加热面积的计算公式为：

$$F_{jr} = \frac{Q_g}{\varepsilon K \Delta t_j} \tag{8-24}$$

式中 F_{jr}——水加热器的加热面积，m²；

Q_g——设计小时供量，kJ/h；

K——传热系数，kJ/(m² · ℃ · h)，K 值对加热器换热影响很大，主要取决于热媒种类和压力、热媒和热水流速、换热管材质和热媒出口凝结水水温等；K 值应按产品样本提供的参数选用；普通容积式水加热器 K 值，参见表 8-9；快速式水加热器 K 值参见表 8-10；

ε——传热表面水垢和热媒分布不均匀影响传热效率的系数，一般采用 0.6~0.8；

Δt_j——热媒与被加热水的计算温度差，℃，按式（8-25）和式（8-26）计算确定。

普通容积式水加热器 K 值　　　　　　　　　　　表 8-9

热媒种类		热媒流速 （m/s）	被加热水流速 （m/s）	$K(kJ/(m² · ℃ · h))$	
				钢盘管	铜盘管
蒸汽压力 （MPa）	≤0.07	—	<0.1	2302~2512	2721~2931
	>0.07	—	<0.1	2512~2721	2931~3140
热水温度 70~150（℃）		<0.5	<0.1	1172~1256	1382~1465

注：表中 K 值是按盘管内通过热媒和盘管外通过被加热水。

快速式水加热器 K 值　　　　　　　　　　　表 8-10

被加热水的流速 （m/s）	传热系数 K（W/（m² · ℃ · h））							
	热媒为热水时，热水流速 （m/s）						热媒为蒸汽时，蒸汽压力 （kPa）	
	0.5	0.75	1.0	1.5	2.0	2.5	≤100	>100
0.5	3977	4606	5024	5443	5862	6071	9839/7746	9211/7327
0.75	4480	5233	5652	6280	6908	7118	12351/9630	11514/9002
1.0	4815	5652	6280	7118	7955	8374	14235/11095	13188/10467

续表

被加热水的流速 (m/s)	传热系数 K（W/（m²·℃·h））							
	热媒为热水时，热水流速 (m/s)						热媒为蒸汽时，蒸汽压力 (kPa)	
	0.5	0.75	1.0	1.5	2.0	2.5	≤100	>100
1.5	5443	6489	7327	8374	9211	9839	16328/13398	15072/12560
2.0	5861	7118	7955	9211	10528	10886	—/1570	—/14863
2.5	6280	7536	8583	10528	11514	12560	—	

注：表中热媒为蒸汽时，分子为两回程汽—水快速式水加热器将被加热水温度升高 20~30℃ 时的传热系数，分母为四回程汽—水快速式水加热器将被加热水温度升高 60~65℃ 时的传热系数。

（1）导流型容积式水加热器、半容积式水加热器：

$$\Delta t_j = \frac{t_{mc} + t_{mz}}{2} - \frac{t_c + t_z}{2} \tag{8-25}$$

式中 t_{mc}——热媒的初温，℃。热媒为蒸汽时，若蒸汽压力大于 70kPa，按饱和蒸汽温度计算，若蒸汽压力小于或等于 70kPa，按 100℃ 计算。热媒为热水时，热媒的初温按热媒供水的最低温度计算。热媒为热力管网的热水时，按热力管网回水的最低温度计算。

t_{mz}——热媒的终温，℃。一般应由经热工性能测定的产品提供。热媒为蒸汽时，可按 50~90℃ 计算。热媒为热水时，当热媒初温 $t_{mc} = 70~100℃$ 时，其终温可按 50~80℃ 计算。热媒为热力管网的热水时，热媒的计算温度应按热力管网供回水的最低温度计算；

t_c、t_z——被加热水的初温和终温，℃。

（2）快速式水加热器、半即热式水加热器：

$$\Delta t_j = \frac{\Delta t_{max} - \Delta t_{min}}{\ln \frac{\Delta t_{max}}{\Delta t_{min}}} \tag{8-26}$$

式中 Δt_{max}——热媒与被加热水在热水器一端的最大温度差，即热媒和被加热水逆向流动时，形成最大温度差一端的最大温度差，℃；

Δt_{min}——热媒与被加热水在热水器一端的最小温度差，热媒和被加热水逆向流动时，形成最小温度一端的最小温度差，℃。对于汽-水快速加热器，其值不得小于 5℃；对于水-水快速加热器，其值不得小于 10℃。

加热设备加热盘管的长度，按式（8-27）计算：

$$L = \frac{F_{jr}}{\pi D} \tag{8-27}$$

式中 L——盘管长度，m；

D——盘管外径，m；

F_{jr}——水加热器的传热面积，m²。

3. 热水贮水器容积的计算

集中热水供应系统中贮存热水的设备有开式热水箱、闭式热水罐和兼有加热和贮存热水功能的加热水箱、容积式水加热器等。

集中热水供应系统中贮存一定容积的热水,其功能主要是调峰应用。贮存的热水向配水管网供应,因为加热冷水方式和配水情况不同,存在着定温变容、定容变温和变容变温的工况,如图8-1所示。

图8-1(a₁)为设于屋顶的混合加热开式水箱,若其加热和供应热水情况为预加热后供应管网,用完后再充水加热,再供使用,可认为水箱内热水处于定温变容工况。图8-1(a₂)为快速加热,可保证水温,其热水箱连续供水也存在不均匀性,也可认为水箱处于定温变容工况。图8-1(b)为加热和供水系统处于定容变温工况。图8-1(c₁)、(c₂)则是处于变容变温工况。

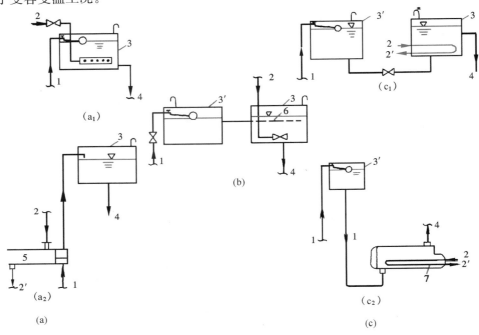

图 8-1 加热水箱和容积式水加热器工况

(a)定温变容工况;(a₁)预加热供水,用完后再加热;(a₂)连续供水;

(b)定容变温工况;(c)变容变温工况:

(c₁)开式加热水箱变容变温工况;(c₂)容积式水加热器变容变温工况

1—冷水;2—蒸汽;2′—凝结水;3—热水箱;3′—冷水箱;4—热水;

5—快速式水加热器;6—穿孔进水管;7—容积式水加热器

贮水器容积和多种因素有关,如:加热设备的类型、建筑物用水规律、热源和热媒的充沛程度、自动控制程度、管理情况等。集中热水供应系统中贮水器的容积,从理论上讲,应根据建筑物日用热水量小时变化曲线及加热设备的工作制度经计算确定。当缺少这方面的资料和数据时,可用经验法计算确定贮水器的容积。

(1)理论计算法,即按贮水器变容变温供热工况的热平衡方程求解:

集中热水供应系统中全天供应热水的耗热量应等于贮水器中预热量与加热设备的供热量之和,并减去供水终止后贮水器中当天的剩余热量,即:

$$Q_h T = V(t_r + t_l)C + Q_s T - \Delta V(t_r' - t_l)C \qquad (8-28)$$

式中　Q_h——热水供应系统设计小时耗热量，kJ/h；

　　　T——全天供应热水小时数，h；

　　　V——热水贮水器容积，L；

　　　t_r——贮水器中热水的计算温度，℃；

　　　t_l——冷水计算温度，℃；

　　　C——水的比热，$C=4.187$kJ/（kg·℃）；

　　　Q_s——供应热水过程中加热设备的小时加热量，kJ/h；

　　　ΔV——供水结束时，热水贮存器中剩余热水容积，L；

　　　t_r'——供水结束时，热水贮存器中剩余热水水温，℃。

设 $K_1=\dfrac{Q_s}{Q_h}$、$K_2=\dfrac{\Delta V}{V}$，并取热水：1L＝1kg，代入式（8-28）后化简得：

$$V=\frac{1-K_1}{(t_r-t_l)-K_2(t_r'-t_l)}\frac{Q_h T}{C} \tag{8-28a}$$

当 $K_2\approx0$ 时，则 $\Delta V\approx0$，为变容变温工况，不考虑备用贮存量时，加热贮存器的有效贮存容积为：

$$V_1=\frac{1-K_1}{(t_r-t_l)}\frac{Q_h T}{C} \tag{8-28b}$$

当 $K_2=1$ 时，则 $\Delta V=V$，为定容变温工况，贮存热水的有效容积为：

$$V_2=\Delta V=\frac{1-K_1}{(t_r-t_r')}\frac{Q_h T}{C} \tag{8-28c}$$

当 $t_r=t_r'$，为定温变容工况，贮存热水的有效容积为：

$$V_3=\frac{1-K_1}{(t_r-t_l)(1-K_2)}\frac{Q_h T}{C} \tag{8-28d}$$

当 $t_r=t_r'$，且 $K_1=0$ 时，即热水在热水箱中全部预加热的定温变容工况，贮存热水的有效容积为：

$$V_4=\frac{Q_h T}{(t_r-t_l)(1-K_2)C} \tag{8-28e}$$

（2）经验计算法

在实际工程中，贮水器的容积多用经验法，按式（8-29）计算确定：

$$V=\frac{TQ_h}{(t_r-t_l)C\rho_r} \tag{8-29}$$

式中　V——贮水器的贮水容积，L；

　　　T——加热时间，按表 8-11 中规定的时间，h；

　　　Q_h——热水供应系统设计小时耗热量，kJ/h；

　　　C——水的比热，$C=4.187$kJ/(kg·℃)；

　　　t_r——热水温度，℃；

　　　t_l——冷水温度，℃，按表 8-5 选用；

ρ_r——热水密度，kg/L。

按式（8-28）计算确定出容积式水加热器或加热水箱的容积后，当冷水从下部进入，热水从上部送出，其计算容积宜附加 20%～25%；当采用有导流装置的容积式水加热器时，其计算容积应附加 10%～15%；当采用半容积式水加热器时，或带有强制罐内水循环装置的容积式水加热器，其计算容积可不附加。

（3）估算法

在初步设计或方案设计阶段，各种建筑水加热器或贮热容器的贮水容积（60℃热水）可按表 8-12 估算。

水加热器的贮热量　　　　　表 8-11

加热设备	以蒸汽或95℃以上的热水为热媒时		以≤95℃的热水为热媒时	
	工业企业淋浴室	其他建筑物	工业企业淋浴室	其他建筑物
内置加热盘管的加热水箱	$\geqslant 30minQ_h$	$\geqslant 45minQ_h$	$\geqslant 60minQ_h$	$\geqslant 90minQ_h$
导流型容积式水加热器	$\geqslant 20minQ_h$	$\geqslant 30minQ_h$	$\geqslant 30minQ_h$	$\geqslant 40minQ_h$
半容积式水加热器	$\geqslant 15minQ_h$	$\geqslant 15minQ_h$	$\geqslant 15minQ_h$	$\geqslant 20minQ_h$

注：1. 半即热式、快速式水加热器的贮热容积应根据热媒的供给条件与安全、温控装置的完善程度等因素确定。

①当热媒可按设计秒流量供应，且有完善可靠的温度自动调节和安全装置时，可不考虑贮热容积。

②当热媒不能保证按设计秒流量供应，或无完善可靠的温度自动调节和安全装置时，则应考虑贮热容积，贮热量宜根据热媒供应情况按导流型容积式水加热器或半容积式水加热器确定。

2. 热水机组所配贮热器，其贮热量宜根据热媒供应情况，按导流型容积式水加热器或半容积式水加热器确定。

3. 表中 Q_h 为设计小时耗热量。

贮水容积估算值　　　　　表 8-12

建筑类别	以蒸汽或95℃以上的高温水为热媒时		以≤95℃的低温水为热媒时	
	导流型容积式水加热器	半容积式水加热器	导流型容积式水加热器	半容积式水加热器
有集中热水供应的住宅 (L/(人·d))	5～8	3～4	6～10	3～5
设单独卫生间的集体宿舍、培训中心、旅馆(L/(床·d))	5～8	3～4	6～10	3～5
宾馆、客房(L/(床·d))	9～13	4～6	12～16	6～8
医院住院部(L/(床·d)) 设公用盥洗室 设单独卫生间 门诊部	4～8 8～15 0.5～1	2～4 4～8 0.3～0.6	5～10 11～20 0.8～1.5	3～5 6～10 0.4～0.8
有住宿的幼儿园、托儿所 (L/(人·d))	2～4	1～2	2～5	1.5～2.5
办公楼(L/(人·d))	0.5～1	0.3～0.6	0.8～1.5	0.4～0.5

4. 锅炉选择计算

对于小型建筑物的热水系统可单独选择锅炉，一般按式（8-30）计算：

$$Q_g = (1.1 \sim 1.2)Q_h \tag{8-30}$$

式中　Q_g——锅炉小时供热量，kJ/h；

$\quad\quad Q_h$——设计小时耗热量，kJ/h；

$1.1\sim1.2$——热水系统的热损失附加系数。

然后从锅炉样本中查出锅炉发热量 Q_k，应保证 $Q_k > Q_g$，具体富余量应根据今后的发展和一些零星用热等因素确定。

5. 可再生低温能源加热系统

可再生低温能源主要是指利用浅层地下水、地面水、污水及空气等低温能源，代替传统热源为建筑提供热水、供暖等热源。通过热泵水加热系统方式来达到集热、加热水的目的。

（1）水源热泵机组

1）水源热泵的设计小时供热量

$$Q_g = \frac{mq_r C(t_r - t_l)\rho_r \cdot C_\gamma}{T_5} \tag{8-31}$$

式中　Q_g——水源热泵设计小时供热量，kJ/h；

$\quad\quad T_5$——热泵机组设计工作时间，h/d，一般取 $8\sim16$h；

其他符号同前。

2）水源总水量

$$q = \frac{Q_j}{\Delta t_{ju} C \rho_v} = \frac{\left(1 - \dfrac{1}{\mathrm{cop}}\right)Q_g}{\Delta t_{ju} C \rho_v} \tag{8-32}$$

式中　q——水源总量，L/h；

$\quad\quad Q_j$——水源供热量，kJ/h；

$\quad\quad \mathrm{cop}$——热泵释放高温热量与压缩机输入功率之比值，有设备商提供，一般取 3；

$\quad\quad \Delta t_{ju}$——水源水进、出预换热器时的温差，℃，$\Delta t_{ju} \approx 6\sim8$℃；

$\quad\quad C$——水的比热，$C = 4.187$kJ/(kg·℃)；

$\quad\quad \rho_v$——水源水的平均密度，kg/L。

3）水源水质应满足热泵机组或换热器的水质要求，当不满足时，应采用有效的过滤、沉淀、灭藻、阻垢、缓蚀等处理措施。如以污废水为水源时，应做相应的污水、废水处理；

4）以地下水为水源时，应采用封闭式集热系统，严禁换热后的水直接排放，应回灌到同一含水层，且不得污染地下水资源；系统投入运行后，应对抽水量、回灌量及其水质进行定期监测；

5）循环水泵流量与扬程

循环水泵的流量和扬程，分别按式（8-33）、式（8-34）计算：

$$q_{xh} = \frac{k_2 \cdot Q_g}{3600C \cdot \rho_r \cdot \Delta t} \tag{8-33}$$

$$H_h = h_{xh} + h_{cl} + h_f \tag{8-34}$$

式中　q_{xh}——循环水泵流量。L/s；

k_2——考虑水温差因素的附加系数，$k_2=1.2\sim1.5$；

Δt——快速水加热器两侧的热媒进水、出水温差或热水进水、出水温差，可按 $\Delta t=5\sim10℃$取值；

H_h——循环水泵扬程，kPa；

h_{xh}——循环流量通过循环管道的沿程与局部阻力损失，kPa；

h_{c1}——循环流量通过热泵冷凝器、快速水加热器的阻力损失（kPa），冷凝器阻力由产品提供，板式水加热器阻力为 $40\sim60$kPa。

6）水源热泵制备热水一般采用直接加热供水和热媒间接换热供水两种形式，应根据水质硬度、冷水和热水供应系统的形式等方面进行技术经济比较后确定水源热泵制备热水的形式；

7）水源热泵热水供应系统应设置贮热水箱（罐），其贮热水有效容积全日制集中热水供系统应根据日耗热量、热泵持续工作时间及热泵工作时间内耗热量等因素确定，当其因素不确定时宜按式（8-35）计算确定。

$$V_r = k_1 \frac{(Q_h - Q_g)T_1}{(t_r - t_l)C\rho_r} \qquad (8\text{-}35)$$

式中　V_r——贮热水箱罐总容积，L；

Q_g——水加热器的设计小时供热量，kJ/h；

Q_h——设计小时耗热量，kJ/h；

T_1——设计小时耗热量持续时间，h，一般取 $T=2\sim4$h；

k_1——用水均匀性安全系数，按用水均匀程度选 $1.25\sim1.50$；

t_r——设计供应的热水温度，℃，$t_r=50\sim55℃$；

t_l——冷水计算温度，℃，见表8-5；

C——水的比热，$C=4.187$kJ/(kg·℃)；

ρ_r——热水密度，kg/L。

定时热水供应系统的贮热水箱的有效容积宜为定时供应最大时段的全部热水量。

（2）空气源热泵机组

1）空气源热泵热水供应系统设置辅助热源应根据当地最冷月平均气温确定。最冷月平均气温≥10℃的地区，可不设辅助热源；最冷月平均气温介于 $0\sim10℃$之间的地区，宜设辅助热源，或采用延长空气源热泵工作时间等措施满足使用要求；最冷月平均气温小于0℃的地区，不宜采用空气源热泵热水供应系统；辅助热源经技术经济比较合理，投资省。采暖季节可用燃煤（气）锅炉、热力管网的高温热水或电力等作为辅助热源；

2）空气源热泵的供热量可按式（8-31）计算确定。当设辅助热源时，宜按当地农历春分、秋分所在月的平均气温和冷水供水温度计算；当不设辅助热源时，宜按当地最冷月平均气温和冷水供水温度计算；

3）空气源热泵热水供应系统应设置贮热水箱（罐），其贮存热水的有效容积应根据日耗热量、热泵持续工作时间及热泵工作时间内耗热量等因素确定，当其因素不确定时可按式（8-34）计算确定；

4）空气源热泵辅助热源应就地获取，经过经济技术比较选用投资省、能耗低热源。

8.4　热水管网的水力计算

热水管网的水力计算是在完成热水供应系统布置，绘出热水管网系统图及选定加热设备后进行的。水力计算的目的是：

计算第一循环管网（热媒管网）的管径和相应的水头损失；

计算第二循环管网（配水管网和回水管网）的设计秒流量、循环流量、管径和水头损失；

确定循环方式，选用热水管网所需的各种设备及附件，如循环水泵、疏水器、膨胀设施等。

8.4.1　第一循环管网的水力计算

1. 热媒为热水

以热水为热媒时，热媒流量 G 按式（8-8）计算。

热媒循环管路中的配、回水管道，其管径应根据热媒流量 G、热水管道允许流速，通过查热水管道水力计算表确定，并据此计算出管路的总水头损失 H_h。热水管道的流速，宜按表 8-13 选用。

热水管道的流速　　　　　　　　　　　　　表 8-13

公称直径（mm）	15～20	25～40	≥50
流速（m/s）	≤0.8	≤1.0	≤1.2

当锅炉与水加热器或贮水器连接时，如图 8-2 所示，热媒管网的热水自然循环压力值 H_{zr} 按式（8-36）计算：

$$H_{zr} = 10\Delta h(\rho_2 - \rho_1) \tag{8-36}$$

式中　H_{zr}——热水自然循环压力，Pa；

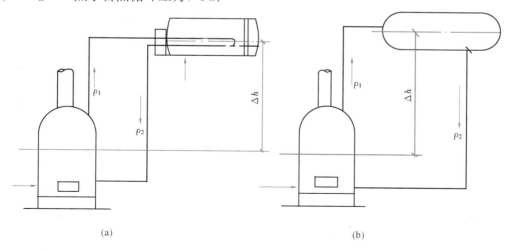

(a)　　　　　　　　　　　　　　　　(b)

图 8-2　热媒管网自然循环压力

（a）热水锅炉与水加热器连接（间接加热）；（b）热水锅炉与贮水器连接（直接加热）

Δh——锅炉中心与水加热器内盘管中心或贮水器中心垂直高度，m；

ρ_1——锅炉出水的密度，kg/m³；

ρ_2——水加热器或贮水器的出水密度，kg/m³。

当 $H_{zr} > H_h$ 时，可形成自然循环，为保证运行可靠一般

$$H_{zr} \geqslant (1.1 \sim 1.15) H_h \qquad (8\text{-}37)$$

式中 H_h——管路的总水头损失。

当 H_{zr} 不满足上式的要求时，则应采用机械循环方式，依靠循环水泵强制循环。循环水泵的流量和扬程应比理论计算值略大一些，以确保可靠循环。

2. 热媒为高压蒸汽

以高压蒸汽为热媒时，热媒耗量 G 按式（8-6）或式（8-7）确定。

热媒蒸汽管道一般按管道的允许流速和相应的比压降确定管径和水头损失。高压蒸汽管道的常用流速见表 8-14。

高压蒸汽管道常用流速 表 8-14

管径（mm）	15~20	25~32	40	50~80	100~150	≥200
流速（m/s）	10~15	15~20	20~25	25~35	30~40	40~60

确定热媒蒸汽管道管径后，还应合理确定凝水管管径。

8.4.2 第二循环管网的水力计算

1. 配水管网的水力计算

配水管网水力计算的目的主要是根据各配水管段的设计秒流量和允许流速值来确定配水管网的管径，并计算其水头损失值。

（1）热水配水管网的设计秒流量可按生活给水（冷水系统）设计秒流量公式计算。

（2）卫生器具热水给水额定流量、当量、支管管径和最低工作压力同给水规定。

（3）热水管道的流速，宜按表 8-13 选用。

（4）热水管网水头损失计算

热水管网中单位长度水头损失和局部水头损失的计算，与冷水管道的计算方法和计算公式相同，但热水管道的计算内径 d_j 应考虑结垢和腐蚀引起过水断面所需的因素，管道结垢造成的管径缩小量见表 8-15。

管道结垢造成的管径缩小量 表 8-15

管道公称直径（mm）	15~40	50~100	125~200
直径缩小量（mm）	2.5	3	4

热水管道的水力计算，应根据采用的热水材料，选用相应的热水管道水力计算图表或公式进行计算。使用时应注意水力计算图表的使用条件，当工程的使用条件与制表条件不相符时，应根据各种规定作相应修正。

1）当热水采用交联聚乙烯（PE-X）管时，其管道水力坡降值可采用式(8-38)计算：

$$i = 0.000915 \frac{q^{1.774}}{d_j^{4.774}} \qquad (8\text{-}38)$$

式中　i——管道水力坡降，kPa/m 或 $0.1mH_2O/m$；

　　　q——管道内设计流量，m^3/s；

　　　d_j——管道计算内径，m。

　　如水温为 60℃时，可以参照图 8-3 的 PE-X 管水力计算图表选用管径。

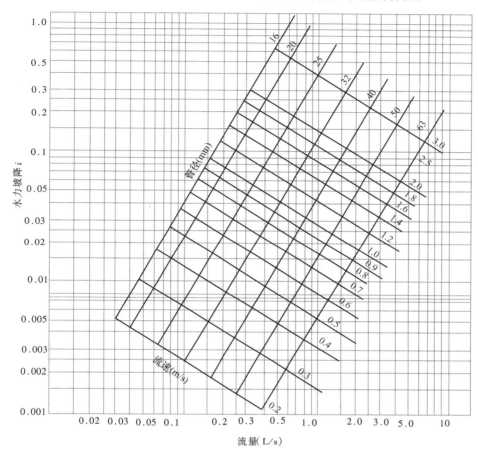

图 8-3　交联聚乙烯（PE-X）管水力计算图（60℃）

如水温高于或低于 60℃时，可按表 8-16 修正。

水头损失温度修正系数　　　　　　　　　　表 8-16

水温（℃）	10	20	30	40	50	60	70	80	90	95
修正系数	1.23	1.18	1.12	1.08	1.03	1.00	0.98	0.96	0.93	0.90

　　2）当热水管采用聚丙烯（PP-R）管时，水头损失计算公式如下：

$$H_f = \lambda \frac{L v^2}{d_j 2g} \tag{8-39}$$

式中　H_f——管道沿程水头损失，mH_2O；

　　　λ——沿程阻力系数；

　　　L——管道长度，m；

d_j——管道计算内径，m；

v——管道内水流平均速度，m/s；

g——重力加速度，m/s²，一般取 9.81m/s²。

设计时，可以按式（8-39）计算，也可以查附表 8-1、附表 8-2 选用管径，表中 d_n 表示管外径。

2. 回水管网的水力计算

回水管网水力计算的目的在于确定回水管网的管径。

回水管网不配水，仅通过用以补偿配水管热损失的循环流量。回水管网各管段管径，应按管中循环流量经计算确定。初步设计时，可参照表 8-17 选用。

热水管网回水管管径选用表　　　　　　　　　　　　　　　表 8-17

热水管网、配水管段管径 DN（mm）	20~25	32	40	50	65	80	100	125	150	200
热水管网、回水管段管径 DN（mm）	20	20	25	32	40	40	50	65	80	100

为保证各立管的循环效果，尽量减少干管的水头损失，热水配水干管和回水干管均不宜变径，可按其相应的最大管径确定。

3. 机械循环管网的计算

第二循环管网由于流程长，管网较大，为保证系统中热水循环效果，一般多采用机械循环方式。机械循环又分为全日热水供应系统和定时热水供应系统两类。机械循环管网水力计算的目的是在确定了最不利循环管路即计算循环管路和循环管网中配水管、回水管的管径后进行的，其主要目的是选择循环水泵。

（1）全日热水供应系统热水管网计算

计算方法和步骤如下：

1）计算各管段终点水温，可按下述面积比温降方法计算：

$$\Delta t = \frac{\Delta T}{F} \tag{8-40}$$

$$t_z = t_c - \Delta t \sum f \tag{8-41}$$

式中　Δt——配水管网中计算管路的面积比温降，℃/m²；

　　　ΔT——配水管网中计算管路起点和终点的水温差。按系统大小确定，单体建筑一般取 $\Delta T = 5 \sim 10$℃。建筑小区 $\Delta T \leqslant 12$℃；

　　　F——计算管路配水管网的总外表面积，m²；

　　　$\sum f$——计算管路终点以前的配水管网的总外表面积，m²；

　　　t_c——计算管道的起点水温，℃；

　　　t_z——计算管道的终点水温，℃。

2）计算配水管网各管段的热损失，公式如下：

$$q_s = \pi DLK(1-\eta)\left(\frac{t_c + t_z}{2} - t_j\right) \tag{8-42}$$

式中　q_s——计算管段热损失，kJ/h；

　　　D——计算管段外径，m；

　　　L——计算管段长度，m；

　　　K——无保温时管道的传热系数，kJ/(m²·h·℃)；

η——保温系数，无保温时 $\eta=0$，简单保温时 $\eta=0.6$，较好保温时 $\eta=0.7\sim0.8$；

t_c、t_z——同式（8-41）；

t_j——计算管段周围的空气温度，℃，可按表 8-18 确定。

管道周围的空气温度　　　　　　　　　　　　　　　　　　　　　表 8-18

管道敷设情况	t_j（℃）	管道敷设情况	t_j（℃）
供暖房间内明管敷设	$18\sim20$	敷设在不供暖的地下室内	$5\sim10$
供暖房间内暗管敷设	30	敷设在室内地下管沟内	35
敷设在不供暖房间的顶棚内	采用一月份室外平均温度		

3）计算配水管网总的热损失

将各管段的热损失相加便得到配水管网总的热损失 Q_s，即 $Q_s=\sum\limits_{i=1}^{n}q_s$。初步设计时，$Q_s$ 也可按设计小时耗热量的 $3\%\sim5\%$ 来估算，其上下限可视系统的大小而定：系统服务范围大，配水管线长，可取上限；反之，取下限。

4）计算总循环流量

求解 Q_s 的目的在于计算管网的循环流量。循环流量是为了补偿配水管网在用水低峰时管道向周围散失的热量。保持循环流量在管网中循环流动，不断向管网补充热量，从而保证各配水点的水温。管网的热损失只计算配水管网散失的热量。

将 Q_s 代入式（8-43）求解全日供应热水系统的总循环流量 q_x：

$$q_x=\frac{Q_s}{C\Delta T\rho_r} \tag{8-43}$$

式中　q_x——全日热水供应系统的总循环流量，L/h；

Q_s——配水管网的热损失，kJ/h；

C——水的比热，$C=4.187$kJ/（kg·℃）；

ΔT——同式（8-40），其取值根据系统的大小而定；

ρ_r——热水密度，kg/L。

5）计算循环管路各管段通过的循环流量

在确定 q_x 后，可从水加热器后第 1 个节点起依次进行循环流量分配，以图 8-4 为例，通过管段 Ⅰ 的循环流量 q_{1x} 即为 q_x，用以补偿整个配水管网的热损失，流入节点 1 的流量

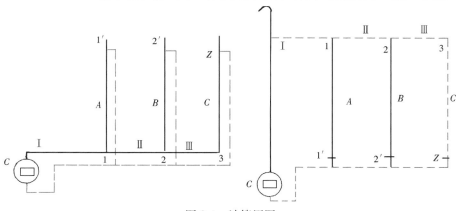

图 8-4　计算用图

q_{1x}用以补偿1点之后各管段的热损失，即$q_{AS}+q_{BS}+q_{CS}+q_{IIS}+q_{IIIS}$，$q_{1x}$又分流入$A$管段和$II$管段，其循环流量分别为$q_{Ax}$和$q_{IIx}$。根据节点流量守恒原理：$q_{Ix}=q_{1x}$，$q_{IIx}=q_{IIIx}-q_{Ax}$。$q_{IIx}$补偿管段$II$、$III$、$B$、$C$的热损失，即$q_{IIS}+q_{IIIS}+q_{BS}+q_{CS}$，$q_{Ax}$补偿管段$A$的热损失$q_{AS}$。

按照循环流量与热损失成正比和热平衡关系，q_{IIx}可按下式确定：

$$q_{IIx}=q_{Ix}\cdot\frac{q_{BS}+q_{CS}+q_{IIS}+q_{IIIS}}{q_{AS}+q_{BS}+q_{CS}+q_{IIS}+q_{IIIS}} \tag{8-44a}$$

流入节点2的流量q_{2x}用以补偿2点之后管段C的热损失，即$q_{IIIS}+q_{BS}+q_{CS}$，q_{2S}又分流入B管段和III管段，其循环流量分别为q_{Bx}和q_{IIIx}。根据节点流量守恒原理：$q_{2x}=q_{IIx}$，$q_{IIIx}=q_{IIx}-q_{Bx}$。q_{IIIx}补偿管段III和C的热损失，即$q_{IIIS}+q_{CS}$，q_{Bx}补偿管段B的热损失q_{BS}。同理可得：

$$q_{IIIx}=q_{IIx}\cdot\frac{q_{IIIS}+q_{CS}}{q_{BS}+q_{IIIS}+q_{CS}} \tag{8-44b}$$

流入节点3的流量q_{3x}用以补偿3点之后管段C的热损失q_{CS}。根据节点流量守恒原理：$q_{3x}=q_{IIIx}$，$q_{IIIx}=q_{Cx}$，管道III的循环流量即为管段C的循环流量。

将式（8-44a）和式（8-44b）简化为通用计算式，即为：

$$q_{(n+1)x}=q_{nx}\frac{\sum q_{(n+1)S}}{\sum q_{nS}} \tag{8-44c}$$

式中　q_{nx}、$q_{(n+1)x}$——n、$n+1$管段所通过的循环流量，L/h；

　　　$\sum q_{(n+1)S}$——$n+1$管段及其后各管段的热损失之和，kJ/h；

　　　$\sum q_{nS}$——n管段后各管段的热损失之和（不包含n管段），kJ/h。

n、$n+1$管段如图8-5所示。

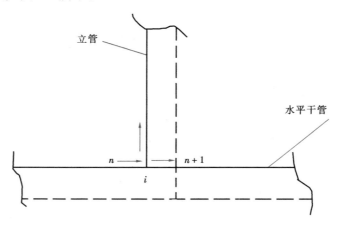

图8-5　计算用图

6）复核各管段的终点水温，计算公式如下：

$$t'_z=t_c-\frac{q_s}{Cq'_x\rho_r} \tag{8-45}$$

式中　t'_z——各管段终点水温，℃；

　　　t_c——各管段起点水温，℃；

q_s——各管段的热损失，kJ/h；

q'_x——各管段的循环流量，L/h；

C——水的比热，$C=4.187$kJ/(kg·℃)；

ρ_r——热水密度，kg/L。

计算结果如与原来确定的温度相差较大，应以式（8-41）和式（8-45）的计算结果：$t'_z=\dfrac{t_z+t'_z}{2}$ 作为各管段的终点水温，重新进行上述 2）～6）的运算。

7）计算循环管网的总水头损失，公式如下：

$$H=(H_p+H_x)+H_j \tag{8-46}$$

式中　H——循环管网的总水头损失，kPa；

　　　H_p——循环流量通过配水计算管路的沿程和局部水头损失，kPa；

　　　H_x——循环流量通过回水计算管路的沿程和局部水头损失，kPa；

　　　H_j——循环流量通过水加热器的水头损失，kPa。

容积式水加热器、导流型容积式水加热器、半容积式水加热器和加热水箱，因容器内被加热水的流速一般较低（$v\leqslant0.1$m/s），其流程短，故水头损失很小，在热水系统中可忽略不计。

对于快速式水加热器，被加热水在其中流速较大，流程也长，水头损失应以沿程和局部水头损失之和计算，即：

$$\Delta H=10\times\left(\lambda\frac{L}{d_j}+\Sigma\,\xi\right)\frac{v^2}{2g} \tag{8-47}$$

式中　ΔH——快速式水加热器中热水的水头损失，kPa；

　　　λ——管道沿程阻力系数；

　　　L——被加热水的流程长度，m；

　　　d_j——传热管计算管径，m；

　　　ξ——局部阻力系数，可参考图 8-6，按表 8-19 选用；

　　　v——被加热水的流速，m/s；

　　　g——重力加速度，m/s²，一般取 9.81m/s²。

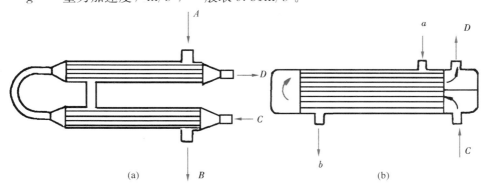

图 8-6　快速式水加热器局部阻力构造

（a）水-水快速式水加热器；（b）汽-水快速式水加热器

A—热媒水；a—热媒蒸汽；B—热媒回水；b—凝结水；C—冷水；D—热水

计算循环管路配水管及回水管的局部水头损失可按沿程水头损失的 20%～30%估算。

8）选择循环水泵

热水循环水泵通常安装在回水干管的末端，热水循环水泵宜选用热水泵，水泵壳体承受的工作压力不得小于其所承受的静水压力加水泵扬程。循环水泵宜设备用泵，交替运行。

循环水泵的流量，计算公式如下：

$$q_{xh} = K_x \cdot q_x \qquad (8-48)$$

式中　q_{xh}——循环水泵的流量，L/h；

q_x——全日热水供应系统的总循环流量，L/s。

K_x——相应循环措施的附加系数，取 1.5～2.5。

快速式水加热器局部阻力系数 ξ 值　　　　表 8-19

水加热器类型	局部阻力形式		ξ 值
水-水快速式水加热器	热媒管道	水室到管束或管束到水室	0.5
		经水室转 180°由一管束到另一管束	2.5
	热水管道	与管束垂直进入管间	1.5
		与管束垂直流出管间	1.0
		在管间绕过支承板	0.5
		在管间由一段到另一段	2.5
汽-水快速式水加热器	热媒管道	与管束垂直的水室进口或出口	0.75
		经水室转 180°	1.5
	热水管道	与管束垂直进入管间	1.5
		与管束垂直流出管间	1.0

循环水泵的扬程

$$H_b \geqslant H_p + H_X + H_j \qquad (8-49)$$

式中　　H_b——循环水泵的扬程，kPa；

H_p、H_X、H_j——同式（8-46）。

（2）定时热水供应系统机械循环管网计算

定时热水供应系统的循环水泵大多在供应热水前半小时开始运转，直到把水加热至规定温度，循环水泵即停止工作。因定时供应热水时用水较集中，故不考虑热水循环，循环水泵关闭。

定时热水供应系统中热水循环流量的计算，是按循环管网中的水每小时循环的次数来确定，一般按 2～4 次计算，系统较大时取下限，反之取上限。

循环水泵的出水量即为热水循环流量：

$$Q_b \geqslant (2 \sim 4)V \qquad (8-50)$$

式中　Q_b——循环水泵的流量，L/h；

V——热水循环管网系统的水容积，不包括无回水管的管段和加热设备的容积，L。

循环水泵的扬程，计算公式同（8-48）。

4. 自然循环热水管网的计算

在小型或层数少的建筑中，有时也采用自然循环热水供应方式。

自然循环热水管网的计算方法和程序与机械循环方式大致相同，也要如前述先求出管网总热损失、总循环流量、各管段循环流量和循环水头损失。但应在求出循环管网的总水头损失之后，先校核一下系统的自然循环压力值是否满足要求。由于热水循环管网有上行下给式和下行上给式两种方式，因此，其自然循环压力值的计算公式也不同。

（1）上行下给式管网（图 8-7（a）），可按式（8-51）计算：

$$H_{zr} = 9.8\Delta h\,(\rho_3 - \rho_4) \tag{8-51}$$

式中　H_{zr}——上行下给式管网的自然循环压力，Pa；

　　　Δh——锅炉或水加热器的中心与上行横干管中点的标高差，m；

　　　ρ_3——最远处立管中热水的平均密度，kg/m^3；

　　　ρ_4——总配水立管中热水的平均密度，kg/m^3。

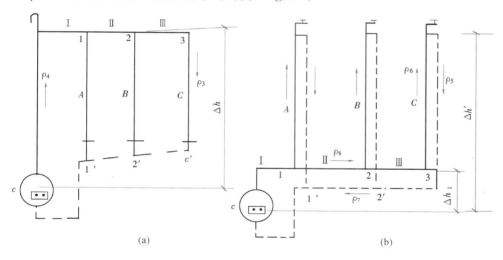

图 8-7　热水系统自然循环压力计算图
(a) 上行下给式管网；(b) 下行上给式管网

（2）下行上给式管网（图 8-7（b）），可按式（8-52）计算：

$$H_{zr} = 9.8\left[(\Delta h' - \Delta h_1)(\rho_5 - \rho_6) + \Delta h_1(\rho_7 - \rho_8)\right] \tag{8-52}$$

式中　H_{zr}——下行上给式管网的自然循环压力，Pa；

　　　$\Delta h'$——锅炉或水加热器的中心至立管顶部的标高差，m；

　　　Δh_1——锅炉或水加热器的中心至配水横干管中心垂直距离，m；

　　　ρ_5、ρ_6——最远处回水立管、配水立管管段中热水的平均密度，kg/m^3；

　　　ρ_7、ρ_8——水平干管回水立管、配水立管管段中热水的平均密度，kg/m^3。

当管网循环水压 $H_{zr} \geqslant 1.35H$ 时，管网才能安全可靠地自然循环，H 为循环管网的总水头损失，可由式（8-45）计算确定。否则应采取机械强制循环。

思考题与习题

一、思考题

1. 热水小时变化系数 K_h 应根据热水用水定额高低使用人（床）数多少取值。当热水用水定额高，使用人（床）数多时，取____值，反之取____值，中间值可用内插法求得。

　　A. 低，高　　　　B. 高，低　　　　C. 上限，下限　　　D. 下限，上限

2. 具有多个不同使用热水部门的单一建筑或具有多种使用功能的综合性建筑，当其热水有同一热水供应系统供应时，设计小时耗热量可按_____
计算。

　　A. 同一时间内出现用水高峰的主要用水部门的设计小时耗热量＋其他用水部门的平均小时耗热量

　　B. 所有用水部门的设计小时耗热量

　　C. 所有用水部门的平均小时耗热量

　　D. 同一时间内出现用水高峰时主要用水部门的平均小时耗热量＋其他用水部门的设计小时耗热量

3. 当热水管道公称直径为 25～40mm 时，其管道内的流速应不大于_____m/s。

　　A. 0.8　　　　　B. 1.0　　　　　C. 1.2　　　　　D. 2.5

4. 热水横干管的敷设坡度不宜小于_____，应沿水流方向上升，利于管道中的气体向高点聚集，利于排气。

　　A. 0.003　　　　B. 0.006　　　　C. 0.001　　　　D. 0.004

二、计算题

1. 某宾馆，客房设计床位数为 900，员工人数 80 人，室内设有集中热水供应系统。已知：旅客热水量用水标准为 150 L/（人·d），员工 40 L/（人·d），$K_h=2.95$，冷水温度 10℃，热水温度 60℃。

　　（1）计算设计小时热水量及设计小时耗热量。

　　（2）计划采用蒸汽间接加热，蒸汽的汽化热为 2167kJ/kg，计算热媒耗量。

2. 某洗衣房全日制集中热水供应系统采用"水·水"半容积式水加热器配置热水箱的供热方式，热媒水初温和终温分别为 95℃和 70℃，设计小时耗热量为 100000kJ/h；加热器热水出水为 64℃，洗衣使用温度为 40℃，冷水计算温度为 10℃，则该热水箱的最小有效贮热容积应为多少？

　　（注：在标准大气压下各种水温的密度为：$\rho_{10℃}=999.73kg/m^3$，$\rho_{40℃}=992.24kg/m^3$，$\rho_{60℃}=983.24kg/m^3$，$\rho_{64℃}=981.13kg/m^3$，$\rho_{70℃}=977.82kg/m^3$，$\rho_{95℃}=961.22kg/m^3$）

第9章 饮 水 供 应

9.1 饮水供应系统及制备方法

饮水供应主要有开水供应系统和冷饮水供应系统两类，采用何种系统应根据当地的生活习惯和建筑物的使用性质确定。

我国办公楼、旅馆、大学学生宿舍、军营多采用开水供应系统；大型娱乐场所等公共建筑、工矿企业生产热车间多采用冷饮水供应系统。

开水供应系统分集中开水供应和管道输送开水两种方式。集中制备开水的加热方法一般采用间接加热方式，不宜采用蒸汽直接加热方式。

集中开水供应是在开水间集中制备开水，人们用容器取水饮用，如图 9-1 所示。这种方式适合于机关、学校等建筑，设开水点的开水间宜靠近锅炉房、食堂等有热源的地方。每个集中开水间的服务半径范围一般不宜大于 250m。也可以在建筑内每层设开水间，集中制备开水，如图 9-2 所示，即把蒸汽热媒管道送到各层开水间，每层设间接加热开水器，其服务半径不宜大于 70m。还可用燃气、燃油开水炉、电加热开水炉代替间接加热器。

对于标准要求较高的建筑物如宾馆等，可采用集中制备开水用管道输送到各开水供应点，如图 9-3 所示。为保证各开水供应点的水温，系统采用机械循环方式，该系统要求水加热器出水水温不小于105℃，回水温度为100℃。该系统加热设备可采用水

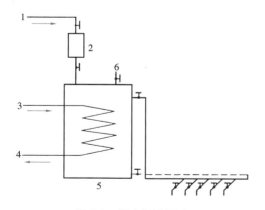

图 9-1　集中制备开水

1—给水；2—过滤器；3—蒸汽；
4—冷凝水；5—水加热器；6—安全阀

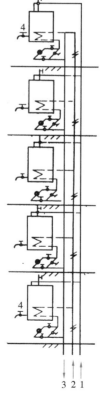

图 9-2　每层制备开水

1—给水；2—蒸汽；
3—冷凝水；4—开水器

加热器间接加热，也可选用燃油开水炉或电加热开水炉直接加热。加热设备可设于底层，采用下行上给的全循环方式，如图 9-3 （a）所示，也可设于顶层，采用上行下给的全循环方式，如图 9-3（b）所示。

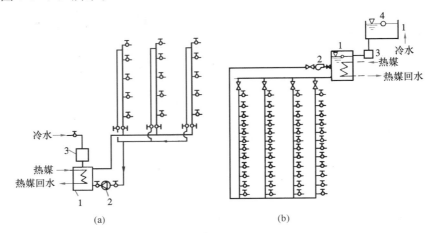

图 9-3　管道输送开水全循环方式

1—开水器（水加热器）；2—循环水泵；3—过滤器；4—高位水箱

对于中小学校、体育场、游泳场、火车站等人员流动较集中的公共场所，可采用冷饮水供应系统，如图 9-4 所示。人们从饮水器中直接喝水，既方便又可防止疾病的传播。图 9-5 所示为较常见的一种饮水器。

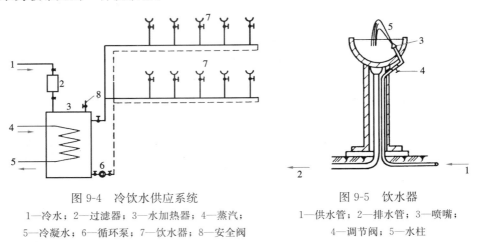

图 9-4　冷饮水供应系统

1—冷水；2—过滤器；3—水加热器；4—蒸汽；
5—冷凝水；6—循环泵；7—饮水器；8—安全阀

图 9-5　饮水器

1—供水管；2—排水管；3—喷嘴；
4—调节阀；5—水柱

冷饮水的供应水温可根据建筑物的性质按需要确定。一般在夏季不启用加热设备，冷饮水温度与自来水水温相同即可。在冬季，冷饮水温度一般取35～45℃，要求与人体温度接近，饮用后无不适感觉。

冷饮水供应系统应设置循环管道，避免水流滞留影响水质，循环回水也应进行消毒灭菌处理。

所有饮水管道应采用铜管、不锈钢管、铝塑复合管或聚丁烯管，配件材料与管材相同，保证管道和配件材质不对饮水水质产生有害影响。

冷饮水在接至饮水器前必须进行水质净化处理，其制备方式有三种：

（1）自来水烧开后再冷却至饮水温度；

（2）自来水经净化处理后再经水加热器加热至饮水温度；

（3）自来水经净化处理后直接供给用户或饮水点。

冷饮水的常规处理方法是过滤和消毒，用于去除自来水中的悬浮物、有机物和病菌。可采用活性炭过滤、砂滤、电渗析、紫外线、加氯、臭氧消毒等处理方法。

随着社会和经济的发展，人们对饮水质量日益关注。市场上应运出现了大量的净水装置和家庭使用的各种净水器，为用户提供矿泉水、蒸馏水、纯水、活性水、离子水等多种饮水。一些地区还开发建立了居住小区优质水供应站，以自来水为水源经过深度处理，为居民提供可直接饮用的优质水。

饮用矿泉水分天然矿泉水和人工矿泉水两类。天然矿泉水取自地下深部循环的地下水，其水质应符合《食品安全国家标准饮用天然矿泉水》GB 8537—2018 要求，其生产工艺流程一般如图 9-6 所示；人工矿泉水是由人工将净化后的水放入装有矿石的装置中进行矿化，再经消毒处理后制成。

图 9-6　天然饮用矿泉水工艺流程示意图

纯水作为饮用水目前市场上相对较多，其电阻率比蒸馏水优一个数量级：ρ 为 $1\sim10\mathrm{M\Omega \cdot cm}$。纯水制备工艺流程如图 9-7 所示，深度预处理主要去除水中的干扰物质，如浊度物质、色度、大分子有机物、胶体物质等。欲获得良好的预处理、延长过滤剂使用寿命，需多种工艺有机结合、多级串联；主处理是净水的核心工序，可进一步去除预处理和常规处理中难以去除的小分子有机物，目前采用反渗透法较多，其次是超滤。反渗透属膜分离技术，可去除 98% 以上的无机盐、有机物、胶体、浊度物质以及三致有机物。超滤是用一种具有半渗透性的膜，在动态压力下截留分子量约为几百的有机分子，在截留杂质的同时保证有益离子状矿物质通过。其精度稍逊于反渗透，但操作压力低较易被采纳；后处理的主要功效是消毒、杀菌，使用较多的是紫外线消毒等非氯氧化，如臭氧消毒、微电解消毒等。

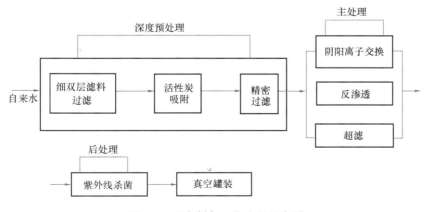

图 9-7　纯水制备工艺流程示意图

9.2 饮水供应的水力计算

饮用开水和饮冷水的用水量应按表 9-1 的饮水定额和小时变化系数计算。开水温度，集中开水供应系统按 100℃ 计算，管道输送全循环供水系统按 105℃ 计算。

饮用水定额及小时变化系数 表 9-1

建筑物名称	单位	饮水定额（L）	小时变化系数
热车间	每人每班	3～5	1.5
一般车间	每人每班	2～4	1.5
工厂生活间	每人每班	1～2	1.5
办公楼	每人每班	1～2	1.5
宿舍	每人每日	1～2	1.5
教学楼	每学生每日	1～2	2.0
医院	每病床每日	2～3	1.5
影剧院	每观众每场	0.2	1.0
招待所、旅馆	每客人每日	2～3	1.5
体育馆（场）	每观众每场	0.2	1.0

注：小时变化系数指开水供应时间内的变化系数。

设计最大时饮用水量的计算公式如下：

$$q_{E\max} = K_k \frac{m \cdot q_E}{T} \qquad (9\text{-}1)$$

式中　$q_{E\max}$——设计最大时饮用水量，L/h；

　　　K_k——小时变化系数，按表 9-1 选用；

　　　q_E——饮水定额，L/（人·d）或 L/（床·d）或 L/（观众·d），按表 9-1 选用；

　　　m——用水计算单位数，人数或床位数等；

　　　T——供应饮用水时间，h。

制备开水所需的最大时耗热量按下式计算：

$$Q_K = (1.05 \sim 1.10)(t_k - t_l) q_{E\max} \cdot C_B \cdot \rho_r \qquad (9\text{-}2)$$

式中　Q_K——制备开水所需的最大小时耗热量，kJ/h；

　　　t_k——开水的温度，集中开水供应系统按 100℃ 计算；管道输送全循环系统按 105℃ 计算；

　　　t_l——冷水计算温度，按表 5-5 确定；

　　　C_B——水的比热，$C = 4.19$ kJ/（kg·℃）；

　　　$q_{E\max}$——设计最大饮用水量，L/h；

　　　ρ_r——热水密度，kg/L。

在冬季需把冷饮水加热到 35～40℃，制备冷饮水所需的最大时耗热量为：

$$Q_E = (1.05 \sim 1.10)(t_E - t_l) q_{E\max} \cdot C_B \cdot \rho_r \qquad (9\text{-}3)$$

式中　t_E——冬季冷饮水的温度，一般取 40℃；

其他符号同式（9-2）。

开水供应系统和冷饮水系统中管道的流速一般不大于 1.0m/s，循环管道的流速可大于 2m/s。计算管网时采用 95℃水力计算表。

管网的计算方法和步骤以及设备的选择方法与热水管网相同。

9.3　管道饮用净水供应

9.3.1　分质供水

生活给水包括一般日常生活用水和饮用水两部分，一般来说，与饮水和烹调有关的用水量只占日常生活用水量的 2%～5%，每人每日需要 3 升左右，这部分水直接参与人体的新陈代谢，对人体健康影响极大，其水质应是优质的，需要进行深度处理。而其他 95%～98%的生活用水，仅作为洗涤、清洁之用，对水质的要求并不一定很高，满足国家规定的《生活饮用水卫生标准》GB 5749—2006 即可。直接饮用的水与生活用水的水质、水量相差比较大，如将生活给水全部按直接饮用水的水质标准进行处理，则太不经济，也没有必要。而分质供水就是根据人们用水的不同水质需要而提出的，是解决供水水质问题的经济、有效的途径。

分质供水是根据用水水质的不同，在建筑内或小区内，组成不同的给水系统，如直接利用市政自来水，供给清洁、洗涤、冲洗等用水，为生活给水系统；自来水经过深度净化处理，达到饮用净水标准，供人们直接饮用，为饮用净水（优质水）系统（管道直饮水系统）；在建筑中或建筑群中将洗涤等用水收集后加以处理，回用供冲厕、洗车、浇洒绿地等用水，为中水供水系统。

管道饮用净水系统（直饮水系统）是指在建筑物内部保持原有的自来水管道系统不变，供应人们生活清洁、洗涤用水，同时对自来水中只占 2%～5%用于直接饮用的水集中进行深度处理后，采用高质量无污染的管道材料和管道配件，设置独立于自来水管道系统的饮用净水管道系统至用户，用户打开水嘴即可直接饮用。如果配置专用的管道饮用净水机与饮用净水管道连接，可从饮用净水机中直接供应热饮水或冷饮水，非常方便。

9.3.2　管道饮用净水的水质要求

1. 管道饮用净水的水质要求

直接饮用水应在符合国家《生活饮用水卫生标准》GB 5749—2006 的基础上进行深度处理，系统中水嘴出水的水质指标不应低于建设部颁发的中华人民共和国城镇建设行业标准《饮用净水水质标准》CJ 94—2005，见表 9-2。

《饮用净水水质标准》CJ 94—2005　　　　表 9-2

项目		限值
感官性状	色度	5 度
	浑浊度	0.5NTU
	臭和味	无异臭异味
	肉眼可见物	无

续表

项目		限值
一般化学指标	pH	6.0～8.5
	硬度（以碳酸钙计）	300mg/L
	铁	0.2mg/L
	锰	0.05mg/L
	铜	1.0mg/L
	锌	1.0mg/L
	铝	0.2mg/L
	挥发性酚类	0.002mg/L
	阴离子合成洗涤剂	0.20mg/L
	硫酸盐	100mg/L
	氯化物	100mg/L
	溶解性总固体	500mg/L
	耗氧量（COD_{Mn}，以 O_2 计）	2.0mg/L
毒理学指标	氟化物	1.0mg/L
	硝酸盐氮（以 N 计）	10mg/L
	砷	0.01mg/L
	硒	0.01mg/L
	汞	0.001mg/L
	镉	0.003mg/L
	铬（六价）	0.05mg/L
	铅	0.01mg/L
	银（采用载银活性炭测定时）	0.05mg/L
	氯仿	0.03mg/L
	四氯化碳	0.002mg/L
	亚氯酸盐（采用 ClO_2 消毒时测定）	0.70mg/L
	氯酸盐（采用 ClO_2 消毒时测定）	0.70mg/L
	溴酸盐（采用 O_3 消毒时测定）	0.01mg/L
	甲醛（采用 O_3 消毒时测定）	0.90mg/L
细菌学指标	细菌总数	50cfu/mL
	总大肠菌群	每 100mL 水样中不得检出
	粪大肠菌群	每 100mL 水样中不得检出
	余氯	0.01mg/L（管网末梢水）*
	臭氧（采用 O_3 消毒时测定）	0.01mg/L（管网末梢水）*
	二氧化氯（采用 ClO_2 消毒时测定）	0.01mg/L（管网末梢水）* 或余氯 0.01mg/L（管网末梢水）*

注：表中带"＊"的限值为该项目的检出限，实测浓度应不小于检出限。

2. 饮用净水（优质直饮水）的处理

（1）水处理技术

目前，饮用净水深度处理常用的方法有活性炭吸附过滤法和膜分离法。

1）活性炭吸附过滤法

活性炭在水处理中具有如下功能：

①除臭。去除酚类、油类、植物腐烂和氯杀菌所导致水的异臭。

②除色。去除铁、锰等重金属的氧化物和有机物所产生的色度。

③除有机物。去除腐质酸类、蛋白质、洗涤剂、杀虫剂等天然的或人工合成的有机物质，降低水中的耗氧量（BOD，COD）。

④除氯。去除水中游离氯、氯酚、氯胺等。

⑤除重金属。去除汞（Hg）、铬（Cr）、砷（As）、锡（Sn）、锑（Sb）等有毒有害的重金属。

活性炭有粉状活性炭（粉末炭）和粒状活性炭（粒状炭）两大类。粉状活性炭适用于有混凝、澄清、过滤设备的水处理系统。在饮用水深度处理中通常采用粒状活性炭。粒状活性炭适用于在吸附装置内充填成炭层，水流在连续通过炭层的过程中，接触并吸附，粒状活性炭在吸附饱和后可在 $900\sim1100℃$ 绝氧条件下再生，粒状活性炭吸附装置的构造与普通快滤池相同，故亦称为活性炭过滤。在饮用水深度处理系统中通常采用压力式活性炭过滤器。

2）膜分离法

用于饮用水处理中的膜分离处理工艺通常分为四类，即微滤（MF）、超滤（UF）、纳滤（NF）和反渗透（RO）。这些膜分离过程可使用的装置、流程设计都相对较为成熟。

①微滤（MF）

微滤所用的过滤介质——微滤膜是由天然或高分子合成材料制成的孔径均匀整齐的类似筛网状结构的物质。微滤是以静压力为推动力，利用筛网状过滤介质膜的"筛合"作用进行分离膜的过程，其原理与普通过滤相似，但过滤膜孔径为 $0.02\sim10\mu m$，所以又称精密过滤。与常规过滤的过滤介质相比，微孔过滤具有过滤精度高、过滤速度快、水头损失小、对截留物的吸附量少及无介质脱落等优点。由于孔径均匀，膜的质地薄，易被粒径与孔径相仿的颗粒堵塞。因此进入微滤装置的水质应有一定的要求，尤其是浊度不应大于5NTU。微滤能有效截留分离超微悬浮物、乳液、溶胶、有机物和微生物等杂质，小孔径的微滤膜还能过滤部分细菌。

当原水中的胶体与有机污染少时可以采用，其特点是水通量大，渗透通量20℃时为 $120\sim600L/(h\cdot m^2)$；工作压力为 $0.05\sim0.2MPa$；水耗 $5\%\sim8\%$。出水浊度低。

②超滤（UF）

超滤过程通常可以理解成与膜孔径大小相关的筛合过程。以膜两侧的压力差为驱动力，以超滤膜为过滤介质。在一定的压力下，当水流过表面时，只允许水、无机盐及小分子物质透过膜，而阻止水中的悬浮物、胶体、蛋白质和微生物等大分子物质通过，以达到溶液的净化、分离与浓缩的目的。

超滤的过滤范围一般介于纳滤与微滤之间，它的定义域为截留分子量 500～500000 左右，相应孔径大小的近似值约为$(20 \times 10^{-10}) \sim (1000 \times 10^{-10})$m 之间。一般可截留大于 500 分子量的大分子和胶体，这种液体的渗透压很小，可以忽略不计。所以超滤的操作压力较小，一般在 $0.1 \sim 0.5$MPa，膜的水透过率为 $0.5 \sim 5.0$m³/(m²·d)，水耗量 8%～20%。

采用超滤膜可以去除和分离超微悬浮物、乳液、溶胶、高分子有机物、动物胶、果胶、细菌和病毒等杂质，出水浊度低。

③纳滤（NF）

纳滤膜的孔径在纳米范围，所以称纳滤膜及纳滤过程。在滤谱上它位于反渗透和超滤渗透之间，纳滤膜和反渗透膜几乎相同，只是其网络结构更疏松，对单价离子（Na^+，Cl^- 等）的截留率较低（小于 50%），但对 Ca^{2+}，Mg^{2+} 等二价离子截留率很高（大于 90%），同时对除草剂、杀虫剂、农药等微污染物或微溶质及染料、糖等低分子，有较好的截留率。纳滤特别适合用于分离分子量为几百的有机化合物，它的操作压力一般不到 1MPa。

④反渗透（RO）

反渗透过程是渗透过程的逆过程，即在浓溶液一边加上比自然渗透更高的压力，扭转自然渗透方向，把浓溶液中的溶剂（水）压到半透膜的另一边。当对盐水一侧施加压力超过水的渗透压时，可以利用半透膜装置从盐水中获得淡水。截留组分一般为 $0.1 \sim 1$nm 小分子溶质，对水中单价离子（Na^+、K^+、Cl^-、NO_3^- 等）、二价离子（Ca^{2+}、Mg^{2+}、SO_4^{2-}、CO_3^{2-}）、细菌、病毒的截留率大于 99%。采用反渗透法净化水，可以得到无色、无味、无毒、无金属离子的超纯水。但由于 RO 膜的良好的截留率性能，将绝大多数的无机离子（包括对人类有益的盐类等）从水中除去，长期饮用会影响人体健康。

反渗透装置一般工作压力为 $1 \sim 10$MPa。

3）饮用净水的后处理

①消毒

确定饮用净水消毒工艺应考虑以下几个因素：杀菌效果与持续能力；残余药剂的可变毒理；饮用净水的口感以及运行管理费用等。

饮用净水消毒一般采用臭氧、二氧化氯、紫外线照射或微电解杀菌。目前常用紫外线照射与臭氧或与二氧化氯合用，以保证在居民饮用时水中仍能含有少量的臭氧或与二氧化氯，确保无生物污染；因经过深度处理的水中有机物含量减少，一般不会发生有机卤化物的危害。

②矿化

由于经纳滤和反渗透处理后，水中的矿物盐大大降低，为使洁净水中含有适量的矿物盐，可以对水进行矿化，将膜处理后的水再进入装填有含矿物质的粒状介质（如木鱼石、麦饭石等）的过滤器处理，使过滤出水含有一定的矿物盐。

（2）饮用水深度处理工艺流程

管道优质饮用净水深度处理的工艺、技术和设备都已十分成熟。因管道饮用净水的供水规模一般比较小，国内已经有一些厂家生产各种处理规模的综合净水装置，以适应建筑或小区规模有限、用地紧张的情况。设计时应根据城市自来水或其他水源的水质情况、净化水质要求、当地条件等，选择饮用净水处理工艺。一般地面水源，主要污染是胶体和有机污染，饮用净水深度处理工艺中活性炭是必须的，微滤或超滤也常被采用；地下水源的主要污染一般是无机盐、硬度、硝酸盐超标或总溶解固体超标，也有的水源受到有机污染，在处理工艺中离子交换与纳滤是必须有的，也常用活性炭去除有机物污染。深度处理工艺如图 9-8 所示。

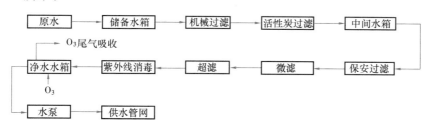

图 9-8　深度处理工艺

9.3.3　管道饮用净水供应方式和系统设置

1. 管道饮用净水供应方式

管道饮用净水系统一般由供水水泵、循环水泵、供水管网、回水管网、消毒设备等组成。为了保证水质不受二次污染，饮用净水配水管网的设计应特别注意水力循环问题，配水管网应设计成密闭式，将循环管路设计成同程式，用循环水泵使管网中的水得以循环。常见的供水方式有：

（1）水泵和高位水罐（箱）供水方式

图 9-9 高位水箱供水方式，净水车间及饮用净水泵设于管网的下部。管网为上供下回式，高位水箱出口处设置消毒器，并在回水管路中设置防回流器，以保证供水水质。

（2）变频调速泵供水方式

图 9-10 变频调速泵供水方式，净水车间设于管网的下部，管网为下供上回式，由变频调速泵供水，不设高位水箱。

（3）屋顶水池重力流供水方式

屋顶水池重力流供水系统如图 9-11 所示，净水车间设于屋顶，饮用净水池中的水靠重力供给配水管网，不设置饮用净水泵，但设置循环水泵，以保证系统的正常循环。

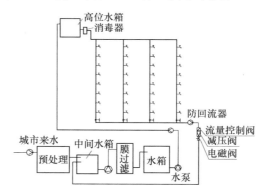

图 9-9　高位水箱供水方式

高层建筑中的饮用净水供水系统应采用竖向分区供水方式，分区时可优先考虑使用减压阀分区供水，饮用净水系统的分区压力可比自来水系统的值取小些，住宅中分区压力 $\leqslant 0.35\mathrm{MPa}$，办公楼中分区压力 $\leqslant 0.40\mathrm{MPa}$。

2. 管道饮用净水系统设置要求

为保证管道饮用净水系统的正常工作，并有效地避免水质二次污染，饮用净水必须设循环管道，并应保证干管和立管中饮水的有效循环。其目的是防止管网中长时间滞流的饮水在管道接头、阀门等局部不光滑处由于细菌繁殖或微粒集聚等因素而产生水质污染。循环系统把系统中污染物及时去掉，避免水质的下降，同时又缩短了水在配水管网中的停留

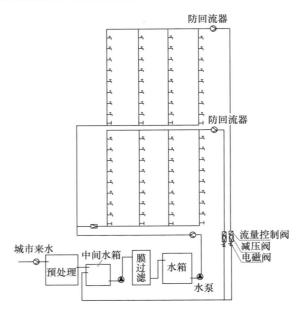

图 9-10　变频调速泵供水方式

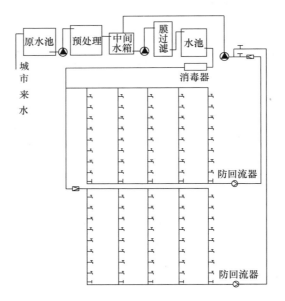

图 9-11　屋顶水箱重力供水方式

时间（规定循环管网内水的停留时间不宜超过 6h），借以抑制水中微生物的繁殖。

饮用净水管道系统的设置一般应满足以下要求：

（1）系统应设计成环状，循环管路应为同程式，进行循环消毒以保证足够的水量和水压和合格的水质；

（2）设计循环系统的运行时不得影响配水系统的正常工作压力和饮水嘴的出流率；

（3）饮用净水在供配水系统中的停留时间不应超过 12h，供配水管路中不应产生滞水现象；

（4）各处的饮用净水嘴的自由水头应尽量相近，且不宜小于 0.03MPa；

（5）饮用净水管网系统应独立设置，不得与非饮用净水管网相连；

（6）一般应优先选用无高位水箱的供水系统，宜采用变频调速水泵供水系统；

（7）配水管网循环立管上、下端头部位设阀门；管网中应设置检修阀门；在管网最远端设排水阀门；管道最高处设置排气阀。排气阀处应有滤菌、防尘装置。排水阀和排气阀处不得有死水存留现象，排水口应有防污染措施。

9.3.4　饮用净水供应系统的水力计算

饮用净水供应系统的水力计算，应考虑建筑物的性质、地区气候条件、经济发展水平、人民生活习惯等因素，选择合适的设计参数进行计算。

1. 饮用净水的水量和水压

饮用净水系统应保证向用户提供足够的水量和水压，额定水量包括居民日用水量和水嘴流量，水压指水嘴处的出水水压。

（1）水量要求

饮用净水（管道直饮水）主要用于居民饮用、煮饭、烹饪，也可用于淘米、洗涤蔬菜水果等，其用水量随经济水平、生活习惯、水嘴水流特性等因素而变化，特别是受水价的影响比较大。

根据有关研究结果，一般用于饮用和做饭的水量估算约占平均日用水量的 4% 左右。设有管道直饮水的建筑最高日管道直饮水定额可按表 9-3 采用。

最高日管道直饮水定额　　　　　　　　　　　　　　　　表 9-3

用水场所	单位	定额	用水场所	单位	定额
住宅楼	L/（人·日）	2.0～2.5	教学楼	L/（人·日）	1.0～2.0
办公楼	L/（人·班）	1.0～2.0	旅　馆	L/（床·日）	2.0～3.0

注：1. 此定额仅为饮用水量。

　　2. 经济发达地区的居民住宅楼可提高至 4～5L/（人·日）。

　　3. 也可根据用户要求确定。

饮用净水水嘴的出水量和自由水头应先满足使用要求。由于饮用净水的用水量小，而且价格比一般生活给水贵很多，为了避免饮水的浪费，饮用净水不能采用一般额定流量大的水嘴，应采用额定流量小的专用水嘴，饮用净水（管道直饮水）水嘴额定流量宜为 0.04～0.06L/s，最低工作压力不小于 0.03MPa。

（2）最大时饮用水量 Q_{yh}

根据调查，普通住宅约有 40% 的日用水量集中在做晚饭的一小时内耗用（主要是做饭洗菜及烧开水），故推荐 $Q_{yh} \geqslant 0.4Q_{yd}$，$Q_{yd}$ 为系统日用水量。

设计最大时饮用水量，与饮用开水设计流量相同，可按式（9-1）计算（同饮开水设计流量）。

饮用水定额及小时变化系数，根据建筑物的性质和地区的条件，可按表 9-1 确定。办公楼内的饮水常常是开水炉将自来水烧开后供给，配置饮用净水管道后，可同时供应开水和冷开水，用水规律变化不大，时变化系数可参照传统值，取 $K_h = 2.5～4.0$，用水时间可取 10h；住宅、公寓可取 $K_h = 4.0～6.0$，用水时间可取 24 小时。

2. 饮用净水管网系统水力计算

饮用净水管网系统分为供水管网和循环管网，通过水力计算确定各管段管径及水头损失，以及选择加压贮水设备等。

根据饮用净水的使用情况，系统的用水在一天中每时每刻都是变化的，为保证用水可靠，应以最不利时刻的最大用水量为各管段管道的设计流量。对供水管网而言，管道的设计流量应为饮用净水设计秒流量与循环水量之和。对循环水管网而言，如采用全天循环方式，每条支管回流量可以采用一个饮用净水水嘴的额定流量，系统的回流量为各支管循环流量的总和。

（1）设计秒流量

饮用净水供应系统的中配水管中的设计秒流量应按下式计算：

$$q_g = q_0 m \tag{9-4}$$

式中　q_g——计算管段的设计秒流量，L/s；

　　　q_0——饮水水嘴额定流量，取 0.04～0.06L/s；

　　　m——计算管段上同时使用饮水水嘴的个数，设计时可按表 9-4 或表 9-5 选用。

当管道中的水嘴数量在 12 个以下时，m 值可以采用表 9-4 中的经验值。

m 值 经 验 值　　　　　　　　　　　表 9-4

水嘴数量 n	1	2	3～8	9～24
使用数量 m	1	2	3	4

当管道中的水嘴数量多于 24 个时，m 值按下式计算：

$$\sum_{k=0}^{m} p^k (1-p)^{n-k} \geqslant 0.99 \tag{9-5}$$

式中　k——表示 1～m 个饮水水嘴数；

　　　n——饮水水嘴总数，个；

　　　p——饮水水嘴使用概率。

$$p = \alpha Q_d / 1800 n q_0 \tag{9-6}$$

式中　α——经验系数，住宅楼、公寓取 0.22，办公楼、会展中心、航站楼、火车站、客运站取 0.27，教学楼、体育场馆取 0.45，旅馆、医院取 0.15；

　　　Q_d——系统最高日直饮水量，L/d；

　　　q_0——饮水水嘴额定流量，L/s。

为简化计算，将式（9-4）计算结果列于表 9-5 中，设计时可以直接从表 9-5 中查出计算管段上同时使用饮水水嘴的个数 m 值。

（2）管径计算

管道的设计流量确定后，选择合理的流速，即可根据水力学公式计算管径：

$$d = \sqrt{\frac{4q_g}{\pi u}} \tag{9-7}$$

式中　d——管径，m；

　　　q_g——管段设计流量，m³/s；

　　　u——流速，m/s。

表 9-5

水嘴设置数量 12 个以上时水嘴同时使用数量

$P=\alpha Q_d/1800nq_0$　　n——饮用水嘴总数；Q_d——系统最高日自饮水量，L/d；q_0——饮用水嘴额定流量，L/s

P \ m	0.010	0.015	0.020	0.025	0.030	0.035	0.040	0.045	0.050	0.055	0.060	0.065	0.070	0.075	0.080	0.085	0.090	0.095	0.100
25	—	—	—	—	—	4	4	4	4	5	5	5	5	5	6	6	6	6	6
50	—	—	4	4	5	5	6	6	7	7	7	8	8	9	9	9	10	10	10
75	—	4	5	6	6	7	8	8	9	9	10	10	11	11	12	13	13	14	14
100	4	5	6	7	8	8	9	10	11	11	12	13	13	14	15	16	16	17	18
125	4	6	7	8	9	10	11	12	13	13	14	15	16	17	18	18	19	20	21
150	5	6	8	9	10	11	12	13	14	15	16	17	18	19	20	21	22	23	24
175	5	7	8	10	11	12	14	15	16	17	18	20	21	22	23	24	25	26	27
200	6	8	9	11	12	14	15	16	18	19	20	22	23	24	25	27	28	29	30
225	6	8	10	12	13	15	16	18	19	21	22	24	25	27	28	29	31	32	34
250	7	9	11	13	14	16	18	19	21	23	24	26	27	29	31	32	34	35	37
275	7	9	12	14	15	17	19	21	23	25	26	28	30	31	33	35	36	38	40
300	8	10	12	14	16	18	21	22	24	26	28	30	32	34	36	37	39	41	43
325	8	11	13	15	18	20	22	24	26	28	30	32	34	36	38	40	42	44	46
350	8	11	14	16	19	21	23	25	28	30	32	34	36	38	40	42	45	47	49
375	9	12	14	17	20	22	24	27	29	32	34	36	38	41	43	45	47	49	52
400	9	12	15	18	21	23	26	28	31	33	36	38	40	43	45	48	50	52	55
425	10	13	16	19	22	24	27	30	32	35	37	40	43	45	48	50	53	55	57

注：1. 用插值法求得 m。
2. m 小数点后四舍五入。

283

饮用净水管道的控制流速不宜过大，可按表 9-6 中的数值选用：

饮用净水管道中的流速

表 9-6

公称直径（mm）	15～20	25～40	≥50
流速（m/s）	≤0.8	≤1.0	≤1.2

（3）循环流量

系统的循环流量 q_x（L/h）一般可按下式计算：

$$q_x = V/T_1 \tag{9-8}$$

式中　q_x——循环流量，L/h；

V——为闭合循环回路上供水系统这部分的总容积，包括贮存设备的容积，L；

T_1——循环时间，h，不宜超过 4h。

（4）供水泵

变频调速水泵供水系统中，水泵流量计算公式：

$$Q_b = q_g \tag{9-9}$$

水泵扬程计算公式：

$$H_b = h_0 + 10z + \sum h \tag{9-10}$$

式中　Q_b——水泵设计流量，L/s；

H_b——供水泵设计扬程，kPa；

h_0——最不利点水嘴自由水头，kPa；

z——最不利水嘴与净水箱的几何高度，m；

$\sum h$——最不利水嘴到净水箱的管路总水头损失，kPa。

$\sum h$ 水头损失计算：

水头损失的计算与生活给水的水力计算方法相同。

设置循环水泵的系统中，循环水泵的扬程 h_B 由两部分：供水管网部分（包括水泵输水管）发生的水头损失 h_P 和循环管网部分发生的水头损失 h_X，即：

$$h_B = h_P + h_X \tag{9-11}$$

上式中 h_P 值的大小与循环泵的设计运行方式密切相关。若循环泵仅在无用水时运行，则 h_P 比 h_X 小得多，可以忽略不计；若循环泵连续运行，包括高峰用水时也运行，则 h_P 又比 h_X 大。实际上，循环泵的运行应以管网中的水能够维持更新为宗旨进行设定。当管网用水量超过了 q_X 时，管网水能够自行维持更新，可不必循环，循环泵应停止运行；当管网用水量小于 q_X，管网水就不能自我维持更新，循环系统应运行。可见，管网用水量是否超过 q_X 可作为控制循环泵启停的判定指标。为避免循环泵频繁启停，可允许用水流量围绕 q_X 值有一波动范围，比如正负 20%，即管网用水量达到 $1.2q_X$ 时停泵，小于 $0.8q_X$ 时启泵。在这样的运行方式下，循环泵运行时配水管网中的流速则比回水管中的流速小得多，从而 h_P 比 h_X 小得多，以至可忽略不计，即：$h_B \approx h_X$。

9.3.5　饮用净水管道系统中的水质防护

饮用净水在管网中的保质输送，是饮用净水管网系统设计中的关键，不仅是水处理设备出口处水质应合乎标准，更要保证各个水嘴出水的水质合乎标准。饮用净水系统需要向用户明确承诺，从水嘴流出的水是安全的，是可以直接饮用的。

但是从已建成的部分饮用净水系统工程实例的运行情况看，有些饮用净水系统存在着不可忽视的水质下降，如：饮用净水管道中经一、两周时间就有较明显的附壁物；有的饮用净水水箱中的水在夏天细菌超标；有的饮用净水系统因管网存在各种问题建成后不能运行等。优质饮用净水的二次污染可能出现在管网系统中的各个环节，因此，饮用净水管网系统若只在传统生活给水管网的概念上增加一套循环系统，仍不能完全解决问题，优质饮用净水管网系统除必须设置循环管网以外，还需采取积极主动的措施，抑制、减少污染物的产生，对可能产生的二次污染物及时去除。饮用净水系统的设计中一般应注意以下几点：

1. 管道、设备材料

饮用净水系统的管材应优于生活给水系统。净水机房以及与饮用净水直接接触的阀门、水表、管道连接件、密封材料、配水水嘴等均应符合食品级卫生标准，并应取得国家级资质认证。饮水管道应选用薄壁不锈钢管、薄壁铜管、优质塑料管，一般应优先选用薄壁不锈钢管，因其强度高、受高温变化的影响小、热传导系数低、内壁光滑、耐腐蚀、对水质的不利影响极小。

2. 水池、水箱的设置

水池水箱中出现的水质下降现象，常常是由于水的停留时间过长，使得生物繁殖、有机物及浊度增加造成的。饮用净水系统中水池水箱没有与其他系统合用的问题，但是，如果贮水容积计算值或调节水量的计算值偏大；以及小区集中供应饮用净水系统中，由于入住率低导致饮用净水用水量达不到设计值时，就有可能造成饮用净水在水池、水箱中的停留时间过长，引起水质下降。

为减少水质污染，应优先选用无高位水箱的供水系统，宜选用变频给水机组直接供水的系统，另外应保证饮用净水在整个供水系统中的停留时间不超过 12h。

3. 管网系统设计

饮用净水管网系统必须设置循环管道，并应保证干管和立管中饮用水的有效循环。

饮用净水管网系统应设置成环状，且上、下端横管应比配水立管管径大，循环回水管在配水环网的最末端、即距输水干管进入点最远处引出。如管网为枝状，若下游无人用水，则局部区域会形成滞水。当管网为环状时，这一问题便会缓解甚至消除，如果设计得当，即使某一立管无用水，也不易形成滞水。同时应尽量减少系统中的管道数量，各用户从立管上接至配水嘴的支管也应尽量缩短，一般不宜超过 1m，以减少死水管段，并尽量减少接头和阀门井。

饮用净水管道应有较高的流速，以防细菌繁殖和微粒沉积、附着在内壁上。干管（$DN \geqslant 32$）设计流速宜大于 1.0m/s，支管设计流速宜大于 0.6m/s。

循环回水须经过净化与消毒处理方可再进入饮用净水管道。

4. 防回流

防回流污染的主要措施有：若饮用净水水嘴用软管连接且水嘴不固定、使用中可随手移动，则支管不论长短，均设置防回流阀，以消除水嘴侵入低质水产生回流的可能；小区集中供水系统，各栋建筑的入户管在与室外管网的连接处设防回流阀；禁止与较低水质的管网或管道连接。

循环回水管的起端设防回流器以防循环管中的水"回流"到配水管网，造成回流污染。有条件时，分高、低区系统的回水管最好各自引回净水车间，以易于对高、低区管网的循环进行分别控制。

思考题与习题

一、思考题

1. 常见的饮水供应系统有哪几种？

2. 管道直饮水水质净化处理工艺选择的重要因素有哪些？

3. 管道直饮水系统的供水方式选择时应考虑哪些因素？

4. 管道直饮水的饮用净水水质标准，与生活饮用水卫生标准相比有哪些差异？

二、计算题

1. 某体育馆，夏季高峰时观众人数达到 10000 人，每天供应饮用水时间为 8h。试计算设计最大时饮用水量。

2. 某住宅楼直饮水系统，其某计算管段负担的饮用净水水嘴的数量为 120 个，试计算该计算管段的设计秒流量。

第10章　居住小区给水排水系统

我国现行的《城市居住区规划设计标准》GB 50180—2018 按照居民在合理的步行距离内满足基本生活需求的原则将居住区划分为十五分钟生活圈居住区、十分钟生活圈居住区、五分钟生活圈居住区及居住街坊四级。

成熟的居住小区具有较完整的、相对独立的给水排水系统，既不同于建筑给水排水工程设计，也有别于室外城市给水排水工程设计。居住小区给水排水管道是建筑给水排水管道和市政给水排水管道的过渡管段，其水量、水质特征及其变化规律与其服务范围、地域特征有关。

10.1　居住小区给水系统

居住小区给水系统的任务是从城镇给水管网（或自备水源）取水，按各建筑对水量、水压、水质的要求，将水输送并分配到各建筑物给水引入点处。

小区给水系统设计应综合利用各种资源，宜实行分质给水，充分利用再生水、雨水等非传统水源；优先采用循环和重复利用给水系统。

按照用途，居住小区给水系统可分为生活给水、消防给水、生活—消防共用给水系统这 3 类。若居住小区内的建筑物需要设置室内消防给水系统时，宜将生活给水和消防给水系统各自独立设置；若居住小区内的建筑物不需要设置室内消防给水系统，火灾扑救仅靠室外消火栓或消防车时，宜采用生活—消防共用给水系统。

10.1.1　居住小区给水系统的组成

居住小区给水系统主要由给水水源、管道系统、二次加压设施、贮水调节设施、管道附件等组成。

1. 给水水源

居住小区给水系统既可以直接利用现有供水管网作为给水水源，也可以适当利用自备水源。位于市区或厂矿区供水范围内的居住小区，应采用市政或厂矿给水管网作为给水水源，以减少工程投资，利于城市集中管理。

（1）远离市区或厂矿区的居住小区，若难以铺设供水管线，在技术经济合理的前提下，可采用自备水源。

（2）对于远离市区或厂矿区，但可以铺设专门的输水管线供水的居住小区，应通过技术经济比较确定是否自备水源。

自备水源的居住小区给水系统严禁与城市给水管道直接连接。当需要将城市给水作为自备水源的备用水或补充水时，只能将城市给水管道的水放入自备水源的贮水（或调节）池，经自备系统加压后使用。在严重缺水地区，应考虑建设居住小区中水工程，用中水来冲洗厕所、浇洒绿地和道路。

2. 给水管道系统

居住小区的给水管道系统分为小区给水引入管、小区给水管网和接户管这3部分。小区给水引入管是指由市政给水管道引入至小区给水管网的管段。小区给水管网包括有小区给水干管和小区给水支管。在布置小区管道时，应按小区给水引入管、给水干管、给水支管、接户管的顺序进行。给水管道的布置应符合下列要求：

(1) 为了保证小区供水可靠性，小区给水干管应布置成环状或与市政给水管网连成环状，与市政给水管网的连接管不少于两条，且当其中一条发生故障时，其余的连接管应通过不小于70%的水量。小区给水支管和接户管可布置成枝状。

(2) 小区给水干管宜沿用水量大的地段布置，以最短的距离向大用水户供水。

(3) 居住小区的室外给水管道应沿区内道路敷设，宜平行于建筑物敷设在人行道、慢车道或草地下，但不宜布置在底层住户的庭院内，以便于检修和减少对道路交通及住户的影响。架空管道不得影响运输、人行、交通及建筑物的自然采光。管道外壁距建筑物外墙的净距不宜小于1.0m，且不得影响建筑物的基础。

(4) 居住小区室外管线应进行综合设计，室外给水管道与其他地下管线、室外给水管道与建筑物、乔木之间的最小净距，应符合现行的《建筑给水排水设计标准》GB 50015—2019的要求。给水管与其他地下管线及乔木之间的最小水平、垂直净距见表10-1。

居住小区地下管线间的最小净距　　　　　　表 10-1

种类＼净距(m)＼种类	给水管		污水管		雨水管	
	水平	垂直	水平	垂直	水平	垂直
给水管	0.5～1.0	0.1～0.15	0.8～1.5	0.1～0.15	0.8～1.5	0.1～0.15
污水管	0.8～1.5	0.1～0.15	0.8～1.5	0.1～0.15	0.8～1.5	0.1～0.15
雨水管	0.8～1.5	0.1～0.15	0.8～1.5	0.1～0.15	0.8～1.5	0.1～0.15
低压燃气管	0.5～1.0	0.1～0.15	1.0	0.1～0.15	1.0	0.1～0.15
直埋式热水管	1.0	0.1～0.15	1.0	0.1～0.15	1.0	0.1～0.15
热力管沟	0.5～1.0	—	1.0	—	1.0	—
乔木中心	1.0	—	1.5	—	1.5	—
电力电缆	1.0	直埋 0.5 穿管 0.25	1.0	直埋 0.5 穿管 0.25	1.0	直埋 0.5 穿管 0.25
通信电缆	1.0	直埋 0.5 穿管 0.15	1.0	直埋 0.5 穿管 0.15	1.0	直埋 0.5 穿管 0.15
通信及照明电缆	0.5	—	1.0	—	1.0	—

注：1. 净距指管外壁距离，管道交叉设套管时指套管外壁距离，直埋式热水管指保温管壳外壁距离。

　　2. 电力电缆在道路的东侧（南北方向的路）或南侧（东西方向的路）；通信电缆在道路的西侧或北侧。一般均在人行道下。

（5）居住小区室外给水管道尽量减少与其他管线的交叉，如不可避免时，给水管道应敷设在上面，且接口不宜重叠。

给水管道布置应根据其用途、性能等合理安排，避免产生不良影响（如：污水管应尽量远离生活用水管，减少生活用水被污染的可能性；金属管不宜靠近直流电力电缆，以免增加金属管的腐蚀）。

敷设在室外综合管廊内的给水管道，宜在热水、热力管道下方，冷冻管和排水管的上方。给水管道与各种管道之间的净距，应满足按照操作的需要，且不宜小于 0.3m。

（6）给水管道的埋深应根据土壤的冰冻深度、外部荷载、管道强度以及与其他管线交叉等因素来确定。管顶最小覆土深度不得小于土壤冰冻线以下 0.15m，行车道下的管线最小覆土深度不得小于 0.7m。

3. 二次加压设施

当城市给水管网供水不能满足居住小区用水需要时，小区须设二次加压设施（如：泵站），以满足居住小区用水要求。

水泵扬程应满足最不利配水点所需水压。小区独立设置的水泵房，宜靠近用水大户。小区给水系统有水塔或高位水箱时，水泵出水量应按最大时流量确定；当小区内无水塔或高位水箱时，水泵出水量按小区给水系统的设计流量确定。水泵的选择、水泵机组的布置及水泵房的设计要求，按现行的《室外给水设计标准》GB 50013—2018 的有关规定执行。

4. 贮水调节设施

（1）水塔

居住小区采用水塔作为生活用水调节构筑物时，水塔的有效容积应经计算确定。若资料不全时可参照表 10-2 选定。

水塔和高位水箱（池）生活用水的调蓄贮水量　　　　　　表 10-2

居住小区最高日用水量(m³)	<100	101～300	301～500	501～1000	1001～2000	2001～4000
调蓄贮水量占最高日用水量的百分数	30%～20%	20%～15%	15%～12%	15%～8%	8%～6%	6%～4%

（2）贮水池

居住小区生活用贮水池的有效容积应根据小区生活用水调节量和安全贮水量等确定。其中，生活用水调节量应按流入量和供出量的变化曲线经计算确定，资料不足时可按居住小区加压供水系统的最高日生活用水量的 15%～20% 确定。安全贮水量应根据城镇供水制度、供水可靠程度及小区供水的保证要求确定。为了确保清洗水池时不停止供水，贮水池大于 50m³ 宜分成容积基本相等的两格。

当生活用贮水池贮存消防用水时，消防贮水量应符合现行的《消防给水及消火栓系统技术规范》GB 50974—2014 的规定。

当小区的生活贮水量大于消防贮水量时，小区的生活用水贮水池与消防用贮水池可合并设置，合并贮水池有效容积的贮水设计更新周期不得大于 48h。

5. 管道附件

为了便于小区管网的调节和检修，在与市政管网连接处的小区引入管上、与小区给水干管连接处的小区给水支管起端、与小区给水支管连接处的接户管起端、环状管网需调节和检修处均应设置阀门。阀门应设在阀门井或阀门套筒内。

为了保证水流方向，在市政给水管网接入小区的引入管上、小区加压水泵的出水管上应设置止回阀。

对应居住小区生活—消防合用系统，从生活饮用水贮水池抽水的消防水泵出水管上应设置倒流防止器，以防止水质污染。

居住小区内城市消火栓保护不到的区域应设室外消火栓，设置数量和间距应按现行的《消防给水及消火栓系统技术规范》GB 50974—2014 执行。当居住小区绿地和道路需洒水时，可设洒水栓，其间距不宜大于 80m。

10.1.2 小区给水系统的供水方式

居住小区的室外给水系统，其水量应满足小区内全部用水的要求，其水压应满足最不利配水点的水压要求。居住小区供水方式应根据小区内建筑物的类型、建筑高度、市政给水管网的资用水头和水量等因素综合考虑来确定。选择供水方式时首先应保证供水安全可靠，同时要做到技术先进合理，投资省，运行费用低，管理方便。

居住小区的供水方式，可分为市政给水管网直接供水、小区调蓄加压供水和小区分压供水这三种。

1. 市政给水管网直接供水方式

居住小区室外给水管网中不设增压贮水设备，由市政给水管网直接供水，适用于市政给水管网能满足小区内所有建筑的水压、水量要求的情况。小区室外给水系统应尽量利用市政给水管网的水压直接供水。

2. 小区调蓄加压供水方式

当市政给水管网的水压不能满足最不利点要求、水量不能满足小区全部用水要求时，应设置贮水调节和加压设施供水。根据所采用的贮水调节和加压装置的不同，小区二次加压供水方式有 3 种类型：

（1）只设置贮水调节设施（如：水塔），而不设加压设施。由市政给水管网供至水塔，再从水塔供至各小区用水点；或夜间由市政给水管网供水至水塔，由水塔供全天用水。适用于市政给水管网的水压、水量周期性满足小区内水压、水量要求的情况。

（2）只设置加压设施（如：水泵），而不设贮水调节设施。由水泵直接从市政给水管网或吸水井抽水供至小区各用水点，适用于市政给水管网水量充足，满足小区高峰用水时段的用水量要求的情况。

（3）同时设置贮水调节和加压设施。由水泵直接从市政给水管网或吸水井抽水供至水塔，再从水塔供至小区各用水点。适用于市政给水管网的水压低于或经常不满足小区内水压要求的情况。

3. 小区分压供水方式

当居住小区内既有高层建筑，又有多层建筑，建筑物高度相差较大，对水压要求差异较大时，应采用分压供水方式供水。即：由市政给水管网向小区内多层建筑直接供水，小区内设置贮水调节和加压装置向高层建筑供水。这种供水方式既节省了动力消耗，又可避免多层建筑供水系统的压力过高。

10.1.3　小区给水系统的水力计算

1. 居住小区的设计用水量

居住小区设计用水量包括：居住小区的居民生活用水量、公共建筑用水量、绿化用水量、水景和娱乐设施用水量、道路和广场浇洒用水量、公共设施用水量、管网漏水水量及未预见水量、消防用水量。

（1）居住小区的居民生活用水量（Q_1）

居住小区的居民生活用水量，应按小区人口和住宅最高日生活用水定额及小时变化系数经计算确定，小区居民生活最高日生活用水量为：

$$Q_1 = \sum q_i N_i \tag{10-1}$$

式中　Q_1——最高日生活用水量，L/d；

q_i——各住宅最高日生活用水定额，L/(人·d)，按表 2-2 选取；

N_i——各住宅建筑的用水人数，人。

（2）居住小区公共建筑用水量（Q_2）

居住小区的公共建筑用水量，应根据其使用性质、规模，按用水单位数和相应的用水定额经计算确定，居住小区公共建筑用水定额及小时变化系数详见表 2-3。

（3）绿化用水量（Q_3）

居住小区的绿化浇洒用水定额应根据气候条件、植物种类、土壤理化性状、浇灌方式和管理制度等因素综合确定。当无相关资料时，小区绿化绿化浇灌最高日用水定额可按浇灌面积 1.0～3.0L/(m²·d) 计算，干旱地区可酌情增加。

（4）水景、娱乐设施用水量（Q_4）

水景循环系统的补充水量应根据蒸发、飘失、渗漏、排污等损失确定，室内工程宜取循环水流量的 1%～3%，室外工程宜取循环水流量的 3%～5%。公共游泳池、水上游乐池的初次充水时间应根据使用性质和城市给水条件等确定，游泳池不宜超过 48h，水上游乐池不宜超过 72h。

（5）道路、广场用水量（Q_5）

居住小区道路、广场的浇洒最高日用水定额可按浇洒面积 2.0～3.0L/(m²·d) 计算。

（6）公用设施用水量（Q_6）

小区内的公用设施用水量，应由该设施的管理部门提供用水量计算参数，当无重大公用设施时，不另计用水量。

（7）未预见水量及管网漏失水量（Q_7）

居住小区的管网漏失水量和未预见水量之和可按最高日用水量的 8%～12% 计。

（8）消防用水量（Q_8）

居住小区的消防用水量和水压及火灾延续时间，应按现行的《建筑设计防火规范》GB 50016—2014（2018 年版）确定。生活、消防共用系统消防用水量仅用于校核管网计算，不属于正常用水量。

小区的最高日生活用水量为：

$$Q_d = (1.08 \sim 1.12) \times (Q_1 + Q_2 + Q_3 + Q_4 + Q_5 + Q_6) \tag{10-2}$$

式中　Q_d——最高日生活用水量，L/d。

2. 给水管道的设计流量

居住小区给水管网的设计流量与居住小区规模、管道布置情况以及小区的使用功能等因素有关，应通过多地点、长时间实际测量各种居住小区内不同供水范围用水量变化曲线，再对大量资料进行统计分析和处理，求出居住小区给水管网设计流量计算公式。

(1) 小区内建筑物的给水引入管（接户管）的设计流量，应符合下列要求：

1) 当建筑物内的生活用水全部由市政给水管网经小区室外给水管道直接供水时，应取建筑物内的生活用水的设计秒流量；

2) 当建筑物内的生活用水全部自行加压供给时，引入管设计流量应为贮水调节池的设计补水量，一般不宜大于建筑物最高日最大时用水量，且不得小于建筑物最高日平均时用水量；

3) 当建筑物内的生活用水既有市政给水管网直接供水，又有自行加压供水时，应按上述两种方法分别确定出室外给水管网直接供水的设计流量和自行加压供水的设计流量，然后将两者叠加作为引入管的设计流量。

(2) 小区给水引入管的设计应符合下列要求：

1) 小区给水引入管的设计流量应按小区室外给水管道设计流量的规定计算，并应考虑未预计水量和管网漏失量。

2) 不少于两条引入管的小区室外环状给水管网，当其中一条发生故障时，其余的引入管应能保证不小于70%的流量。

3) 小区引入管的管径不宜小于室外给水干管的管径。

4) 小区环状管道的管径应相同。

3. 给水管网的水力计算

居住小区给水系统水力计算是在确定了供水方式，布置完管线后进行的，计算的目的是确定各管段的管径和水头损失，校核消防和事故时的流量，选择确定升压贮水调节设备。

居住小区给水管网水力计算步骤和方法与市政给水管网水力计算步骤和方法基本相同，首先确定节点流量和管段设计流量，然后求管段的管径和水头损失，最后是校核流量和选择设备。但进行居住小区给水管网水力计算时应注意以下几点：

(1) 局部水头损失按沿程水头损失的15%～20%计算。

(2) 管道内水流速度一般可为1～1.5m/s，消防时可为1.5～2.5m/s。

(3) 环状管网需进行管网平差计算，大环闭合差应小于等于15kPa，小环闭合差应小于等于5kPa。

(4) 按计算所得外网需供的流量确定连接管的管径。计算所得的干管管径不得小于支管管径或建筑引入管的管径。

(5) 居住小区室外给水管道，不论小区规模及管网形状，均应按最大用水时的平均秒流量为节点流量，再叠加区内一次火灾的最大消防流量（有消防贮水和专用消防管道供水部分应扣除），对管道进行水力计算校核，管道末梢的室外消火栓从地面算起的水压不得低于0.1MPa。

(6) 设有室外消火栓的室外给水管道，管径不得小于100mm。

【例 10-1】 某小区有3栋住宅楼和1个商场。每栋住宅楼5个单元，每个单元10户，每户按 3 人计算。每户的卫生器具给水当量 N_G 为 5，用水定额 q_0 为 180L/(人·d)，小时变化系数 $K_h=2.2$。商场进水管的设计秒流量为 3.0L/s，小区生活给水管道平面布置如图 10-1 所示，管材采用铸铁管。该小区采用水泵集中供水方式，各建筑物要求的最小服务压力为 150kPa。小区地面标高为 56.00m，小区加压泵站贮水池最低水面标高为 52.00m。试计算各管段的设计流量，并确定小区水泵的扬程和流量。

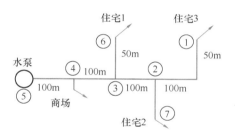

图 10-1　小区生活给水管道平面布置图

【解】

(1) 居住人口：$3\times5\times10\times3=450$ 人，住宅应按设计秒流量计算管段流量。商铺应按设计秒流量计算节点流量。

$$住宅：U_0 = \frac{q_0 m \cdot k_n}{0.2\times N_G \cdot T \times 3600}\times100\% = \frac{180\times3\times2.2}{0.2\times5\times24\times3600}\times100\% = 1.38\%$$

查表得 $\alpha_c=0.00607$，代入 $U=\frac{1+\alpha_c(N_g-1)^{0.49}}{\sqrt{N_g}}\times100\%$，计算出每个计算管段的 U 值，进而计算出每个管段的设计流量，具体见表 10-4。商铺的流量是作为节点流量直接加和；住宅的流量是把计算管段所承担的住宅用水按设计秒流量公式重新算出来的。

对于 4-5 管段：将住宅 1、住宅 2、住宅 3 的 N_g 相加，代入 $U=100\%\times(1+\alpha_c(N_g-1)^{0.49})/\sqrt{N_g}=100\times(1+0.00607\times(750-1)^{0.49})/\sqrt{750}=4.22\%$，进一步计算出住宅的设计秒流量 $q_{4-5}=0.2\times UN_g=0.2\times4.22\%\times750=6.33$L/s，再加上商铺的流量，得到管段 4-5 的设计流量 $q_{4-5}=6.33+3=9.33$L/s。

(2) 因小区地形平坦，控制点选在离泵站最远的节点 1（住宅 3），设计计算管线为 5-4-3-2-1。各管段水力计算见表 10-3。

管道水力计算表　　　　　　　　　　　　　　　　　　表 10-3

管段编号	当量总数	节点流量 (L/s)	设计流量 (L/s)	管长 (m)	流速 (m/s)	管径 (mm)	i (kPa/m)	沿程水头损失(kPa)
1-2	250	—	3.45	150	0.8	75	0.216	32.4
2-3	500		5.04	100	1.16	75	0.43	43
3-4	750	—	6.33	100	0.82	100	0.153	15.3
4-5	750	3	9.33	100	1.21	100	0.319	31.9 $\sum h_i=122.6$
2-7	250	—	3.45	50	0.8	75	0.216	10.8
3-6	250	—	3.45	50	0.8	75	0.216	10.8

（3）设计计算管线为 5-4-3-2-1 的沿程压力损失$\sum h_i=122.6$kPa，局部压力损失按沿程压力损失的 15％计算，则设计计算管线 5-4-3-2-1 的总压力损失 $h=\sum h=\sum h_i\times 1.15=140.99$kPa。

（4）水泵的扬程 $H_b=H_{st}+\sum h=(56-52+15)+14.099=33.10$m。水泵的流量采用最大设计流量，即 9.33L/s（消防校核略）。

10.2 居住小区排水系统

居住小区排水系统的任务是将小区内各建筑物排放的生活排水，经汇总收集或简单处理后排至市政排水管网或水体。

居住小区排水系统应采用生活排水与雨水分流制排水，即生活排水和雨水分别设置独立的排水系统。因此，根据排水类型的不同，居住小区排水系统分为小区生活排水系统和小区雨水排水系统这两类。

10.2.1 居住小区生活排水系统

1. 居住小区生活排水系统的组成

居住小区生活排水系统一般由排水管道系统、检查井与跌水井、管道附件和小型污水处理构筑物等组成。

（1）小区排水管道系统

居住小区排水管道系统分为建筑物出户管、排水支管、排水干管和小区排水总管这4类。

居住小区排水管道的布置应根据小区总体规划、地形标高、排水流向、各建筑物接户管及市政排水管接口的位置，按照管线短、埋深小、尽量自流排出的原则确定。居住小区排水管道的布置应符合下列要求：

1）排水管道宜沿道路或建筑物的周边呈平行敷设，路线最短，减少转弯，并尽量减少相互间及与其他管线、河流及铁路间交叉。如不可避免时，与其他管线的水平和垂直最小距离应符合表 10-1 的要求，且应尽量垂直于路的中心线。

2）干管应靠近主要排水建筑物，并布置在连接支管较多的路边侧。

3）排水管道应尽量布置在道路外侧的人行道或草地的下面，不允许平行布置在铁路的下面和乔木的下面。

4）排水管道应尽量远离生活饮用水给水管道，与给水管的最小净距应为 0.8～1.5m，避免生活饮用水遭受污染。

5）排水管道与生活给水管道交叉时，应敷设在给水管道的下面。当排水管道与其他管道的平面排列及标高设计发生冲突时，应做到：小管径管道避让大管径管道；可弯的管道避让不可弯的管道；新设的管道避让已建的管道；临时性的管道避让永久性的管道；有压力的管道避让自流的管道。

6）排水管道与建筑物、构筑物间应保持一定的水平距离（见表 10-4）。排水管道与建筑物基础间的最小水平净距与管道的埋设深浅有关，但管道埋深浅于建筑物基础时，最小水平净距不小于 1.5m；否则，最小水平间距不小于 2.5m。

排水管道与建筑物、构筑物间的水平距离　　　表 10-4

建筑物、构筑物名称	水平净距离（m）	建筑物、构筑物名称	水平净距离（m）
建筑物	3.0	围墙	1.5
铁路中心线	4.0	照明及通信电杆	1.0
城市型道路边缘	1.0	高压电线杆支座	3.0
郊区型道路边缘	1.0		

7）居住小区排水管道的覆土深度应根据道路的行车等级、管材受压强度、地基承载力、土层冰冻等因素和建筑物排水管标高经计算确定。小区干道和小区组团道路下的管道，覆土深度不宜小于 0.7m，如小于 0.7m 时应采取保护管道防止受压破损的技术措施；生活污水接户管埋设深度不得高于土壤冰冻线以上 0.15m，且覆土深度不宜小于 0.3m。

（2）检查井与跌水井

1）居住小区排水管与室内排出管连接处，管道交汇、转弯、跌水、管径或坡度改变处以及直线管段上每隔一定距离均应设检查井。检查井应尽量避免布置在主入口处。检查井的最大间距见表 10-5。

室外生活排水管道检查井井距　　　表 10-5

管径(mm)	检查井井距(m)
≤160(150)	≤30
≥200(200)	≤40
315(300)	≤50

注：表中括号内数值是埋地塑料管内径系列。

小区内生活排水管道管径小于等于 150mm 时，检查井间距不宜大于 20m；管径大于等于 200mm 时，检查井间距不宜大于 30m。

2）当管段跌水水头大于 2.0m 时应设跌水井；跌水水头为 1.0～2.0m 时宜设跌水井。管道转弯处不宜设置跌水井。跌水井不得有支管接入。跌水方式一般采用竖管、矩形竖槽和阶梯式。跌水井的最大跌水水头高度见表 10-6。

跌水井的最大跌水水头高度　　　表 10-6

进水管管径(mm)	≤200	300～600	>600
最大跌水高度(m)	≤6.0	≤4.0	水力计算确定

2. 居住小区生活排水系统的设计计算

（1）排水管道的设计流量

居住小区生活污水排水量是指生活用水使用后能排入污水管道的流量。由于蒸发损失及小区埋地管道的渗漏，居住小区生活污水排水量小于生活用水量。我国现行的《建筑给水排水设计标准》规定，居住小区生活排水最大小时排水流量应按住宅生活给水最大小时流量与公共建筑生活给水最大小时流量之和的85%～95%确定。

住宅和公共建筑生活排水系统的排水定额和小时变化系数与相应的生活给水系统的用水定额和小时变化系数相同。确定居住小区生活排水系统定额时，大城市的小区取高值，小区埋地管采用塑料管时取高值，小区地下水位高取高值。

居住小区生活排水管道的设计流量不论小区接户管、小区支管还是小区干管都按住宅生活排水最大小时流量和公共建筑生活排水最大小时流量之和确定。

$$Q = Q_1 + Q_2 \tag{10-3}$$

式中　Q——最大小时污水量，L/s；

　　　Q_1——居民生活污水设计流量，L/s；

　　　Q_2——公共建筑生活污水设计流量，L/s。

（2）排水管网的水力计算

居住小区生活排水管道水力计算的目的是确定排水管道的管径、坡度以及需提升的排水泵站设计。

居住小区生活排水管道水力计算方法与室外排水管道（或室内排水横管）水力计算方法相同，只是有些设计参数取值有所不同。

排水管道的自净流速为0.6m/s。管道的最大设计流速：金属管为10m/s，非金属管为5m/s。

当居住小区生活排水管道设计流量较小，排水管道的管径经水力计算小于表10-7中的最小管径时，不必进行详细的水力计算，按最小管径和最小坡度进行设计。居住小区生活排水管道最小管径、最小坡度和最大充满度宜按表10-7确定。

居住小区生活排水管道最小管径、最小设计坡度和最大设计充满度　　　表10-7

管别	最小管径（mm）	最小设计坡度	最大设计充满度
接户管支管	160(150)	0.005	0.5
	160(150)		
干管	200(200)	0.004	
	≥315(300)	0.003	

注：接户管管径不得小于建筑物排出管管径。

小区室外生活排水管道最小管径、最小设计坡度和最大设计充满度接户管管径不得小于建筑物排出管管径。化粪池与其连接的第一个检查井的污水管最小设计坡度：管径150mm坡度宜为0.010～0.012；管径200mm坡度宜为0.010。排水管道下游管段管径不得小于上游管段管径。

居住小区排水接户管管径不应小于建筑物排水管管径，下游管段的管径不应小于上游管段的管径，有关居住小区排水管网水力计算的其他要求和内容，可按现行的《室外排水设计标准》GB 50014—2021 执行。

【例 10-2】某居住小区有 4 栋相同的住宅楼和 1 个商铺。每栋住宅的生活排水最大小时流量为 68500L/h，商场的生活排水最大小时流量为 15800L/h。小区室外排水管道平面布置如图 10-2 所示，管材采用埋地塑料管，粗糙系数为 0.009。试确定该小区室外生活排水管道的管径和坡度。

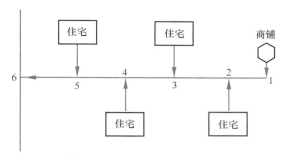

图 10-2　小区室外排水管道平面布置图

【解】居住小区内生活排水的设计流量应按住宅生活排水最大小时流量与公共建筑生活排水最大小时流量之和确定。

管段 1-2 的排水设计流量：$Q_{1-2}=15800\text{L/h}=4.39\text{L/s}$，该管段的设计充满度取 0.5，设计坡度 $I=0.004$：

由 $Q=vA$ 及 $v=\dfrac{1}{n}R^{\frac{2}{3}}I^{\frac{1}{2}}$ 可知：$4.39\times10^{-3}=\dfrac{1}{0.009}\times\left(\dfrac{d}{4}\right)^{\frac{2}{3}}I^{\frac{1}{2}}\dfrac{\pi}{4}d^2$

解得 $d=97\text{mm}$。由表 10-7 可知：干管为埋地塑料管时，最小管径取 200mm。

校核流速：$v=\dfrac{1}{n}R^{\frac{2}{3}}I^{\frac{1}{2}}=\dfrac{1}{0.009}\left(\dfrac{d}{4}\right)^{\frac{2}{3}}I^{\frac{1}{2}}=\dfrac{1}{0.009}\left(\dfrac{0.2}{4}\right)^{\frac{2}{3}}0.004^{\frac{1}{2}}=0.95\text{m/s}$

流速介于 0.6~5m/s 之间，满足要求。故该管段管径为 200mm，坡度为 0.004。

管段 2-3 排水设计流量：$Q_{2-3}=Q_{1-2}+Q_{住宅}=15800+68500=84300\text{L/h}=23.42\text{L/s}$，设计充满度取 0.5，设计坡度 $I=0.004$，同理可得：$d=182\text{mm}$，取管径为 200mm。校核流速 $v=0.95\text{m/s}$，满足要求。

管段 3-4 排水设计流量 $Q_{3-4}=Q_{2-3}+Q_{住宅}=84300+68500=152800\text{L/h}=42.44\text{L/s}$，设计充满度取 0.5，设计坡度 $I=0.004$，同理可得：$d=228\text{mm}$，取管径为 250mm。校核流速 $v=1.11\text{m/s}$，满足要求。

管段 4-5 排水设计流量 $Q_{4-5}=Q_{3-4}+Q_{住}=152800+68500=221300\text{L/h}=61.47\text{L/s}$，设计充满度为 0.5，设计坡度 $I=0.004$，同理可得：$d=262\text{mm}$，取管径为 300mm。校核流速 $v=1.25\text{m/s}$，满足要求。

管段 5-6 排水设计流量 $Q_{5-6}=Q_{4-5}+Q_{住}=221300+68500=289800\text{L/h}=80.5\text{L/s}$，设计充满度为 0.5，设计坡度 $I=0.004$，同理可得：$d=290\text{mm}$，取管径为 300mm。校核流速 $v=1.25\text{m/s}$，满足要求。

计算结果汇总于表 10-8。

小区室外生活排水管道水力计算表　　　　　　　　　　　　　　　　表 10-8

管段编号	设计流量 （L/s）	设计充满度	设计坡度	管径 （mm）	设计流速 （m/s）
1-2	4.39	0.5	0.004	200	0.95
2-3	23.42	0.5	0.004	200	0.95
3-4	42.44	0.5	0.004	250	1.11

续表

管段编号	设计流量 (L/s)	设计充满度	设计坡度	管径 (mm)	设计流速 (m/s)
4-5	61.47	0.5	0.004	300	1.25
5-6	80.5	0.5	0.004	300	1.25

10.2.2 居住小区雨水排水系统

1. 居住小区雨水排水系统的组成

居住小区雨水排水系统是由雨水口、连接管、检查井（跌水井）、管道等组成。小区应设室外雨水管网系统。雨水系统应与污水系统分流。宜考虑雨水的利用。

（1）雨水口

居住小区内雨水口的布置应根据地形、土质特征、建筑物位置沿道路布置。在道路交汇处和路面最低处、建筑物单元出入口与道路交界处、建筑雨水落水管附近、小区空地、绿地的低洼处、地下坡道入口处等位置应布置雨水口。

居住小区内雨水口的形式和数量应根据布置位置、雨水流量和雨水口的泄流能力经计算确定。沿道路布置的雨水口间距宜在 20～40m 之间。雨水连接管长度不宜超过 25m，每根连接管上最多连接 2 个雨水口。平箅雨水口的箅口宜低于道路路面 30～40mm，低于土地面 50～60mm。雨水口的泄流量按表 10-9 采用。

雨水口的泄流量   表 10-9

雨水口形式(箅子尺寸为 750mm×450mm)	泄流量 (L/s)	雨水口形式(箅子尺寸为 750mm×450mm)	泄流量 (L/s)
平箅式雨水口单箅	15～20	边沟式雨水口双箅	35
平箅式雨水口双箅	35	联合式雨水口单箅	30
平箅式雨水口三箅	50	联合式雨水口双箅	50
边沟式雨水口单箅	20		

（2）连接管

雨水口连接管的长度不宜超过 25m，连接管上串联的雨水口不宜超过 3 个。

单箅雨水口连接管最小管径为 200mm，坡度为 0.01，管顶覆土厚度不宜小于 0.7m。

（3）检查井（跌水井）

小区雨水管道的交接处和转弯处、管径或坡度的变化处、跌水和直线管道上每隔一定距离之处应设置检查井。雨水检查井的最大间距可按表 10-10 确定。

雨水检查井的最大间距   表 10-10

管径（mm）	最大间距（m）
160（150）	30
200～315（200～300）	40

续表

管径（mm）	最大间距（m）
400（400）	50
≥500（≥500）	70

注：括号内是埋地塑料管内径系列管径。

管道在检查井内宜采用管顶平接法，井内出水管管径不宜小于进水管。检查井内同高度上接入的管道数量不宜多于 3 条。

室外地下或半地下式供水水池的排水口、溢流口，游泳池的排水口，内庭院、下沉式绿地或地面、建筑物门口的雨水口，当标高低于雨水检查井处的地面标高时，不得接入检查井以防雨季泛水。

雨水管道上的跌水井的设置要求与排水管道一致。跌水井的最大跌水水头高度见表 10-7。

（4）管道

居住小区内雨水管道的敷设要求与排水管道的要求基本一致。

当雨水管和污水管、给水管并列布置时，雨水管宜布置在给水管和污水管之间。

雨水管道敷设在车行道下时，管顶覆土厚度不得小于 0.7m，否则应采取防止管道受压破损的技术措施（如用金属管或金属套管等）。当管道不受冰冻或外部荷载的影响时，管顶覆土厚度不宜小于 0.6m。

雨水管向小区内水体排水时，出水管底应高于水体设计水位。在管道转弯和交接处，水流转角不得小于 90°。当管径小于或等于 300mm，且跌水水头大于 0.3m 时可不受此限。

2. 居住小区雨水排水系统的设计计算

（1）设计雨水流量

居住小区雨水排水系统的设计雨水量的计算与城市雨水（或屋面雨水）排水系统相同，可按式（6-1）计算。但设计重现期、径流系数以及设计降雨历时等参数的取值范围不同。

设计重现期应根据汇水区域的重要程度、地形条件、地形特点和气象特征等因素确定，室外某些场地的雨水排水管道的排水设计重现期不宜小于表 10-11 的规定值。下沉式广场设计重现期应由广场的构造、重要程度、短期积水即能引起较严重后果等因素确定。

各种汇水区域的设计重现期　　　　　　　　　　　　　　表 10-11

汇水区域面积		设计重现期(a)
室外场地	小区	3～5
	车站、码头、机场的基地	5～10
	下沉式广场、地下车库坡道出入口	10～50

径流系数采用室外汇水面平均径流系数，既按表 10-12 选取，各种汇水面积的综合径流系数应经加权平均后确定。如资料不足，也可以根据建筑稠密程度按 0.5～0.8 选用。北方干旱地区的小区一般可取 0.3～0.6。建筑稠密取上限，反之取下限。

径流系数 表 10-12

地面种类	径流系数	地面种类	径流系数
各种屋面	1.0	干砖及碎石路面	0.40
混凝土和沥青路面	0.90	非铺砌路面	0.30
块石路面	0.60	公园绿地	0.15
级配碎石路面	0.45		

小区设计降雨强度按当地或是相邻地区的暴雨强度公式计算确定。

小区雨水管道的设计降雨历时，按下式计算：

$$t = t_1 + t_2 \tag{10-4}$$

式中 t——降雨历时，min；

     t_1——地面集水时间，min，根据距离长短、地面坡度和地面铺盖情况而定，一般取 5~10min；

     t_2——排水管内雨水流行时间，min。

（2）雨水管道的水力计算

居住小区雨水管道水力计算的目的是确定雨水管道的流速、管径和坡度。

居住小区雨水管道宜按满管重力流设计，其管道充满度取 1.0，则雨水管道的管径为：

$$D = \sqrt{\frac{4Q}{\pi v}} \times 10^3 \tag{10-5}$$

式中 D——雨水管道管径，mm；

     Q——设计管段雨水量，L/s；

     v——管内流速，m/s。管内流速 v 不宜小于 0.75m/s，以免泥沙在管道内沉淀。 管道流速在最小流速和最大流速之间选取，见表 10-13。

雨水管道流速限制 表 10-13

	金属管	非金属管	明渠（混凝土）
最大流速(m/s)	10	5	4
最小流速(m/s)	0.75	0.75	0.4

居住小区排水系统采用合流制时，设计流量为生活排水量与设计雨水流量之和。生活排水量可取平均流量。计算设计雨水流量时，设计重现期宜高于同一情况下分流制小区雨水排水系统的设计重现期。

雨水和合流制排水管道按满管重力流设计，管内流速 v 不宜小于 0.75m/s，以免泥沙在管道内沉淀；水力坡度 I 采用管道敷设坡度，管道敷设坡度应大于最小坡度，并小于 0.15。

对于位于雨水和合流制排水系统起端的计算管段，当汇水面积较小，计算的设计雨水流量偏小时，按设计流量确定排水管径不安全，也应按最小管径和最小坡度进行设计。居住小区雨水管道的最小管径和横管的最小设计坡度宜按表 10-14 确定。

雨水管道的最小管径和横管的最小设计坡度 表 10-14

管别	最小管径	横管的最小坡度	
		铸铁管、钢管	塑料管
小区建筑物周围雨水接户管	200(200)	—	0.0030
小区道路下的干管、支管	300(315)	—	0.0015
雨水口连接管	150(160)	—	0.01

注：表中铸铁管管径为公称直径，括号内数据为塑料管外径。

【例 10-3】某新建居住小区，公园绿地 8000m²，非铺砌地面 2400m²，混凝土路面 3600m²，碎石路面 2000m²，试求该居住小区地面雨水的综合径流系数。

【解】根据题意，列出该居住小区的地面雨水径流系数表（表 10-15）

居住小区地面的雨水径流系数 表 10-15

地面种类	径流系数 ψ	占地面积 $F(m^2)$	地面种类	径流系数 ψ	占地面积 $F(m^2)$
公园绿地	0.15	8000	混凝土路面	0.90	3600
非铺砌地面	0.30	2400	碎石路面	0.40	2000

综合雨水径流系数按加权平均法计算：

$$\psi = \frac{8000 \times 0.15 + 2400 \times 0.3 + 3600 \times 0.9 + 2000 \times 0.4}{8000 + 2400 + 3600 + 2000} = 0.37$$

故该居住小区的地面雨水综合径流系数为 0.37。

10.3 居住小区雨水利用

随着城镇化进程的加快，城镇基础设施建设的不断推进，将建筑屋面、路面、广场、停车场等处均进行了硬化处理，不透水地表面积迅速增加，雨水下渗量明显减少，极易造成地下水补给不足、雨涝灾害频繁发生等不利影响。

雨水是自然界生态循环的资源，一般水质较好、水量较大，经过简单处理即可作为杂用水回用，属于非传统水源。建筑与小区雨水利用是水资源综合利用中的一项系统工程，对于实现雨水资源化、减轻城市洪涝具有重要作用，尤其对于水资源短缺的地区，具有很高的经济意义与社会意义。

10-1 海绵城市

根据海绵城市的建设理念，应遵循生态优先等原则，将自然途径与人工措施相结合，确保城市排洪防涝安全的前提下，最大限度地促进雨水资源的利用和生态环境的保护。据此，居住小区雨水利用系统一般包括：雨水入渗与滞蓄系统、雨水收集与截污系统、雨水调节与储蓄系统、雨水净化与回用系统这 4 种类型。

10.3.1 小区雨水入渗与滞蓄系统

雨水入渗与滞蓄系统通过入渗、截留设施，使雨水渗透到地下转化为土壤水，对于补给地下水、减缓暴雨径流具有显著作用。对于年均降雨量小于 400 mm 的城市，可考虑采

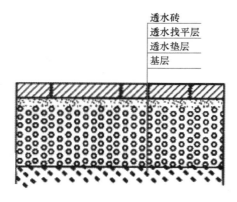

图 10-3　透水铺装地面示意图

用雨水入渗系统。雨水入渗方式可采用透水铺装地面入渗、下沉式绿地入渗、渗透塘、渗井和渗管（渠）等。

透水铺装地面入渗方式，分为透水沥青路面、水泥混凝土路面和砖路面，应根据道路荷载情况和车流量选择适宜的透水路面结构，因地制宜、便于施工，做到利于养护并减少周边环境及生态的影响，如图 10-3 所示。

下沉式绿地是指低于周围地面的绿地，自下而上由原土、种植土及绿色植被等构成利用开放空间承接和贮存雨水，达到减少径流外排的作用。下沉深度应根据植物耐水湿性能和土壤渗透性能综合确定，一般为 100～200mm。绿地内一般应设置溢流口，溢流口处应设有格栅，以防止落叶等杂物堵塞溢流口（图 10-4）。

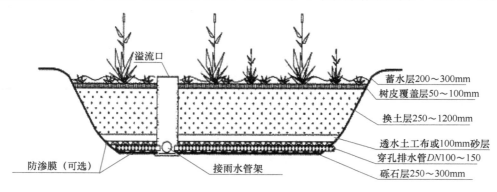

图 10-4　下沉式绿地示意图

渗透塘前应设置沉砂池、前置塘等预处理设施，去除大颗粒的污染物并减缓流速。渗透塘底部构造应采用透水良好的材料（如：种植土、透水土工布、过滤介质层等），如图 10-5 所示。塘中宜种植耐旱、耐水湿的草本植物。

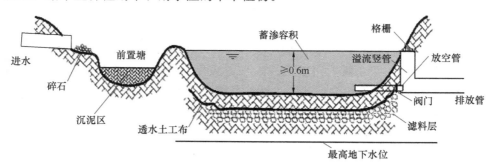

图 10-5　渗透塘示意图

渗井和渗管（渠）前应设置植草沟、沉砂池等预处理设施，底部应填充砾石或其他多孔材料，如图 10-6 和图 10-7 所示。水质较差的雨水不能采用渗井直接入渗，以防对地下水造成污染。

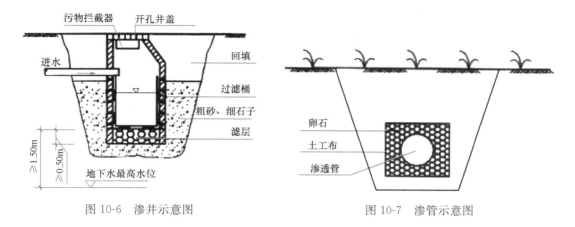

図 10-6　渗井示意图　　　　　　　　图 10-7　渗管示意图

下列场所不得采用雨水下渗系统：易发生陡坡坍塌、滑坡灾害的危险场所；膨胀土和高含盐土等特殊土壤地质场所；对居住环境及自然环境造成危害的场所；有特殊污染源地区；湿陷性黄土场所等。

10.3.2　小区雨水收集与截污系统

在降雨时，雨水收集系统通过收集设施收集贮存地面和屋面雨水，可削减雨水高峰流量，减轻区域洪涝灾害，适用于年均降雨量大于 400 mm 的地区。雨水收集设施包括：植草沟、绿色屋面、生物滞留设施、雨水口、雨水弃流装置等。

植草沟可建于道路两侧或绿地中，利用水中微生物、藻类、挺水植物、浮叶根生植物、漂浮植物、沉水植物、土壤等自然介质截流净化雨水污染物（图 10-8）。断面形式为倒抛物线、三角形或梯形，其结构层由上至下宜为种植土、砾石层，沟内设计流速应小于 0.8m/s。

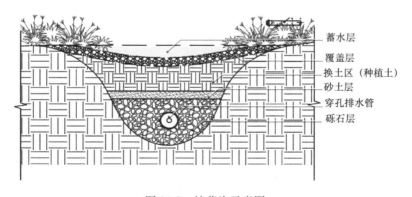

图 10-8　植草沟示意图

绿色屋面是指在建筑物的天台、阳台、露台或屋顶上种植树木花卉，以达到截留、净化雨水的作用，还可将雨水通过竖向管线下渗补给地下水。绿色屋面由下而上由屋顶防水层、保护层、排水层、过滤层、土壤层、植被层构成。绿色屋面的设计需符合现行行业标准《种植屋面工程技术规程》JGJ 155—2013。

生物滞留设施由下而上由原土、覆盖层及蓄水层等构成，宜种植根系发达、耐旱、耐涝的植物，如图 10-9 所示。

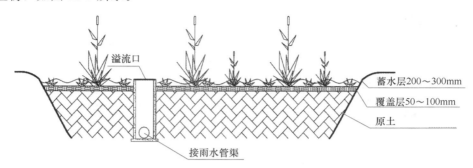

图 10-9 生物滞留池示意图

当雨水排至地面雨水入渗设施（如：下沉式绿地、洼地浅沟等）时，雨水经地表径流或明沟收集和输送；当雨水排至地下雨水入渗设施（如：渗井、渗管等）时，雨水经雨水口、雨水管道进行收集和输送。雨水口宜设置于汇水区域的最低处，收集地面雨水，集中排放至市政雨水排水管网。

10.3.3 小区雨水调节与储蓄系统

为控制面源污染、消减峰值流量、防止地面积水和提高雨水利用程度，居住小区宜设置雨水调蓄设施。雨水调蓄系统由雨水收集管网、调蓄池、排水管道组成。当降雨发生时雨水通过收集系统进入到雨水调蓄设施中，以削减洪峰、减小下游雨水管道的管径、节省工程造价，达到调蓄的作用，待降雨减小或停止时，再将调蓄设施内的雨水通过排放管网排除。

调蓄设施宜布置在汇水面的下游，应优先选用天然洼地、湿地、河道、池塘、景观水体等地面设施，当条件不满足时可建人工调蓄设施或利用雨水管渠进行调蓄（图 10-10）。

人工雨水蓄水池宜采用耐腐蚀、易清洁的环保材料，宜设在室外地下。雨水蓄水池需设置进水管、排空设施、溢流管、弃流装置、集水坑、检修孔、通气孔及水位监控装置，

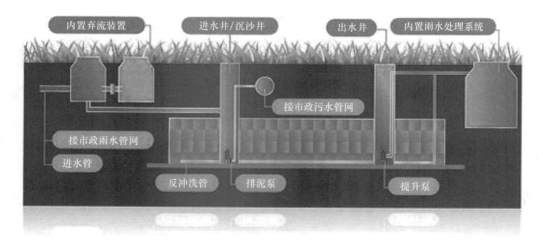

图 10-10 人工调蓄池示意图

可采用溢流堰式或底部流槽式。

调蓄池的有效容积主要与满蓄次数、可收集雨量有关。水质等条件满足时，雨水调蓄池可以与消防水池合建。

10.3.4　雨水净化与回用系统

小区雨水利用之前应设置水质净化设施，去除雨水中的污染物，以满足用水水质要求。其净化方法与市政生活污水的处理方法基本类似，主要包括物理处理、简单的化学处理、自然生物处理等方法。常见的雨水净化方法见表 10-16。

常见的雨水净化方法　　　　　　　　　　　　　　　　　　　表 10-16

类别	处理工艺
常规物理方法	沉淀、过滤、物理消毒
常规化学方法	液氯消毒、臭氧消毒、二氧化氯消毒
自然处理法	植被浅沟、植物缓冲带、生物滞留区、土壤渗滤池、人工湿地、生态塘
深度处理工艺	活性炭技术、微滤技术

雨水处理工艺流程应根据收集雨水的水量、水质，以及雨水回用水质要求等因素，经技术经济比较后确定。回用雨水的水质应根据雨水回用用途确定，当有细菌学指标要求时，应进行消毒。

雨水用于景观水体时，宜采用图 10-11 的工艺流程。

图 10-11　雨水回用于景观水体的处理工艺流程

雨水用于绿地和道路浇洒时，可采用图 10-12 的处理工艺。

图 10-12　雨水回用于绿地和道路浇洒的处理工艺流程

雨水用于空调冷却塔补水、草坪浇洒、冲厕或相似用途时，宜采用图 10-13 所示的处理工艺。

图 10-13　雨水回用于冷却水、冲厕水等用途的处理工艺流程

雨水经过收集、调蓄、净化后用于景观用水、绿化用水、汽车冲洗用水、路面冲洗用水、冲厕用水、循环冷却系统补水等。小区内设有景观水体时，屋面雨水宜优先考虑用于景观水体补水。

不同的用水目的要求不同的水质标准和水量。在雨水利用的设计中，不仅要考虑到雨水量的平衡，而且要考虑到雨水水质的控制。

雨水回用集中供应系统的水质应根据用途确定，COD_{Cr} 和 SS 指标应符合表 10-17 的规定，其他指标应符合国家现行相关标准的规定。

回用雨水 CODCr 和 SS 指标 表 10-17

项目指标	循环冷却系统补水	观赏性水景	娱乐性水景	绿化	车辆冲洗	道路浇洒	冲厕
CODCr(mg/L)	≤30	≤30	≤20	—	≤30	—	≤30
SS(mg/L)	≤5	≤10	≤5	≤10	≤5	≤10	≤10

雨水用于绿化、冲厕、道路清扫、消防、车辆冲洗、建筑施工等均应满足《污水再生利用 城镇杂用水水质》GB/T 18920—2020 指标要求。雨水用于景观环境用水应满足《污水再生利用 景观环境用水的水质》GB/T 18921—2019 的指标要求。

雨水利用技术的应用应首先考虑其条件适应性和经济可行性，以及对区域生态环境的影响。雨水供水管道应与生活饮用水管道分开设置，严禁回用雨水进入生活饮用水给水系统；雨水回用供水管网中低水质标准水不得进入高水质标准水系统；雨水回用供水管道不宜与再生水回用管道合并使用；雨水供水管道上不得装设取水嘴，并应采取防止误接、误用、误饮的措施。

思 考 题

1. 居住小区给水系统的给水水源可选用哪些水源?

2. 居住小区的给水设计用水量包括哪些部分? 哪部分水量仅用于校核管网计算，不属于正常用水量?

3. 居住小区生活排水系统一般由哪几部分组成? 试阐述其作用。

4. 居住小区雨水利用系统包括哪几种类型?

第 11 章 建筑中水工程

为节约水资源，实现污水、废水资源化利用，保护环境，采用污水回用是缓解缺水的切实可行的有效措施。将使用过的受到污染的水处理后再次利用，既减少了污水的外排量、减轻了城市排水系统的负荷，又可以有效地利用和节约淡水资源，减少了对水环境的污染，具有明显的社会效益、环境效益和经济效益。这种将使用过的受到污染的水收集起来，经过集中处理，再输送到用水点，用作杂用水的系统称为中水工程。

11.1 中水系统的类型与组成

1. 系统类型

中水是将各种排水经过适当处理，达到规定的水质标准后，可在生活、市政、环境等范围内利用的非饮用水，是由上水（给水）和下水（排水）派生出来的。因其标准低于生活饮用水水质标准，所以称为中水。根据服务范围，中水可分为建筑物中水、建筑小区中水、区域中水和城市中水这 4 种类型。

建筑物中水系统是指在建筑物内建立的中水系统或设施，系统框图如图 11-1 所示。建筑物中水系统具有投资少，见效快的特点。

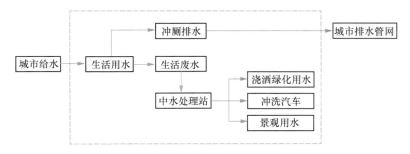

图 11-1　建筑物中水系统框图

建筑小区中水系统是指在居住小区和公共建筑区内建立的中水系统，建筑小区中水系统框图如图 11-2 所示。因供水范围大，生活用水量和环境用水量都很大，可以设计成不同形式的中水系统，易于形成规模效益，实现污废水资源化和小区生态环境的建设。建筑中水系统是建筑物或建筑小区的功能配套设施之一。

区域中水系统，是指在城市中较大的服务范围内设置的污水回用系统；城市中水系统，是指在城市规划区内设置的污水回用系统。

建筑中水通常是指建筑物中水和建筑小区中水的总称。建筑中水工程，属于分散、小规模的污水回用工程，是城市污水再生利用的组成部分。中水工程设计应按系统工程考虑，应做到统一规划、合理布局、相互制约和协调配合，运用给水工程、排水工程和建筑

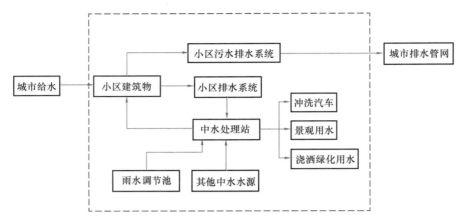

图 11-2　建筑小区中水系统框图

环境工程技术,实现建筑或建筑小区的使用功能、节水功能和环境功能的统一。

为使建筑中水工程设计做到安全可靠、经济适用、技术先进,应按现行的国家标准《建筑中水设计标准》GB 50336—2018 的要求和当地的规定配套建设中水工程,中水工程必须与主体工程同时设计、同时施工、同时使用。

2. 系统组成

建筑中水系统由中水原水收集系统、中水处理系统和中水供水系统这 3 部分组成。

(1) 中水原水收集系统

中水原水收集系统是指收集、输送中水原水到中水处理设施的管道系统和一些附属构筑物。根据中水原水的水质,中水原水集水系统有合流集水系统和分流集水系统 2 类。

1) 合流集水系统　将生活污水和废水用一套管道排出的系统,即通常的排水系统。合流集水系统的集流干管可根据中水处理站位置要求设置在室内或室外。这种集水系统具有管道布置设计简单、水量充足稳定等优点,但是由于该系统将生活污水、废水合并为综合污水,因此原水水质差、中水处理工艺复杂、用户对中水接受程度低、处理站容易对周围环境造成污染。合流集水系统的管道设计要求和计算与建筑内部排水系统相同。

2) 分流集水系统　将生活污水和废水根据其水质情况的不同分别排出的系统,即污废分流系统。将水质较好的废水作为中水原水,水质较差的污水经城市排水管网进入城市污水处理厂处理后排放。分流集水系统具有中水原水水质好,处理工艺简单,处理设施造价低,中水水质保障性好,符合人们的习惯和心理要求,用户容易接受,处理站对周围环境造成的影响较小的优点。其缺点是原水水量受限制,并且需要增设一套分流管道,增加了管道系统的费用,给设计带来一些麻烦。分流集水系统适于设置在洗浴设备与厕所分开布置的住宅、公寓,有集中盥洗设备的办公楼、写字楼、旅馆、招待所、集体宿舍、大型宾馆、饭店的客房和职工浴室,以及公共浴室、洗衣房等。

(2) 中水处理系统　由前处理、主要处理和后处理三部分组成。前处理除了截留大的漂浮物、悬浮物和杂物外,主要是调节水量和水质,这是因为建筑物和小区的排水范围小,中水原水的集水不均匀,所以,需要设置调节池。主要处理去除水中的有机物、无机物等。后处理是对中水供水水质要求很高时进行的深度处理。

(3) 中水供水系统　由中水配水管网(包括干管、立管、横管)、中水贮水池、中水高位水箱、控制和配水附件、计量设备等组成。其任务是把经过处理的符合杂用水水质标准的中水输送至各个中水用水点。可分为生活杂用水系统、消防供水系统和生活杂用—消防中水系统。根据建筑物高度、室内外管网中水压力差，供水方式有直接供水、单设屋顶水箱、设置水泵和屋顶水箱、气压供水、变频调速供水等几种。

11.2　中水系统形式

1. 建筑物中水系统的形式

建筑物中水系统的形式，宜采用原水污废分流、中水专供的完全分流形式，如图 11-3 所示。

城市给水通过给水管道引入室内，提供给建筑内部各用户沐浴、洗涤和厨房用水；用户使用后的沐浴排水、洗涤排水和厨房排水作为中水原水，进入中水处理站进行水处理，中水处理站的出水通过中水供水管道输送，用于清扫、市政绿化、景观环境和冲厕用水，冲厕排水经排水管道排出室外，进入城市排水管网。

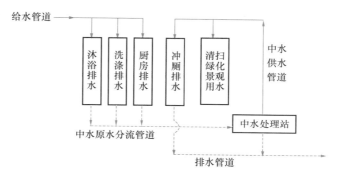

图 11-3　建筑物完全分流中水系统

建筑物生活给水系统和中水供水系统完全分开，中水原水的收集系统和建筑物生活污水排水系统也是完全分开，即采用污废分流制。建筑物的给水系统有生活给水和中水两套供水管，建筑物的排水系统有生活污水和杂排水两套排水管，这就是所谓的"双上水、双下水"形式。

2. 建筑小区中水系统的形式

建筑小区中水系统的形式包括完全分流、半完全分流和无分流这 3 种形式，其中，完全分流系统又分为全部完全分流和部分完全分流两种系统。

（1）建筑小区全部完全分流中水系统

建筑小区全部完全分流中水系统和建筑物完全分流系统的管道布置形式一样，包括生活给水和中水供水两套供水管，以及生活污水和杂排水两套排水管。原水分流管道和中水供水管道覆盖了整个小区内所有的建筑物，如图 11-4 所示。

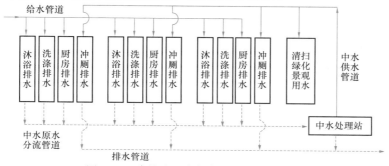

图 11-4　建筑小区全部完全分流中水系统

全部完全分流系统的优点是原水水质较好，处理工艺易于选择，中水系统较为安全，中水用户心理容易接受，缺点是管线复杂，增加了设计、施工难度，提高了工程造价，投资方一般难以接受。因此全部完全分流系统的中水形式在实际的中水工程应用范围较小，多用于水资源匮乏、水价较高的地区，或者用于高档建筑小区等。

（2）建筑小区部分完全分流中水系统

建筑小区部分完全分流中水系统指的是小区内部分建筑物有原水分流管道和中水供水管道，采用"双上水，双下水"形式，而另一部分建筑物只有生活给水管道和污废水排水管道，即采用所谓的"单上水，单下水"形式，如图11-5所示。

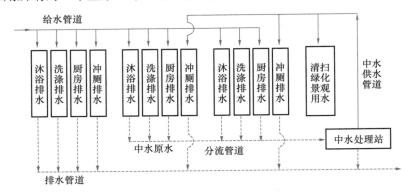

图 11-5　建筑小区部分完全分流中水系统

部分完全分流系统由于选择性地对排水量大的建筑物设置了两套排水管和两套供水管，因此相对全部完全分流系统，本系统形式的工程造价有所降低，原水收集量也可保证水量和水质要求，但系统工程量仍较大，设计和施工也较为复杂。

（3）建筑小区半完全分流中水系统

建筑小区半完全分流中水系统常见有如下3种形式。

1）小区内建筑物排水采用污废合流制，只有一套排水管道，生活污水和生活废水集中进入中水处理站，建筑物给水系统包括生活给水和中水供水两套供水管，即采用"双上水、单下水"的形式，如图11-6所示。

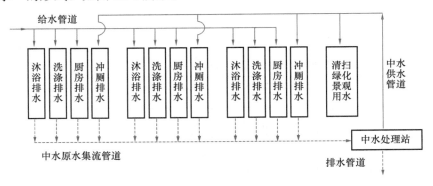

图 11-6　建筑小区半完全分流中水系统（1）

2）小区内没有原水分流管道，建筑物排水采用污废合流，排入城市排水管网；同时采用外接中水水源进入中水处理站，实现小区内中水供水，也属于"双上水、单下水"的组成形式，如图 11-7 所示。

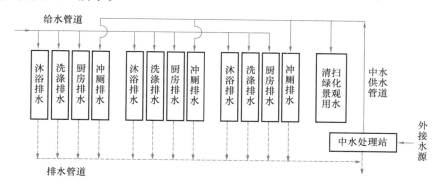

图 11-7　建筑小区半完全分流中水系统（2）

3）小区内建筑物排水采用污废分流，生活废水经原水分流管道进入中水处理站，生活污水直接排入城市排水管网，但小区内建筑物没有中水供水管道，处理的中水仅用于室外杂用水（如清扫用水、景观环境、市政绿化等），即"单上水、双下水"的形式，如图 11-8 所示。

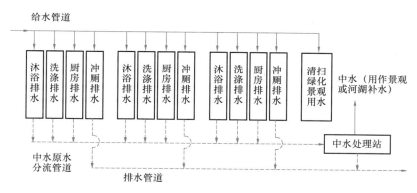

图 11-8　建筑小区半完全分流中水系统（3）

半完全分流系统由于可省去一套污水收集或中水供水系统，大大节省了系统投资，经济上可行，同时管网系统简化后技术上更容易实现，在已建中水工程中半完全分流系统应用普遍。

（4）建筑小区无分流简化系统

建筑小区无分流简化系统中，建筑排水采用污废合流制，生活污水和生活废水集中进入中水处理站，小区内建筑既没有原水分流管道，也没有中水供水管道，属于"单上水、单下水"的组成形式，如图 11-9 所示。处理后的中水只用于地面绿化、喷洒道路、景观环境和人工河湖的补水、地下车库的地面冲洗和汽车清洗等。

无分流管系的简化系统由于中水不进入室内，使室内线路设计更为简化，投资也较低，居民也容易接受。但此类系统形式限制了中水使用范围，大大弱化了中水使用效益，对于已建小区可适当采用。

311

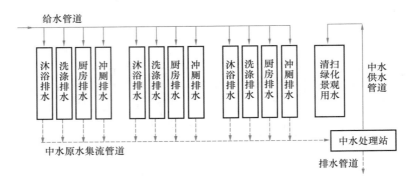

图 11-9 建筑小区无分流简化中水系统

11.3 中水水源与水质

选作为中水水源的水叫中水原水。建筑中水原水应根据排水的水质、水量、排水状况和中水回用的水质、水量确定。一般取自建筑物内部的生活污水、生活废水、冷却水和其他可利用的水源，建筑屋面雨水也可作为中水原水的补充。

医疗污水、放射性废水、生物污染废水、重金属及其他有毒有害物质超标的排水，严禁作为中水原水。

1. 中水系统的水源

（1）建筑物中水系统的水源

建筑物中水系统的规模小，可用作中水原水的排水有 8 种，按污染程度的轻重，选取顺序为：

1）沐浴排水：是卫生间、公共浴室淋浴和浴盆排放的废水，有机物和悬浮物浓度都较低，但皂液的含量高。

2）盥洗排水：是洗脸盆、洗手盆和盥洗槽排放的废水，水质与沐浴排水相近，但悬浮物浓度较高。

3）冷却水：主要是空调循环冷却水系统的排污水，特点是水温较高，污染较轻。

4）冷凝水：是指从空调室内机蒸发器下面集水盘流出的凝结水。特点是水温较低，调 pH 为中性，含有少量的悬浮尘埃、烟雾、化学排放物等杂质。

5）游泳池排水：水质符合《游泳池水质标准》CJ/T 244—2016，感官性状良好，水中不含危害人体健康的病原微生物和化学物质。

6）洗衣排水：指宾馆洗衣房排水，水质与盥洗排水相近，但洗涤剂含量高。

7）厨房排水：包括厨房、食堂和餐厅在进行炊事活动中排放的污水，污水中有机物浓度、浊度和油脂含量都较高。

8）冲厕排水：大便器和小便器排放的污水，有机物浓度、悬浮物浓度和细菌含量都很高。

上述 8 种常用的中水原水排水量少，排水不均匀，所以建筑中水原水一般不是单一水源，而是多水源组合，按混合后水源的水质，有优质杂排水、杂排水和生活排水 3 种组合方式：

1）优质杂排水　杂排水中污染物浓度较低的排水，包括沐浴排水、盥洗排水和冷却排水，其有机物浓度和悬浮物浓度都低，水质好，处理容易，处理费用低，应优先选用。

2）杂排水　民用建筑中不含冲厕排水的其他排水的组合，其有机物和悬浮物浓度都较高，水质较好，处理费用比优质杂排水高。

3）生活排水　包含杂排水和厕所排水的所有生活排水的总称，其有机物和悬浮物浓度都很高，水质差，处理工艺复杂，处理费用高。

（2）建筑小区中水系统的水源

建筑小区中水系统规模较大，可选作中水原水的种类较多。中水原水的选择应根据水量平衡和技术经济比较确定。首先选用水量充足、稳定、污染物浓度低、水质处理难度小，安全且居民易接受的中水原水。按污染程度的轻重，建筑小区中水原水的选取顺序为：

1）小区内建筑物杂排水

建筑小区内建筑物杂排水指的是粪便水以外的生活排水。优质杂排水水质相对干净，水量较大，可作为优选水源。

2）小区或城市污水处理厂经生物处理后的出水

随着城市污水资源化的发展和城市污水处理厂的建设，污水处理厂二级出水的利用量在逐渐增加。通过城市污水处理厂和中水厂的结合建设，可直接将中水送至小区回用，保证水量水质，中水成本也大为降低。

3）小区附近工业企业排放的水质较清洁、水量较稳定、使用相对安全的生产废水

当小区附近有相对洁净的工业排水，如工业冷却水、矿井废水等，其水质水量相对稳定，保障程度高，且水中不含有毒有害物质，可考虑将此作为小区的中水水源。

4）小区生活污水

生活污水易于收集，回用水量也较为充足，处理技术较为成熟，生活污水、废水无需分流，大大降低了排水管网的建设投资，因此在已建的中水工程中选择其作为中水水源的很多。

5）小区内雨水，可作为补充水源

雨水是一种很好的中水补充资源，应以植被滞留、吸纳、土壤入渗、湖泊蓄存等多种方式充分利用。特别是北方干旱地区，将雨水收集、蓄存，以形成天然或人工水体景观，经过处理后用于绿化和水环境建设是符合自然水圈循环和生态环境建设的理想方式。

2. 建筑中水的原水水质

中水原水的水质一般随建筑物类型和用途不同而异，其污染成分和浓度各不相同。设计时，建筑中水原水水质应以实测资料为准；在无实测资料时，建筑物的各种排水污染物浓度可参照表 11-1 确定。

建筑物各种排水污染物浓度表（mg/L）　　　　　　　　　　表 11-1

建筑类别	污染物	冲厕	厨房	沐浴	盥洗	洗衣	综合
住宅	BOD_5	300～450	500～650	50～60	60～70	220～250	230～300
	COD	800～1100	900～1200	120～135	90～120	310～390	455～600
	SS	350～450	220～280	40～60	100～150	60～70	155～180

续表

建筑类别	污染物	冲厕	厨房	沐浴	盥洗	洗衣	综合
宾馆饭店	BOD₅	250~300	400~550	40~50	50~60	180~220	140~175
	COD	700~1000	800~1100	100~110	80~100	270~330	295~380
	SS	300~400	180~220	30~50	80~10	50~60	95~120
办公楼教学楼	BOD₅	260~340			90~110		195~260
	COD	350~450			100~140		260~340
	SS	260~340			90~110		195~260
公共浴室	BOD₅	260~340		45~55			50~65
	COD	350~450		110~120			115~135
	SS	260~340		35~55			40~65
职工及学生食堂	BOD₅	260~340	500~600				490~590
	COD	350~450	900~1100				890~1075
	SS	260~340	250~280				255~285

当建筑小区采用生活污水作中水水源时，可按表11-1中综合水质指标取值；当采用城市污水处理厂出水为原水时，可按二级处理实际出水水质或表11-2确定，利用其他种类水水源时，水质需进行实测。

二级处理出水标准　　　　　　　　　　表 11-2

指标	BOD₅	COD	SS	NH₃-N	TP
浓度(mg/L)	≤20	≤100	≤20	≤15	1.0

3. 建筑中水水质

污水再生利用按用途分为农林牧渔用水、建筑杂用水、城市杂用水、工业用水、景观环境用水、补充水源水等。建筑中水主要是建筑杂用水和城市杂用水，如冲厕、浇洒道路、绿化用水、消防、车辆冲洗、建筑施工、冷却用水等。

为确保中水的安全使用，建筑中水水质应满足下列要求：

(1) 卫生安全可靠，不含有害物质，各项指标（如：大肠菌群、细菌总数、余氯量、生化需氧量、化学需氧量、悬浮物等）达标；

(2) 符合人类感官要求，各项指标（如：浊度、色度、臭味、表面活性剂等）达标；

(3) 水中 pH、硬度、溶解性物质符合标准，不应引起设备和管道的腐蚀和结垢。

建筑中水的用途不同，选用的水质标准也不同。当中水用于多种用途时，应按不同用途水质标准进行分质处理；当中水同时用于多种用途时，其水质应按最高水质标准确定。

(1) 中水用作建筑杂用水和城市杂用水，如冲厕、道路清扫、消防、绿化、车辆冲洗、建筑施工等，其水质应符合现行国家标准《城市污水再生利用 城市杂用水水质》GB/T 18920—2020 的规定。

(2) 中水用于建筑小区景观环境用水时，其水质应符合现行国家标准《城市污水再生利用 景观环境用水水质》GB/T 18921—2019 的规定。

(3) 中水用于供暖、空调系统补充水时，其水质应符合现行国家标准《采暖空调系统水质》GB/T 29044—2012 的规定。

(4) 中水用于冷却、洗涤、锅炉补给等工业用水时，其水质应符合现行国家标准《城

市污水再生利用 工业用水水质》GB/T 19923—2005 的规定。

（5）中水用于食用作物、蔬菜浇灌用水时，其水质应符合现行国家标准《城市污水再生利用 农田灌溉用水水质》GB 20922—2007 的规定。

11.4　水量与水量平衡

建筑中水的设计应合理确定中水用户，充分提高中水利用率。建筑中水利用率可按式（11-1）计算：

$$\eta = \frac{Q_{za}}{Q_{Ja}} \times 100\% \tag{11-1}$$

式中　η——建筑中水利用率；

Q_{za}——项目中水年总供水量，m^3/a；

Q_{Ja}——项目年总用水量，m^3/a。

1. 中水原水量

（1）建筑物中水原水量

建筑物中水原水量 Q_Y 与建筑物平均日生活给水量 Q_{pj}、建筑物分项给水百分数 b 和折减系数 β 有关，按下式计算：

$$Q_Y = \Sigma \beta \cdot Q_{pj} \cdot b \tag{11-2}$$

式中　Q_Y——中水原水量，m^3/d；

β—— 建筑物按给水量计算排水量的折减系数，一般取 0.85～0.95；

Q_{pj}——建筑物平均日生活给水量按现行的《民用建筑节水设计标准》GB 50555—2010 中的节水用水定额计算确定，m^3/d；

b——建筑物分项给水百分率。应以实测资料为准，在无实测资料时，可参照表11-3 选取。

各类建筑物分项给水百分率（%）　　　　表 11-3

项目	住宅	宾馆、饭店	办公楼、教学楼	公共浴室	职工及学生食堂	宿舍
冲厕	21.3～21.0	10.0～14.0	60.0～66.0	2.0～5.0	6.7～5.0	30
厨房	20.0～19.0	12.5～14.0	—	—	93.3～95.0	—
沐浴	29.3～32.0	50.0～40.0	—	98.0～95.0	—	40～42
盥洗	6.7～6.0	12.5～14.0	40.0～34.0	—	—	12.5～14
洗衣	22.7～22.0	15.0～18.0	—	—	—	17.5～14
总计	100	100	100	100	100	100

注：沐浴包括盆浴和淋浴。

（2）建筑小区中水原水量

建筑小区中水原水量可按式（11-3）分项计算各个建筑物的中水原水量，然后累加，采用合流排水系统时，可按下式计算小区综合排水量：

$$Q_Z = \Sigma \beta \cdot Q_d \tag{11-3}$$

式中　Q_Z——小区综合排水量，m^3/d；

Q_d——小区平均日给水量，按现行的《民用建筑节水设计标准》GB 50555—2010 规定计算；

β 见式 (11-2)。

(3) 建筑中水系统的设计原水量

建筑中水系统的设计原水量宜为中水用水量的 110%~115%。

$$Q_1 \geqslant (1.10 \sim 1.15)Q_3 \qquad (11-4)$$

式中　Q_1——中水原水量，m^3/d；

　　　Q_3——中水用水量，m^3/d。

另外，还可根据建筑中作为中水水源的给水量的 80%~90% 来计算中水原水量。

2. 中水用水量

根据中水的不同用途，按有关的设计规范，分别计算冲厕、冲洗汽车、浇洒道路、绿化等各项中水日用水量。将各项中水日用量汇总，即为中水总用水量：

$$Q_3 = Q_c + Q_{js} + Q_{cx} + Q_j + Q_n + Q_x + Q_t \qquad (11-5)$$

式中　Q_3——最高日中水用水量，m^3/d；

　　　Q_c——最高日冲厕中水用水量，m^3/d；

　　　Q_{js}——浇洒道路或绿化中水用水量，m^3/d；

　　　Q_{cx}——车辆冲洗中水用水量，m^3/d；

　　　Q_j——景观水体补充中水用水量，m^3/d；

　　　Q_n——供暖系统补充中水用水量，m^3/d；

　　　Q_x——循环冷却水补充中水用水量，m^3/d；

　　　Q_t——其他用途中水用水量，m^3/d。

3. 水量平衡

水量平衡是对中水原水量、处理水量与用水量和自来水补水量进行计算和协调，使其达到供给与需求平衡和一致。

水量平衡计算应从两方面进行：确定可作为中水水源的污废水可集流的流量；确定中水用水量。

水量平衡计算可采用下列步骤：

1) 计算确定各类建筑物内厕所、厨房、沐浴、盥洗、洗衣及绿化、浇洒等用水量；如无实测资料时，可按式 (11-2) 计算。

2) 根据中水供水对象，确定可收集的中水原水量 Q_1。

3) 按式 (11-5) 计算中水总用水量 Q_3。

4) 计算中水日处理水量

$$Q_2 = (1+n)Q_3 \qquad (11-6)$$

式中　Q_2——中水日处理水量，m^3/d；

　　　n——中水处理设施自耗水系数，一般取 5%~10%；

　　　Q_3——最高日中水用水量，m^3/d。

5) 计算中水设施的处理能力

$$Q_{2h} = Q_2/t \qquad (11-7)$$

式中　Q_{2h}——中水小时处理水量，m^3/h；

　　　t——中水设施每日设计运行时间，h。

6) 计算溢流量或自来水补充水量

$$Q_0 = \mid Q_1 - Q_2 \mid \tag{11-8}$$

式中　Q_0——当 $Q_1 > Q_2$ 时，Q_0 为溢流量，m^3/d；

当 $Q_1 < Q_2$ 时，Q_0 为自来水水补充水量，m^3/d。

水量平衡计算结果可用图示方法表示出来，如图 11-10 所示。

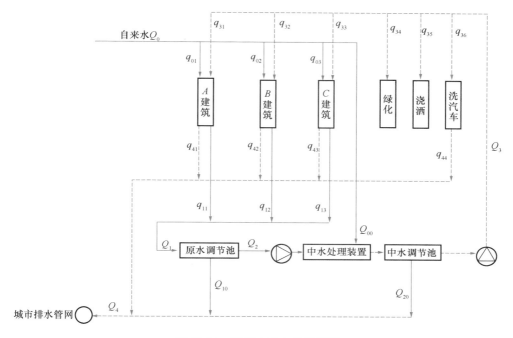

图 11-10　建筑小区水量平衡图

$q_{01} \sim q_{03}$—自来水分项用水量；$q_{11} \sim q_{13}$—中水原水分项用水量；$q_{31} \sim q_{36}$—中水分项用水量；

$q_{41} \sim q_{44}$—污水排放分项用水量；Q_0—自来水总供水量；Q_1—中水原水总水量；Q_2—中水处理水量；

Q_3—中水供水量；Q_4—污水总排放水量；Q_{00}—中水补给水量；Q_{10}、Q_{20}—溢流水量

图中直观反映了设计范围内各种水量的来源、出路及相互关系，水的合理分配及综合利用情况。水量平衡图是选定中水系统形式、确定中水处理系统规模和处理工艺流程的重要依据，也是量化管理所必须做的工作和必备的资料。水量平衡图主要包括如下内容：

1）建筑物各用水点的排水量（包括中水原水量和直接排放水量）；

2）中水处理水量、原水调节水量；

3）中水供水量及各用水点的供水量；

4）中水消耗量（包括处理设备自用水量、溢流水量和泄空水量）、中水调节量；

5）自来水总用量（包括各用水点的分项给水量及对中水系统的补充水量）；

6）自来水水量、中水用水量、污水排放量三者之间的关系。

4. 水量平衡措施

水量平衡措施是指通过设置调贮设备使中水处理水量适应中水原水量和中水用水量的不均匀变化。主要的调节措施有以下几种：

（1）贮存调节　设置原水调节池、中水调节池、中水高位水箱等贮存设备来调节原水量、处理水量和用水量之间的不均衡性。

1）原水调节池设在中水处理设施前，按下列公式计算容积：

连续运行时： $$V_1 = \alpha Q_2 \qquad\qquad (11\text{-}9)$$

间歇运行时： $$V_1 = 1.2 Q_h T \qquad\qquad (11\text{-}10)$$

式中　V_1——原水调节池的有效容积，m^3；

　　　Q_2——中水日处理水量，m^3/d；

　　　Q_h——处理系统的设计处理能力，m^3/h；

　　　α——系数，取 $0.35 \sim 0.50$；

　　　T——处理设备最大连续运行时间，h。

2）中水调节池设在中水处理设施后，可按下列公式计算：

连续运行时： $$V_2 = \alpha Q_3 \qquad\qquad (11\text{-}11)$$

间歇运行时： $$V_2 = 1.2(Q_h T - Q_{zt}) \qquad\qquad (11\text{-}12)$$

式中　V_2——原水调节池的有效容积，m^3；

　　　Q_3——最高日中水用水量，m^3/d；

　　　Q_{zt}——日最大连续运行时间内的中水用水量，m^3；

　　　α——系数，取 $0.25 \sim 0.35$；

　　　Q_h、T 符号意义同前。

3）当中水供水采用水泵—水箱联合供水方式时，高位水箱的调节容积不得小于中水系统最大时用水量的 50%。

（2）溢流调节　在原水管道进入处理站之前和中水处理设施之后分别设置分流井和溢流井，以适应原水量出现瞬时高峰、设备故障检修或用水短时间中断等紧急特殊情况，保护中水处理设施和调节设施不受损坏。

（3）运行调节　利用水位信号控制处理设备自动运行，并合理调整运行班次，可有效地调节水量平衡。

（4）自来水调节　在中水调节水池或中水高位水箱上设自来水补水管，当中水原水不足或集水系统出现故障时，由自来水补充水量，以保障用户的正常使用。自来水补充水管不允许与中水供水管道直接连接，必须采取隔断措施。

【例 11-1】某新建住宅楼，居民 36 户，平均每户 3.5 人，平均日生活用水定额为 $220L/(\text{人} \cdot d)$，每户有坐便器、浴盆、洗脸盆和厨房洗涤盆各 1 只，居民最高日给水量折算成平均日给水量的折减系数 α 取 0.80。拟建中水工程，中水用于冲厕、园林绿化和道路浇洒。绿化和道路洒水量按平均日用水量的 10% 计算。据调查，各项用水所占百分比和各项用水使用过程中损失水量百分数见表 11-4，试进行水量平衡分析（按平均日用水量）。

各项用水量占日用水量百分比及折减系数　　　　表 11-4

	厨房用水	沐浴用水	盥洗用水	洗衣用水	冲厕用水
占日用水量百分数（%）	20	30	9	21	20
折减系数 β	0.8	0.9	0.9	0.85	1.0

【解】

（1）以优质杂排水为中水原水，住宅楼平均日总用水量 Q_d 为：

$$Q_d = 220 \times 36 \times 3.5/1000 = 27.72 m^3/d$$

（2）建筑物中水原水量 Q_1：

沐浴排水量：$q_{11}=27.72\times0.3\times0.9=7.48\mathrm{m^3/d}$

盥洗排水量：$q_{12}=27.72\times0.09\times0.9=2.25\mathrm{m^3/d}$

洗衣排水量：$q_{13}=27.72\times0.21\times0.85=4.95\mathrm{m^3/d}$

$$Q_1=q_{11}+q_{12}+q_{13}=14.68\mathrm{m^3/d}$$

（3）中水用水量 Q_3：

冲厕用水量：$q_{31}=27.72\times0.2=5.54\mathrm{m^3/d}$

绿化和道路浇洒用水量：$q_{32}=27.72\times0.10=2.77\mathrm{m^3/d}$

中水用水量：$Q_3=q_{31}+q_{32}=8.31\mathrm{m^3/d}$

（4）中水处理水量：$Q_2=(1+n)\cdot Q_3=1.10\times8.31=9.14\mathrm{m^3/d}(n\ \text{取}\ 10\%)$

（5）溢流的集流水量：$Q_0=Q_1-Q_2=14.68-9.14=5.54\mathrm{m^3/d}$

（6）厨房用水量：$q_4=27.72\times0.2=5.54\mathrm{m^3/d}$

水量平衡图如图 11-11 所示。

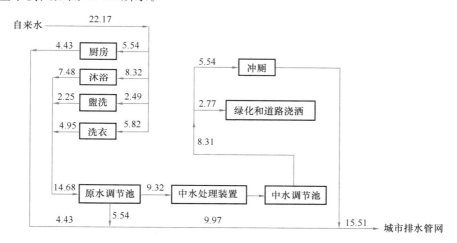

图 11-11　某住宅楼水量平衡图（单位：$\mathrm{m^3/d}$）

11.5　中水处理工艺与设施

中水处理工艺流程是根据中水原水的水量与水质，供应的中水水量与水质，以及当地的自然环境条件和对建筑环境的要求，如噪声、气味、美观、生态等，经过技术经济比较确定的。其中，中水原水的水质是主要依据。

1. 工艺流程

中水处理系统是建筑中水系统的重要组成部分，是原水转为中水的中间环节。

中水处理流程由各种水处理单元优化组合而成，通常包括预处理（格栅、调节池）、主处理（絮凝沉淀或气浮、生物处理、膜分离、土地处理等）和后处理（砂过滤、活性炭过滤、消毒等）三部分组成。其中，预处理和后处理在各种工艺流程中基本相同。主处理工艺则需根据中水水源的类型和水质选择确定。

（1）当以优质杂排水或杂排水为中水水源时，因水中有机物浓度很低，处理的目的主要是去除原水中的悬浮物和少量有机物，降低水的浊度和色度，可采用以物理化学处理为主的工艺流程或采用生物处理和物化处理相结合的处理工艺。物化处理工艺虽然对溶解性有机物去除能力较差，但后续消毒处理中消毒剂的化学氧化作用对水中耗氧物质的去除有一定的作用。

当原水中有机物浓度较低和阴离子表面活性剂（LAS）小于 30mg/L 时，可采混凝沉淀（或气浮）加过滤的物理化学方法。该工艺具有可间歇运行的特点，适用于客房入住率不稳定、可集流原水水量变化较大或间歇性使用的建筑物。

采用膜处理工艺（膜分离、膜生物反应器等）时，应设计可靠的预处理工艺单元及膜的清洗设施，以保障膜系统的长期稳定运行。

以优质杂排水或杂排水为中水水源时常用的工艺流程有以下几种。

1）物化处理工艺流程如图 11-12 所示。

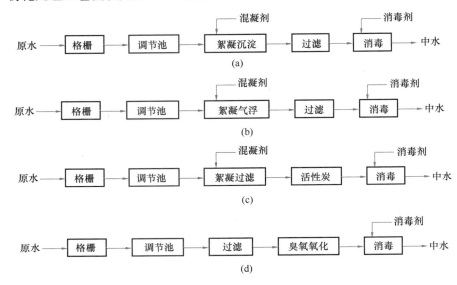

图 11-12　优质杂排水或杂排水为中水水源的物化处理工艺流程

2）生物处理和物化处理相结合的工艺流程如图 11-13 所示。

图 11-13　优质杂排水或杂排水为中水水源的生物处理和
物化处理相结合的工艺流程

3）预处理和膜分离相结合的处理工艺流程如图 11-14 所示。

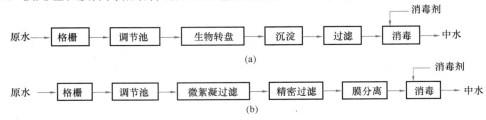

图 11-14　优质杂排水或杂排水为中水水源的预处理和膜分离相结合的工艺流程

4）膜生物反应器处理工艺流程如图 11-15 所示。

图 11-15　优质杂排水或杂排水为中水水源的膜生物反应器处理工艺流程

（2）当利用生活排水（含有粪便污水）为中水水源时，因中水原水中有机物和悬浮物浓度都很高，中水处理的目的是同时去除水中的有机物和悬浮物，用简单的方法很难达到要求，宜采用二段生物处理与物化处理相结合的处理工艺流程。因规模越小则水质水量的变化越大，因而，必须有比较大的调节池进行水质水量的调节均衡，以保证后续处理工序有较稳定的处理效果。以生活排水为中水水源时常用的工艺流程有以下几种。

1）生物处理和深度处理结合的工艺流程如图 11-16 所示。

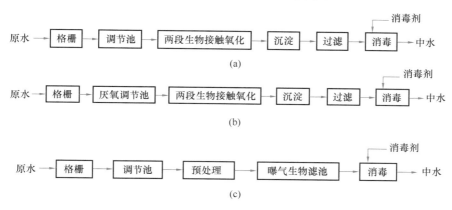

图 11-16　生活排水为中水水源的生物处理和深度处理相结合的工艺流程

2）生物处理和土地处理工艺流程如图 11-17 所示。

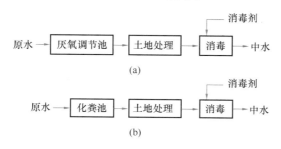

图 11-17　生活排水为中水水源的生物处理和土地
处理相结合的工艺流程

（3）当利用城市污水处理厂二级生物处理出水作为中水水源时，处理目的主要是去除水中残留的悬浮物，降低水的浊度和色度，宜选用物化或与生化处理结合的深度处理工艺流程。以城市污水处理厂出水作为中水水源，目前采用的较少，但随着城市污水处理厂的建设和污水资源化的发展，它将成为今后污水再生利用的主要水源。常用的工艺流程有以下几种。

1）物化法深度处理工艺流程如图 11-18 所示。

图 11-18　城市污水处理厂二级生物处理出水为中水水源的物化处理工艺流程

2）物化与生化结合的深度处理流程如图 11-19 所示。

图 11-19　城市污水处理厂二级生物处理出水为中水水源的物化与生化处理相结合的工艺流程

3）微孔过滤处理工艺流程如图 11-20 所示。

图 11-20　城市污水处理厂二级生物处理出水为中水水源的微孔过滤处理工艺流程

中水用于水景、供暖、空调冷却、建筑施工等其他用途时，如采用的处理工艺达不到相应的水质标准，应再增加深度处理设施，如活性炭、臭氧、超滤或离子交换处理等。

中水处理产生的沉淀污泥、活性污泥和化学污泥，应采取妥善处理措施，当污泥量较小时可排至化粪池处理，污泥量较大的中水处理站，可采用机械脱水装置或其他方法进行处理或处置。

2. 处理设施

（1）格栅

格栅用来截留去除原水中较大的漂浮物、悬浮物等。格栅宜选用机械格栅。当原水为杂排水时，可设置一道格栅，栅条空隙净宽 2.5～10mm；当原水为生活排水时，可设置二道格栅，第一道为中格栅，栅条空隙净宽为 10～20mm，第二道为细格栅，栅条空隙净宽取 2.5mm。水流通过格栅的流速宜取 0.6～1.0m/s。格栅设在格栅井内时，格栅倾角不宜小于 60°。格栅井须设工作台，其高度应高出格栅前最高设计水位 0.5m。工作台宽度不宜小于 0.7m，格栅井应设置活动盖板。

（2）毛发聚集器

当原水为洗浴废水时，污水泵的吸水管上应设毛发聚集器。毛发聚集器内过滤筒（网）的孔径 3mm，由耐腐蚀材料制造，其有效过水面积应大于连接管面积的 2 倍。毛发聚集器具有反洗功能和便于清污的快开结构。

（3）调节池

在调节池中曝气不但可以使池中颗粒状杂质保持悬浮状态，避免沉积在池底，还使原水保持有氧状态，防止原水腐败变质，产生臭味。另外，调节池预曝气可以去除部分有机物。原水调节池内预曝气一般用多孔管曝气，曝气负荷为 $0.6\sim0.9\mathrm{m^3/(m^3 \cdot h)}$。调节池底应设有集水坑和泄水管，并应有不小于 0.02 的坡度，坡向集水坑，中小型中水系统的调节池可兼用作提升泵的集水井。

（4）沉淀（絮凝沉淀）

混凝工艺主要去除原水中悬浮状和胶体状杂质，对可溶性杂质去除能力较差，是物化处理的主体工艺单元。混凝剂的种类及投药量的多少应根据原水的类型和水质确定。城市污水处理厂二级出水为中水原水时，最佳混凝剂为聚合氯化铝，最佳投药量为 30mg/L；以洗浴水为中水原水时，聚合铝和聚合铁的效果都较好，聚合铝最佳投药量为 5mg/L（以 Al_2O_3 计），一般可不超过 10mg/L（以 Al_2O_3 计）。

原水为优质杂排水或杂排水时，设置调节池后可不再设置初次沉淀池；原水为生活排水时，对于规模较大的中水处理站，可根据处理工艺要求设置初次沉淀池。

当处理水量较小时，絮凝沉淀池和生物处理后的沉淀池宜采用竖流式沉淀池或斜板（管）沉淀池。竖流式沉淀池的表面水力负荷宜采用 $0.8\sim1.2m^3/(m^2\cdot h)$，沉淀时间宜为 $1.5\sim2.5h$。池子直径或正方形的边与有效水深比值不大于 3，出水堰最大负荷不应大于 $1.70L/(s\cdot m)$；斜板（管）沉淀池宜采用矩形，表面水力负荷宜采用 $1\sim3m^3/(m^2\cdot h)$。停留时间宜为 60min，进水采用穿孔板（墙）布水，出水采用锯齿形出水堰，出水最大负荷不应大于 $1.70L/(s\cdot m)$。

（5）气浮

沉淀与气浮均是混凝反应后的有效固液分离手段，沉淀设备简单而体积稍大，气浮设备稍复杂而体积较小。混凝沉淀对阴离子洗涤剂处理效果很差，而混凝气浮对阴离子洗涤剂有一定处理效果。

气浮处理设施由气浮池、溶气罐、释放器、回流水泵和空压机等组成，宜采用部分回流加压溶气气浮方式，回流比取处理水量的 $10\%\sim30\%$，气水比按体积计算，空气量为回流水量的 $5\%\sim10\%$。

矩形气浮池由反应室、接触室和分离室组成，接触室内设置释放器，数量由回流量和释放器性能确定。进入反应室的流速宜小于 0.1m/s，反应时间为 $10\sim15min$。接触室水流上升流速一般为 $10\sim20mm/s$。分离室内水平流速不宜大于 $10mm/s$；负荷取 $2\sim5m^3/(m^2\cdot h)$，水力停留时间不宜大于 1.0h。气浮池有效水深为 $2\sim2.5m$，超高不应小于 0.4m。

（6）生物处理

生物处理主要用于去除水中可溶性有机物，宜采用接触氧化法和曝气生物滤池。

1）生物接触氧化池由池体、填料、布水装置和曝气系统等部分组成。供气方式宜采用低噪声的鼓风机加布气装置，潜水曝气机或其他曝气设备布气装置的布置应使布气均匀，气水比为（15:1）～（20:1），曝气量宜为 $40\sim80m^3/kgBOD_5$，溶解氧含量应维持在 $2.5\sim3.5mg/L$ 之间。当原水为优质杂排水或杂排水时，生物接触氧化池的水力停留时间不应小于 2h；当原水为生活排水时，应根据原水水质情况和出水水质要求确定水力停留时间，但不宜小于 3h。

接触氧化池宜采用易挂膜、耐用、比表面积较大、维护方便的固定填料或悬浮填料。填料的体积可按填料容积负荷与平均日污水量计算，容积负荷一般为 $1000\sim1800gBOD_5/(m^3\cdot d)$，优质杂排水和杂排水取上限值，生活污水取下限值，计算后按接触时间校核。当采用固定填料时，安装高度不应小于 2.0m，每层高度不宜大于 1.0m，当采用悬浮填料时,装填体积不应小于池容积的 25%。

2) 曝气生物滤池宜采用气水联合反冲洗,依次按气洗、联合洗、清水漂洗进行。气洗时间宜为 3~5min;气水联合冲洗时间宜为 4~6min;单独水漂洗时间宜为 8~10min,空气冲洗强度宜为 12~16L/(m² • s);水洗强度宜为 4~6L/(m² • s)。

生物滤池宜采用球形轻质多孔陶粒滤料。陶粒滤料的平均粒径的选择宜根据进、出水水质和滤池功能确定。滤料填装高度宜结合占地面积、处理负荷、风机选型和滤层阻力等因素综合考虑确定,陶粒滤料宜为 2.5~4.5m。

曝气系统宜采用氧转移效率高、安装方便、不宜堵塞、可冲洗、运行稳定的单孔膜空气扩散器。单孔膜空气扩散器布置密度应根据需氧量要求通过计算确定。单个曝气器设计额定通气量宜为 0.2~0.3m²/h,每平方米滤池截面积的曝气器布置数量不宜少于 36 个。

(7) 过滤

过滤是中水处理工艺中必不可少的后置工艺,是最常用的深度处理单元,对保证中水的水质起到决定性作用。

过滤宜采用过滤池或过滤器,采用压力过滤器时,滤料可选用单层或双层滤料。单层滤料压力过滤器的滤料多为石英砂,粒径为 0.5~1.0mm,滤料厚度 600~800mm,滤速取 8~10m/h,反冲洗强度 12~15L/(m² • s),反洗时间 5~7min。双层滤料压力过滤器的上层滤料为厚 500mm 的无烟煤,下层滤料为厚 250mm 的石英砂,滤速取 12 m/h,反冲洗强度 10~12.5L/(m² • s),反洗时间 8~15min。

(8) 膜分离

膜分离法处理效果好、装置紧凑、占地面积小,在中水处理流程中起到保障作用。膜分离为物理作用,对 COD、BOD_5 等指标去除效果不显著。随着膜工业的发展,各种膜产品不断推出,膜技术在水处理中的应用越来越广泛。

(9) 消毒

消毒时保障中水卫生指标的重要环节,中水处理必须设有消毒设施,消毒剂宜采用次氯酸钠、二氧化氯、二氯异氰尿酸钠或其他消毒剂,宜采用自动投加方式,并能与被消毒水充分混合接触。采用氯化消毒时,加氯量一般为有效氯量 5~8mg/L,消毒接触时间应大于 30min,当中水水源为生活污水时,应适当增加加氯量,余氯量应控制在 0.5~1.0mg/L。

3. 中水处理站的设计

中水处理站位置应根据建筑的总体规划、产生中水原水的位置、中水用水点的位置、环境卫生要求和管理维护要求等因素确定。

建筑物内的中水处理站宜设在建筑物的最底层,建筑群的中水处理站宜设在其中心建筑物的地下室或裙房内,应避开建筑的主立面、主要通道入口和重要场所,选择靠近辅助入口方向的边角,并与室外联系方便的地方。小区中水处理站应在靠近主要集水和用水地点的室外独立设置,处理构筑物宜为地下式或封闭式。

中水处理站应与环境绿化结合,应尽量做到隐蔽、隔离和避免影响生活用房的环境要求,其地上建筑宜与建筑小区相结合。以生活污水为原水的地面处理站与公共建筑和住宅的距离不宜小于 15m。

中水处理站处理构筑物及处理设备应布置合理、紧凑,满足构筑物的施工、设备安装、运行调试、管道敷设及维护管理的要求，并应留有发展及设备更换的余地。中水处理站应有单独的进出口和道路，便于进出设备、药品及排除污物。在满足处理工艺要求的前提下，高程设计中应充分利用重力水头，尽量减少提升次数，节省电能。各种操作部件和检测仪表应设在明显的位置，便于主要处理环节的运行观察、水量计量和水质取样化验监（检）测。处理构筑物及设备相互之间应留有操作管理和检修的合理距离，其净距一般不应小于 0.7m。处理间主要通道不应小于 1.0m。

11-1　中水回用

　　根据处理站规模和条件，设置值班、化验、贮藏、厕所等附属房间，加药贮药间和消毒制备间宜与其他房间隔开，并有直接通向室外的门。处理站有满足处理工艺要求的供暖、通风、换气、照明、给水排水设施，处理间和化验间内应设有自来水嘴，供管理人员使用。其他工艺用水应尽量使用中水。处理站内应设集水坑，当不能重力排放时，应设潜水泵排水。排水泵一般设两台，一用一备，排水能力不应小于最大小时来水量。

　　中水处理站应根据处理工艺及处理设备情况采取有效的除臭措施、隔声降噪和减振措施，具备污泥、渣等的存放和外运的条件。

思　考　题

　　1. 建筑中水系统由哪 3 部分组成？试阐述其作用。

　　2. 当小区内建筑物排水采用污废合流制时，试绘制半完全分流中水系统的工艺流程图。

　　3. 建筑物中水系统的原水水源包括哪些？按污染程度的轻重，选取顺序是怎样的？

第 12 章 专用建筑给水排水工程

12.1 游泳池和水上游乐池给水排水

游泳池和水上游乐池是供人们在水中进行娱乐、健身、比赛等活动的人工建造的设施，应以实用性、经济性、节约水资源、技术先进、环境优美、安全卫生、管理维护方便为设计原则。

12.1.1 游泳池和水上游乐池设计的基本数据

游泳池的类型较多，按照池中的水温可分为冷水泳池、一般游泳池、温水游泳池。按环境可分为天然游泳池、室外人工池、室内人工池、海水游泳池等；按使用目的可分为教学用、竞赛用、娱乐用、医疗康复用、练习用游泳池等；按照使用对象可分为成人泳池、儿童泳池、亲子泳池、幼儿泳池、婴儿泳池等；按项目分为游泳池、跳水池、潜水池、水球池、造浪池、戏水池等。各类游泳池的水深及平面尺寸参见附表 12-1。

1. 水质和水温

游泳池和水上游乐池初次充水和使用过程中的补充水、游泳池和水上游乐池饮水、淋浴等生活用水的水质，均应符合现行国家标准《生活饮用水卫生标准》GB 5749—2006 的要求。

游泳池和水上游乐池的池水水质，应符合现行行业标准《游泳池水质标准》CJ/T 244—2016 的规定，见表 12-1。举办重要国际竞赛和有特殊要求的游泳池池水的水质，应符合《游泳池水质标准》CJ/T 244 的规定外，尚应符合相关部门的规定。

游泳池池水水质项目及限值 　　　　　　　　　　表 12-1

序号	常规检验项目	限值
1	浑浊度(散射浊度计单位)(NTU)	≤0.5
2	pH	7.2~7.8
3	尿素(mg/L)	≤3.5
4	菌落总数(CFU/mL)	≤100
5	总大肠菌群(MPN/100mL 或 CFU/100mL)	不应检出
6	水温(℃)	20~30
7	游离性余氯(mg/L)	0.3~1.0
8	化合性余氯(mg/L)	<0.4
9	氰脲酸 $C_3H_3N_3O_3$ (使用含氰脲酸的氯化合物消毒时)(mg/L)	<30(室内池) <100(室外池)
10	臭氧(采用臭氧消毒时)(mg/m³)	<0.2(水面上 20cm 空气中) <0.05mg/L(池水中)
11	过氧化氢(mg/L)	60~100
12	氧化还原电位(mV)	≥700(采用氯和臭氧消毒时) 200~300(采用过氧化氢消毒时)

注：第7～第12项为根据所使用的消毒剂确定的检测项目及限值

续表

序号	非常规检验项目	限值
1	三氯甲烷(mg/L)	≤100
2	贾第鞭毛虫(个/10L)	不应检出
3	隐孢子虫(个/10L)	不应检出
4	三氯化氮(加氯消毒时测定)(mg/m³)	<0.5(水面上 30cm 空气中)
5	异养菌(CFU/mL)	≤200
6	嗜肺军团菌(CFU/200mL)	不应检出
7	总碱度(以 CaCO₃ 计)(mg/L)	60~180
8	钙硬度(以 CaCO₃ 计)(mg/L)	<450
9	溶解性总固体(mg/L)	与原水相比，增量不大于 1000

游泳池和水上游乐池的池水设计温度应根据池子类型按表 12-2 采用，为了便于灵活调节供水水温，设计时应留有余地。露天游泳池和水上游乐池的水温按表 12-3 选用，不考虑冬泳因素。

室内游泳池的池水设计温度 表 12-2

序号	游泳池的用途及类型		池水设计温度(℃)	备注
1	竞赛类	游泳池	26~28	含标准 50m 长池和 25m 短池
2		花样游泳池		
3		水球池		
4		热身池		
5		跳水池	27~29	
6		放松池	36~40	与跳水池配套
7	专用类	训练池	26~28	
8		健身池		
9		教学池		
10		潜水池		
11		俱乐部		
12		冷水池	≤16	室内冬泳池
13		文艺演出池	30~32	以文艺演出要求选定
14	公用类	成人池	26~28	含社区游泳池
15		儿童池	28~30	
16		残疾人池	28~30	
17	水上游乐类	成人戏水池	26~28	含水中健身池
18		儿童戏水池	28~30	含青少年活动池
19		幼儿戏水池	30	
20		造浪池	26~30	
21		环流河		
22		滑道跌落池		

327

序号	游泳池的用途及类型		池水设计温度(℃)	备注
23	其他类	多用途池		
24		多功能池	26～30	
25		私人泳池		

露天游泳池和水上游乐池的池水设计温度　　　　　表 12-3

序号	类型	池水设计温度
1	有加热装置	≥26℃
2	无加热装置	≥23℃

2. 水量和充水时间

由于游泳池和水上游乐池在运行中池水表面蒸发损失、池子排污损失、过滤设备反冲洗用水消耗、游泳者或游乐者带出池外的水量损失以及卫生防疫要求，池中每日需补充一定的水量，补充水量按表 12-4 选用。

游泳池和水上游乐池的初次充水或因突然发生传染病菌等事故泄空池水后重新充水的时间，应根据其使用性质和当地供水条件等因素确定，竞赛类和专用类游泳池的充水时间不宜超过 48h，休闲类游泳池不宜超过 72h。

游泳池、游乐池的补充水量　　　　　表 12-4

序号	池子的类型和特征		每日补充水量池水容积的百分数（%）
1	比赛池、训练池、跳水池	室内	3～5
		室外	5～10
2	水上游乐池、公共游泳池	室内	5～10
		室外	10～15
3	儿童池、幼儿戏水池	室内	不小于 15
		室外	不小于 20
4	家庭游泳池	室内	3
		室外	5

注：室内游泳池、水上游乐池的最小补充水量应保证在一个月内池水全部更换一次。

3. 设计负荷

设计负荷是用于限定同时在游泳池内容纳的最多允许人数，以人均池水面积表示，游泳池和水上游乐池的设计负荷见表 12-5、表 12-6 中的规定。文艺演出池的设计负荷不应小于 4.0m²，应根据文艺表演工艺要求确定。

游泳池的设计负荷　　　　　表 12-5

游泳池水深(m)	<1.0	1.0～1.5	1.5～2.0	>2.0
人均池水面积(m²/人)	2.0	2.5	3.5	4.0

注：1. 游泳池包含比赛类、专用类和公共类。

　　2. 本表各项参数不适用于跳水池。

水上游乐池的设计负荷　　　　　　　　　　　　表 12-6

游乐池类型	健身池	戏水池	造浪池	环流河	滑道跌落池
人均游泳面积 （m²/人）	3.0	2.5	4.0	4.0	按滑道形式、高度、坡度计算确定

12.1.2　池水循环方式

1. 系统设置

游泳池和水上游乐池的池水应循环使用，将池水按规定的流量和流速从池内抽出，经净化处理和消毒后，再送回池子重复使用。该循环系统由池子回水管路、净化设备、加热设备和净化水配水管路组成。

游泳池和水上游乐池水循环系统的设置，应根据池子的使用功能、卫生标准、使用者特点来确定。竞赛池、跳水池、训练池和公共池以及儿童池、幼儿池均应分别设置各自独立的池水循环净化给水系统，以满足各自的使用要求并便于管理。

对于水上游乐池，当多个池子用途相近、水温要求一致、池子循环方式和循环周期相同时可以共用一个池水净化处理系统，以节约能源和投资。循环净化水由分水器分别接至不同的游乐池，每个池子的接管上设置控制阀门。

2. 池水循环方式

池水循环方式是为保证游泳池和水上游乐池的进水水流均匀分布，在池内不产生急流、涡流、死水区，且回水水流不产生短流，使池内水温和余氯均匀而设计的水流组织方式。

游泳池和水上游乐池的池水循环方式有顺流式、逆流式和混合式。池水循环方式选择的影响因素主要有：池水容量、池水深度、池体形状、池内设施（指活动池底板、隔板及活动池岸等）、使用性质、技术经济等。

顺流式循环是指将游泳池或水上游乐池的全部循环水量，经设在池子端壁或侧壁水面以下的给水口送入池内，回水则由设在池底的回水口收集，经净化处理后送回池内继续使用，如图 12-1 (a) 所示。这种循环方式配水较为均匀，底部回水口可与排污口、泄水口合用，结构形式简单，建设费用经济；但不利于池水表面排污，池内局部易有沉淀产生。

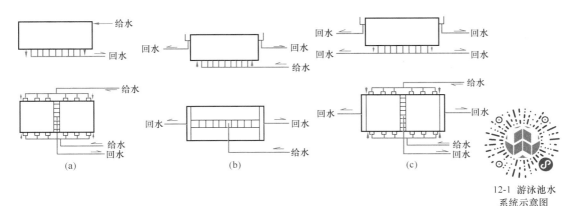

图 12-1　池水循环方式
（a）顺流式；（b）逆流式；（c）混流式

12-1 游泳池水
系统示意图

该方式一般适用于公共游泳池、露天游泳池、水上游乐池，由于水深较浅，采用顺流式循环方式可节省建设施工费用和方便维护管理。

逆流式循环是指将游泳池和水上游乐池的全部循环水量，经设在池底的给水口送入池内，再经池壁外侧溢水槽收集至回水管路，送到净化设备处理的水流组织方式，如图12-1（b）所示。该方式能够有效地去除池水表面污物和池底沉淀污物，池底均匀布置给水口满足水流均匀、避免涡流的要求，使池水均匀有效地交换更新。多用于竞赛游泳池、训练游泳池。

混流式循环是指将游泳池或水上游乐池全部循环水60%～70%的水量经设在池壁外侧的溢流回水槽取回，其余30%～40%的循环水量经设在池底的回水口取回。这两部分循环水量汇合后进行净化处理，然后经池底给水口送入池内继续使用，如图12-1（c）所示。这种循环方式除具有逆流式池水循环方式的优点外，由于池壁、池底同时回水使水流能冲刷池底的积污，卫生条件更好。适用于较高标准的游泳池和水上游乐池。

逆流式和混流式是国际泳联推荐的池水循环方式，为了满足池底均匀布置给水口、方便施工安装和维修更换给水口的要求，池底应架空设置或加大池深（将配水管埋入池底垫层或埋入沟槽），因此基建投资较高、施工难度较大。竞赛游泳池和训练游泳池的池水应采用逆流式或混流式循环方式；水上游乐池的类型较多，形状不规则，布局分散，应结合具体情况选用池水循环方式。

12.1.3 池水循环系统设计

1. 循环周期

游泳池和水上游乐池的池水净化循环周期是循环水系统构筑物和输水管道内的有效容积与单位时间循环量的比值，即将池水全部净化一次所需要的时间。确定循环周期的目的是限定池水中污浊物的最大允许浓度，以保证池水中的杂质、细菌含量和余氯量始终处于游泳协会和卫生防疫部门规定的允许范围内。合理确定循环周期关系到净化设备和管道的规模、池水水质卫生条件、设备性能与成本以及净化系统的效果。循环周期应根据池子类型和水深、使用对象和人数、池水容积、消毒方式、池水净化设备的效率和运行时间等因素确定，按表12-7采用。

游泳池的池水循环周期 表12-7

水池分类		使用有效池水深度（m）	循环次数（次/d）	循环周期（h）
竞赛类	竞赛游泳池	2.0	8～6	3～4
		3.0	6～4.8	4～5
	水球、热身游泳池	1.8～2	8～6	3～4
	跳水池	5.5～6	4～3	6～8
	放松池	0.9～1	80～48	0.3～0.5
专用类	训练池、健身池、教学池	1.35～2	6～4.8	4～5
	潜水池	8～12	2.4～2	10～12
	残疾人池、社团池	1.35～2	6～4.5	4～5
	冷水池	1.8～2	6～4	4～6
	私人泳池	1.2～1.4	4～3	6～8

续表

水池分类		使用有效池水深度（m）	循环次数（次/d）	循环周期（h）
公共游泳池	成人游泳池（含休闲池、学校泳池）	1.35～2	8～6	3～4
	成人初学池、中小学校泳池	1.35～2.00	8～6	3～4
	儿童泳池	0.6～1	24～12	1～2
	多用途池、多功能池	2～3	8～6	3～4
水上游乐池	成人戏水休闲池	1～1.2	6	4
	儿童戏水池	0.6～0.9	48～24	0.5～1
	幼儿戏水池	0.3～0.4	＞48	＜0.5
	造浪池　深水区	＞2	6	4
	造浪池　中深水区	2～1	8	3
	造浪池　浅水区	1～0	24～12	1～2
	滑道跌落池	1	12～8	2～3
	环流河（漂流河）	0.9～1	12～6	2～4
	文艺演出池		6	4

注：池水的循环次数按游泳池和水上游乐池每日循环运行时间与循环周期的比值确定。多功能游泳池宜按最小使用水深确定池水循环周期。

池水循环周期应对实际情况分析后确定，对于同一个池子，最科学的运行方式是将其循环周期随着使用负荷的变化及时进行调整。公共游泳池和水上游乐池因使用人员多，对池水污染快，设计时宜取下限值；池体水面面积大，相应承受人数多，污染物就多，特别是露天游泳池和游乐池受风沙杂物污染多，宜取下限值；如果水面面积相同，水深较大，承受人数相同，由于容积大则稀释度相对大，可以取略大的数值。另外，游泳池和水上游乐池宜按池水连续 24h 循环进行设计，在夜间非开放期间的池水循环水量可按正常运行时全部循环水量的 35%～50% 运行，这是为了防止滤料截留的积污杂质因停止水的流动而发生固化现象，影响过滤效果和滤料使用寿命，同时保持池内的余氯在规定的范围内。

2. 循环流量

循环流量是供净化和消毒设备选型的重要数据，常用的计算方法有循环周期计算法和人数负荷法。循环周期计算法是根据已经确定的池水循环周期和池水容积，按下式计算：

$$q_c = \frac{\alpha_{ad} \cdot V_p}{T_p} \qquad (12\text{-}1)$$

式中　q_c——游泳池或水上游乐池的循环流量，m^3/h；

α_{ad}——管道和过滤净化设备的水容积附加系数，取 1.05～1.1；

V_p——游泳池或水上游乐池的池水容积，m^3；

T_p——循环周期，h，按表 12-7 选用。

目前世界很多国家普遍采用循环周期计算池水循环流量，实践证明，它对保证池水的水质卫生是可行和有效的，该法的主要缺点是没有考虑到使用人数，因为池水被污染是人员在游泳或游乐过程中分泌的汗等污物造成的，但是该因素在计算公式中未直接体现出来。

3. 平衡水池和均衡水池

游泳池应考虑水量平衡措施，即平衡水池和均衡水池。

平衡水池适用于顺流式循环给水系统的游泳池和水上游乐池，作用在于保证池水有效循环、减小循环水泵阻力损失、平衡池水水面、调节水量和间接向池内补水。当循环水泵受到条件限制必须设置在游泳池水面以上，或是循环水泵直接从泳池吸水时，由于吸水管较长、沿程阻力大，影响水泵吸水高度而无法设计成自灌式开启时，需设置平衡水池；另外，数座游泳池或水上游乐池共用一组净化设备时，必须通过平衡水池对各个水池的水位进行平衡。平衡水池最高水面与游泳池和水上游乐池的最高水面齐平，水池内底表面在回水管管底 700mm 以下。平衡水池的有效容积按公式（12-2）计算：

$$V_p = V_d + 0.08q_c \tag{12-2}$$

式中　V_p——平衡水池的有效容积，m^3；

　　　V_d——单个过滤器反冲洗所需水量，m^3；

　　　q_c——水池的循环流量，m^3/h。

均衡水池适用于逆流式和混合式循环给水系统的游泳池和水上游乐池，作用在于收集池岸溢流回水槽中的循环回水，调节系统水量平衡和储存过滤器反冲洗时的用水和间接向池内补水。均衡水池的水面低于池水水面。均衡水池的有效容积可按下式计算：

$$V_j = V_a + V_d + V_c + V_s \tag{12-3}$$

$$V_s = A_s \times h_s \tag{12-4}$$

式中　V_j——均衡水池的有效容积，m^3；

　　　V_a——最大游泳及戏水负荷时每位游泳者入池后所排出的水量，m^3，取 $0.06m^3/$人；

　　　V_d——单个过滤器反冲洗所需的水量，m^3；

　　　V_c——充满池水循环净化处理系统管道和设备所需的水量，m^3，当补水量充足时，可不计此容积；

　　　V_s——池水循环净化处理系统运行时所需的水量，m^3；

　　　A_s——游泳池的水表面面积，m^2；

　　　h_s——游泳池溢流回水时的溢流水层厚度，m，可取 $0.005\sim0.01m$。

平衡水池和均衡水池还能使循环水中较大杂物得到初步沉淀。游泳池补充水管控制阀门出水口应高于水池最高水面（指平衡水池）或溢流水面（指均衡水池）100mm，并应装设倒流防止器。平衡水池和均衡水池应采用耐腐蚀、不透水、不污染水质的材料建造，并应设检修人孔、溢水管、泄水管和水泵吸水坑。

4. 循环水泵

池水净化循环水泵和水上游乐设施的功能循环水泵和水景系统的循环水泵应分开设置。采用池水顺流式循环方式时，循环水泵应靠近游泳池的回水口或平衡水池布置；当采用池水逆流式循环方式时，循环水泵应靠近均衡水池布置。

水上游乐池游乐设施的功能循环水泵，供应滑道润滑水的水泵应设置能交替运行的备用泵，环流河的推流水泵应多处设置且能同时联动运行。

颗粒过滤器的循环水泵的工作泵不宜少于 2 台，且应设备用泵，应能与工作泵交替运行。

水泵组的额定流量不应小于保证池水循环周期所需的循环流量，其扬程不应小于吸水池最低水位至泳池出水口的几何高差、循环净化处理系统设备和管道系统阻力损失、水池进水口所需流出水头之和。当采用水泵并联运行时，宜乘以 1.05～1.10 的安全系数。

水泵应选择高效节能、耐腐蚀、低噪声的泳池离心水泵，宜采用变频调速水泵。

5. 循环管道及附属装置

循环管道由循环给水管和循环回水管组成，循环给水管内水流速度应为 1.5～2.5m/s；回水管道的水流速度为 1.0～1.5m/s；循环水泵吸水管内的水流速度应为 0.7～1.2m/s。管材、元件等应符合《生活饮用水输配水设备及防护材料的安全性评价标准》GB/T 17219—1998 的规定。

循环管道应尽量敷设于池子周围的管廊内，管廊高度不小于 1.8m，并应留人孔及吊装孔。室外游泳池或游乐池宜设置管沟布置管道，经济条件不允许时宜埋地敷设。

游泳池和水上游乐池的给水口和回水口对水流组织很重要，其布置应满足循环流量的要求，且使池水水流均匀循环，不发生短流且应具有调节出水量的功能。

给水口的布置形式有池底型和池壁型，给水口与池底或池壁（端）内表面相平。

池底型给水口应布置在每条泳道分割线之下的底部，间距不应大于 3m；水池为不规则形状时，每个给水口应按最大服务面积不超过 $8m^2$ 均匀布置。

池壁型给水口可沿两端壁布置和沿两侧壁布置，同一水池内同一层给水口在池壁的标高应在同一水平线上。当池水深度不大于 2m 时，给水口应布置在池水面以下 0.5～1m 处；当池水深度大于 2.5m 时，给水口应采用多层布置且至少两层，上、下层给水口在池壁上应错开布置且两层给水口的间距不宜大于 1.5m，最下层给水口应高出池底 0.5m。

给水口应有流量调节装置并应设置格栅护盖。

顺流式循环时池底回水口的数量应按淹没流计算，不得少于 2 个间距不应小于 1m。

溢流回水槽设置在逆流式或混流式循环系统的池子两侧壁或四周，截面尺寸按溢流水量计算，标准游泳池及跳水池的溢流回水槽的断面尺寸不应小于 300mm×300mm。槽内回水口数量由计算确定，间距不宜大于 3.0m，单个回水口的接管管径不应小于 50mm。槽底以 1% 坡度坡向溢流回水口。回水口与回水管采用等程连接、对称布置管路，接入均衡水池。

游泳池和水上游乐池的泄水口设置在池底最低处，宜按 6h 全部排空池水确定泄水口的管径和数量。重力式泄水时，泄水管需设置空气隔断装置而不应与排水管直接连接。

游泳池的池岸应设冲洗池岸用的清洗水嘴，宜设在看台或建筑的墙槽内或阀门井内（室外游泳池），冲洗水量按 1.5L/（m²·次），每日冲洗两次，每次冲洗时间以 30min 计。

游泳池和水上游泳池还应设置消除池底积污的池底清污器；标准游泳池和水上游乐池宜采用全自动池底消污器；中、小型游乐池和休闲池宜采用移动式真空池底清污器或电动清污器。

12.1.4　循环水的净化

不同用途的游泳池和水上游乐池，池水净化处理系统应分开设置。水处理工艺流程一般为毛发聚集器、过滤器、加热、消毒等，循环水净化处理工艺应根据的游泳池和水上游乐池的用途、设计负荷、过滤器类型、消毒剂种类等因素，经技术经济比较后确定。采用颗粒过滤介质时，应包括循环水泵、颗粒过滤器、加热和消毒等工序；采用硅藻土过滤介质时，应包括硅藻土过滤机组、加热和消毒工序；小型游泳池，宜采用一体化过滤设备净水设施。

1. 毛发聚集器

池水回水首先进入装设在循环水泵吸水管上的毛发聚集器，截除水中挟带的固体杂质和毛发、树叶、纤维等杂物，防止破坏过滤器滤料层及影响过滤效果和水质，毛发聚集器外壳应采用耐压、耐腐蚀材料，过滤筒孔眼直径不应大于 3mm，过滤网眼不应大于 15 目，过滤筒（网）孔眼的总面积不应小于连接管道截面面积的 2 倍，以保证循环流量不受影响。毛发聚集器装设在循环水泵的吸水管上，截留池水中挟带的固体杂质。

2. 过滤

游泳池或游乐池的循环水水量恒定、浊度低，为简化处理流程，减小净化设备机房占地面积，多采用水泵一次提升的循环方式和压力式颗粒过滤器、硅藻土过滤器。

过滤器应根据池子的规模、使用目的、平面布置、人员负荷、管理条件和材料情况等因素统一考虑，应符合下列要求：

（1）体积小、效率高、功能稳定、能耗小、保证出水水质；

（2）操作简单、安装方便、管理费用低且利于自动控制；

（3）对于不同用途的游泳池和水上游泳池，过滤器应分开设置，有利于系统管理和维修；

（4）每座池子的过滤器数目不宜少于 2 台，当一台发生故障时，另一台在短时间内采用提高滤速的方法继续工作，一般不必考虑备用过滤器；

（5）一般采用立式压力过滤器，有利于水流分布均匀和操作方便。当直径大于 2.6m 时采用卧式压力过滤器；

（6）重力式过滤器一般低于泳池的水面，一旦停电可能造成溢流淹没机房等事故，所以应有防止池水溢流事故的措施；

（7）压力过滤应设置进水、出水、冲洗、泄水和放气等配管，还应设有检修孔、观察孔、取样管和差压计。

过滤器内的滤料应该具备：比表面积大、孔隙率高、截污能力强、使用周期长；不含杂物和污泥，不含有毒和有害物质；化学稳定性能好；机械强度高，耐磨损，抗压性能好。目前压力过滤器滤料有石英砂、无烟煤、聚苯乙烯塑料珠、硅藻土等，国内使用石英砂比较普遍。压力过滤的滤料组成、过滤速度和滤料层厚度应经实验确定，也可按表 12-8 选用。

滤料层组成、有效厚度和过滤速度　　　　　表 12-8

序号	滤料层组成		滤料组成粒径（mm）			过滤速度（m/h）
			滤料直径（mm）	不均匀系数 K_{80}	有效厚度（mm）	
1	单层颗粒过滤器	均质石英砂	$D_{min}=0.45$ $D_{max}=0.55$	<1.6	≥700	15～25
2			$D_{min}=0.40$ $D_{max}=0.60$	<1.40	≥700	15～25
3			$D_{min}=0.60$ $D_{max}=0.80$	<1.40	≥700	15～25
4	双层颗粒过滤器	无烟煤	$D_{min}=0.85$ $D_{max}=1.60$	<2.0	>350	14～18
		石英砂	$D_{min}=0.50$ $D_{max}=1.00$			

续表

序号	滤料层组成		滤料组成粒径（mm）			过滤速度（m/h）
			滤料直径（mm）	不均匀系数 K_{80}	有效厚度（mm）	
5	多层颗粒过滤器	无烟煤	$D_{min}=0.85$ $D_{max}=1.60$	<1.7	>350	20～30
		石英砂	$D_{min}=0.50$ $D_{max}=0.85$	<1.7	>600	
		重质矿石	$D_{min}=0.80$ $D_{max}=1.20$	<1.7	>400	

注：1. 其他滤料如纤维球、树脂、纸芯等，按生产厂商提供并经有关部门认证的数据选用；
　　2. 滤料的堆积密度：石英砂 1.7～1.8；无烟煤 1.4～1.6；重质矿石 4.2～4.6。

压力过滤器的过滤速度是确定设备容量和保证池水水质卫生的基本数据，应从保证池水水质和节约工程造价两方面考虑。对于竞赛池、公共池、教学池、水上游乐池等宜采用中速过滤；对于家庭池、宾馆池等可采用高速过滤。

过滤器在工作过程中由于污物积存于滤料，使滤速减小，循环流量不能保证，池水水质达不到要求，必须进行反冲洗，即利用水力作用使滤料浮游起来，进行充分的洗涤后，将污物从滤料中分离出来，和冲洗水一起排出。冲洗周期通常按照压力过滤器的水头损失和使用时间来决定。

过滤器应采用水进行反冲洗，有条件时宜采用气、水组合反冲洗。反冲洗水源可利用城市生活饮用水或游泳池池水。压力过滤器采用水反冲洗时的反冲洗强度和反冲时间按表12-9采用；重力式过滤器的反冲洗应按有关标准和厂商的要求进行；气水混合冲洗时根据试验数据确定。

颗粒过滤器水反冲洗强度和持续时间　　　　　　　　　　　表 12-9

序号	滤料层组成	水反冲洗强度（L/(s·m²)）	膨胀率（%）	反冲洗持续时间（min）
1	单层石英砂	12～15	<40	6～7
2	双层滤料	13～17	<40	8～10
3	三层滤料	16～17	30	5～7

注：膨胀率数值仅供设计压力式颗粒过滤器高度用。

3. 加药

加药操作包括向池水中加药以及在循环水进入过滤器之前加药。

向池水中加药的目的主要是：调整池水的 pH、调整 TDS 浓度、防止藻类产生。

pH 对混凝效果和氯消毒有影响，而且 pH 偏高或偏低会对游泳者或游乐者的眼睛、皮肤、头发产生损伤，或有不舒适感，另外 pH 小于 7.0 时会对池子的材料设备产生腐蚀性，故应定期地投加纯碱或碳酸盐类，以调整池水的 pH 在规定的范围。当 pH 低于 7.2 时，应向池水投加碳酸钠；pH 高于 7.6 时应向池水中投加盐酸、碳酸氢钠等。

总溶解固体（TDS）是池水中所有金属、盐类、有机物和无机物等可溶性物质的总量。如果池水中 TDS 小于 50mg/L，池水呈现轻微绿色而缺乏反应能力；TDS 浓度过高

（超过 1500mg/L）会使水溶解物质的容纳力降低，悬浮物聚集在细菌和藻类周围阻碍氯靠近，影响氯的杀菌效能。所以池水中 TDS 浓度范围规定在 150～1500mg/L 内，偏小时应向池水中投加次氯酸钠，偏大时增大新鲜水补充量稀释 TDS 浓度。

当池水在夜间、雨天或阴天不循环时，由于含氯不足就会产生藻类，使池水呈现黄绿色或深绿色，透明度降低。这时应定期向池水中投加硫酸铜药剂以消除和防止藻类产生。设计投加量不大于 1mg/L，投加时间和间隔时间应根据池水透明度和气候条件确定。

由于游泳池和水上游乐池水的污染主要来自人体的汗等分泌物，仅使用物理性质的过滤不足以去除微小污物，故池水中的循环水进入过滤器之前需要投加混凝剂，把水中微小污物吸附聚集在药剂的絮凝体上，形成较大块状体经过滤去除。混凝剂宜采用氯化铝或精制硫酸铝、明矾等，根据水源水质和当地药品供应情况确定，宜采用连续定比自动投加。

4. 消毒

游泳池和水上游乐池的池水必须进行消毒杀菌，消毒剂和方式应具有不造成环境污染，对人体健康无害且不改变池水水质，且不应腐蚀设备及管道；运行可靠、安全，操作管理方便等。消毒方式应根据池子的使用性质确定。

（1）臭氧消毒

对于世界级和国家级竞赛和训练游泳池、宾馆和会所附设的游泳池，室内休闲池及有特殊要求的其他游泳池宜采用臭氧消毒。臭氧用于游泳池池水消毒的技术，在欧美国家应用得比较普遍，我国近几年才开始。对于竞赛游泳池以及池水卫生要求很高、人数负荷高的游泳池和水上游乐池，宜采用循环水全部进行消毒的全流量臭氧消毒系统，如图 12-2 所示，由于全部循环流量与臭氧充分混合、接触反应，能保证消毒效果和池水水质，但该系统设备多，占地面积大、造价高。由于臭氧是一种有毒气体，为了防止臭氧泄漏应采用负压投加以保证安全；而且在采用全流量臭氧消毒方式时应设置活性炭吸附过滤器或多介质滤料过滤器，作为剩余臭氧吸附装置，以脱除多余的臭氧，避免池水中浓度过大对人体产生危害和腐蚀设备。由于只有溶解于水中的臭氧才有杀菌效用，因此需要设置反应罐让臭氧与水充分混合接触、溶解，完成消毒过程。

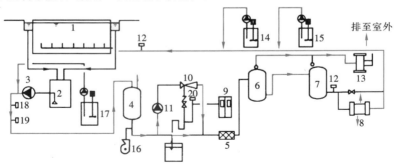

图 12-2　全流量臭氧消毒系统

1—游泳池；2—均衡水池；3—循环水泵；4—砂过滤器；5—臭氧混合器；6—反应罐；
7—剩余臭氧吸附过滤器；8—加热器；9—臭氧发生器；10—负压臭氧投加器；
11—加压泵；12—臭氧监测器；13—臭氧尾气处理器；14—长效消毒剂投加装置；
15—pH 调整投加装置；16—风泵；17—混凝剂投加装置；18—pH 探测器；
19—氯探测器；20—臭氧取样点

臭氧稳定性差，在常温下可自行分解成氧分子，在 1％浓度溶液时的半衰期是 16min，应边生产边使用，臭氧分解时释放大量的热，在空气中的臭氧浓度达到 25％时容易爆炸，且浓度高于 0.25mg/L 时会影响人体健康，故其尾气应经过处理后排放；对臭氧发生和投加系统的自动化控制和监视、报警是确保臭氧系统安全的必要条件。

由于臭氧没有持续消毒功能，为了防止新的交叉感染和应付突然增加的游泳人数造成的污染，应按允许余氯量向池内投加少量的氯，保持池水余氯符合规定。

对于人员负荷一般，且人员较为稳定的新建游泳池和水上游乐池，或是现有游泳池增建臭氧消毒系统时，宜采用分流量臭氧消毒系统，如图 12-3 所示，仅对 25％的循环流量投加臭氧消毒，然后再与未投加臭氧的 75％循环水量混合，通过稀释利用分流消毒水中的剩余臭氧继续进行消毒。这种系统可以减小反应罐的容量，取消残余臭氧吸附过滤装置，从而可以节省占地面积，降低投资，减小运行成本。

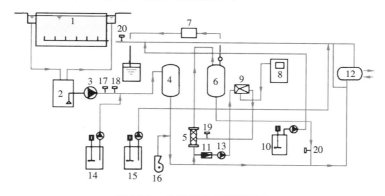

图 12-3　分流量臭氧消毒系统

1—游泳池；2—均衡水池；3—循环水泵；4—砂过滤器；5—臭氧混合器；6—反应罐；
7—臭氧尾气处理器；8—臭氧发生器；9—负压臭氧投加器；10—长效消毒剂投加装置；
11—流量计；12—加热器；13—加压泵；14—混凝剂投加装置；15—pH 调整剂投加装置；
16—风泵；17—pH 探测器；18—氯探测器；19—臭氧取样点；20—臭氧监测器

（2）氯消毒

用于游泳池和水上游乐池的氯消毒剂有氯气、次氯酸钠、氯片等品种，从安全、简便、有效等方面综合比较，宜优先选用次氯酸钠，投加量（以有效氯计），宜按 1～3mg/L 设计，并根据池水中的余氯量进行调整，次氯酸钠采用湿式投加，配制浓度宜采用 1～3mg/L，投加在过滤器之后（压力投加时）或循环水泵吸水管中（重力式投加时）。采用瓶装氯气消毒时，按 1～3mg/L 的投加量负压自动投加；加氯设备应设置备用机组，保持供水水源安全可靠且水压稳定，加氯设备与氯气瓶分别单独设置在两个房间，加氯间设置防毒、防火和防爆装置。采用氯片消毒时，应配制成含氯浓度为 1～3mg/L 的氯消毒液后湿式投加；小型游泳池、家庭游泳池宜采用有流量调节阀门的自动投药器投加。

（3）紫外线消毒

紫外线消毒技术在条件适宜的情况下可用于泳池水处理。

紫外线消毒原理主要是紫外线照射时发生能量传递，在微生物体内引起分子化学键的断裂，阻碍了核酸的复制和蛋白质的合成。紫外线消毒的效果取决于辐射强度和照射时间的乘积（辐射剂量）。

池水采用紫外线消毒的优点主要有：杀菌效率高、速度快；降低消毒时氯的用量；降低池水中的余氯量；在消毒过程中不会产生有毒及有害副产物，不改变被消毒水的成分和性质；减少三卤甲烷（THMs）等致癌物质含量，符合国家政策导向；杀菌的广谱性高，能够杀灭泳池和淋浴池里的军团菌，尤其对温水浴池极为适用；能够通过破坏微生物的DNA和DNA修复酶永久灭活抗氯性微生物。

紫外线消毒的缺点是：消毒效果易受水中浊度的影响。不具备在水中的持续消毒能力，需配合其他长效消毒剂同时使用。

5. 加热

（1）热量计算

游泳池和水上游乐池水加热所需热量由以下几项耗热量组成：

1）游泳池和水上游乐池水表面蒸发损失的热量：

$$Q_s = \frac{1}{\beta}\rho \cdot \gamma(0.0174v_w + 0.0229)(P_b - P_q)A_s\frac{B}{B'} \tag{12-5}$$

式中　Q_s——游泳池或水上游乐池水表面蒸发损失的热量，kJ/h；

　　　β——压力换算系数，取133.32Pa；

　　　ρ——水的密度，kg/L；

　　　γ——与游泳池或水上游乐池水温相等的饱和蒸汽的蒸发汽化潜热，kJ/h；

　　　v_w——游泳池或水上游乐池水表面上的风速，m/s，按下列规定采用：

　　　　　　室内游泳池或水上游乐池：0.2～0.5m/s；

　　　　　　室外游泳池或水上游乐池：2～3m/s；

　　　P_b——与游泳池或水上游乐池水温相等的饱和空气的水蒸气分压力，Pa；

　　　P_q——游泳池或水上游乐池的环境空气的水蒸气分压力，Pa；

　　　A_s——游泳池或水上游乐池的水表面面积，m²；

　　　B——标准大气压，Pa；

　　　B'——当地的大气压，Pa。

2）游泳池和水上游乐池池壁和池底，以及管道和设备等传导所损失的热量，按第1）项的20%计算确定。

3）补充新鲜水加热需要的热量：

$$Q_f = \frac{c \cdot V_f \cdot \rho(T_i - T_f)}{t_h} \tag{12-6}$$

式中　Q_f——游泳池或水上游乐池补充新鲜水加热所需的热量，kJ/h；

　　　c——水的比热，kJ/（℃·kg）；

　　　ρ——水的密度，kg/L；

　　　V_f——游泳池或水上游乐池新鲜水的补水量，L/d；

　　　T_i——池水设计温度，℃；

　　　T_f——补充新鲜水的温度，℃；

　　　t_h——加热时间，h。

（2）加热方式与加热设备

游泳池和水上游乐池水的加热可采用间接加热或直接加热方式，有条件地区也可采用太阳能加热方式，应根据热源情况和使用性质确定。间接加热方式具有水温均匀，无噪声，操作管理方便的优点，竞赛用游泳池应采用间接加热方式；将蒸汽接入循环水直接混合加热的直接加热方式，具有热效率高的优点，但是应有保证汽水混合均匀和防噪声的措施，有热源条件时可用于公共游泳池；中、小型游泳池可采用燃气、燃油热水机组及电热水器直接加热方式。

池水的初次加热时间直接影响加热设备的规模，应考虑能源条件，热负荷和使用要求等因素，一般采用 24～48h。对于比赛用游泳池，或是能源丰富、供应方便地区，或是池水加热与其他热负荷（如淋浴加热，供暖供热）不同时使用时，池水的初次加热时间宜短些，否则可以适当延长。

加热设备是根据能源条件，池水初次加热时间和正常使用时补充水的加热等情况，综合技术经济比较确定。竞赛游泳池、大型游泳池和水上游乐池宜采用快速式换热器，单个的短泳池和小型游泳池可采用半容积式换热器或燃气、燃油热水机组直接加热。

不同用途游泳池的加热设备宜分开设置，必须合用时应保证不同池子和不同水温要求的池子有独立的给水管道和温控装置。加热设备按不少于 2 台同时工作。为使池水温度符合使用要求，节约能源，每台应装设温度自动调节装置，根据循环水出口温度自动调节热源的供应量。

将池水的一部分循环水加热，然后与未加热的那部分循环水混合，达到规定的循环水出口温度时供给水池，这是国内外大多采用的分流式加热系统。被加热的循环水量应不少于全部循环水量的 25%，被加热循环水温度不宜超过 40℃，应有充分混合被加热水与未被加热水的有效措施。

对于全部循环水量都加热的系统，其加热设备的进水管口和出水管口的水温差应按下列计算：

$$\Delta T_h = \frac{Q_s + Q_t + Q_f}{1000c \cdot \rho \cdot q_c} \tag{12-7}$$

式中　ΔT_h——加热设备进水管口与出水管口的水温差，℃；

　　　Q_s——池水表面蒸发损失的热量，kJ/h；

　　　Q_t——池子水表面、池底、池壁、管道、设备传导损失的热量，kJ/h；

　　　Q_f——补充新鲜水加热所需的热量，kJ/h；

　　　c——水的比热，kJ/（℃·kg）；

　　　ρ——水的密度，kg/L；

　　　q_c——循环流量，m³/h。

按上式计算后，如选不到合适的加热器时，可改为分流式加热系统。

6. 净化设备机房

游泳池和水上游乐池的循环水净化处理设备主要有过滤器、循环水泵和消毒装置。设备用房的位置应尽量靠近游泳池和水上游乐池，并靠近热源和室外排水管接口，方便药剂和设备的运输。

机房面积和高度应满足设备布置、安装、操作和检修的要求，留有设备运输出入口和吊装孔；并要有良好的通风、采光、照明和隔声措施；有地面排水设施；有相应的防毒、防火、防爆、防气体泄漏、报警等装置。

12.1.5 洗净设施

1. 浸脚消毒池

为减轻游泳池和水上游乐池水的污染程度，进入水池的每位人员应对脚部进行洗净消毒。必须在进入游泳池或水上游乐池的入口通道上设置浸脚消毒池，保证进入池子的人员通过，不得绕行或跳越通过。浸脚消毒池的长度不小于2m，池宽与通道宽度相等，池两端地面应以不小于1%坡度坡向浸脚消毒池，池深不应小于0.2m，池内消毒液的有效深度不小于0.15m。

浸脚消毒池和配管应采用耐腐蚀材料制造，池内消毒液应每一个开放场次更换一次，以池中消毒液的余氯量保持在5~10mg/L范围为宜。

2. 强制淋浴

在游泳池和水上游乐池入口通道设置强制淋浴，是清除游泳者和游乐者身体上污物的有效措施，强制淋浴宜布置在浸脚消毒池之前，强制淋浴通道的尺寸应使被洗洁人员有足够的冲洗强度和冲洗效果。强制淋浴通道长度不应小于2m，淋浴喷头不少于3排，每排间距不大于0.8m，顶喷喷头不宜少于3只，侧喷每侧不应少于1只，当采用多孔喷水时，喷水孔孔径宜为0.8mm，孔间距不大于0.4m，喷头安装高度不应小于2.2m。应采用光电感应自动控制开启方式。

3. 浸腰消毒池

公共游泳池宜在强制淋浴之前设置浸腰消毒池，对游泳者进行消毒。浸腰消毒池有效长度不宜小于1.0m，有效水深为0.9m。池子两侧设扶手，采用阶梯形为宜。池水宜为连续供应、连续排放方式；采用定时更换池水的时间间隔不应超过4h。

浸腰消毒池靠近强制淋浴布置，设置在强制淋浴之后时，池中余氯量不得小于5mg/L；设置在强制淋浴之前时，池中余氯不得小于50mg/L。

12.2 水景给水排水

12.2.1 水景水流形态和形式

水景是利用各种人工控制的水流形态，辅之以灯光、声音效果而形成的人工环境，有瀑布、喷泉、壁泉、涌水、溪流、跌水、静态池水等类型，见附表12-2，还有冰、雪、雾、霜等形态。

水景按照其流动程度可分为：静态水景、弱动态水景、强动态水景。按照其所处地点位置可分为：半天然水体型、人工室外型、人工室内型。

水景的作用主要有：①在小区的空间布局设计中起到重要的协调作用，美化环境空间，形成人文特色，增加居住区的趣味性、观赏性、参与性。②在建筑设计中起到装饰、美化作用，提高艺术效果，起到视觉缓冲、心理缓冲作用。③改善局部小气候，有益人体健康。水景工程可增加空气湿度，增加负离子浓度，减少悬浮细菌数量，减少含尘量，还可缓解凝固的建筑物和硬质铺装地面给人带来的心理压力，有益心理健康。④实现资源综合利用。水景工程可利用各种喷头的喷水降温作用，使水景兼作循环冷却池，利用动态水流充氧防止水质腐败，兼作消防水池或市政贮水池。

常见的水景形式有固定式、半移动式、全移动式三种。固定式水景工程中的构筑物、设备及管道固定安装，不能随意搬动，常用的有水池式、浅碟式和楼板式。水池式是建筑物广场和庭院前常用的水景形式，将喷头、管道、阀门等固定安装在水池内部。图 12-4 是浅碟式水景工程示意图，水池减小深度，管道和喷头被池内布置的踏石、假山、水草等掩盖，水泵从集水池吸水。图 12-5 为适合在室内布置的楼板式水景工程，喷头和地漏暗装在地板内，管道、水泵及集水池等布置在附近的设备间。楼板地面上的地漏和管道将喷出的水汇集到集水池中。

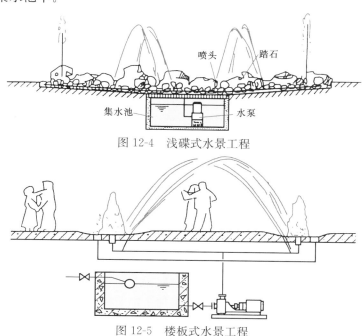

图 12-4　浅碟式水景工程

图 12-5　楼板式水景工程

小型水景工程中还有半移动式和移动式水景工程。半移动式水景工程中的水池等土建结构固定不动，将喷头、配水器、管道、潜水泵和灯具成套组装，可以随意移动。移动式水景则是将包括水池在内的全部水景设备一体化，可以任意整体搬动，常采用微型泵和管道泵，如图 12-6 所示。

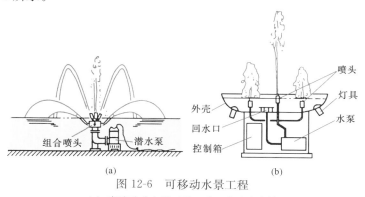

(a)　　　　　　　　　　　　　　(b)

图 12-6　可移动水景工程

（a）半移动式水景工程；（b）移动式水景

12.2.2 水景水循环系统

水景可采用城市给水、清洁的生产用水和天然水及再生水作为供水水源。亲水性水景景观用水水质,应符合《地表水环境质量标准》GB 3838—2002 中规定的Ⅲ类标准,其补水水质应符合相关标准规定;非亲水性水景景观用水水质,应符合《地表水环境质量标准》GB 3838 中规定的Ⅳ类标准;再生水用于景观环境用水时,水质应符合《城市污水再生利用景观环境用水水质》GB/T 18921—2019 的规定要求。

水景用水宜循环使用。循环给水系统是利用循环水泵、循环管道和贮水池将水景喷头喷射的水收集后反复使用,其土建部分包括水泵房、水池、管沟、阀门井等;设备部分由喷头、管道、阀门、水泵、补水箱、灯具、供配电装置和自动控制等组成。

水池是水景作为点缀景色、贮存水量、敷设管道之用的构筑物,形状和大小视需要而定。平面尺寸除应满足喷头、管道、水泵、进水口、泄水口、溢流口、吸水坑的布置要求外,室外水景应考虑到防止水的飞溅,一般比计算要求每边加大 0.5~1.0m。水池的深度应按水泵型号、管道布置方式及其他功能要求确定。对于潜水泵应保证吸水口的淹没深度不小于 0.5m;有水泵吸水口时应保证喇叭管口的淹没深度不小于 0.5m;深碟式集水池最小深度为 0.1m。水池应设置溢流口、泄水口和补水装置,池底应设 1‰的坡度坡向集水坑或泄水口。水池应设置补水管、溢流管、泄水管。在池周围宜设置排水设施。当采用生活饮用水作为补充水时应考虑防止回流污染的措施。

水景水循环系统的循环水泵宜采用潜水泵,直接设置于水池底。循环水泵宜按不同特性的喷头、喷水系统分开设置,其流量和扬程按照喷头形式、喷水高度、喷嘴直径和数量,以及管道系统的水头损失等经计算确定。

水景水循环管道工程宜采用不锈钢等强度高、耐腐蚀的管材。喷头是形成水流形态的主要部件,应采用不易锈蚀、经久耐用、易于加工的材料制成。管道布置时力求管线简短,应按不同特性的喷头设置配水管,为保证供水水压一致和稳定配水管宜布置成环状,配水管的水头损失一般采用 50~100Pa/m;流速不超过 0.5~0.6m/s。同一水泵机组供给不同喷头组的供水管上应设流量调节装置,并设在便于观察喷头射流的水泵房内或是水池附近的供水管上。管道接头应严密和光滑,变径应采用异径管接头,转弯角度大于 90°。

12.3 公共设施和用房给水排水

12.3.1 洗衣房

洗衣房是宾馆、公寓、医疗机构、环卫单位等公共建筑中经常附设的建筑物,用于洗涤各类纤维织物等柔性物件。洗衣房常附设在建筑物地下室的设备用房内,也可单独设在建筑物附近的室外,由于洗衣房消耗动力和热力大,所以宜靠近变电室、热水和蒸汽等供应源、水泵房;位置应便于洗物的接收、运输和发送;远离对卫生和安静程度要求较高的场所,以防机械噪声和干扰。

洗衣房主要由生产车间、辅助用房(脏衣分类贮存间、净衣贮存间、织补间、洗涤剂库房、水处理、水加热、配电、维修间等）、生活办公用房组成。

洗衣房的工艺布置应以洗衣工艺流程通畅、工序完善且互不干扰、尽量减小占地面积、减轻劳动强度、改善工作环境为原则。织品的处理应按接收、编号、脏衣存放、洗涤、脱水、烘干（或烫平）、整理折叠、洁衣发放的流程顺序进行；未洗织品和洁净织品不得混杂，沾有有毒物质或传染病菌的织品单独放置、消毒；干洗设备与水洗设备设置在各自独立用房，应考虑运输小车行走和停放的通道和位置。

1. 洗衣量计算

水洗织品的数量应由使用单位提供数据，也可根据建筑物性质参照表 12-10 确定。水洗织品的单件质量可参照附表 12-3 采用。宾馆、公寓等建筑的干洗织品的数量可按 0.25kg/（床·d）计算，干洗织品的单件质量可参照附表 12-4 选用。

各种建筑水洗织品的数量　　　　　表 12-10

序号	建筑物名称	计算单位	干织品数量（kg）	备注
1	居民	每人每月	6.0	参考用
2	公共浴室	每 100 床位每日	7.5～15.0	
3	理发室	每一技师每月	40.0	
4	食堂、饭馆	每 100 席位每日	15～20	
5	旅馆	每床位每月	10～180	参考用
6	集体宿舍	每床位每月	8.0	参考用
7	医院：			
	100 病床以下的综合			
	医院	每一病床每月	50.0	
	内科和神经科	每一病床每月	40.0	
	外科、妇科和儿科	每一病床每月	60.0	
	妇产科	每一病床每月	80.0	
8	疗养院	每人每月	30.0	
9	休养院	每人每月	20.0	
10	托儿所	每一小孩每月	40.0	
11	幼儿园	每一小孩每月	30.0	

洗衣房综合洗涤量（kg/d）包括：客房用品洗涤量、职工工作服洗涤量、餐厅及公共场所洗涤量和客人衣物洗涤量等。宾馆内客房床位出租率按 90%～95% 计，织品更换周期可按宾馆的等级标准在 1～10d 范围内选取；床位数和餐厅餐桌数由土建专业设计提供；客人衣物的数量可按每日总床位数的 5%～10% 估计；职工工作服平均 2d 换洗一次。

洗衣房的洗衣工作量（kg/h）根据每日综合洗涤量和洗衣房工作制度（有效工作时间）确定，工作制度宜按每日一个班次计算。

洗衣设备主要有洗涤脱水机、烘干机、烫平机、各种功能的压平机、干洗机、折叠机、化学去污工作台、熨衣台及其他辅助设备。洗涤设备的容量应按洗涤量的最大值确定，工作设备数目不少于2台，可不设备用。烫平、压平及烘干设备的容量应与洗涤设备的生产量相协调。

2. 给水排水管道设计

洗衣房的给水水质应符合生活饮用水水质标准的要求，硬度超过100mg/L（$CaCO_3$）时考虑软化处理。洗衣房给水管宜单独引入。管道设计流量可按每千克干衣的给水流量为6.0L/min估算。洗衣设备的给水管、热水管、蒸汽管上应装设过滤器和阀门，给水管和热水管接入洗涤设备时必须设置防止倒流污染的真空隔断装置。管道与设备之间应用软管连接。

洗衣房的排水宜采用带格栅或穿孔盖板的排水沟，洗涤设备排水出口下宜设集水坑，以防止泄水时外溢。排水管径不小于100mm。

洗衣房设计应考虑蒸汽和压缩空气供应。蒸汽量可按1kg/（h·kg干衣）估算，无热水供应时按2.5~3.5kg/（h·kg干衣）估算，蒸汽压力以用汽设备要求为准或参照表12-11。

各种洗衣设备要求蒸汽压力　　　　表12-11

设备名称	洗衣机	熨衣机 人像机 干洗机	烘干机	烫平机
蒸汽压力（MPa）	0.147~0.196	0.392~0.588	0.490~0.687	0.588~0.785

压缩空气的压力和用量应按设备要求确定，也可按0.49~0.98MPa和0.1~0.3m³/（h·kg干衣）估算，蒸汽管、压缩空气管及洗涤液管宜采用铜管。

12.3.2　营业性餐厅厨房

营业性餐厅厨房的给水主要包括冷水、热水和蒸汽。排水主要来源于各类洗池，如：洗涤池、洗米池、洗肉池、洗鱼池、洗瓜果池、洗碗池等。

餐厅厨房废水的水质特点主要是成分复杂，有机物含量高，以淀粉类、食物纤维类、动物脂肪类有机物为主要成分。排水中的污染物主要以胶体形式存在，pH较低，SS值高，浊度大，BOD_5/COD值相对较高（一般大于0.3）；盐分含量高，易发酵变臭；各成分间的综合作用强，稳定性差。

营业性餐厅厨房排水常呈现不连续的规律性，瞬间排放流量大，上午流量小，中午和晚间排放量大。

排水多采用明沟，沟底坡度不小于1%，尺寸为300mm×300mm×500mm，沟顶部采用活动式铸铁或铝制箅子。

在其污水排入市政污水管网之前，应进行简单的预处理。例如洗肉池、洗碗池排出的含油废水先经隔油器（常用地上式隔油器，如图12-7所示）除油后再进入排水系统。

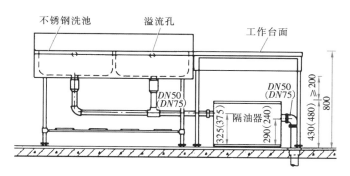

图 12-7　地上式隔油器

12.3.3　公共浴室

1. 公共浴室布置

根据使用性质可将公共浴室分为城镇营业性公共浴室和工矿企业、机关、学校等团体公共浴室以及工厂车间浴室、医院病房浴室和游泳池浴室等。城镇公共浴室每天营业时间一般为 8~16h，团体公共浴室每天营业时间约为 2~6h。服务对象不同的公共浴室布置各不相同，在营业性公共浴室中设备较为完善，包括有：淋浴间、盆浴间、浴池（热水池、温水池、冰水池）、桑拿间（干蒸间）、蒸气间（湿蒸间）、盥洗间、烫脚池等，另外还附设有休息床位、按摩间、机房、消毒间、美容美发室、厕所、更衣间、售票处、洗衣房、饮水间等，如图 12-8 所示；在学校、办公楼、企业等为职工、学生服务的公共浴室中一般有淋浴器、浴盆、洗脸盆等不同组合的洗浴房间，还应设置更衣室、厕所、消毒间、值班室等附属房间。

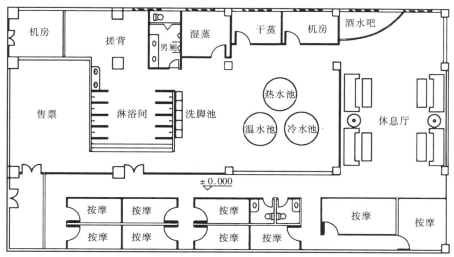

图 12-8　公共浴室平面布置

公共浴室应充分发挥浴室内设施的使用功能，每日最大洗浴人数为：

$$N = nT/t \qquad (12\text{-}8)$$

式中　N——每日最大洗浴人数，人；

t——每个洗浴者在浴室的平均停留时间，h，可按 0.5～1h 选取；

T——浴室每天工作时间，h；

n——浴室内床位或衣柜的数目，个。

淋浴器和浴盆的数量根据其相应的负荷能力和洗浴人数确定，参见表12-12。淋浴器可单间设置、隔断设置、通间设置，还可附设在浴池间和盆浴间，如图 12-9 所示。盆浴间分单盆浴间、双盆浴间，也可附设在浴池间和淋浴间内，盆浴间前室设有床位、衣柜、挂钩。

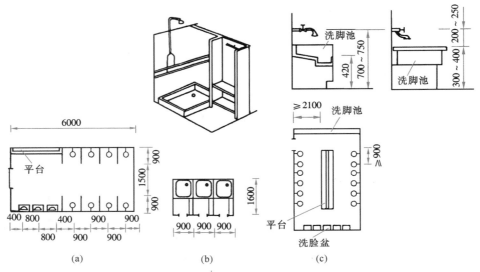

图 12-9　淋浴间布置

（a）公共淋浴间；（b）单间淋浴；（c）通间淋浴

盥洗间设有成排洗脸盆，其数量按 10～16 人/（个·h）确定。浴室内为洗浴者服务的大便器数量可按表12-13确定，男浴室内宜分隔出一间布置 1～2 个小便器。

淋浴器负荷能力　　　　　　　　　　　　　　　　　　　　表 12-12

设置位置	布置方式	负荷能力（人/（个·h））	备注
设在淋浴间内	单间	1～2	以淋浴器为主要洗浴设备时
	隔断	2～3	
	通间	3～4	
附设在浴池或客盆间内	隔断	8～10	以浴池或浴盆为主要洗浴设施时
	通间	10～12	

公共浴室内大便器设置数量　　　　　　　　　　　　　　表 12-13

床位或衣柜数目（个）		大便器数目（个）
男	女	
50	35	1
100	70	2
150	105	3
200	140	4
250	175	5

2. 水质、水温、热源

公共浴室的供水水质应符合现行《生活饮用水卫生标准》GB 5749—2006 的要求，冷水加热前应根据水质、水量、水温等因素，经过技术经济比较后确定是否需要进行水质软化处理。按 50℃ 计算的热水，当小时用水量小于 15m³ 时冷水可以不进行软化处理。

公共浴室热水供应系统配水点的水温不高于 50℃，加热设备的出水温度不宜大于 55℃，卫生洁具使用水温在 35～52℃ 之间。冷水计算温度以当地最冷月平均水温资料确定，或按表 12-14 采用。

冷水计算温度(℃)　　　　　　　　　　　　　　　　　表 12-14

区域	省、直辖市、自治区、行政区		地面水	地下水
东北	黑龙江		4	6～10
	吉林			6～10
	辽宁	大部		6～10
		南部		10～15
华北	北京		4	10～15
	天津			10～15
	河北	北部		6～10
		大部		10～15
	山西	北部		6～10
		大部		10～15
	内蒙古			6～10
西北	陕西	偏北	4	6～10
		大部		10～15
		秦岭以南	7	15～20
	甘肃	南部	4	10～15
		秦岭以南	7	15～20
	青海	偏东		10～15
	宁夏	偏东	4	6～10
		南部		10～15
	新疆	北疆	5	10～11
		南疆	—	12
		乌鲁木齐	8	12
东南	山东		4	10～15
	上海		5	15～20
	浙江			15～20
	江苏	偏北	4	10～15
		大部	5	15～20
	江西	大部	5	15～20
	安徽	大部		15～20

区域	省、直辖市、自治区、行政区		地面水	地下水
东南	福建	北部	5	15~20
		南部	10~15	20
	台湾			
中南	河南	北部	4	10~15
		南部	5	15~20
	湖北	东部	5	15~20
		西部	7	
	湖南	东部	5	
		西部	7	
	广东、香港、澳门		10~15	20
	海南		15~20	17~22
西南	重庆		7	15~20
	贵州			
	四川	大部		
	云南	大部		
		南部	10~15	20
	广西	大部		
		偏北	7	15~20
	西藏		—	5

注：冷水计算温度根据现行规范《建筑给水排水设计标准》GB 50015—2019确定。

公共浴室的热源应根据当地资源条件和用水规模，兼顾节能和环保要求优先考虑工业余热、废热（废气、高温烟气、高温废液等）、地热和太阳能，其次考虑全年供热的城镇热力管网、区域性锅炉房和专用锅炉房。以废热为热源时应采取必要措施防止水质污染和消除废气压力波动；以地热水为热源时，其水质应符合要求，否则需要进行处理；以太阳能为热源的热水供应系统应设置辅助加热装置。

公共浴室的排水水质具有水量大、水质稳定、污染物浓度小等特点，可以进行回用。

3. 给水排水管道

公共浴室的热水管网一般不设置循环管道，当热水干管长度大于60m时可采用循环水泵对热水干管强制循环。公共浴室的淋浴器宜采用节水型的带脚踏开关的双管或单管热水供应系统；为保证出水水温稳定并便于调节，宜采用开式热水供应系统；多于3个淋浴器的配水管道宜布置成环状；淋浴器给水支管管径不小于25mm，配水管网沿程水头损失不宜过大：当淋浴器不大于6个时，单位管长的沿程水头损失不超过300Pa/m，当淋浴器大于6个时，单位管长的沿程水头损失不超过350Pa/m。若有公共浴池，应采用水质循环净化、消毒加热装置。

公共浴室的生活废水不宜与粪便污水合流排出，宜采用排水明沟排水，排水沟断面宽度不小于150mm，排水沟起点有效水深不小于20mm，沟底坡度不小于0.01，设置活动盖板和箅子，排水沟末端设集水坑和活动格网。淋浴间排水管径不小于 100mm，应设置毛发聚集器，地漏采用网框式，地漏直径按表 12-15 选用，当采用排水沟排水时，8 个淋浴器设置 1 个 *DN*100 的地漏。浴池的排水管径不小于 100mm，且泄空池水时间不超过 4h。若设计将洗浴废水经过处理之后用于生活杂用水，则需铺设污水收集管线，将公共浴室的排水进行收集后，引至污水处理设施。

淋浴间排水地漏设置　　　　　　　　　　　　　表 12-15

淋浴器数量（个）	地漏直径（mm）	淋浴器数量（个）	地漏直径（mm）
1～2	50	4～5	100
3	75		

12.3.4　健身休闲设施

健身休闲设施是指利用水蒸气、水的冲击力或蒸汽温度达到健身、康复的理疗方法，常见的有桑拿浴（又称芬兰浴）、蒸汽浴（又称土耳其浴）、三温暖浴、水力按摩浴、多功能按摩淋浴、药浴等。典型的桑拿浴健身休闲场馆是同时设有桑拿间湿蒸、干蒸、热水大池、冷水大池、水冲浪系统、淋浴间、按摩室的综合型休闲场所，其给水排水系统应该同时担负着各个休闲设施需求各异的供水、排水任务。

桑拿浴（俗称干蒸）是传统的排除人体内毒素的自然健身法，桑拿浴设施产生的热能使疲劳后的肌肉松弛，加速血液循环、新陈代谢，促进体内毒素随汗排出。人体在湿度较小的干热空气中最高能忍受约 90℃ 的温度。当空气温度为 80℃ 时，人体保健的最佳空气温度和相对湿度规律为：相对湿度 9.2%～14.7%，空气含湿量为 50～80g/m³ 干空气。

桑拿浴干蒸时，利用设在桑拿房内的发热炉（即桑拿炉）产生热空气，每个电蒸汽发生器用电量 6～24kW。湿蒸时，用电加热矿石泼水发生蒸汽，用电量每个炉 3～6kW。木制的桑拿房设置隔热层，条缝形木板下设有地漏（*DN*50），发热炉外壳亦有隔热层，且有防灼伤保护及自动熄灭功能。桑拿房内应有通风、照明设施，房外设淋浴喷头，浴房的平面尺寸根据使用人数和建筑空间条件确定，每个浴间服务人数为 1～11 人，电容量 2.2～10.5kW，图 12-10 为桑拿房布置，设计数据可参见附表 12-5。

蒸汽浴是由蒸汽发生器、蒸汽器、蒸汽浴房及其管件组成。蒸汽浴是成品单间现场安装，高度一般在 4m 以下。蒸汽发生器产生的蒸汽由蒸汽管输送至蒸汽浴房内，使浴室内空气湿度达 100%。蒸汽发生器设置在蒸

图 12-10　桑拿房布置

汽浴房附近的机房内，可放置在机房的地面上或架空在墙壁上。蒸汽发生器的选用与蒸汽浴房的容积有关，见表 12-16。蒸汽浴房由玻璃纤维板件组合而成。浴房内蒸汽出口安装在距地面 0.30m 以上，浴房地面设置地漏排除蒸汽的凝结水。浴房外还应设通风装置和淋浴喷头、冷水水嘴。

蒸汽房和蒸汽发生炉关系表　　　　　　　　　　表 12-16

长×宽×高 （mm×mm×mm）	蒸汽炉功率 （kW）	长×宽×高 （mm×mm×mm）	蒸汽炉功率 （kW）	长×宽×高 （mm×mm×mm）	蒸汽炉功率 （kW）
1400×1300×2200	4	2200×1400×2100	6	2200×2600×2100	9
1550×1550×2200	6	2200×2000×2100	9	2200×3200×2100	9

设计蒸汽浴时应在进发生器之前的给水管道上设过滤器和阀门，并安装信号装置。过滤器功能是防止水中可能混有的颗粒污物进入发生器内，信号装置要保证断水时及时切断电源。蒸汽管道为铜管，管道上应避免锐角以免发生噪声，管道上不允许设阀门，长度宜小于3m，如大于6m或环境温度低于4℃，应有保温措施；发生器上的安全阀和排水口应将蒸汽和水接至安全地方，避免烫伤；蒸汽机房内地面设排水地漏。

思考题与习题

一、思考题

1. 平衡水池与均衡水池的作用分别是什么？

2. 游泳池循环水净化工艺流程选择时应考虑哪些因素？

二、计算题

某室外儿童游泳池的池水面积为 $100m^2$，平均有效水深为 $0.8m$，设补水水箱补水，且泳池循环水泵从补水水箱中吸水加压至净化处理设施净化处理。试确定补水水箱的有效容积为多少？

第 13 章　建筑给水排水设计程序、竣工验收及运行管理

13.1　设计程序和图纸要求

建筑给水排水工程是建筑物整体工程设计的一部分，其程序与整体工程设计是一致的。

一般建筑物的兴建都需先由建设单位（甲方）提出申请报告（或称为工程计划任务书），说明建设用途、规模、标准、投资估算和工程建设年限，并申报政府建设主管部门批准，列入年度基建计划。经主管部门批准后，才由建设单位委托设计单位（通称乙方）进行工程设计。

在上级批准的设计任务书及有关文件（例如建设单位的申请报告、上级批文、上级下达的文件等）齐备的条件下，设计单位才可接受设计任务，开始组织设计工作。

13.1.1　设计阶段的划分

一般的工程设计项目可划分为两个阶段：初步设计阶段和施工图设计阶段。

技术复杂、规模较大或较重要的工程项目，可分为 3 个阶段：方案设计阶段、初步设计阶段和施工图设计阶段。

13.1.2　设计内容和要求

1. 方案设计

建筑给水排水工程的设计应遵循经济性、节能环保性、安装施工简易性的原则，并注重与其他专业的协调配合。进行方案设计时，应先从建筑总图上了解建筑平面位置、建筑层数及用途、建筑外形特点、建筑物周围地形和道路情况。还需要了解市政给水管道的具体位置和允许连接引入管处管段的管径、埋深、水压、水量及管材；了解排水管道的具体位置、出户管接入点的检查井标高、排水管径、管材、排水方向和坡度，以及排水体制。掌握当地政府及相关主管部门对供水、排水的规定，以及对中水回用、节能等方面的政策要求。兼顾业主对建筑给水排水的切合实际的具体要求。应到现场踏勘，落实上述数据是否与实际相符。

掌握上述情况后才可进行以下工作：

（1）根据建筑使用性质，计算总用水量，并确定给水、排水设计方案。

（2）向建筑专业设计人员提供给水排水设备的安装位置、占地面积等，如水泵房、锅炉房、水池、水箱等。

（3）编写方案设计说明书，一般应包括以下内容：

1）设计依据；

2）建筑物的用途、性质及规模；

3）给水系统：说明给水用水定额及总用水量，选用的给水系统和给水方式，引入管平面位置及管径，升压、贮水设备的型号、容积和位置等；

4）排水系统：说明选用的排水体制和排水方式，出户管的位置及管径，污废水抽升和局部处理构筑物的型号和位置，以及雨水的排除方式等；

5）热水系统：说明热水用水定额，热水总用水量，热水供水方式、循环方式，热媒及热媒耗量，锅炉房位置，以及水加热器的选择等；

6）消防系统：说明消防系统的选择，消防给水系统的用水量，以及升压、贮水设备的选择、位置、容积等。

方案设计完毕，在建设单位认可，并报主管部门审批后，可进行下一阶段的设计工作。

2. 初步设计

初步设计是将方案设计确定的系统和设施，用图纸和说明书完整地表达出来。

（1）图纸内容

1）给水排水总平面图：应反映出室内管网与室外管网如何连接。内容有室外给水、排水及热水管网的具体平面位置和走向。图上应标注管径、地面标高、管道埋深和坡度（排水管）、控制点坐标，以及管道布置间距等。

2）平面布置图：表达各系统管道和设备的平面位置。通常采用的比例尺为1∶100，如管线复杂时可放大至1∶50～1∶20。图中应标注各种管道、附件、卫生器具、用水设备和立管（立管应进行编号）的平面位置，以及管径和排水管道的坡度等。通常是把各系统的管道绘制在同一张平面布置图上。当管线错综复杂，在同一张平面图上表达不清时，也可分别绘制各类管道平面布置图。

3）系统布置图（简称系统图）：表达管道、设备的空间位置和相互关系。各类管道的系统图要分别绘制。图中应标注管径、立管编号（与平面布置图一致）、管道和附件的标高，排水管道还应标注管道坡度。

4）设备材料表：列出各种设备、附件、管道配件和管材的型号、规格、材质、尺寸和数量，供材料统计和概预算使用。

（2）初步设计说明书，内容主要包括：

1）计算书：各个系统的水力计算，设备选型计算。

2）设计说明：主要说明各种系统的设计特点和技术性能，各种设备、附件、管材的选用要求及所需采取的技术措施（如水泵房的防振、防噪声技术要求等）。

3. 施工图设计

（1）图纸内容

在初步设计图纸的基础上，补充表达不完善和施工过程中必须绘出的施工详图，保证审图与施工的正常进行。施工图图纸内容主要包括：

1）卫生间大样图（平面图和管线透视图）；

2）地下贮水池和高位水箱的工艺尺寸和接管详图；

3）泵房机组及管路平面布置图、剖面图；

4）管井的管线布置图；

5）设备基础留洞位置及详细尺寸图；

6）某些管道节点大样图；

7）某些非标准设备或零件详图。

（2）施工说明

施工说明是用文字表达工程绘图中无法表示清楚的技术要求，要求写在图纸上作为施工图纸发出。编写施工说明时应注意：一定要引用最新版本的相关技术规范以及新版标准图，避免使用旧版资料；设计说明必须与图纸相一致，说明文字的针对性要强。

施工说明主要内容包括：

1）说明管材的防腐、防冻、防结露技术措施和方法，管道的固定、连接方法，管道试压、竣工验收要求以及一些施工中特殊技术处理措施。

2）说明施工中所要求采用的技术规程、规范和采用的标准图号等一些文件的出处。

3）说明（绘出）工程图中所采用的图例。

所有图纸和说明应编有图纸序号，写出图纸目录。

（3）施工图变更

在施工图已交付施工后，往往会遇到施工图变更的问题，在特定情况下，甚至会有较多的变更。这不仅发生在规范性较差的建设场合，也经常发生在诸如奥运会、世博会场馆建设这样的国际级大项目中。一方面设计单位会对原设计本身存在的缺陷进行加工修改，另一方面施工单位为适应现场条件变化而提出设计变更，当业主投资额发生重大变化时，也会提出施工图变更。

由于施工图变更，会导致工程材料种类数量、建筑功能、结构、技术指标、施工方法等都发生改变，因此施工图变更必须谨慎实施。必须先确定变更的必要性，必须严格按照国家有关建设程序及监理规范进行变更，在变更中严格控制投资，保证变更后的高质量、快进度、低投资。

13.1.3　向其他有关专业设计人员提供的技术数据

1. 向建筑专业设计人员提供技术数据

（1）水池、水箱的位置、容积和工艺尺寸要求；

（2）给水排水设备用房面积和高度要求；

（3）各管道竖井位置和平面尺寸要求等。

2. 向结构专业设计人员提供技术数据

（1）水池、水箱的具体工艺尺寸，水的荷重；

（2）预留孔洞位置及尺寸（如梁、板、基础或地梁等预留孔洞）等。

3. 向供暖、通风专业设计人员提供技术数据

（1）热水系统最大时耗热量；

（2）蒸汽接管和冷凝水接管位置；

（3）泵房及一些设备用房的温度和通风要求等。

4. 向电气专业设计人员提供技术数据

（1）水泵机组用电量，用电等级；

（2）水泵机组自动控制要求，水池和水箱的最高水位和最低水位；

（3）其他自动控制要求，如消防设施的远距离启动、报警等要求。

5. 向技术经济专业设计人员提供技术数据

（1）材料、设备表及文字说明；

（2）设计图纸；

（3）协助提供掌握的有关设备单价。

13.1.4　管线综合

现代建筑的功能越来越复杂，一个完整的建筑物内可能包含着水、气、暖、电等范畴的约11类管线。各类设备管线的敷设、安装极易在平面和立面上出现相互交叉、挤占、碰撞的现象。所以布置各种设备、管线时应统筹兼顾，合理综合布置，保证各类管线均能实现其预定功能，布置整齐有序、便于施工和以后的维修。为达到上述目的，给水排水工程专业人员应注意与其他专业密切配合、相互协调。

1. 管线综合设计原则

（1）隔离原则。电缆（动力、自控、通信）桥架与输送液体的管线应分开布置，以免管道渗漏时，损坏电缆或造成更大的事故。若必须在一起敷设，电缆应考虑设套管等保护措施。

（2）先重力、后压力原则。首先保证重力流管线的布置，满足其坡度的要求，达到水流通畅。

（3）兼顾施工顺序。先施工的管线在里边，需保温的管线放在易施工的位置。

（4）先大后小原则。先布置管径大的管线，后考虑管径小的管线。

（5）分层原则。分层布置时，由上而下按蒸汽、热水、给水、排水管线顺序排列。给水管线避让排水管线，利于避免排水管堵塞。

（6）冷热有序。冷水管线避让热水管线，热水管线避让冷冻水管线。

（7）临时管线避让长久管线。低压管线避让高压管线。金属管线避让非金属管线。

2. 管线布置

（1）管沟布置

管沟有通行和不通行之分。

图13-1为不通行管沟，管线应沿两侧布置，中间留有施工空间，当遇事故时，检修人员可爬行进入管沟检查管线。

图13-2为可通行管沟，管线沿两侧布置，中间留有通道和施工空间。

（2）管道竖井管线布置

分能进入和不能进入的两种管道竖井。

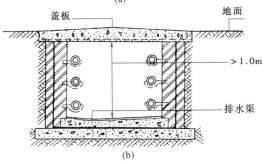

图 13-1　不通行管沟管线布置

(a) 室内管沟；(b) 室外管沟

图 13-3 为规模较大建筑的专用管道竖井。每层留有检修门，可进入管道竖井内施工和检修。当竖井空间较小时，布置管线应考虑施工的顺序。

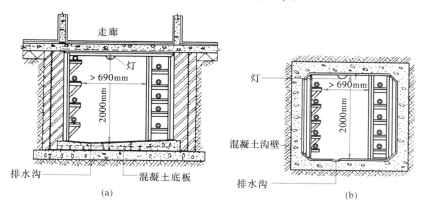

图 13-2 可通行管沟管线布置

（a）室内走廊下管沟；（b）室外管沟

图 13-4 为较小型的管道竖井，或称专用管槽。管道安装完毕后才装饰外部墙面，安装检修门。

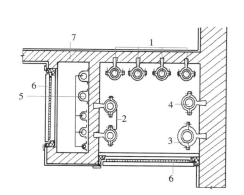

图 13-3 专用管道竖井

1—供暖和热水管道；2—给水和消防
管道；3—排水立管；4—专用通气立
管；5—电缆；6—检修门；7—墙体

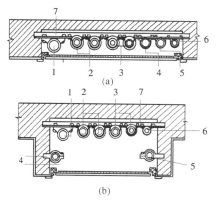

图 13-4 小型管道竖井

（a）全部在墙内；（b）部分在墙内
1—排水立管；2—供暖立管；3—热
水回水管；4—消防立管；5—水泵
加压管；6—给水立管；7—角钢

在高层建筑中，管道竖井面积的大小影响着建筑使用面积的增减，因此各专业竖井的合并很有必要。给水管道、排水管道、消防管道、热水管道、供暖管道、冷冻水管道、雨水管道等可以合并布置于同一竖井内。但是当排水管道、雨水管道的立管需靠近集水点而不能与其他管线靠拢时，宜单独设立竖井。

（3）吊顶内管线布置

由于吊顶内空间较小，管线布置时应考虑施工的先后顺序、安装操作距离、支托吊架的空间和预留维修检修的余地。管线安装一般是先装大管，后装小管；先固定支、托、吊架，后安管道。

图 13-5 为楼道吊顶内的管线布置，因空间较小，电缆也布置在吊顶内，需设专用电缆槽保护电缆。

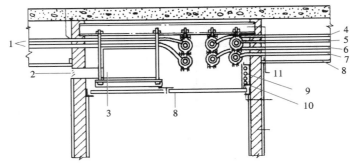

图 13-5　楼道吊顶内管线布置

1—空调管；2—风口；3—风管；4—供暖管；5—热水管；6—供暖
回水管；7—给水管；8—吊顶；9—电缆槽；10—电缆；11—槽钢

图 13-6 为地下室吊顶内的管线布置，由于吊顶内空间较大，可按专业分段布置。此方式也可用于顶层闷顶内的管线布置。为防止吊顶内敷设的冷水和排水管道有凝结水下滴影响顶棚美观，应对冷水和排水管线采取防结露措施。

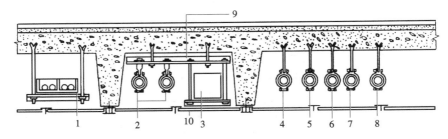

图 13-6　地下室吊顶内管线布置

1—电缆桥架；2—供暖管；3—通风管；4—消防管；5—给水管；6—热
水供水管；7—热水回水管；8—排水干管；9—角钢；10—顶棚

（4）技术设备层内管线布置

技术设备层空间较大，管线布置也应整齐有序，利于施工和今后的维修管理，宜采用管道排架布置，如图 13-7 所示。由于排水管线坡度较大，可用吊架敷设，以便于调整管道坡度。管线布置完毕，与各专业技术人员协商后，即可绘出各管道布置断面图，图中应

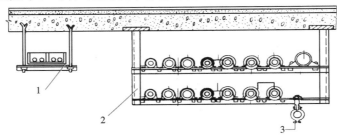

图 13-7　技术设备层内管线排架统一敷设

1—电缆桥架；2—管道桥架；3—排水干管吊架敷设

标明管线的具体位置和标高，并说明施工要求和顺序。各专业即可按照给定的管线位置和标高进行施工设计。

13.2　建筑给水排水工程竣工验收

竣工验收是建筑给水排水工程建设的一个阶段，是施工全过程的最后一个程序，也是工程项目管理的最后一项工作。

13.2.1　建筑内部给水系统竣工验收

1. 验收步骤及注意事项

（1）建筑内部给水系统施工安装完毕，进行竣工验收时，应出具下列文件：

1）施工图纸（包括选用的标准图集及通用图集）和设计变更；

2）施工组织设计或施工方案；

3）材料和制品的合格证或试验记录；

4）设备和仪表的技术性能证明书；

5）水压试验记录，隐蔽工程验收记录和中间验收记录；

6）单项工程质量评定表。

（2）暗装管道的外观检查和水压试验，应在隐蔽前进行。保温管道的外观检查和试验，应在保温前进行。无缝钢管可带保温层进行水压试验，但在试验前，焊接接口和连接部分不应保温，以便进行直观检查。

（3）在冬季进行水压试验时，应采取防冻措施（北方地区），试压后应放空管道中的存水。

（4）室内直埋给水管道（塑料管道和复合管道除外）应做防腐处理，埋地管道的防腐层材质和结构应符合设计要求。

（5）给水管道必须采用与管材相适应的管件。生活给水管道在交付使用前必须进行冲洗和消毒，并经有关部门取样检验，符合国家现行《生活饮用水卫生标准》GB 5749—2006 后方可使用。

（6）建筑内部给水管道系统，在试验合格后，方可与室外管网或室内加压泵房连接。

2. 建筑内部给水系统的质量检查

建筑内部给水系统应根据外观检查和水压试验的结果进行验收。

（1）建筑内部生活饮用和消防系统给水管道的水压试验必须符合设计要求，当设计未注明时，各种材质的给水管道系统试验压力均为工作压力的 1.5 倍，但不得小于 0.6MPa。当采用新型管材时，需满足相关最新标准、规范的规定。采用 PP－R 管时，要符合《建筑给水聚丙烯管道工程技术规范》要求："冷水管试验压力应为冷水管道系统设计压力的 1.5 倍，但不得小于 0.9MPa；热水管试验压力应为热水管道系统设计压力的 2.0 倍，但不得小于 1.2MPa。"

水压试验的方法按下列规定进行：金属及复合管给水管道系统在试验压力下观测 10min，压力降不应大于 0.02MPa，然后降到工作压力进行检查，应不渗不漏；塑料管给水管道系统应在试验压力下稳压 1h，压力降不得超过 0.05MPa，然后在工作压力的 1.15

倍状态下稳压 2h，压力降不得超过 0.03MPa，同时检查各连接处不得渗漏。

（2）建筑内部给水管道系统验收时，应检查以下各项：

1）管道平面位置、标高和坡度是否正确。

2）管道的支、吊架安装是否平整牢固，其间距是否符合规范要求。

3）管道、阀件、水表和卫生洁具的安装是否正确及有无漏水现象。

4）生活给水及消防给水系统的通水能力。建筑内部生活给水系统，按设计要求同时开放最大数量配水点是否全部达到额定流量。高层建筑可根据管道布置采取分层、分区段的通水试验。

（3）建筑内部给水管道和阀门安装的允许偏差应符合表 13-1 的规定。

管道和阀门安装的允许偏差和检验方法表　　　　　　　　　　　　　　表 13-1

项次	项目			允许偏差（mm）	检验方法
1	水平管道纵横方向弯曲	钢管	每米 全长 25m 以上	1 ≤25	用水平尺、直尺、拉线和尺量检查
		塑料管复合管	每米 全长 25m 以上	1.5 ≤25	
		铸铁管	每米 全长 25m 以上	2 ≤25	
2	立管垂直度	钢　管	每米 5m 以上	3 ≤8	吊线和尺量检查
		塑料管复合管	每米 5m 以上	2 ≤8	
		铸铁管	每米 5m 以上	3 ≤10	
3	成排管段和成排阀门	在同一平面上间距		3	尺量检查

（4）给水设备安装工程验收时，应注意以下事项：

1）水泵就位前的基础混凝土强度、坐标、标高、尺寸和螺栓孔位置必须符合设计规定，应对照图纸用仪器和尺量检查。

2）水泵试运转的轴承温升必须符合设备说明书的规定，可通过温度计实测检查。

3）立式水泵的减振装置不应采用弹簧减振器。

4）敞口水箱的满水试验和密闭水箱（罐）的水压试验必须符合设计规定。检验方法：满水试验静置 24h 观察，不渗不漏；水压试验在试验压力下 10min 压力不降，不渗不漏。

5）水箱支架或底座安装，其尺寸及位置应符合设计规定，埋设平整牢固。

6）水箱溢流管和泄放管应设置在排水地点附近，但不得与排水管直接连接。

7）建筑内部给水设备安装的允许偏差应符合表 13-2 的规定。

建筑内部给水设备安装的允许偏差和检验方法　　　　　　　　　　　　表 13-2

项次	项目		允许偏差（mm）	检验方法
1	静置设备	坐标	15	经纬仪或拉线、尺量
		标高	±5	用水准仪、拉线和尺量检查
		垂直度（每米）	5	吊线和尺量检查

续表

项次	项目			允许偏差（mm）	检验方法
2	离心式水泵	立式泵体垂直度（每米）		0.1	水平尺和塞尺检查
		卧式泵体水平度（每米）		0.1	水平尺和塞尺检查
		联轴器同心度	轴向倾斜（每米）	0.8	在联轴器互相垂直的四个位置上用水准仪、百分表或测微螺钉和塞尺检查
			径向位移	0.1	

8）管道及设备保温层的厚度和平整度的允许偏差应符合表 13-3 的规定。

管道及设备保温层的厚度和平整度的允许偏差和检验方法　　　　表 13-3

项次	项目		允许偏差（mm）	检验方法
1	厚度		$+0.1\delta$ -0.05δ	用钢针刺入
2	表面平整度	卷材	5	用 2m 靠尺和楔形塞尺检查
		涂抹 轴向倾斜（每米）	10	

注：δ 为保温层厚度。

13.2.2　建筑消防系统竣工验收

建筑消防系统竣工后，应进行工程竣工验收，验收不合格不得投入使用。

1. 验收资料

建筑消防系统竣工验收时，施工、建设单位应提供下列资料：

（1）批准的竣工验收申请报告、设计图纸、公安消防监督机构的审批文件、设计变更通知单、竣工图；

（2）地下及隐蔽工程验收记录，工程质量事故处理报告；

（3）系统试压、冲洗记录；

（4）系统调试记录；

（5）系统联动试验记录；

（6）系统主要材料、设备和组件的合格证或现场检验报告；

（7）系统维护管理规章、维护管理人员登记表及上岗证。

2. 消防系统供水水源的检查验收要求

（1）应检查室外给水管网的进水管管径及供水能力，并应检查消防水箱和水池容量，均应符合设计要求；

（2）当采用天然水源作系统的供水水源时，其水量、水质应符合设计要求，并应检查枯水期最低水位时确保消防用水的技术措施。

3. 消防泵房的验收要求

（1）消防泵房设置的应急照明、安全出口应符合设计要求；

（2）工作泵、备用泵、吸水管、出水管及出水管上的泄压阀、信号阀等的规格、型号、数量应符合设计要求；当出水管上安装闸阀时应锁定在常开位置；

（3）消防水泵应采用自灌式引水或其他可靠的引水措施；

（4）消防水泵出水管上应安装试验用的放水阀及排水管；

（5）备用电源、自动切换装置的设置应符合设计要求。打开消防水泵出水管上放水试验阀，当采用主电源启动消防水泵时，消防水泵应启动正常；关掉主电源，主、备电源应能正常切换；

（6）设有消防气压给水设备的泵房，当系统气压下降到设计最低压力时，通过压力开关信号应能启动消防水泵；

（7）消防水泵接合器数量及进水管位置应符合设计要求，消防水泵接合器应进行充水试验，且系统最不利点的压力、流量应符合设计要求。

4. 建筑内部消火栓灭火系统的验收要求

（1）建筑内部消火栓灭火系统控制功能验收时，应在出水压力符合现行国家有关建筑设计防火规范的条件下进行，并应符合下列要求：

1）工作泵、备用泵转换运行 1～3 次；

2）消防控制室内操作启、停泵 1～3 次；

3）消火栓处操作启泵按钮按 5%～10% 的比例抽验。

以上控制功能应正常，信号应正确。

（2）建筑内部消火栓系统安装完成后，应取屋顶（北方一般在屋顶水箱间等室内）试验消火栓和首层两处消火栓做试射试验，达到设计要求为合格。

（3）安装消火栓水龙带，水龙带与水枪和快速接头绑扎好后，应根据箱内构造将水龙带挂放在箱内的挂钉、托盘或支架上。

（4）箱式消火栓的安装应符合下列规定：

1）栓口应朝外，并不应安装在门轴侧；

2）栓口中心距地面为 1.1m，允许偏差 ±20mm；

3）阀门中心距箱侧面为 140mm，距箱后内表面为 100mm，允许偏差 ±5mm；

4）消火栓箱体安装的垂直度允许偏差为 3mm。

5. 自动喷水灭火系统的验收要求

（1）自动喷水灭火系统控制功能验收时，应在符合现行国家标准《自动喷水灭火系统设计规范》GB 50084—2017 的条件下，抽验下列控制功能：

1）工作泵与备用泵转换运行 1～3 次；

2）消防控制室内操作启、停泵 1～3 次；

3）水流指示器、闸阀关闭器及电动阀等按实际安装数量的 10%～30% 的比例进行末端放水试验。

上述控制功能、信号均应正常。

（2）管网验收要求：

1）管道的材质、管径、接头及采取的防腐、防冻措施应符合设计规范及设计要求。

2）管道横向安装宜设 0.002～0.005 的坡度，且应坡向排水管；当局部区域难以利用排水管将水排净时，应采取相应的排水措施。当喷头数量小于或等于 5 只时，可在管道低凹处加设堵头；当喷头数量大于 5 只时，宜装设带阀门的排水管。

3）管网系统最末端、每一分区系统末端或每一层系统末端应设置的末端泄水装置、预作用和干式喷水灭火系统设置的排气阀应符合设计要求。

4）管网不同部位安装的报警阀、闸阀、止回阀、电磁阀、信号阀、水流指示器、减压孔板、节流管、减压阀、压力开关、柔性接头、排水管、排气阀、泄压阀等均应符合设计要求。

5）干式喷水灭火系统容积大于 1500L 时设置的加速排气装置应符合设计要求和规范规定。

6）预作用喷水灭火系统充水时间不应超过 3min。

7）报警阀后的管道上不应安装有其他用途的支管或水嘴。

8）配水支管、配水管、配水干管设置的支架、吊架和防晃支架不应大于表 13-4 的规定。

管道支架或吊架之间的距离

表 13-4

公称直径（mm）	25	32	40	50	70	80	100	125	150	200	250	300
距离（m）	3.5	4.0	4.5	5.0	5.5	6.0	6.5	7.0	8.0	9.5	11.0	12.0

（3）报警阀组验收要求：

1）报警阀组的各组件，应符合产品标准要求；

2）打开放水试验阀，测试的流量、压力应符合设计要求；

3）水力警铃的设置位置应正确。测试时，水力警铃喷嘴处压力不应小于 0.05MPa，且距水力警铃 3m 远处警铃声声强不应小于 70dB（A）；

4）打开手动放水阀或电磁阀时，雨淋阀组动作应可靠；

5）控制阀均应锁定在常开位置；

6）与空气压缩机或火灾报警系统的联动程序，应符合设计要求。

（4）喷头验收要求：

1）喷头的规格、型号，喷头安装间距，喷头与楼板、墙、梁等的距离应符合设计要求；

2）有腐蚀性气体的环境和有冰冻危险场所安装的喷头，应采取防护措施；

3）有碰撞危险场所安装的喷头应加防护罩；

4）喷头公称动作温度应符合设计要求。

（5）系统进行模拟灭火功能试验时，应符合下列要求：

1）报警阀动作，警铃鸣响；

2）水流指示器动作，消防控制中心有信号显示；

3）压力开关动作，信号阀开启，空气压缩机或排气阀启动，消防控制中心有信号显示；

4）电磁阀打开，雨淋阀开启，消防控制中心有信号显示；

5）消防水泵启动，消防控制中心有信号显示；

6）加速排气装置投入运行；

7）其他消防联动控制系统投入运行；

8）区域报警器、集中报警控制盘有信号显示。

6. 卤代烷、泡沫、二氧化碳、干粉等气体灭火系统验收要求

卤代烷、泡沫、二氧化碳、干粉等气体灭火系统验收时，应在符合现行各有关系统设

计规范的条件下按实际安装数量的 20%～30%抽验下列控制功能：

1）人工启动和紧急切断试验 1～3 次；

2）与固定灭火设备联动控制的其他设备（包括关闭防火门窗、停止空调风机、关闭防火阀、落下防火幕等）试验 1～3 次；

3）抽一个防护区进行喷放试验（气体灭火系统应采用氮气等介质代替）。

上述试验控制功能、信号均应正常。

13.2.3　建筑内部排水系统竣工验收

建筑内部排水系统验收的一般规定，与建筑内部给水系统基本相同。

1. 灌水试验

（1）隐藏或埋地的排水管道在隐藏前必须做灌水试验，其灌水高度应不低于底层卫生器具的上边缘或底层地面高度。检验方法：灌水 15min，待水面下降后，再灌满观察 5min，液面下降，管道及接口无渗漏为合格。

（2）安装在建筑内部的雨水管道安装后应做灌水试验，灌水高度必须到达每根立管上部的雨水斗。检验方法：灌水试验持续 1h，不渗不漏。

2. 建筑内部排水系统质量检查

验收建筑内部排水系统时，应重点检查以下各项：

（1）检查管道平面位置、标高、坡度、管径、管材是否符合工程设计要求；干管与支管及卫生洁具位置是否正确，安装是否牢固，管道接口是否严密。建筑内部排水管道安装的允许偏差应符合表 13-5 的规定。雨水钢管管道焊接的焊口允许偏差应符合表 13-6 的规定。

建筑内部排水和雨水管道安装的允许偏差和检验方法　　　　表 13-5

项次	项目				允许偏差（mm）	检验方法
1	坐标				15	
2	标高				±15	
3	水平管道纵横方向弯曲	铸铁管		每 1m	≤1	用水准仪（水平尺）、直尺、拉线和尺量检查
				全长（25m 以上）	≤25	
		钢管	每 1m	管径≤100mm	1	
				管径>100mm	1.5	
			全长（25m 以上）	管径≤100mm	≤25	
				管径>100mm	≤38	
		塑料管		每 1m	1.5	
				全长（25m 以上）	≤38	
		钢筋混凝土管混凝土管		每 1m	3	
				全长（25m 以上）	≤75	

续表

项次	项目			允许偏差（mm）	检验方法
4	立管垂直度	铸铁管	每 1m	3	吊线和尺量检查
			全长（5m 以上）	≤15	
		钢管	每 1m	3	
			全长（5m 以上）	≤10	
		塑料管	每 1m	3	
			全长（5m 以上）	≤15	

钢管管道焊口允许偏差和检验方法　　　　　　　　　　表 13-6

项次	项目			允许偏差（mm）	检验方法
1	焊口平直度	管壁厚 10mm 以内		管壁厚 1/4	焊接检验尺和游标卡尺检查
2	焊缝加强面	高度		+1mm	
		宽度			
3	咬边	深度		小于 0.5mm	直尺检查
		长度	连续长度	25mm	
			总长度（两侧）	小于焊缝长度的 10%	

（2）排水塑料管必须按设计要求及位置装设伸缩节。如设计无要求时，伸缩节间距不得大于 4m。高层建筑中明设排水塑料管道应按设计要求设置阻火圈或防火套管。

（3）排水主立管及水平干管管道均应做通球试验，通球球径不小于排水管道管径的 2/3，通球率必须达到 100%。

13.2.4　建筑内部热水供应系统竣工验收

建筑内部热水供应系统验收的一般规定，与建筑内部给水系统基本相同。

1. 水压试验

热水供应系统安装完毕，管道保温之前应进行水压试验，试验压力应符合设计要求。当设计未注明时，热水供应系统水压试验压力应为系统顶点的工作压力加 0.1MPa，同时在系统顶点的试验压力不小于 0.3MPa。检验方法：钢管或复合管道系统在试验压力下 10min 内压力降不大于 0.02MPa，然后降至工作压力检查，压力应不降，且不渗不漏；塑料管道系统在试验压力下稳压 1h，压力降不得超过 0.05MPa，然后在工作压力 1.15 倍状态下稳压 2h，压力降不得超过 0.03MPa，连接处不得渗漏。

2. 建筑内部热水供应系统质量检查

验收热水供应系统时，应重点检查以下各项：

（1）管道的走向、坡向、坡度及管材规格是否符合设计图纸要求。

（2）管道连接件、支架、伸缩器、阀门、泄水装置、放气装置等位置是否正确；接头是否牢固、严密等；阀门及仪表是否灵活、准确；热水温度是否均匀，是否达到设计要求。

（3）热水供应管道和阀门安装的允许偏差应符合表 13-1 的规定。热水供应系统应保温（浴室内明装管道除外），保温材料、厚度、保护壳等应符合设计规定。保温层厚度和平整度的允许低偏差应符合表 13-3 的规定。

（4）热水供水、回水及凝结水管道系统，在投入使用前，必须进行清洗，以清除管道内的焊渣、锈屑等杂物，一般在管道压力试验合格后进行。对于管道内杂质较多的管道系统，可在压力试验前进行清洗。

清洗前，应将管道系统的流量孔板、滤网、温度计调节阀阀芯等拆除，待清洗合格后重新装上。如管道分支较多、末端截面较小时，可将干管中的阀门拆掉 1～2 个，分段进行清洗；如管道分支不多，排水管可以从管道末端接出，排水管截面积不应小于被冲洗管道截面积的 60%。排水管应接至排水井或排水沟，并应保证排泄和安全。冲洗时，以系统可能达到的最大压力和流量进行，直到出口处的水色透明度与入口处检测一致为合格。

13.3 建筑给水排水设备的运行管理

13.3.1 建筑给水排水设备的管理方式

目前，建筑给水排水设备的管理工作一般由房管单位和物业管理公司的工程部门主管，并由专业人员负责。基层管理有分散的综合性管理和集中的专业化管理等多种方式。建筑给水排水设备管理主要由维修管理和运行管理两大部分组成，维修与运行既可统一管理，也可分别管理。物业公司对给水排水设备的管理应提倡"提前介入、科学维护、综合利用"三方面的工作方针。物业公司在接管物业之前若能积极参与单体建筑以及小区的设计和建设，可以促进建筑给水排水的设计更加与现场实际相一致，为接管后与市政给排水部门的协调创造便利；利于日后的维修。

建筑给水排水系统的管理措施主要有：
（1）建立设备管理账册和重要设备的技术档案；
（2）建立设备卡片；
（3）建立定期检查、维修、保养的制度；
（4）建立给水排水设备大、中修工程的验收制度，积累有关技术资料；
（5）建立给水排水设备的更新、调拨、增添、改造、报废等方面的规划和审批制度；
（6）建立住户保管给水排水设备的责任制度；
（7）建立每年年末对建筑给水排水设备进行清查、核对和使用鉴定的制度，遇有缺损现象，应采取必要措施，及时加以解决。

13.3.2 建筑给水排水设备的运行管理

1. 给水系统
（1）给水系统的运行管理
1）防止二次供水的污染，对水池、水箱定期消毒，保持其清洁卫生。
2）对供水管道、阀门、水表、水泵、水箱进行经常性维护和定期检查，确保供水安全。
3）发生跑水、断水故障，应及时抢修。
4）消防水泵要定期试泵，至少每年进行一次。要保持电气系统正常工作，水泵正常上水，消火栓设备配套完整，检查报告应送交当地消防部门备案。

（2）给水管道的维修养护

给水管道的维修养护人员应十分熟悉给水系统，经常检查给水管道及阀门（包括地上、地下、屋顶等）的使用情况，经常注意地下有无漏水、渗水、积水等异常情况，如发现有漏水现象，应及时进行维修。在每年冬季来临之前，维修人员应注意做好室内外管道、阀门、消火栓等的防冻保温工作，并根据当地气温情况，分别采用不同的保温材料，以防冻坏。对已发生冰冻的给水管道，宜采用浇以温水逐步升温或包保温材料，让其自然化冻。对已冻裂的水管，可根据具体情况，采取电焊或换管的方法处理。

漏水是给水管道及配件的主要常见故障，明装管道沿管线检查，即可发现渗漏部位。对于埋地管道，首先进行观察，对地面长期潮湿、积水和冒水的管段进行听漏，同时参考原设计图纸和现有的阀门箱位，准确地确定渗漏位置，进行开挖修理。

（3）水泵的维修养护

生活水泵、消防水泵每半年应进行一次全面养护。养护内容主要有：检查水泵轴承是否灵活，如有阻滞现象，应加注润滑油；如有异常摩擦声响，则应更换同型号规格轴承；如有卡住、碰撞现象，则应更换同规格水泵叶轮；如轴键槽损坏严重，则应更换同规格水泵轴；检查压盘根处是否漏水成线，如是，则应加压盘根；清洁水泵外表，若水泵脱漆或锈蚀严重，应彻底铲除脱落层油漆，重新刷油漆；检查电动机与水泵弹性联轴器有无损坏，如损坏则应更换；检查机组螺栓是否紧固，如松弛则应拧紧。

（4）水池、水箱的维修养护

水池、水箱的维修养护应每半年进行一次，若遇特殊情况可增加清洗次数，清洗时的程序如下：

1）首先关闭进水总阀和连通阀门，开启泄水阀，抽空水池、水箱中的水。

2）泄水阀处于开启位置，用鼓风机向水池、水箱吹 2h 以上，排除水池、水箱中的有毒气体，吹进新鲜空气。

3）将燃着的蜡烛放入池底，观察其是否会熄灭，以确定空气是否充足。

4）打开水池、水箱内照明设施或设临时照明。

5）清洗人员进入水池、水箱后，对池壁、池底洗刷不少于三遍。

6）清洗完毕后，排除污水，然后喷洒消毒药水。

7）关闭泄水阀，注入清水。

2. 排水系统

（1）排水系统的管理

1）定期对排水管道进行养护、清通。

2）教育住户不要把杂物投入下水道，以防堵塞。下水道发生堵塞时应及时清通。

3）定期检查排水管道是否有生锈、渗漏等现象，发现隐患应及时处理。

4）室外排水沟渠应定期检查和清扫，及时清除淤泥和污物。

（2）排水管道的疏通

排水管道堵塞会造成流水不畅，排泄不通，严重的会在地漏、水池等处漫溢外淌。造成堵塞的原因多为使用不当所致，例如有硬杂物进入管道，停滞在排水管中部、拐弯处或末端，或在管道施工过程中将砖块、木块、砂浆等遗弃在管道中。修理时，可根据具体情况判断堵塞物的位置，在靠近的检查口、清扫口、屋顶通气管等处，采用人工或机械疏通；如无效时可采用"开天窗"的办法，进行大开挖，以排除堵塞。

3. 雨水系统

单体建筑以及居住小区内的雨水排出系统，需要保持严格的维护管理。

对单体建筑而言，需维护管理的内容包括：屋面截污滤网的经常性清理，初期屋面雨水弃流池、弃流井的清理，雨落管出口处的花坛渗滤净化装置的维护管理，屋顶绿化层的维护管理。

对于居住小区而言，需维护管理的内容包括：路面雨水截污挂篮、初期路面雨水弃流装置、雨水沉淀积泥井、隔油井、悬浮物隔离井、自然处理构筑物的清理维护，绿地雨水截污设施的维修管理。

当设有雨水调蓄池时，需经常维护其周边环境，并保证其配套的溢流设施、提升设施、水位报警设施等能够正常使用。

当设有小区雨水净化工艺时，需加强维护管理以保证其雨水净化设施的正常使用，已损配件的及时更换，保证景观水体的外观美化。

4. 消防设备的维修养护

消火栓每季度应进行一次全面试放水检查，每半年养护一次，主要检查消火栓玻璃、门锁、栓头、水带、阀门等是否齐全；对水带的破损、发黑与插接头的松动现象进行修补、固定；更换变形的密封胶圈；将阀门杆加油防锈，并抽取总数的5%进行试水；清扫箱内外灰尘，将消火栓玻璃门擦净，最后贴上检查标志，标志内容应有检查日期、检查人和检查结果。

自动喷洒消防灭火系统的维修养护，其维修养护内容如下：

（1）每日巡视系统的供水总控制阀、报警控制阀及其附属配件，以确保处于无故障状态。

（2）每日检查一次警铃，看其启动是否正常，打开试警铃阀，水力警铃应发出报警信号，如果警铃不动作，应检查整个警铃管道。

（3）每月对喷头进行一次外观检查，不正常的喷头及时更换。

（4）每月检查系统控制阀门是否处于开启状态，保证阀门不会误关闭。

（5）每两个月对系统进行一次综合试验，按分区逐一打开末端试验装置放水阀，以检验系统灵敏性。

当系统因试验或因火灾启动后，应在事后尽快使系统重新恢复到正常状态。

13.4 设 计 例 题

13.4.1 设计任务及设计资料

根据计划任务书要求，华北某城市拟建一幢12层宾馆，总建筑面积近9000m²，客房有一室一套及二室一套两种类型。每套设卫生间，内有浴盆、洗脸盆、坐便器各一件，共计114套（每层12套），504个床位，旅馆员工人数30。该设计任务为建筑工程设计中的给水（包括消防给水）、排水及热水供应等设计项目。

所提供的资料为：

（1）建筑物总平面图（图 13-8），建筑物各层平面图及剖面图（图13-9～图 13-11）。该建筑共 12 层，另有地下室一层。除地上一层层高为 3.3m 外，2～12 层及地下室层高均为 3.0m。12 层顶部设高度为 0.8m 的闷顶。在对应于门厅的屋顶上有 2 层阁楼，水箱置于第二层阁楼内。室内外高差为 1.0m，当地冰冻深度为 0.8m。

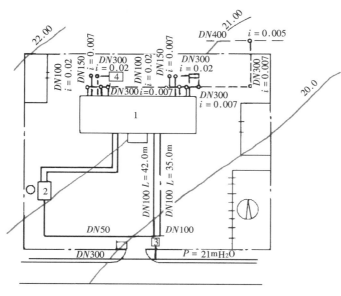

图 13-8　室外给水排水管道平面图
1—旅馆主楼；2—锅炉房；3—水表井；4—化粪池

（2）该城市给水、排水管道现状为：在该建筑南侧城市道路人行道下，有城市给水干管可作为建筑物的水源，其管径为 DN300，常年可提供的工作水压为 200kPa（20mH$_2$O），接点管顶埋深为地面以下 1.0m。

城市排水管道在该建筑北侧，其管径为 DN400，管顶在地面以下 2.0m，坡度 $i=$ 0.005，可接管的检查井位置如图 13-8 中的有关部分所示。

13.4.2　设计过程说明

1. 给水工程

根据设计资料，已知室外给水管网常年可保证的工作水压仅为 200kPa，故室内给水拟采用上、下分区供水方式。即 1～3 层及地下室由室外给水管网直接供水，采用下行上给方式，4～12 层为设水泵、水箱联合供水方式，管网上行下给。因为市政给水部门不允许从市政管网直接抽水，故在建筑物地下室内设贮水池。屋顶水箱设水位继电器自动启闭水泵。

2. 排水工程

为减小化粪池容积和便于以后增建中水工程，室内排水系统拟使生活污水与生活废水分质分流排放，即在每个竖井内分别设置两根排水立管，分别排放生活污水与生活废水。

生活污水经室外化粪池处理后，再与生活废水一起排至城市排水管网。

367

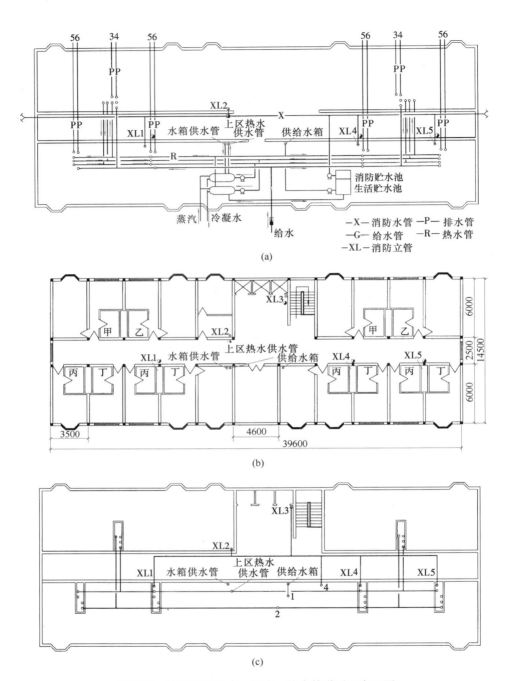

图 13-9 建筑内部给水、排水、热水管道平面布置图
(a) 地下室给水、消防、热水管道平面布置图；(b) 1~12层室内给水、
消防、排水、热水管道平面布置图；(c) 闷顶层给水、
消防、排水、热水管道平面布置图

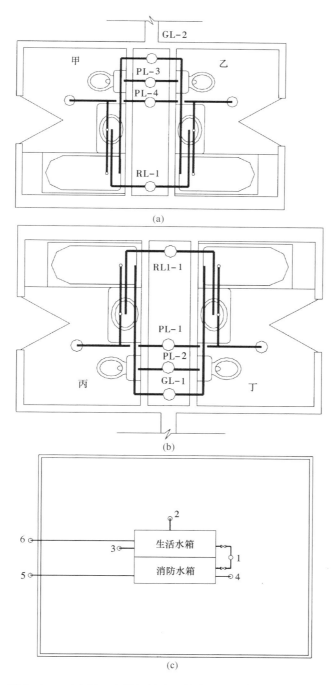

图 13-10　卫生间、水箱间给水、排水及热水管道平面布置图

（a）甲、乙型卫生间及水箱间给水、排水及热水管道平面图；（b）丙、丁卫生间及水箱间给水、排

水及热水管道平面图；（c）水箱间给水、排水及热水管道平面图

1—水箱进水管；2—4～12 层供水管；3—水加热器供水管；4—消防供水管；5，6—溢水、泄水管（排至屋顶）

GL—给水立管；PL—排水立管；RL—热水立管

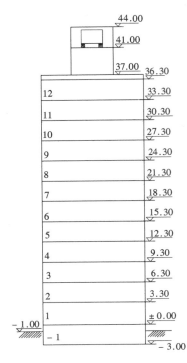

图 13-11　旅馆建筑剖面示意图

3. 热水供应工程

室内热水采用集中式热水供应系统，竖向分区与冷水系统相同：下区的水加热器由市政给水管网直接供给冷水，上区的水加热器由高位水箱供给冷水。上、下两区均采用半容积式水加热器，集中设置在底层，水加热器出水温度为 70℃，由室内热水配水管网输送到各用水点。蒸汽来自该建筑物附近的锅炉房，凝结水采用余压回水系统流回锅炉房的凝结水池。下区采用下行上给供水方式，上区采用上行下给供水方式。冷水计算温度以 10℃计。

4. 消防给水

根据《建筑设计防火规范》GB 50016—2014（2018 年版）规定，本建筑属二类建筑。据《消防给水及消火栓系统技术规范》GB 50974—2014，室外消火栓设计流量为 30L/s，第 3.5.2 条，室内消火栓设计流量为 20L/s，每根竖管最小流量 10L/s，每支水枪最小流量 5L/s。

室内消火栓系统不分区，采用水箱和水泵联合供水的临时高压给水系统，每个消火栓处设直接启动消防水泵的按钮，高位水箱贮存 10min 消防用水，消防泵及管道均单独设置。每个消火栓口径为 65mm 单栓口，水枪喷嘴口径 19mm，充实水柱为 13mH₂O，采用麻质水带直径 65mm，长度 20m。消防泵直接从消防水池吸水，据《消防给水及消火栓系统技术规范》GB 50974—2014 第 3.6.2 条，火灾延续时间以 2h 计。

5. 管道的平面布置及管材

室外给水排水管道平面布置如图 13-8 所示。室内给水、排水及热水立管均设于竖井内。下区给水的水平干管、热水的水平干管及回水干管、消防给水的水平干管和排水横干管等均设于地下室顶棚下面（排水的排出管位置如图 13-9（a）所示）。消防竖管暗装。屋顶水箱的进水横管、容积式水加热器的供水管等均设于闷顶之中，如图 13-9、图 13-10 所示。

给水管的室外部分采用给水铸铁管，室内部分采用塑料管，消防给水采用钢管。排水管的室外部分用混凝土管，室内部分用排水铸铁管。

13.4.3　设计计算

1. 室内给水系统的计算

（1）给水用水定额及时变化系数

查《建筑给水排水设计标准》GB 50015—2019 可知，宾馆客房旅客的最高日生活用水定额为 250～400L，使用时数为 24h；员工的最高日生活用水定额为 80～100L，使用时数为 8～10h；小时变化系数 K_h 为 2.5～2.0。据本建筑物的性质和室内卫生设备之完善程度，选用旅客的最高日生活用水定额为 q_{d1}＝350L/（床·d），使用时数为 24h；员工的最高日生活用水定额为 q_{d2}＝90L/（人·d），使用时数为 10h；由于客源相对稳定，取用水时变化系数 K_h＝2.0。

（2）最高日用水量

$$Q_d = m_1 \cdot q_{d1} + m_2 \cdot q_{d2} = 504 \times 350/1000 + 30 \times 90/1000 = 179.1 m^3/d$$

（3）最高日最大时用水量

$$Q_h = \frac{m_1 q_{d1}}{T_1} \cdot K_h + \frac{m_2 \cdot q_{d2}}{T_2} \cdot K_h$$

$$= \frac{504 \times 350}{24 \times 1000} \times 2.0 \times \frac{90 \times 30}{10 \times 1000} \times 2.0$$

$$= 15.24 m^3/h$$

（4）设计秒流量按公式

$$q_g = 0.2\alpha\sqrt{N_g}$$

本工程为旅馆，$\alpha = 2.5$

$$q_g = 0.5\sqrt{N_g}$$

（5）屋顶水箱容积

本宾馆供水系统水泵自动启动供水。据式（2-27），每小时最大启动 k_b 为 4～8 次，取 $k_b = 6$ 次。安全系数 C 可在 1.5～2.0 内采用，为保证供水安全，取 $C = 2.0$。

4 至 12 层之生活用冷水由水箱供给，1～3 层的生活用冷水虽然不由水箱供给，但考虑市政给水事故停水，水箱仍应短时供下区用水（上下区设连通管），故水箱容积应按 1～12 层全部用水确定。又因水泵向水箱供水不与配水管网连接，故选水泵出水量与最高日最大小时用水量相同，即 $q_b = 15.24 m^3/h$。

水泵自动启动装置安全可靠，屋顶水箱的有效容积为：

$$V = Cq_b/(4k_b) = Cq_b/(4k_b) = 2.0 \times 15.24/(4 \times 6) = 1.27 m^3$$

屋顶水箱钢制，尺寸为 2.0m×2.0m×0.6m，有效水深 0.4m，有效容积 1.6m³。

另：如果水泵自动启动装置不可靠，则根据《建筑给水排水设计标准》GB 50015—2019 规定，不宜小于最大用水时水量的 50%。

（6）地下室内贮水池容积

本设计上区为设水泵、水箱的给水方式，因为市政给水管不允许水泵直接从管网抽水，故地下室设贮水池。其容积 $V \geqslant (Q_b - Q_j)T_b + V_s$ 且 $Q_j T_t \geqslant (Q_b - Q_j)T_b$。

进入水池的进水管管径取 DN50，按管中流速为 1.1m/s 估算进水量，则由给水铸铁管水力计算表知 $Q_j = 2.1 L/s = 7.56 m^3/h$。因无生产用水，故 $V_s = 0$。

水泵运行时间应为水泵灌满屋顶水箱的时间，在该时段屋顶水箱仍在向配水管网供水，此供水量即屋顶水箱的出水量。按最高日平均小时来估算，为 $Q_p = Q_d/24 = 179.1/24 = 7.2 m^3/h$。则

$$T_b = V/(Q_b - Q_p) = V/(q_b - Q_p) = 1.27/(15.24 - 7.2) = 0.16h = 9.6min$$

贮水池的有效容积为 $V \geqslant (Q_b - Q_j)T_b + V_s = (15.24 - 7.56) \times 0.16 + 0 = 1.2 m^3$。

校核：

水泵运行间隔时间应为屋顶水箱向管网配水（屋顶水箱由最高水位下降到最低水位）的时间。仍然以平均小时用水量估算，$T_t = V/Q_p = 1.27/7.2 = 0.18h$，$Q_j T_t = 7.56 \times 0.18 = 1.4 m^3$，$(Q_b - Q_j)T_b = (15.24 - 7.56) \times 0.16 = 1.23 m^3$。满足 $Q_j T_t \geqslant (Q_b - Q_j)T_b$ 的要求。

另：据《建筑给水排水设计标准》GB 50015—2019，贮水池的调节容积亦可按最高日用水量的20%～25%确定。如按最高日用水量的20%计，则$V=179.1×20\%=35.8m^3$。

经比较，二者相差太大，考虑停水时贮水池仍能暂时供水，其容积按后者考虑，即贮水池的有效容积$V=35.8m^3$。

生活贮水池钢制，尺寸为$6.0m×6.0m×1.2m$，有效水深1.0m，有效容积$36m^3$。

（7）室内所需的压力

1）1～3层室内所需的压力

根据计算用图13-12，下区1～3层管网水力计算成果见表13-7（查附表2-3）。

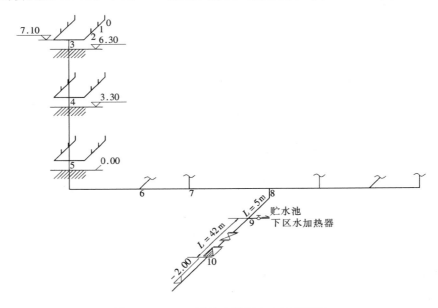

图13-12　1～3层给水管网水力计算用图

1～3层室内给水管网水力计算表　　　　表13-7

顺序编号	管段编号		卫生器具当量	卫生器具名称、数量、当量			当量总数	设计秒流量 q	DN	v	单阻 i	管长	沿程水头损失 $h_i=iL$	备注
	自	至	(n/N)	浴盆 1.0	洗脸盆 0.5	坐便器 0.5	$\sum N$	(L/s)	(mm)	(m/s)	(kPa)	(m)	(kPa)	
1	2		3	4	5	6	7	8	9	10	11	12	13	14
1	0	1	n/N	1/1.0	—	—	1.0	0.2	15	0.99	0.94	0.5	0.47	①0～9管路当量按冷热水单独流量对应的当量值计算。②9～10管段按冷热水总流量对应的当量值计算。③9～10管段按给水铸铁管水力计算表查用。④计算管路为0～10
2	1	2	n/N	1/1.0	1/0.5	—	1.5	0.3	20	0.79	0.42	0.4	0.17	
3	2	3	n/N	1/1.0	1/0.5	1/0.5	2.0	0.4	20	1.05	0.7	1.0	0.7	
4	3	4	n/N	2/2.0	2/1.0	2/1.0	4.0	0.8	32	0.79	0.23	3.0	0.69	
5	4	5	n/N	4/4.0	4/2.0	4/2.0	8.0	1.41	40	0.85	0.2	3.0	0.6	
6	5	6	n/N	6/6.0	6/3.0	6/3.0	12.0	1.73	40	1.04	0.28	4.9	1.37	
7	6	7	n/N	12/12.0	12/6.0	12/6.0	24.0	2.45	50	0.93	0.17	3.9	0.66	
8	7	8	n/N	18/18.0	18/9.0	18/9.0	36.0	3.0	70	0.78	0.1	19.0	1.9	
9	8	9	n/N	36/36.0	36/18.0	36/18.0	72.0	4.24	70	1.1	0.18	5.0	0.9	
10	9	10	n/N	114/137	114/85.5	114/57	279.5	8.36	100	1.09	0.26	42.0	10.92	
												$\sum h_i=18.38kPa$		

由图 13-12、表 13-7 可知

$H_1 = 6.3 + 0.8 - (-2.0) = 9.1 \mathrm{mH_2O} = 91 \mathrm{kPa}$（其中 0.8 为配水嘴距室内地坪的安装高度）。

$H_2 = 1.3 \times \sum h_i = 1.3 \times 18.38 = 23.89 \mathrm{kPa}$

$H_4 = 50 \mathrm{kPa}$（即最不利点水嘴的最低工作压力）。

选 LXL－100 型螺翼式水表，其最大流量 $q_{max} = 120 \mathrm{m^3/h}$，性能系数为 $K_b = q_{max}^2/100 = 120^2/100 = 144$。则水表的水头损失 $h_d = q_g^2/K_b = (9.25 \times 3.6)^2/144 = 7.7 \mathrm{kPa}$，满足正常用水时小于 24.5kPa 的要求，即 $H_3 = 7.7 \mathrm{kPa}$。

室内所需的压力

$$H = H_1 + H_2 + H_3 + H_4 = 91 + 23.89 + 7.7 + 50 = 172.59 \mathrm{kPa}$$

室内所需的压力与市政给水管网工作压力 200kPa 接近，可满足 1～3 层供水要求，不再进行调整计算。

2）4～12 层室内所需的压力

上区 4～12 层管网水力计算成果见表 13-8，计算如图 13-13 所示。

4～12 层室内给水管网水力计算表

表 13-8

顺序编号	管段编号		卫生器具当量	卫生器具名称、数量、当量			当量总数 $\sum N$	设计秒流量 q (L/s)	DN (mm)	v (m/s)	单阻 i (kPa)	管长 (m)	沿程水头损失 $h_i = iL$ (kPa)	备注
	自	至	(n/N)	浴盆 1.0	洗脸盆 0.5	坐便器 0.5								
1	2		3	4	5	6	7	8	9	10	11	12	13	14
1	0'	1'	n/N	1/1.0	—	—	1.0	0.2	15	0.99				
2	1'	2'	n/N	1/1.0	1/0.5		1.5	0.3	20	0.79				
3	2'	11	n/N	1/1.0	1/0.5	1/0.5	2.0	0.4	20	1.05				
4	3	4	n/N	2/2.0	2/1.0	2/1.0	4.0	0.8	32	0.79				
5	4	5	n/N	4/4.0	4/2.0	4/2.0	8.0	1.41	40	0.85				
6	5	6	n/N	6/6.0	6/3.0	6/3.0	12.0	1.73	40	1.04				
7	6	7	n/N	8/8.0	8/4.0	8/4.0	16.0	2.0	40	1.2				计算管路选为 0'～15
8	7	8	n/N	10/10.0	10/5.0	10/5.0	20.0	2.24	50	0.84				所以 0'～11 的沿程损失 $\sum h_i$ 同图 13-12 中的
9	8	9	n/N	12/12.0	12/6.0	12/6.0	24.0	2.50	50	0.95				0～3。由表 13-9 得其 h_i
10	9	10	n/N	14/14.0	14/7.0	14/7.0	28.0	2.65	50	1				为 1.34kPa
11	10	11	n/N	16/16.0	16/8.0	16/8.0	32.0	2.83	50	1.07				所以 0'～15 的 $h_i =$
12	11	12	n/N	18/18.0	18/9.0	18/9.0	36.0	3.0	50	1.14	0.25	8.7	2.18	1.34 + 6.89 = 8.23kPa
13	12	13	n/N	36/36.0	36/18.0	36/18.0	72.0	4.24	70	1.1	0.18	2.5	0.45	
14	13	14	n/N	54/54.0	54/27.0	54/27.0	108.0	5.20	70	1.35	0.26	11.6	3.02	
15	14	15	n/N	108/108.0	108/54.0	108/54.0	216.0	7.35	80	1.33	0.20	6.2	1.24	
													$\sum h_i = 6.89 \mathrm{kPa}$	

由表 13-8 和图 13-13 可知 $h = 42.9 - 34.1 = 8.8 \mathrm{mH_2O} = 88 \mathrm{kPa}$

$H_2 = 1.3 \times \sum h_i = 1.3 \times 8.23 = 10.7 \mathrm{kPa}$

$H_4 = 50 \mathrm{kPa}$

即 $H_2 + H_4 = 10.7 + 50 = 60.7 \mathrm{kPa}$。

$$h > H_2 + H_4$$

水箱安装高度满足要求。

（8）地下室加压水泵的选择

如图 13-14 所示，本设计的加压水泵是为 4~12 层给水管网增压，但考虑市政给水事故停水，水箱仍应短时供下区用水（上下区设连通管），故水箱容积应按 1~12 层全部用水确定。水泵向水箱供水不与配水管网相连，故水泵出水量按最大时用水量 15.24m³/h（4.2L/s）计。由塑料管水力计算表可查得：当水泵出水管侧 $Q=4.2$L/s 时，选用 DN80 的塑料管，$v=0.756$m/s，$i=0.078$kPa/m。水泵吸水管侧选用 DN100 的塑料管，同样可查得，$v=0.504$m/s，$i=0.028$kPa/m。

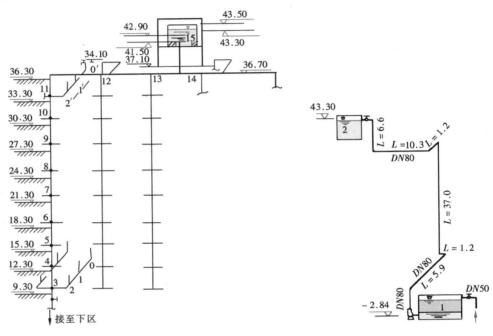

图 13-13　4~12 层给水管网计算用图　　图 13-14　水泵选择计算用图

由图 13-14 可知压水管长度 62.2m，其沿程水头损失 $h_i=0.078 \times 62.2=4.85$kPa。吸水管长度 1.5m，其沿程水头损失 $h_i=0.028 \times 1.5=0.042$kPa。故水泵的管路总水头损失为 $(4.85+0.042) \times 1.3=6.36$kPa。

水箱最高水位与底层贮水池最低水位之差：$43.3-(-2.84)=46.14$mH$_2$O $=461.4$kPa。

取水箱进水浮球阀的流出水头为 20kPa。

故水泵扬程 $H_p=461.4+6.36+20=487.76$kPa。

水泵出水量如前所述为 15.24m³/h。

据此选得水泵 50DL-4（$H=532~424$kPa、$Q=9.0~16.2$m³/h、$N=4$kW）2 台，其中 1 台备用。

2. 消火栓给水系统计算

（1）消火栓的布置

该建筑总长 39.6m，宽度 14.5m，高度 37.10m。按《消防给水及消火栓系统技术规范》GB 50974—2014 第 7.4.6 条要求，消火栓的间距应保证同层任何部位有 2 个消火栓的水枪充实水柱同时到达。

水带长度取 20m，展开时的弯曲折减系数 C 取 0.8，消火栓的保护半径按公式（3-2）应为：

$$R = C \cdot L_d + L_s = 0.8 \times 20 + 3 = 17.88\text{m}$$

按公式 $L_s = 0.7 H_m$ 计算 L_s 得，

$$L_s = 0.7 H_m = 0.7 (H_1 - H_2) / \sin 45° = 0.7 \times (3 - 1.1) / \sin 45° = 1.88\text{m}$$

消火栓采用单排布置时，其间距为

$$S \leqslant \sqrt{R^2 - b^2} = \sqrt{17.88^2 - (6 + 2.5)^2} = 15.73\text{m}$$

据此应在过道上布置 4 个消火栓（间距＜15.73m）才能满足要求。另外，消防电梯前室，须设消火栓。系统图如图 13-15 所示。

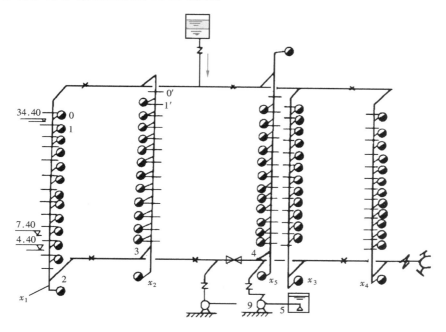

图 13-15　消火栓给水管网计算用图

（2）水枪喷嘴处所需的水压

查表，水枪喷口直径选 19mm，水枪系数 ϕ 值为 0.0097；充实水柱 H_m 要求不小于 10m，选 $H_m = 12$m，水枪实验系数 α_f 值为 1.21。

水枪喷嘴处所需水压

$$\begin{aligned} H_q &= \alpha_f \cdot H_m / (1 - \phi \cdot \alpha_f \cdot H_m) \\ &= 1.21 \times 12 / (1 - 0.0097 \times 1.21 \times 12) = 16.9\text{mH}_2\text{O} = 169\text{kPa} \end{aligned}$$

（3）水枪喷嘴的出流量

喷口直径 19mm 的水枪水流特性系数 B 为 1.577。

$$q_{xh} = \sqrt{BH_q} = \sqrt{1.577 \times 16.9} = 5.2\text{L/s} > 5.0\text{L/s}$$

（4）水带阻力

19mm 水枪配 65mm 水带，衬胶水带阻力较小，室内消火栓水带多为衬胶水带。本工程亦选衬胶水带。查表知 65mm 水带阻力系数 A_z 值为 0.00172。水带阻力损失：

$$h_d = A_z \cdot L_d \cdot q_{xh}^2 = 0.00172 \times 20 \times 5.2^2 = 0.93m$$

（5）消火栓口所需的水压

$$H_{xh} = H_q + h_d + H_k = 16.9 + 0.93 + 2 = 19.83mH_2O = 198.3kPa$$

根据《消防给水及消火栓系统技术规范》GB 50974—2014 第 7.4.12 条，宾馆的消火栓栓口动压不应小于 0.35MPa，故本例取 0.35MPa。

（6）校核

设置的消防贮水高位水箱最低水位高程 41.50m，最不利点消火栓栓口高程 34.4m，则最不利点消火栓口的静水压力为 41.50－34.40＝7.1mH₂O＝71kPa。按《消防给水及消火栓系统技术规范》GB 50974—2014 第 5.2.2 条规定，可不设增压设施。

（7）水力计算

按照最不利点消防竖管和消火栓的流量分配要求，最不利消防竖管为 x_1，出水枪数为 2 支，相邻消防竖管即 x_2，出水枪数为 2 支。

$$H_{xh0} = 25.0mH_2O = 250kPa$$

$$H_{xh1} = H_{xh0} + \Delta H(0 \text{ 和 1 点的消火栓间距}) + h(0 \sim 1 \text{ 管段的水头损失})$$
$$= 25 + 3.0 + 0.241 = 28.24mH_2O$$

1 点的水枪射流量

$$q_{xhl} = \sqrt{BH_{ql}}$$

$$H_{xhl} = q_{xhl}^2/B + A_z \cdot L_d \cdot q_{xhl}^2 + 2$$

$$q_{xhl} = \sqrt{\frac{H_{xhl} - 2}{\frac{1}{B} + AL_d}} = \sqrt{\frac{28.24 - 2}{\frac{1}{1.577} + 0.00172 \times 20}} = 6.27L/s$$

进行消火栓给水系统水力计算时，按图 13-15 以枝状管路计算，配管水力计算成果见表 13-9。

消火栓给水系统配管水力计算表　　　　　　　　　　　表 13-9

计算管段	设计秒流量 q（L/s）	管长 L（m）	DN	v（m/s）	i（kPa/m）	$i \cdot L$（kPa）
0～1	5.2	3.0	100	0.60	0.0804	0.241
1～2	5.2+6.27＝11.47	32.0	100	1.33	0.352	11.26
2～3	11.47	15.0	100	1.33	0.352	5.28
3～4	2×11.47＝22.94	3.6	100	2.65	1.4	5.04
4～5	22.94	23.0	100	2.92	1.4	32.2
						$\sum h_i = 54.03kPa$

管路总水头损失为 $H_w = 54.03 \times 1.1 = 59.43kPa$

消火栓给水系统所需总水压（H_x）应为

$$H_x = H_1 + H_{xh} + 1.2H_w = 34.4 \times 10 - (-2.84) \times 10 + 250 + 1.2 \times 59.43 = 693.72kPa$$

按消火栓灭火总用水量 $Q_x = 22.94L/s$，选消防泵 100DL-4 型 2 台，1 用 1 备。$Q_b = 20 \sim 35L/s$，$H_b = 86.8 \sim 68.0mH_2O$（868～680kPa），$N = 37kW$。

根据室内消防用水量，应设置 2 套水泵接合器。

（8）消防水箱

消防水箱的有效容积应满足初期火灾消防用水量的要求，本建筑为二类高层公共建筑，其有效容积不应小于 18m³。

选用标准图 S_3：S151（一）20m³ 方形给水箱，尺寸为 4000mm×2800mm×2000mm。满足《消防给水及消火栓系统技术规范》GB 50974—2014 第 5.2.1 条规定。

消防水箱内的贮水由生活用水提升泵从生活用水贮水池提升充满备用。

（9）消防贮水池

消防贮水按满足火灾延续时间内的室内消防用水量来计算，即 $V_f = 20 \times 2 \times 3600/1000 = 144m^3$。

3. 建筑内部排水系统的计算

本建筑内卫生间类型、卫生器具类型均相同。采用生活污水与生活废水分流排放。

（1）生活污水排水立管底部与出户管连接处的设计秒流量

$$q_u = 0.12\alpha\sqrt{N_p} + q_{max} = 0.12 \times 2.5 \times \sqrt{12 \times 6 \times 2} + 2.0 = 5.6 \text{L/s}$$

其中 12 为层数，6 为低水箱虹吸式坐便器排水当量，2 为每根立管每层接纳坐便器的个数。此值小于 DN125 无专用通气立管的排水量，故采用 DN125 普通伸顶通气的单立管排水系统。

出户管管径选 DN150 排水铸铁管，$h/D=0.6$，坡度为 0.007 时，其排水量为 8.46L/s，流速为 0.78m/s，满足要求。

（2）生活废水排水立管底部与出户管相连处的设计秒流量

$$q_u = 0.12\alpha\sqrt{N_u} + q_{max} = 0.12 \times 2.5 \times \sqrt{(0.75 + 3) \times 12 \times 2} + 1.0$$
$$= 3.85 \text{L/s}$$

其中 0.75 为洗脸盆排水当量，3 为浴盆排水当量，12 为层数，2 为立管每层接纳卫生器具的个数。此值小于 DN100 无专用通气立管的排水量，故可采用 DN100 普通伸顶通气的单立管排水系统。

出户管的管径选 DN100 排水铸铁管，$h/D=0.5$，坡度为 0.0025 时，其排水量为 4.17L/s，流速为 1.05m/s，满足要求。

4. 建筑内部热水系统计算

（1）热水量

按要求取每日供应热水时间为 24h，取计算用的热水供水温度为 70℃，冷水温度为 10℃。查《建筑给水排水设计标准》GB 50015—2019 表 6.2.1-1 热水用水定额表，取 60℃ 的热水用水定额为 150L/（床·d），员工 50L/（人·d）。

则下区（即 1~3 层）的最高日用水量为
$$Q_{下dr} = 126 \times 150 \times 10^{-3} = 18.9 \text{m}^3/\text{d}（60℃热水）$$

其中 126 为下区的床位数。

上区（即 4~12 层）的最高日用水量为
$$Q_{上dr} = 378 \times 150 \times 10^{-3} = 56.7 \text{m}^3/\text{d}（60℃热水）$$

其中 378 为上区的床位数。

员工的最高日用水量
$$Q_{员dr} = 30 \times 50 \times 10^{-3} = 1.5 \text{m}^3/\text{d}（60℃热水）$$

其中 30 为员工人数。

折合成 70℃ 热水的最高日用水量为

$$Q_{下dr} = 18.9 \times (60 - 10)/(70 - 10)$$
$$= 18.9 \times 50/60 = 15.75 m^3/d (60℃ \text{ 热水})$$
$$Q_{上dr} = 56.7 \times (60 - 10)/(70 - 10)$$
$$= 56.7 \times 50/60 = 47.25 m^3/d (60℃ \text{ 热水})$$
$$Q_{员dr} = 1.5 \times (60 - 10)/(70 - 10) = 1.5 \times 50/60$$
$$= 1.25 m^3/d (60℃ \text{ 热水})$$

查《建筑给水排水设计标准》GB 50015—2019 表 6.4.1 旅馆的热水小时变化系数 K_h 值表。下区按 126 个床位计，热水小时变化系数 K_h 取 3.33；上区按 378 个床位计，热水小时变化系数 K_h 取 3.17；员工用热水量相对较少，忽略不计。则 70℃ 时最高日最大小时用水量为

$$Q_{下hmax} = K_h Q_{下dr}/T = 3.33 \times 15.75/24 = 2.18 m^3/h = 0.61 L/s$$
$$Q_{上hmax} = K_h Q_{上dr}/T = 3.17 \times 47.25/24 = 6.24 m^3/h = 1.73 L/s$$

再按卫生器具 1h 用水量来计算：下区浴盆数目 36 套，上区浴盆数目 108 套（其他器具不计），取同类器具同时使用百分数 $b = 70\%$，$K_r = (t_h - t_L)/(t_r - t_L) = (40 - 10)/(70 - 10) = 0.5$，查《建筑给水排水设计标准》GB 50015 表 6.2.1-2 卫生器具的 1 次和 1h 热水用水定额及水温表，带淋浴器的浴盆用水量为 300L/h（40℃），则

$$Q_{下dr} = \sum K_r q_h n_0 b = 0.5 \times 300 \times 36 \times 70\% = 3780 L/h = 1.05 L/s$$
$$Q_{上dr} = \sum K_r q_h n_0 b = 0.5 \times 300 \times 108 \times 70\% = 11340 L/h = 3.15 L/s$$

比较 $Q_{下hmax}$ 与 $Q_{下dr}$，$Q_{上hmax}$ 与 $Q_{上dr}$，两者结果存在差异，为供水安全起见，取较大者作为设计小时用水量，即 $Q_{下dr} = 3.78 m^3/h = 1.05 L/s$；$Q_{上dr} = 11.34 m^3/h = 3.15 L/s$。

（2）耗热量

冷水温度取 10℃，热水温度取 70℃，则耗热量

$$Q_下 = C_B \cdot (t_r - t_l) \cdot \rho_r \cdot Q_r$$
$$= 4.19 \times (70 - 10) \times 1 \times 1.05 = 263.97 kW = 263970 W$$
$$Q_上 = C_B \cdot (t_r - t_l) \cdot \rho_r \cdot Q_r$$
$$= 4.19 \times (70 - 10) \times 1 \times 3.15 = 791.91 kW = 791910 W$$

（3）加热设备选择计算

拟采用半容积式水加热器。设蒸汽表压为 $1.96 \times 10^5 Pa$，相对应的绝对压强为 $2.94 \times 10^5 Pa$，其饱和温度为 $t_s = 133℃$，热媒和被加热水的计算温差

$$\Delta t_j = (t_{mc} + t_{mz})/2 - (t_c + t_z)/2 = 133 - (10 + 70)/2 = 93℃$$

根据半容积式水加热器有关资料，铜盘管的传热系数 K 为 1047W/（m² · C），传热效率修正系数 ε 取 0.7，C_r 取 1.1，水加热器的传导面积

$$F_{下p} = C_r Q_下 /(\varepsilon K \Delta t_j) = 1.1 \times 263970/(0.7 \times 1047 \times 93) = 4.3 m^2$$
$$F_{上p} = C_r Q_上 /(\varepsilon K \Delta t_j) = 1.1 \times 791910/(0.7 \times 1047 \times 93) = 12.8 m^2$$

半容积式水加热器的贮热量应大于 15min 设计小时耗热量，则其最小贮水容积

$$V_下 = 15 \times 60 \times Q_{下dr} = 15 \times 60 \times 1.05 = 945 L = 0.9 m^3$$

$$V_{上} = 15 \times 60 \times Q_{上dr} = 15 \times 60 \times 3.15 = 2835L = 2.84m^3$$

根据计算所得的 $F_{下p}$、$V_{下}$ 和 $F_{上p}$、$V_{上}$ 分别对照样本提供的参数，选择下区、上区的水加热器型号。

（4）热水配水管网计算

计算用图如图 13-16 所示。下区、上区热水配水管网水力计算表见表 13-10、表 13-11。

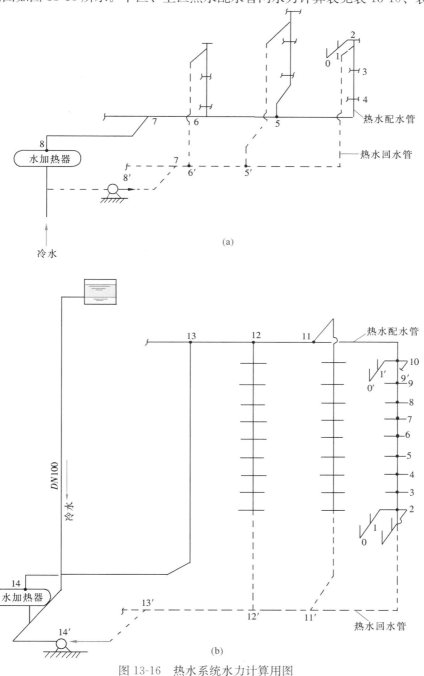

图 13-16　热水系统水力计算用图

（a）下区；（b）上区

下区热水配水管网水力计算表　　　　　　　　　　　　　　表 13-10

序号	管段编号	卫生器具种类数量		当量总数（$\sum N$）	q（L/s）	dn	v（m/s）	单阻 i（mm/m）	管长 L（m）	h_i（mH₂O）
		浴盆（$N=1.0$）	洗脸盆（$N=0.5$）							
1	0～1	—	1	0.5	0.10	20	0.46	17.8	0.6	0.011
2	1～2	1	1	1.5	0.30	25	0.85	38.8	0.7	0.027
3	2～3	2	2	3.0	0.60	32	1.08	44.9	3	0.135
4	3～4	4	4	6.0	1.20	40	1.39	53.3	3	0.160
5	4～5	6	6	9.0	1.50	40	1.73	79.2	5.6	0.444
6	5～6	12	12	18.0	2.12	50	1.53	47.63	2.7	0.129
7	6～7	18	18	27.0	2.60	70	1.32	29.75	17.5	0.521
8	7～8	36	36	54.0	3.67	70	1.3	23	11.5	0.265

$\sum h_i = 1.692 \text{mH}_2\text{O} = 16.92 \text{kPa}$

上区热水配水管网水力计算表　　　　　　　　　　　　　　表 13-11

序号	管段编号	卫生器具种类数量		当量总数（$\sum N$）	q（L/s）	dn	v（m/s）	单阻 i（mm/m）	管长 L（m）	h_i（mH₂O）
		浴盆（$N=1.0$）	洗脸盆（$N=0.5$）							
1	0～1	—	1	0.5	0.10	20	0.46	17.8	0.6	0.011
2	1～2	1	1	1.5	0.30	25	0.85	38.8	0.7	0.027
3	2～3	2	2	3.0	0.60	32				
4	3～4	4	4	6.0	1.20	40				
5	4～5	6	6	9.0	1.50	40				
6	5～6	8	8	12.0	1.73	50				
7	6～7	10	10	15.0	1.94	50				
8	7～8	12	12	18.0	2.12	50				
9	8～9	14	14	21.0	2.29	50				
10	9～10	16	16	24.0	2.45	70				
11	10～11	18	18	27.0	2.60	70	1.32	29.75	5.6	0.521
12	11～12	36	36	54.0	3.67	70	1.3	23	2.7	0.265
13	12～13	54	54	81.0	4.50	80	1.59	32.97	7.5	0.247
14	13～14	108	108	162	6.36	100	1.5	23.3	50.5	1.177

$\sum h_i = 1.690 \text{mH}_2\text{O} = 16.90 \text{kPa}$

　　热水配水管网水力计算中，设计秒流量公式与给水管网计算相同。查用给水聚丙烯热水管水力计算表（附表 8-1、附表 8-2）进行配管和计算水头损失（表中 dn 为聚丙烯管的外径）。热水配水管网的局部水头损失按沿程水头损失的 30% 计算，下区配水管网计算管路总水头损失为：

$$16.92 \times 1.3 = 21.996 \text{kPa} \ 取 \ 22 \text{kPa}。$$

水加热器出口至最不利点配水嘴的几何高差为

$$6.3+0.8-(-2.5)=9.6m=96kPa$$

考虑 50kPa 的流出水头，则下区热水配水管网所需水压为

$$H'=96+22+50=168kPa，室外管网供水水压可以满足要求。$$

上区配水管网计算管路总水头损失为

$$16.90×1.3=21.97kPa$$

水箱中生活贮水最低水位为 42.90m，与最不利配水点（即 0′点）的几何高差为：

$$42.90-(33.30+0.8)=8.8mH_2O(即作用水头)$$

此值即为最不利点配水嘴的最小静压值。水箱出口至水加热器的冷水供水管，管径取为 $DN100$，其 q_g 亦按 6.36L/s（即 $q_{13～14}$）计，则查冷水管道水力计算表得知：$v=0.76m/s$，$i=5.72mm/m$，$L=52.4m$，故其 $h_i=5.72×52.4×10^{-3}=0.30mH_2O$。

从水箱出口→水加热器→最不利点配水嘴 0′，总水头损失为：$16.90×1.3+0.30×10×1.3=21.97+3.9=25.87kPa$。再考虑 50kPa 的流出水头后，此值小于作用水头 $8.8mH_2O$（88kPa）。故高位水箱的安装高度满足要求。

（5）热水回水管网的水力计算

比温降为 $\Delta t=\Delta T/F$，其中 F 为配水管网计算管路的管道展开面积，计算 F 时，立管均按无保温层考虑，干管均按 25mm 保温层厚度取值。

如图 13-17 所示，下区配水管网计算管路的管道展开面积

$$F_{下}=0.3943×(11.5+17.5)+0.3456×2.7$$
$$+0.3079×4.8+0.1508×(0.8+3.0)+0.1327×3.0$$
$$=14.82m^2。$$

$$\Delta t_{下}=\Delta T/F_{下}=(70-60)/14.82=0.68℃/m^2$$

然后从第 8 点开始，按公式 $\Delta t_z=t_c-\Delta t\sum f$ 依次算出各节点的水温值，将计算结果列于表 13-12 中的第 7 栏内。例如 $t_{下8}=t_{下c}=70℃$；$t_{下7}=70-0.68×f_{7～8}=70-0.68×0.3943×11.5=66.92℃$；$t_{下6}=66.92-0.68×f_{6～7}=66.92-0.68×0.3943×17.5=62.23℃$；…；$t_{下2}=59.93℃$。

下区热水配水管网热损失及循环流量计算　　　　　　　　　　表 13-12

节点	管段编号	管长 L (m)	管径 (mm)	外径 (m)	保温系数 η	节点水温 (℃)	平均水温 t_m (℃)	空气温度 t_j (℃)	温差 Δt (℃)	热损失 q_s (kJ/h)	循环流量 q_x (L/s)
2						59.93					
	2～3	3.0	32	0.0423	0		60.07	20	40.07	669.2	0.027
3						60.21					
	3～4	3.0	40	0.048	0		60.36	20	40.36	764.8	0.027
4						60.51					
	4～5	0.8	40	0.048	0		61.06	20	41.06	705.5	0.027
		4.8			0.6						

续表

节点	管段编号	管长 L（m）	管径（mm）	外径 D（m）	保温系数 η	节点水温（℃）	平均水温 t_m（℃）	空气温度 t_j（℃）	温差 Δt（℃）	热损失 q_s（kJ/h）	循环流量 q_x（L/s）
5						61.60					
6	5～4′	1.8	40	0.048	0		61.51	20	41.51	472.0	0.024
	4′～2′	计算方法同立管 4～2，过程见表 13-13								1466.6	0.024
	5～6	2.7	50	0.06	0.6		61.92	20	41.92	357.5	0.051
6						62.23					
	6～4′	0.8	40	0.048	0		62.19	20	42.19	213.2	0.02
	4″～2″	计算方法同立管 4～2，过程见表 13-13								1492.5	0.02
	6～7	17.5	70	0.08	0.6		64.58	20	44.58	3285.4	0.071
7						66.92					
	7～8	11.5	70	0.08	0.6		68.46	20	48.46	2346.9	0.142
						70					

下区侧立管热损失计算表 表 13-13

节点	管段编号	管径（mm）	外径 D（m）	保温系数 η	节点水温（℃）	平均水温 t_m（℃）	空气温度 t_j（℃）	温差 Δt（℃）	管长 L（m）	热损失 q_s（kJ/h）
2′					60.85					
	2′～3′	32	0.0423	0		60.99	20	40.99	3.0	684.5
3″					61.12					
	3′～4′	40	0.048	0		61.27	20	41.27	3.0	782.1
4′					61.42					

4′～2′立管热损失累积：$\sum q_{s4'\sim2'}=1466.6$kJ/h

节点	管段编号	管径（mm）	外径 D（m）	保温系数 η	节点水温（℃）	平均水温 t_m（℃）	空气温度 t_j（℃）	温差 Δt（℃）	管长 L（m）	热损失 q_s（kJ/h）
2″					61.57					
	2″～3″	32	0.0423	0		61.71	20	41.71	3.0	696.6
3″					61.84					
	3″～4″	40	0.048	0		62.0	20	42.0	3.0	7595.9
3″					62.15					

4″～2″立管热损失累积：$\sum q_{s4''\sim2''}=1492.5$kJ/h

根据管段节点水温，取其算术平均值得到管段平均温度值，列于表 13-12 中的第 8 栏中。管段热损失 q_s 按公式 $q_s = \pi DLK(1-\eta)\left(\dfrac{t_c + t_z}{2} - t_j\right) = \pi DLK(1-\eta)\Delta t$ 计算，其中 D 取外径，K 取 $41.9\mathrm{kJ/(m^2 \cdot h \cdot ℃)}$。则有

$$q_s = 131.6DL(1-\eta)\Delta t$$

将计算结果列于表 13-12 中第 11 栏中。

下区配水管网的总热损失为：

$$Q_{Fs} = q_{s7\sim8} + 2\left[q_{s7\sim6} + q_{s6\sim5} + q_{s5\sim4} + q_{s4\sim2} + q_{s5\sim2'} + q_{s6\sim2''}\right]$$

$$= 2346.9 + 2 \times [3285.4 + 357.5 + 705.5 + 764.8$$

$$+ 669.2 + 472 + 1466.6 + 213.2 + 1492.5]$$

$$= 21200.3\mathrm{kJ/h} = 5.900\mathrm{kW} = 5900\mathrm{W}$$

配水管网起点和终点的温差 Δt 取 $10℃$，总循环流量 q_{Fx} 为：

$$q_{Fx} = Q_{Fs}/(C_B\Delta t\rho) = 5900/(4190 \times 10 \times 1) = 0.142\mathrm{L/s}$$

即管段 $7\sim8$ 的循环流量为 $0.142\mathrm{L/s}$。

因为配水管网以节点 7 为界两端对称布置，两端的热损失均为 $9426.7\mathrm{kJ/h}$。

按公式 $q_{(n+1)x} = q_{nx}\sum q_{(n+1)s}/\sum q_{ns}$ 对 q_x 进行分配。

$$q_{7\sim6} = q_{8\sim7} \times 9426.7/(9426.7 + 9426.7) = 0.142 \times 0.5 = 0.071\mathrm{L/s}$$

$$q_{6\sim5} = q_{7\sim6} \times (q_{s5\sim4} + q_{s4\sim2} + q_{s5\sim2'} + q_{s6\sim5})/(q_{s6\sim2''} + q_{s5\sim4}$$

$$+ q_{s4\sim2} + q_{s5\sim2'} + q_{s6\sim5})$$

$$= 0.071 \times \frac{705.5 + 764.8 + 669.2 + 472 + 1466.6 + 357.5}{213.2 + 1492.5 + 705.5 + 764.8 + 669.2 + 472 + 1466.6 + 357.5}$$

$$= 0.051\mathrm{L/s}$$

$$q_{6\sim2''} = q_{7\sim6} - q_{6\sim5} = 0.071 - 0.051 = 0.02\mathrm{L/s}$$

$$q_{5\sim4} = q_{6\sim5}\frac{q_{s5\sim4} + q_{s4\sim2}}{q_{s5\sim2'} + q_{s5\sim4} + q_{s4\sim2}}$$

$$= 0.051 \times \frac{705.5 + 764.8 + 669.2}{472 + 1466.6 + 705.5 + 764.8 + 669.2}$$

$$= 0.027\mathrm{L/s}$$

$$q_{5\sim2'} = q_{6\sim5} - q_{5\sim4} = 0.051 - 0.027 = 0.024\mathrm{L/s}$$

将以上计算结果列于表 13-12 中第 12 栏内。

用同样的步骤和方法计算上区配水管网的热损失及循环流量：

如图 13-17 所示，上区配水管网计算管路管道总的展开面积为 $F_{上} = 36.8301\mathrm{m^2}$，则 $\Delta t = \Delta T/F_{上} = 10/36.8301 = 0.27℃/\mathrm{m^2}$。

同理计算下区侧立管的热损失，计算结果列于表 13-13。

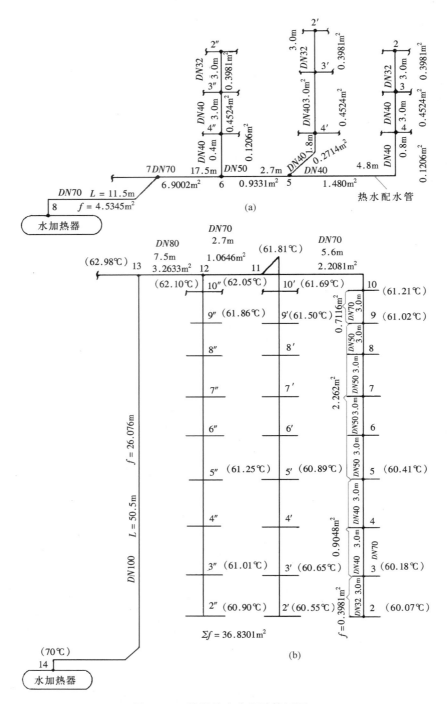

图 13-17　管段节点水温计算用图

(a) 下区；(b) 上区

以节点 14 为起点，$t_{14} = 70℃$，推求出各节点的水温值，计算结果列于表 13-14、表 13-15 中。

上区热水配水管网热损失及循环流量计算　　　　　　表 13-14

节点	管段编号	管长 L(m)	管径 (mm)	外径 (m)	保温系数 η	节点水温 (℃)	平均水温 t_m(℃)	空气温度 t_j(℃)	温差 Δt(℃)	热损失 q_s(kJ/h)	循环流量 q_x(L/s)
2						60.07					
	2～3	3.0	32	0.0423	0		60.13	20	40.13	670.2	0.076
3						60.18					
	3～5	6.0	40	0.048	0		60.30	20	40.30	1527.4	0.076
5						60.41					
	5～9	12.0	50	0.06	0		60.72	20	40.72	3858.3	0.076
9						61.02					
	9～10	3.0	70	0.08	0		61.12	20	41.12	1298.8	0.076
10						61.21					
	10～11	5.6	70	0.08	0.6		61.51	20	41.51	978.9	0.076
11						61.81					
	11～2′	计算过程见表 13-15								8232.1	0.076
	11～12	2.7	70	0.08	0.6		61.96	20	41.96	477.1	0.152
12						62.10					
	12～2″	计算过程见表 13-15								7860.5	0.07
	12～13	7.5	80	0.0885	0.6		62.54	20	42.54	1486.3	0.222
13						62.98					
	13～14	50.5	100	0.114	0.6		66.49	20	46.49	14088.7	0.444
14						70					

上区侧立管热损失计算表　　　　　　表 13-15

节点	管段编号	管径 (mm)	外径 (m)	保温系数 η	节点水温 (℃)	平均水温 t_m(℃)	空气温度 t_j(℃)	温差 Δt(℃)	管长 L(m)	热损失 q_s(kJ/h)
2′					60.55					
	2′～3′	32	0.0423	0		60.6	20	40.6	3.0	678.0
3′					60.65					
	3′～5′	40	0.048	0		60.77	20	40.77	6.0	1545.2
5′					60.89					
	5′～9′	50	0.06	0		61.20	20	41.20	12.0	3903.8

节点	管段编号	管径 (mm)	外径 (m)	保温系数 η	节点水温 (℃)	平均水温 t_m(℃)	空气温度 t_j(℃)	温差 Δt(℃)	管长 L(m)	热损失 q_s(kJ/h)
9′					61.50					
	9′~10′	70	0.08	0		61.60	20	41.60	3.0	1313.9
10′					61.69					
	10′~11	70	0.08	0		61.75	20	41.75	1.8	791.2

11~2′立管热损失累积：$\sum q_{s11~2'}=8232.1$kJ/h

节点	管段编号	管径 (mm)	外径 (m)	保温系数 η	节点水温 (℃)	平均水温 t_m(℃)	空气温度 t_j(℃)	温差 Δt(℃)	管长 L(m)	热损失 q_s(kJ/h)
2″					60.90					
	2″~3″	32	0.0423	0		60.96	20	40.96	3.0	684.0
3″					61.01					
	3″~5″	40	0.048	0		61.13	20	41.13	6.0	1558.9
5″					61.25					
	5″~9″	50	0.06	0		61.56	20	41.56	12.0	3937.9
9″					61.86					
	9″~10″	70	0.08	0		61.96	20	41.96	3.0	1325.3
10″					62.05					
	10″~12	70	0.08	0		62.08	20	42.08	0.8	354.4

12~2″立管热损失累积：$\sum q_{s12~2''}=7860.5$kJ/h

以同样的方法计算出各管段热损失。上区配水管网总的热损失应为：

$$Q_{\pm s}=q_{s13~14}+2\times[q_{s13~12}+q_{s12~11}+q_{s12~2''}+q_{s11~2'}+q_{s11~10}+q_{s10~2}]$$
$$=14088.7+2\times[1486.3+477.1+7860.5+8232.1$$
$$+978.9+670.2+1527.4+3858.3+1298.8]$$
$$=14088.7+2\times26389.6=6687.9\text{kJ/h}=18.6\text{kW}$$

配水管网起点和终点的温差 Δt 取 10℃，总循环流量 $q_{\pm x}$ 为

$$q_{\pm x}=Q_{\pm s}/(C_B\Delta t)=18600/(4190\times10)=0.444\text{L/s}$$

即管段 14~13 的循环流量为 0.444L/s。以节点 13 为分界点，两端的热损失均为 26389.6kJ/h。按公式 $q_{(n+1)x}=q_{nx}\sum q_{(n+1)s}/\sum q_{ns}$ 对 $q_{13~14}$ 进行分配：

$$q_{13~12}=q_{13~14}\times26389.6/(26389.6+26389.6)=0.444\times0.5=0.222\text{L/s}。$$

$$q_{12~11}=q_{12~13}\times(q_{s11~12}+q_{s11~2'}+q_{s11~10'}+q_{s10~2})/$$
$$(q_{s12~2''}+q_{s11~12}+q_{s11~2'}+q_{s11~10}+q_{s10~2})$$
$$=0.222\times\frac{477.1+8232.1+978.9+1298.8+3858.3+1527.4+670.2}{7860.5+477.1+8232.1+978.9+}$$
$$1298.8+3858.3+1527.4+670.2$$
$$=0.222\times17042.8/24903.3=0.152\text{L/s}$$

$$q_{12\sim2'} = q_{13\sim12} - q_{12\sim11} = 0.222 - 0.152 = 0.07 \text{L/s}$$

$$q_{11\sim2} = q_{12\sim11} \times q_{s11\sim2'}/(q_{s11\sim2'} + q_{s11\sim2})$$

$$= 0.152 \times \frac{978.9 + 1298.8 + 3858.3 + 1527.4 + 670.2}{8232.1 + 978.9 + 1298.8 + 3858.3 + 1527.4 + 670.2}$$

$$= 0.152 \times 8333.6/16565.7 = 0.076 \text{L/s}$$

$$q_{11\sim2'} = q_{12\sim11} - q_{11\sim2'} = 0.152 - 0.076 = 0.076 \text{L/s}$$

将计算结果列于表 13-14 的第 12 栏内，然后计算循环流量在配水、回水管网中的水头损失。取回水管径比相应配水管段管径小 1～2 级，见表 13-16 和表 13-17。

下区循环水头损失计算表　　　　　　　　　　　表 13-16

管路	管段编号	管长 L(m)	管径 (mm)	循环流量 q_x(L/s)	沿程水头损失		v(m/s)	水头损失之和
					mmH$_2$O/m	mmH$_2$O		
配水管路	2～3	3.0	32	0.027	0.18	0.54	0.03	$H_p = 1.3 \sum h_i = 1.3 \times$ 3.266 = 4.25mmH$_2$O
	3～5	8.6	40	0.027	0.09	0.774	0.03	
	5～6	2.7	50	0.051	0.06	0.162	0.03	
	6～7	17.5	70	0.071	0.03	0.525	0.02	
	7～8	11.5	70	0.142	0.11	1.265	0.04	
回水管路	2～5'	11.6	20	0.027	2.81	32.60	0.11	$H_x = 1.3 \sum h_i = 1.3 \times$ 39.42 = 51.24mmH$_2$O
	5'～6'	2.7	32	0.051	0.44	1.19	0.06	
	6'～7'	17.5	50	0.071	0.11	1.925	0.04	
	7'～8'	10	50	0.142	0.37	3.7	0.07	

上区循环水头损失计算表　　　　　　　　　　　表 13-17

管路	管段编号	管长 L(m)	管径 (mm)	循环流量 q_x(L/s)	沿程水头损失		v(m/s)	水头损失之和
					mmH$_2$O/m	mmH$_2$O		
配水管路	2～3	3.0	32	0.076	0.89	2.67	0.09	$H_p = 1.3 \sum h_i = 1.3 \times 12.76$ = 16.6mmH$_2$O
	3～5	6.0	40	0.076	0.44	2.64	0.06	
	5～9	12.0	50	0.076	0.13	1.56	0.04	
	9～11	8.6	70	0.076	0.04	0.344	0.02	
	11～12	2.7	70	0.152	0.12	0.324	0.05	
	12～13	7.5	80	0.222	0.09	0.675	0.04	
	13～14	50.5	100	0.444	0.09	4.55	0.05	
回水管路	2～11'	15.5	20	0.076	14.69	227.7	0.27	$H_x = 1.3 \sum h_i = 1.3 \times 241.84$ = 314.4mmH$_2$O
	11'～12'	2.7	50	0.152	0.42	0.54	0.08	
	12'～13'	7.5	50	0.222	0.70	5.3	0.10	
	13'～14'	10	70	0.444	0.83	8.3	0.14	

(6) 选择循环水泵

据公式 $Q_b \geqslant q_x$

下区循环水泵流量应满足 $q_{下b} \geqslant 0.142\text{L/s}$（$0.5\text{m}^3/\text{h}$）

上区循环水泵流量应满足 $q_{上b} \geqslant 0.444\text{L/s}$（$1.6\text{m}^3/\text{h}$）

根据公式 $H_b \geqslant \left(\dfrac{q_x + q_t}{q_x}\right)^2 H_p + H_x$，其中 $q_f = 15\% Q_{max}$，二区分别为：

$$q_{下f} = 15\% \times 1.38 = 0.21\text{L/s}; q_{上f} = 15\% \times 2.89 = 0.43\text{L/s}$$

则

$$H_{下b} \geqslant \left(\frac{0.142 + 0.21}{0.142}\right)^2 \times 4.25 + 51.24 = 77.4\text{mmH}_2\text{O} = 0.774\text{kPa}$$

$$H_{上b} \geqslant \left(\frac{0.444 + 0.43}{0.444}\right)^2 \times 16.6 + 314.4 = 378.7\text{mmH}_2\text{O} = 3.79\text{kPa}$$

根据 $q_{下b}$、$H_{下b}$、$q_{上b}$、$H_{上b}$ 分别对循环水泵进行选型：均选用 G32 型管道泵（$Q_b = 2.4\text{m}^3/\text{h}$，$H_b = 12\text{mH}_2\text{O}$，$N = 0.75\text{kW}$）。

(7) 蒸汽管道计算

已知总设计小时耗热量为：

$$Q = Q_下 + Q_上 = 263970 + 79190 = 1055880\text{W} = 3798130\text{kJ/h}$$

蒸汽的比热 γ_h 取 2167kJ/kg，蒸汽耗量为：

$$G_{mh} = (1.1 \sim 1.2)Q/\gamma_h = 1.1 \times 3798130/2167 = 1928\text{kg/h}$$

蒸汽管道管径可查蒸汽管道管径计算表（$\delta = 0.2\text{mm}$），选用管径 $DN100$，接下区水加热器的蒸汽管道管径选用 $DN70$，接上区水加热器的蒸汽管道管径选用 $DN80$。

(8) 蒸汽凝水管道计算

已知蒸汽参数的表压为 2 个大气压，采用开式余压凝水系统。水加热器至疏水器间的管径按由加热器至疏水器间不同管径通过的小时耗热量表选取，下区水加热器至疏水器之间的凝水管管径取 $DN70$；上区取 $DN80$。

疏水器后管径按余压凝结水管 $b \sim c$ 管段管径选择表选用，下区选 $DN70$，上区选 $DN70$，总回水干管管径取 $DN100$。

(9) 锅炉选择

已知锅炉小时供热量

$$Q_g = (1.1 \sim 1.2)Q = 1.1 \times 3797914 = 4177705\text{kJ/h}$$

蒸汽的比热 γ_h 取 2167kJ/kg，其蒸发量为

$$4177705/2167 = 1928\text{kg/h}$$

选用快装锅炉 KZG2-B 型，蒸发量为 2t/h，外形尺寸为 $4.6\text{m} \times 2.7\text{m} \times 3.8\text{m}$。

(10) 画轴测图（图 13-18～图 13-20）

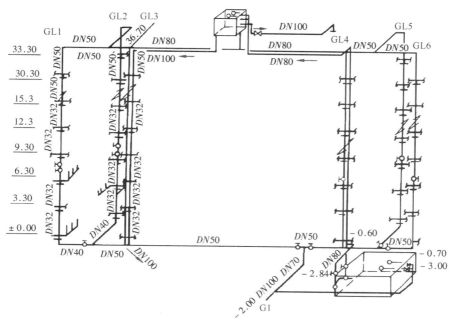

图 13-18　给水管道轴测图

注：各层支管相同，图中标高以 m 计。

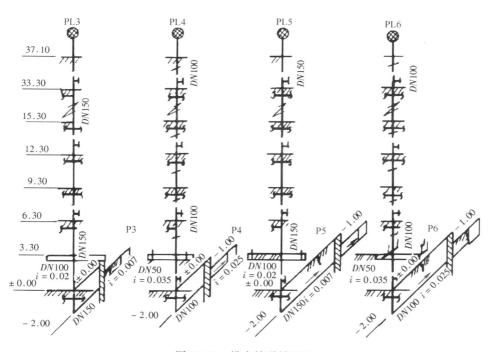

图 13-19　排水管道轴测图

注：各排水立管上横支管均与二层相同。P3 与 P9 相同；P4 与 P10 相同；P5 与 P1、P7、P11 相同；

P6 与 P2、P8、P12 相同。PL3 与 PL9 相同；PL4 与 PL10 相同；

PL5 与 PL1、PL7、PL11 相同；PL6 与 PL2、PL8、PL12 相同。

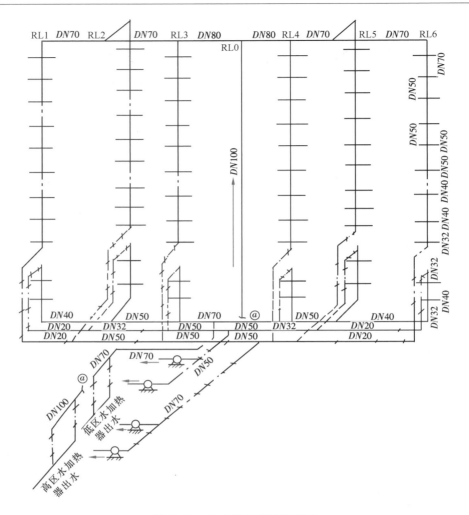

图 13-20 热水供应管道轴测图

思 考 题

1. 阐述建筑给水排水工程的设计内容和要求。
2. 简述管线综合的原则。
3. 简述建筑给水排水设备运行管理的事项。

附　　录

LXS 旋翼湿式
LXSL 旋翼立式 水表技术参数　　　　　　　附表 1-1

型号	公称口径（mm）	计量等级	过载流量	常用流量	分界流量	最小流量	始动流量	最小读数	最大读数
			m³/h			L/h		m³	
LXS-15C LXSL-15C	15	A	3	1.5	0.15	45	14	0.0001	9999
		B			0.12	30	10		
LXS-20C LXSL-20C	20	A	5	2.5	0.25	75	19	0.0001	9999
		B			0.20	50	14		
LXS-25C	25	A	7	3.5	0.35	105	23	0.0001	9999
		B			0.28	70	17		
LXS-32C	32	A	12	6	0.60	180	32	0.0001	9999
		B			0.48	120	27		
LXS-40C	40	A	20	10	1.00	300	56	0.001	99999
		B			0.80	200	46		
LXS-50C	50	A	30	15	1.50	450	75	0.001	99999
		B							

LXL 水平螺翼式水表技术参数　　　　　　　附表 1-2

型号	公称口径（mm）	计量等级	过载流量	常用流量	分界流量	最小流量	最小读数	最大读数
			m³/h				m³	
LXS-50N	60	A	30	15	4.5	1.2	0.01	999999
		B			3.0	0.45		
LXS-80N	80	A	80	40	12	3.2	0.01	999999
		B			8.0	1.2		

续表

型号	公称口径 (mm)	计量 等级	过载 流量	常用 流量	分界 流量	最小 流量	最小 读数	最大 读数
			m³/h				m³	
LXL-100N	100	A	120	60	18	4.8	0.01	999999
		B			12	1.8		
LXL-150N	150	A	300	150	45	12	0.01	999999
		B			30	4.5		
LXL-200N	200	A	500	250	75	20	0.1	9999999
		B			50	7.5		
LXL-250N	250	A	800	400	120	32	0.1	9999999
		B			80	12		

注: 1. 附表 1-1、附表 1-2 中的水表适用于水温不超过 40℃,水压不大于 1MPa 的洁净冷水。

2. 附表 1-1、附表 1-2 中水表各项技术参数的含义如下:

过载流量:只允许短时间使用的流量,为水表使用的上限值,旋翼式水表通过过载流量时,水头损失为 100kPa,螺翼式水表通过过载流量时,水头损失为 10kPa。

常用流量:水表允许长期使用的流量。

分界流量:水表误差限改变时的流量。

最小流量:水表在规定误差限内,使用的下限流量。

始动流量:水表开始连续指示时的流量。

旋翼干式远传水表性能规格 附表 1-3

型号	公称直径 (mm)	过载流量	常用流量	分界流量	最小流量
		m³/h			
LXSG-15Y	5	3	1.5	0.15	0.045
LXSG-20Y	20	5	2.5	0.25	0.075
LXSG-25Y	25	7	3.5	0.35	0.105
LXSG-32Y	32	12	6	0.60	0.180
LXSG-40Y	40	20	10	1.00	0.300
LXSG-50Y	50	30	15	3.00	0.450

给水钢管（水煤气管）水力计算表

附表 2-1

q_g (L/s)	DN15 v (m/s)	DN15 i (kPa/m)	DN20 v (m/s)	DN20 i (kPa/m)	DN25 v (m/s)	DN25 i (kPa/m)	DN32 v (m/s)	DN32 i (kPa/m)	DN40 v (m/s)	DN40 i (kPa/m)	DN50 v (m/s)	DN50 i (kPa/m)	DN70 v (m/s)	DN70 i (kPa/m)	DN80 v (m/s)	DN80 i (kPa/m)	DN100 v (m/s)	DN100 i (kPa/m)
0.05	0.29	0.284																
0.07	0.41	0.518	0.22	0.111														
0.10	0.58	0.985	0.31	0.208														
0.12	0.70	1.37	0.37	0.288	0.23	0.086												
0.14	0.82	1.82	0.43	0.38	0.26	0.113												
0.16	0.94	2.34	0.50	0.485	0.30	0.143												
0.18	1.05	2.91	0.56	0.601	0.34	0.176												
0.20	1.17	3.54	0.62	0.727	0.38	0.213	0.21	0.052										
0.25	1.46	5.51	0.78	1.09	0.47	0.318	0.26	0.077	0.20	0.039								
0.30	1.76	7.93	0.93	1.53	0.56	0.442	0.32	0.107	0.24	0.054								
0.35			1.09	2.04	0.66	0.586	0.37	0.141	0.28	0.080								
0.40			1.24	2.63	0.75	0.748	0.42	0.179	0.32	0.089								
0.45			1.40	3.33	0.85	0.932	0.47	0.221	0.36	0.111	0.21	0.0312						
0.50			1.55	4.11	0.94	1.13	0.53	0.267	0.40	0.134	0.23	0.0374						
0.55			1.71	4.97	1.04	1.35	0.58	0.318	0.44	0.159	0.26	0.0444						
0.60			1.86	5.91	1.13	1.59	0.63	0.373	0.48	0.184	0.28	0.0516						
0.65			2.02	6.94	1.22	1.85	0.68	0.431	0.52	0.215	0.31	0.0597						
0.70					1.32	2.14	0.74	0.495	0.56	0.246	0.33	0.0683	0.20	0.020				
0.75					1.41	2.46	0.79	0.562	0.60	0.283	0.35	0.0770	0.21	0.023				
0.80					1.51	2.79	0.84	0.632	0.64	0.314	0.38	0.0852	0.23	0.025				
0.85					1.60	3.16	0.90	0.707	0.68	0.351	0.40	0.0963	0.24	0.028				
0.90					1.69	3.54	0.95	0.787	0.72	0.390	0.42	0.107	0.25	0.0311				
0.95					1.79	3.94	1.00	0.869	0.76	0.431	0.45	0.118	0.27	0.0342				
1.00					1.88	4.37	1.05	0.957	0.80	0.473	0.47	0.129	0.28	0.0376	0.20	0.0164		
1.10					2.07	5.28	1.16	1.14	0.87	0.564	0.52	0.153	0.31	0.0444	0.22	0.0195		
1.20							1.27	1.35	0.95	0.663	0.56	0.18	0.34	0.0518	0.24	0.0227		
1.30							1.37	1.59	1.03	0.769	0.61	0.208	0.37	0.0599	0.26	0.0261		
1.40							1.48	1.84	1.11	0.884	0.66	0.237	0.40	0.0683	0.28	0.0297		
1.50							1.58	2.11	1.19	1.01	0.71	0.27	0.42	0.0772	0.30	0.0336		
1.60							1.69	2.40	1.27	1.14	0.75	0.304	0.45	0.0870	0.32	0.0376		
1.70							1.79	2.71	1.35	1.29	0.80	0.340	0.48	0.0969	0.34	0.0419		
1.80							1.90	3.04	1.43	1.44	0.85	0.378	0.51	0.107	0.36	0.0466		

续表

q_g (L/s)	DN15 v (m/s)	DN15 i (kPa/m)	DN20 v (m/s)	DN20 i (kPa/m)	DN25 v (m/s)	DN25 i (kPa/m)	DN32 v (m/s)	DN32 i (kPa/m)	DN40 v (m/s)	DN40 i (kPa/m)	DN50 v (m/s)	DN50 i (kPa/m)	DN70 v (m/s)	DN70 i (kPa/m)	DN80 v (m/s)	DN80 i (kPa/m)	DN100 v (m/s)	DN100 i (kPa/m)
1.90							2.00	3.39	1.51	1.61	0.89	0.418	0.54	0.119	0.38	0.0513	0.23	0.0147
2.0									1.59	1.78	0.94	0.460	0.57	0.13	0.40	0.0562	0.25	0.0172
2.2									1.75	2.16	1.04	0.549	0.62	0.155	0.44	0.0666	0.28	0.0200
2.4									1.91	2.56	1.13	0.645	0.68	0.182	0.48	0.0779	0.30	0.0231
2.6									2.07	3.01	1.22	0.749	0.74	0.21	0.52	0.0903	0.32	0.0263
2.8											1.32	0.869	0.79	0.241	0.56	0.103	0.35	0.0298
3.0											1.41	0.998	0.85	0.274	0.60	0.117	0.40	0.0393
3.5											1.65	1.36	0.99	0.365	0.70	0.155	0.46	0.0501
4.0											1.88	1.77	1.13	0.468	0.81	0.198	0.52	0.0620
4.5											2.12	2.24	1.28	0.586	0.91	0.246	0.58	0.0749
5.0											2.35	2.77	1.42	0.723	1.01	0.30	0.63	0.0892
5.5											2.59	3.35	1.56	0.875	1.11	0.358	0.69	0.105
6.0													1.70	1.04	1.21	0.421	0.75	0.121
6.5													1.84	1.22	1.31	0.494	0.81	0.139
7.0													1.99	1.42	1.41	0.573	0.87	0.158
7.5													2.13	1.63	1.51	0.657	0.92	0.178
8.0													2.27	1.85	1.61	0.748	0.98	0.199
8.5													2.41	2.09	1.71	0.844	1.04	0.221
9.0													2.55	2.34	1.81	0.946	1.10	0.245
9.5															1.91	1.05	1.15	0.269
10.0															2.01	1.17	1.21	0.295
10.5															2.11	1.29	1.27	0.324
11.0															2.21	1.41	1.33	0.354
11.5															2.32	1.55	1.39	0.385
12.0															2.42	1.68	1.44	0.418
12.5															2.52	1.83	1.50	0.452
13.0																	1.62	0.524
14.0																	1.73	0.602
15.0																	1.85	0.685
16.0																	1.96	0.773
17.0																		
20.0																	2.31	1.07

给水铸铁管水力计算表

q_g (L/s)	DN50		DN75		DN100		DN150	
	v (m/s)	i (kPa/m)	v (m/s)	i (kPa/m)	v (m/s)	i (kPa/m)	v (m/s)	i (kPa/m)
1.0	0.53	0.173	0.23	0.0231				
1.2	0.64	0.241	0.28	0.0320				
1.4	0.74	0.320	0.33	0.0422				
1.6	0.85	0.409	0.37	0.0534				
1.8	0.95	0.508	0.42	0.0659				
2.0	1.06	0.619	0.46	0.0798				
2.5	1.33	0.949	0.58	0.119	0.32	0.0288		
3.0	1.59	1.37	0.70	0.167	0.39	0.0398		
3.5	1.86	1.86	0.81	0.222	0.45	0.0526		
4.0	2.12	2.43	0.93	0.284	0.52	0.0669		
4.5			1.05	0.353	0.58	0.0829		
5.0			1.16	0.430	0.65	0.100		
5.5			1.28	0.517	0.72	0.120		
6.0			1.39	0.615	0.78	0.140		
7.0			1.63	0.837	0.91	0.186	0.40	0.0246
8.0			1.86	1.09	1.04	0.239	0.46	0.0314
9.0			2.09	1.38	1.17	0.299	0.52	0.0391
10.0					1.30	0.365	0.57	0.0469
11					1.43	0.442	0.63	0.0559
12					1.56	0.526	0.69	0.0655
13					1.69	0.617	0.75	0.0760
14					1.82	0.716	0.80	0.0871
15					1.95	0.822	0.86	0.0988
16					2.08	0.935	0.92	0.111
17							0.97	0.125
18							1.03	0.139
19							1.09	0.153
20							1.15	0.169
22							1.26	0.202
24							1.38	0.241
26							1.49	0.283
28							1.61	0.328
30							1.72	0.377

注：DN150mm 以上的给水管道水力计算，可参见《给水排水设计手册》第 1 册。

给水塑料管水力计算表

附表 2-3

q_g	DN15		DN20		DN25		DN32		DN40		DN50		DN70		DN80		DN100	
	v (m/s)	i (kPa/m)	v (m/s)	i (kPa/m)	v (m/s)	i (kPa/m)	v (m/s)	i (kPa/m)	v (m/s)	i (kPa/m)	v (m/s)	i (kPa/m)	v (m/s)	i (kPa/m)	v (m/s)	i (kPa/m)	v (m/s)	i (kPa/m)
0.10	0.50	0.275	0.26	0.060														
0.15	0.75	0.564	0.39	0.123														
0.20	0.99	0.940	0.53	0.206	0.23	0.033	0.20	0.02										
0.30	1.49	1.93	0.79	0.422	0.30	0.055	0.29	0.040										
0.40	1.99	3.21	1.05	0.703	0.45	0.113	0.39	0.067	0.24	0.021								
0.50	2.49	4.77	1.32	1.04	0.61	0.188	0.49	0.099	0.30	0.031								
0.60	2.98	6.60	1.58	1.44	0.76	0.279	0.59	0.137	0.36	0.043	0.23	0.014						
0.70			1.84	1.90	0.91	0.386	0.69	0.181	0.42	0.056	0.27	0.019						
0.80			2.10	2.40	1.06	0.507	0.79	0.229	0.48	0.071	0.30	0.023						
0.90			2.37	2.96	1.21	0.643	0.88	0.282	0.54	0.088	0.34	0.029	0.23	0.018				
1.00					1.36	0.792	0.98	0.340	0.60	0.106	0.38	0.035	0.25	0.014				
1.50					1.51	0.955	1.47	0.698	0.90	0.217	0.57	0.072	0.39	0.029	0.27	0.012		
2.00					2.27	1.96	1.96	1.160	1.20	0.361	0.76	0.119	0.52	0.049	0.36	0.020	0.24	0.008
2.50							2.46	1.730	1.50	0.536	0.95	0.517	0.65	0.072	0.45	0.030	0.30	0.011
3.00									1.81	0.741	1.14	0.245	0.78	0.099	0.54	0.042	0.36	0.016
3.50									2.11	0.974	1.33	0.322	0.91	0.131	0.63	0.055	0.42	0.021
4.00									2.41	0.123	1.51	0.408	1.04	0.166	0.72	0.069	0.48	0.026
4.50									2.71	0.152	1.70	0.503	1.17	0.205	0.81	0.086	0.54	0.032
5.00											1.89	0.606	1.30	0.247	0.90	0.104	0.60	0.039
5.50											2.08	0.718	1.43	0.293	0.99	0.123	0.66	0.046
6.00											2.27	0.838	1.56	0.342	1.08	0.431	0.72	0.052
6.50													1.69	0.394	1.17	0.165	0.78	0.062
7.00													1.82	0.445	1.26	0.188	0.84	0.071
7.50													1.95	0.507	1.35	0.213	0.90	0.080
8.00													2.08	0.569	1.44	0.238	0.96	0.090
8.50													2.21	0.632	1.53	0.265	1.02	0.102
9.00													2.34	0.701	1.62	0.294	1.08	0.111
9.50													2.47	0.772	1.71	0.323	1.14	0.121
10.00															1.80	0.354	1.20	0.134

<h2 style="text-align:center">火灾延续时间 T_x 值（h）</h2>

附表 3-1

建筑			场所与火灾危险性	火灾延续时间 (h)
建筑物	工业建筑	仓库	甲、乙、丙类仓库	3.0
			丁、戊类仓库	2.0
		厂房	甲、乙、丙类厂房	3.0
			丁、戊类厂房	2.0
	民用建筑	公共建筑	高层建筑中的商业楼、展览楼、综合楼，建筑高度大于50m的财贸金融楼、图书馆、书库、重要的档案楼、科研楼和高级宾馆	3.0
			其他公共建筑	2.0
		住宅		
	人防工程		建筑面积小于 3000m²	1.0
			建筑面积大于等于 3000m²	2.0
	地铁车站			
构筑物	煤、天然气、石油及其产品的工艺装置		—	3.0
	甲、乙、丙类可燃液体储罐		直径大于 20m 的固定顶罐和直径大于 20m 浮盘用易熔材料制作的内浮顶罐	6.0
			其他储罐	4.0
			覆土油罐	
	液化烃储罐、沸点低于45℃甲类液体、液氨储罐			6.0
	空分站，可燃液体、液化烃的火车和汽车装卸栈台			3.0
	变电站			2.0
	装卸油品码头		甲、乙类可燃液体乙、油品一级码头	6.0
			甲、乙类可燃液体乙、油品二、三级码头丙类可燃液体油品码头	4.0
			海港油品码头	6.0
			河港油品码头	4.0
			码头装卸区	2.0
	装卸液化石油气船码头			6.0
	液化石油加气站		地上储气罐加气站	3.0
			埋地储气罐加气站	1.0
			加油和液化石油气加合建站	
	易燃、可燃材料露天、半露天堆场，可燃气体罐区		粮食土圆囤、席穴囤	6.0
			棉、麻、毛、化纤百货	
			稻草、麦秸、芦苇等	
			木材等	
			露天或半露天堆放煤和焦炭	3.0
			可燃气体储罐	

建筑物室内消火栓用水量 　　　　　　　　　　　　　　　　附表 3-2

	建筑物名称		高度 h（m）、层数、体积 V（m³）或座位数 n	消火栓用水量（L/s）	同时使用水枪数量（支）	每根竖管最小流量（L/s）
工业建筑	厂房		$h{\leqslant}24$ 甲、乙、丁、戊	10	2	10
			丙	20	4	15
			$24{<}h{\leqslant}50$ 乙、丁、戊	25	5	15
			丙	30	6	15
			$h{>}50$ 乙、丁、戊	30	6	15
			丙	40	8	15
	仓库		$h{\leqslant}24$ 甲、乙、丁、戊	10	2	10
			丙	20	4	15
			$h{>}24$ 丁、戊	30	6	15
			丙	40	8	15
民用建筑	单层及多层	科研楼试验楼	$V{\leqslant}10000$	10	2	10
			$V{>}10000$	15	3	10
		车站、码头机场的候车（船、机）楼和展览建筑（包括博物馆）等	$5000{<}V{\leqslant}25000$	10	2	10
			$25000{<}V{\leqslant}50000$	15	3	10
			$V{>}50000$	20	4	15
		旅馆	$5000{<}V{\leqslant}10000$	10	2	10
			$10000{<}V{\leqslant}25000$	15	3	10
			$V{>}25000$	20	4	20
		剧场、电影院、会堂、礼堂、体育馆等	$800{<}n{\leqslant}1200$	10	2	10
			$1200{<}n{\leqslant}5000$	15	3	10
			$5000{<}n{\leqslant}10000$	20	4	15
			$n{>}10000$	30	6	15
		商店、图书馆、档案馆等	$5000{<}V{\leqslant}10000$	15	3	10
			$10000{<}V{\leqslant}25000$	25	5	15
			$V{>}25000$	40	8	15
		病房楼、门诊楼等	$5000{<}V{\leqslant}25000$	10	2	10
			$V{>}25000$	15	3	10
		办公楼、教学楼等其他民用建筑	$V{>}10000$	15	3	10
		住宅	$24{<}h{\leqslant}27$	5	2	5
	高层	住宅 普通	$27{<}h{\leqslant}54$	10	2	10
			$h{>}54$	20	4	10
		二类公共建筑	$h{\leqslant}50$	20	4	10
			$h{>}50$	30	6	15
		一类公共建筑	$h{\leqslant}50$	30	6	15
			$h{>}50$	40	8	15
	国家级文物保护单位的重点砖木及木结构的古建筑		$V{\leqslant}1000$	20	4	10
			$V{>}10000$	25	5	15

续表

建筑物名称		高度 h（m）、层数、体积 V（m³）或座位数 n	消火栓用水量（L/s）	同时使用水枪数量（支）	每根竖管最小流量（L/s）
汽车库/修车库（独立）			10	2	10
地下建筑		$V \leqslant 5000$	10	2	10
		$5000 < V \leqslant 10000$	20	4	15
		$10000 < V \leqslant 25000$	30	6	15
		$V > 25000$	40	8	20
人防工程	展览厅、影院、剧场、礼堂、健身体育场所等	$5000 < V \leqslant 10000$	5	1	5
		$10000 < V \leqslant 25000$	10	2	10
		$V > 25000$	15	3	10
	商场、餐厅、旅馆、医院等	$V \leqslant 5000$	5	1	5
		$5000 < V \leqslant 10000$	10	2	10
		$10000 < V \leqslant 25000$	15	3	10
		$V > 25000$	20	4	10
	丙、丁、戊类生产车间、自行车库	$V \leqslant 25000$	5	1	5
		$V > 25000$	10	2	10
	丙、丁、戊类物品库房、图书资料档案库	$V \leqslant 25000$	5	1	5
		$V > 25000$	10	2	10

注：1. 丁、戊类高层厂房（仓库）室内消火栓的设计流量可按本表减少 10L/s，同时使用消防水枪数量可按本表减少 2 支；

2. 当高层民用建筑高度不超过 50m，室内消火栓用水量超过 20L/s，且设有自动喷水灭火系统时，其室内、外消防用水量可按本表减少 5L/s；

3. 消防软管卷盘、轻便消防水龙及多层住宅楼梯间中的干式消防竖管，其消防给水设计流量可不计入室内消防给水设计流量；

4. 当建筑物室内设有自动喷水灭火系统、水喷雾灭火系统、泡沫灭火系统或固定消防炮灭火系统等一种或两种以上自动水灭火系统全保护时，室内消火栓系统设计流量可减少 50%，但不应小于 10L/s；

5. 宿舍、公寓等非住宅类居住建筑的室内消火栓设计流量应按表 3-2 中的公共建筑确定；

6. 地铁地下车站室内消火栓设计流量不应小于 20L/s，区间隧道不应小于 10L/s。

同一根配水支管上喷头的间距及相邻配水支管的间距　　　　附表 3-3

喷水强度（L/（min·m²））	正方形布置的边长（m）	矩形或平行四边形布置的长边边长（m）	一只喷头的最大保护面积（m²）	喷头与端墙的最大距离（m）
4	4.4	4.5	20.0	2.2
6	3.6	4.0	12.5	1.8
8	3.4	3.6	11.5	1.7
12～20	3.0	3.6	9.0	1.5

注：1. 仅在过道设置单排喷头的闭式系统，其喷头间距应按过道地面不留漏喷空白点确定；

2. 货架内喷头的间距不应小于 2m，并不应大于 3m。

喷头布置在不同场所时的布置要求　　　　　　　　附表 3-4

喷头布置场所	布置要求
喷头与吊顶、楼板间距（除吊顶型喷头外）	不宜小于 7.5cm，不宜大于 15cm
喷头布置在坡屋顶或吊顶下面	喷头应垂直于其斜面，并应按斜面距离确定喷头间距。应在屋脊处设一排喷头，当屋面坡≥1：3 时，喷头溅水盘至屋脊的垂直距离不应大于 800mm；当屋面坡度＜1/3 时，该垂直距离不应大于 600mm
喷头布置在梁、柱附近	对有过梁的屋顶或吊顶，喷头一般沿梁跨度方向布置在两梁之间。梁距大时，可布置成两排
	当喷头与梁边的距离为 20～180cm 时，喷头溅水盘与梁底距离（cm）对直立型喷头为 1.7～34cm；下垂型喷头为 4～46cm（尽量减小梁对喷头喷洒面积的阻挡）
喷头布置在门窗口处	喷头距洞口上表面的距离不大于 15cm；距墙面的距离宜为 7.5～15cm
在输送可燃物的管道内布置喷头时	沿管道全长间距不大于 3m 均匀布置
输送易燃而有爆炸危险的管道	喷头应布置在该种管道外部的上方
生产设备上方布置喷头	当生产设备并列或重叠而出现隐蔽空间时当其宽度＞1m 时，应在隐蔽空间增设喷头
仓库中布置喷头	喷头溅水盘距下方可燃物品堆垛不应小于 90cm；距难燃物品堆垛，不应小于 45cm
货架高度＞7m 的自动控制货架库房内布置喷头时	在可燃物品或难燃物品堆垛之间应设一排喷头，且堆垛边与喷头的垂线水平距离不应小于 30cm屋顶下面喷头间距不应大于 2m货架内应分层布置喷头，分层垂直高度，当贮存可燃物品时不大于 4m，当贮存难燃物品时不小于 6m
舞台部位喷头布置	此束喷头上应设集热板舞台葡萄架下应采用雨淋喷头葡萄棚以上为钢屋架时，应在屋面板下布置闭式喷头舞台口和舞台与侧台、后台的隔墙上洞口处应设水幕系统
大型体育馆、剧院、食堂等净空高度＞8m 时	吊顶或顶板下可不设喷头
闷顶或技术夹层净高＞80cm，且有可燃气体管道、电缆电线等	其内应设喷头
装有自动喷水灭火系统的建筑物、构筑物，与其相连的专用铁路线月台、通廊	应布置喷头
装有自动喷水灭火系统的建筑物、构筑物内：宽度＞80cm 挑廊下；宽度＞80cm 矩形风道或 D＞1m 圆形风道下面	应布置喷头
自动扶梯或螺旋梯穿楼板部位	应设喷头或采用水幕分隔
吊顶、屋面板、楼板下安装边墙喷头时	要求在其两侧 1m 和墙面垂直方向 2m 范围内不应设有障碍物喷头与吊顶、楼板、屋面板的距离应为 10～15cm。距边墙距离应为 5～10cm

续表

喷头布置场所	布置要求
沿墙布置边墙型喷头	沿墙布置为中危险级时，每个喷头最大保护面积为8m²；轻危险级为14 m²；中危险级时喷头最大间距为3.6m；轻危险级为4.6m 房间宽度≥3.6 可沿房间长向布置一排喷头；3.6~7.2m 时应沿房间长向的两侧各布置一排喷头；>7.2m 房间除两侧各布置一排边墙型喷头外，还应按附表3-3要求布置标准喷头

一个报警阀控制的最多喷头数　　　　　　　　　　附表 3-5

系统类型		危险等级		
		轻危险级	中危险级	严重危险级
		喷头数		
充水式喷水灭火系统		500	800	800
充气式喷水灭火系统	有排气装置	250	500	500
	无排气装置	125	250	—

系统设置场所火灾危险等级分类　　　　　　　　附表 3-6

火灾危险等级		设置场所
轻危险级		住宅建筑、幼儿园、老年建筑、建筑高度为24m 及以下的旅馆、办公楼；仅在走道设置闭式系统的建筑等
中危险级	Ⅰ级	1) 高层民用建筑：旅馆、办公楼、综合楼、邮政楼、金融电信楼、指挥调度楼、广播电视楼（塔）等； 2) 公共建筑（含单多高层）：医院、疗养院、图书馆（书库除外）、档案馆、展览馆（厅）；影剧院、音乐厅和礼堂（舞台除外）及其他娱乐场所；火车站、机场及码头的建筑；总建筑面积小于 5000m² 的商场、总建筑面积小于1000m² 的地下商场等； 3) 文化遗产建筑：木结构古建筑、国家文物保护单位等； 4) 工业建筑：食品、家用电器、玻璃制品等工厂的备料与生产车间等；冷藏库、钢屋架等建筑构件
	Ⅱ级	1) 民用建筑：书库、舞台（葡萄架除外）、汽车停车场（库）、总建筑面积于 5000m² 及以上的商场、总建筑面积1000m² 及以上的地下商场8m、净空高度不超过 8m、物品高度不超过 3.5m 的超级市场等； 2) 工业建筑：棉毛麻丝及化纤的纺织、织物及制品、木材木器及胶合板、谷物加工、烟草及制品、饮用酒（啤酒除外）、皮革及制品、造纸及纸制品、制约等工厂的备料及生产车间等
严重危险级	Ⅰ级	印刷厂、酒精制品、可燃液体制品等工厂的备料与车间、净空高度不超过 8m、物品高度超过3.5m 的超级市场等
	Ⅱ级	易燃液体喷雾操作区域、固体易燃物品、可燃的气溶胶制品、溶剂清洗、喷涂油漆、沥青制品约等工厂的备料及生产车间、摄影棚、舞台葡萄架下部等
仓库危险级	Ⅰ级	食品、烟酒；木箱、纸箱包装的不燃、难燃物品等
	Ⅱ级	木材、纸、皮革、谷物及制品、棉毛麻丝及化纤制品、家用电器、电缆、B组塑料与橡胶及其制品、钢塑混合材料制品；各种塑料瓶盒包装的不燃、难燃物品及各类物品混杂储存的仓库等
	Ⅲ级	B级塑料与橡胶及其制品、沥青制品等

供给强度与持续喷雾时间 附表 3-7

防护目的	保护对象			供给强度 (L/(min·m²))	持续喷雾时间 (h)	响应时间 (s)
灭火		固体物质火灾		15	15	60
		输送皮带机		10	10	60
	液体火灾	闪点 60～120℃的液体		20	0.5	60
		闪点高于 120℃的液体		13		60
		饮料酒		20		60
	电气火灾	油浸式电力变压器、油开关		20	0.4	60
		油浸式电力变压器的集油坑		6		60
		电缆		13		60
防护冷却	甲B、乙、丙液体生产、液体储罐储	固定顶罐		2.5	直径大于 20m 固定顶罐为 6h，其他为 4h	300
		浮顶罐		2.0		
		相邻罐		2.0		
	液化烃或类似液体储罐	全压力、半冷冻式储罐		9	6	120
		全冷冻式储罐	单、双容罐	罐壁	2.5		
				罐顶	4		
			全容罐	灌顶泵平台、管道进出口等局部危险部位	20		
				管带	10		
	甲、乙类液体及可燃气体生产、输送、装卸等设施			9	6	120
	液化石油气罐瓶间、瓶库			9	6	60

当量长度表 附表 3-8

管件名称	管件直径（mm）								
	25	32	40	50	65	80	100	125	150
45°弯头	0.3	0.3	0.6	0.6	0.9	0.9	1.2	1.5	2.1
90°弯头	0.6	0.9	1.2	1.5	1.8	2.1	3	3.7	4.3
三通或四通	1.5	1.8	2.4	3	3.7	4.6	6.1	7.6	9.1
蝶阀				1.8	2.1	3.1	3.7	2.7	3.1
闸阀				0.3	0.3	0.3	0.6	0.6	0.9
止回阀	1.5	2.1	2.7	3.4	4.3	4.9	6.7	8.2	9.3
异径接头	32/25	40/32	50/40	65/50	80/65	100/80	125/100	150/125	200/150
	0.2	0.3	0.3	0.5	0.6	0.8	1.1	1.3	1.6

注：1. 过滤器当量长度的取值由生产厂提供；

2. 当异径接头的出口直径不变，而入口直径提高 1 级时，其当量长度应增大 0.5 倍；提高 2 级以上时，其当量长度应增 1.0 倍。

减压孔板的局部阻力系数 附表 3-9

d_k/d_j	0.3	0.4	0.5	0.6	0.7	0.8
ξ	292	83.3	29.5	11.7	4.75	1.83

注：d_k——减压孔板的孔口直径（m）。

管道的比阻值 A

焊接钢管			铸铁管		
公称管径 （mm）	（Q 以 m³/s 计）	（Q 以 L/s 计）	公称管径 （mm）	（Q 以 m³/s 计）	（Q 以 L/s 计）
DN15	8809000	8.809	DN75	1709	0.001709
DN20	1643000	1.643	DN100	365.3	0.0003653
DN25	436700	0.4367	DN150	41.85	0.00004185
DN32	93860	0.09386	DN200	9.029	0.000009029
DN40	44530	0.04453	DN250	2.752	0.000002752
DN50	11080	0.01108	DN300	1.025	0.000001025
DN70	2898	0.002893			
DN80	1168	0.001168			
DN100	267.4	0.0002674			
DN125	86.23	0.00008623			
DN150	33.95	0.00003395			

卫生器具的安装高度

序号	卫生器具名称		卫生器具边缘离地高度（mm）	
			居住和公共建筑	幼儿园
1	架空式污水盆（池）（至上边缘）		800	800
2	落地式污水盆（池）（至上边缘）		500	500
3	洗涤盆（池）（至上边缘）		800	800
4	洗手盆（至上边缘）		800	500
5	洗脸盆（至上边缘）		800	500
	残障人用洗脸盆（至上边缘）		800	—
6	盥洗槽（至上边缘）		800	500
7	浴盆（至上边缘）		480	
	残障人用浴盆（至上边缘）		450	
	按摩浴盆（至上边缘）		450	
	淋浴盆（至上边缘）		100	
8	蹲、坐式大便器（从台阶面至高水箱底）		1800	1800
9	蹲式大便器（从台阶面至低水箱底）		900	900
10	坐式大便器 （至低水箱底）	外露排出管式	510	—
		虹吸喷射式	470	—
		冲落式	510	270
		旋涡连体式	250	
11	坐式大便器 （至上边缘）	外露排出管式	400	
		旋涡连体式	360	
		残障人用	450	
12	蹲便器 （至上边缘）	2 踏步	320	
		1 踏步	200～270	

续表

序号	卫生器具名称	卫生器具边缘离地高度（mm）	
		居住和公共建筑	幼儿园
13	大便槽（从台阶面至冲洗水箱底）	≥2000	—
14	立式小便器（至受水部分上边缘）	100	—
15	挂式小便器（至受水部分上边缘）	600	450
16	小便槽（至台阶面）	200	150
17	化验盆（至上边缘）	800	—
18	净身器（至上边缘）	360	—
19	饮水器（至上边缘）	1000	—

生活污水单独排入化粪池最大允许实际使用人数

［污泥量：0.4L/（人·d）］　　　　　　　　　　　附表 5-2

污水量标准	停留时间（h）	污泥清挖周期（d）	化粪池编号												
			1号	2号	3号	4号	5号	6号	7号	8号	9号	10号	11号	12号	13号
			有效容积（m³）												
			2	4	6	9	12	16	20	25	30	40	50	75	100
30	12	90	62	124	186	279	372	496	620	774	929	1239	1549	2323	3098
		180	40	81	121	182	242	323	404	504	605	807	1009	1513	2018
		360	20	41	61	91	122	162	203	253	347	463	579	868	1157
	24	90	42	85	127	190	254	338	423	529	635	846	1058	1586	2115
		180	31	62	93	139	186	248	310	387	465	620	774	1162	1549
		360	20	40	61	91	121	161	202	252	303	404	504	757	1009
20	12	90	73	147	220	330	440	587	733	916	1100	1466	1833	2749	3666
		180	40	81	122	182	243	324	405	506	673	898	1122	1683	2244
		360	20	41	61	19	122	162	203	253	347	463	579	868	1157
	24	90	54	107	161	241	322	429	536	671	805	1073	1341	2012	2682
		180	37	73	110	165	220	293	367	458	550	733	916	1375	1833
		360	20	41	61	91	121	162	203	253	337	449	561	842	1122

排水塑料横管水力计算表（n＝0.009）　　　附表 5-3

坡度 i	充满度 0.5											充满度 0.6	
	De50		De75		De90		De110		De125			De160	
	Q	v	Q	v	Q	v	Q	v	Q	v		Q	v
0.0010												4.84	0.43
0.0015												5.93	0.52
0.0020									2.63	0.48		6.85	0.60
0.0025					2.05	0.49	2.94	0.53				7.65	0.67
0.0030			1.27	0.46	2.25	0.53	3.22	0.58				8.39	0.74

坡度 i	充满度 0.5										充满度 0.6	
	De50		De75		De90		De110		De125		De160	
	Q	v	Q	v	Q	v	Q	v	Q	v	Q	v
0.0035					1.37	0.50	2.43	0.58	3.48	0.63	9.06	0.80
0.0040					1.46	0.53	2.59	0.61	3.72	0.67	9.68	0.85
0.0045					1.55	0.56	2.75	0.65	3.94	0.71	10.27	0.90
0.005			1.03	0.53	1.64	0.60	2.90	0.69	4.16	0.75	10.82	0.95
0.006			1.13	0.58	1.79	0.65	3.18	0.75	4.55	0.82	11.86	1.04
0.007	0.39	0.47	1.22	0.63	1.94	0.71	3.43	0.81	4.92	0.89	12.81	1.13
0.008	0.42	0.51	1.31	0.67	2.07	0.75	3.67	0.87	5.26	0.95	13.69	1.20
0.009	0.45	0.54	1.39	0.71	2.19	0.80	3.89	0.92	5.58	1.01	14.52	1.28
0.010	0.47	0.57	1.46	0.75	2.31	0.84	4.10	0.97	5.88	1.06	15.31	1.35
0.012	0.52	0.63	1.60	0.82	2.53	0.92	4.49	1.07	6.44	1.17	16.77	1.48
0.015	0.58	0.70	1.79	0.92	2.83	1.03	5.02	1.19	7.20	1.30	18.75	1.65
0.020	0.67	0.81	2.07	1.06	3.27	1.19	5.80	1.38	8.31	1.50	21.65	1.90
0.025	0.74	0.89	2.31	1.19	3.66	1.33	6.48	1.54	9.30	1.68	24.24	2.13
0.030	0.81	0.97	2.53	1.30	4.01	1.46	7.10	1.68	10.18	1.84	26.52	2.33
0.035	0.88	1.06	2.74	1.41	4.33	1.58	7.67	1.82	11.00	1.99	28.64	2.52
0.040	0.94	1.13	2.93	1.51	4.63	1.69	8.20	1.95	11.76	2.13	30.62	2.69
0.045	1.00	1.20	3.10	1.59	4.91	1.79	8.70	2.06	12.47	2.26	32.47	2.86
0.050	1.05	1.26	3.27	1.68	5.17	1.88	9.17	2.18	13.15	2.38	34.23	3.01
0.60	1.15	1.38	3.58	1.84	5.67	2.07	10.04	2.38	14.50	2.61	37.50	3.30

排水铸铁管水力计算表（$n=0.013$）　　　　　　　附表 5-4

坡度 i	充满度 0.5										充满度 0.6	
	DN50		DN75		DN100		DN125		DN150		DN200	
	Q	v	Q	v	Q	v	Q	v	Q	v	Q	v
0.005											15.58	0.79
0.006											17.07	0.87
0.007									8.56	0.77	18.44	0.94
0.008									9.15	0.83	19.71	1.00
0.009									9.71	0.88	20.90	1.06
0.010							4.68	0.76	10.23	0.92	22.04	1.12
0.012					2.83	0.72	5.13	0.84	11.21	1.01	24.14	1.23
0.015			1.47	0.66	3.16	0.81	5.74	0.93	12.53	1.13	26.99	1.37
0.020			1.70	0.77	3.65	0.93	6.62	1.08	14.47	1.31	31.16	1.58
0.025	0.64	0.66	1.90	0.86	4.08	1.04	7.40	1.21	16.18	1.46	34.84	1.77
0.030	0.70	0.72	2.08	0.94	4.47	1.14	8.11	1.32	17.72	1.60	38.17	1.94
0.035	0.76	0.78	2.24	1.02	4.83	1.23	8.76	1.43	19.14	1.73	41.22	2.09
0.040	0.81	0.83	2.40	1.09	5.17	1.32	9.37	1.53	20.46	1.85	44.07	2.24
0.045	0.86	0.88	2.54	1.15	5.48	1.40	9.93	1.62	21.7	1.96	46.74	2.38
0.050	0.91	0.93	2.68	1.21	5.78	1.47	10.47	1.71	22.88	2.07	49.27	2.50
0.055	0.95	0.97	2.81	1.27	6.06	1.54	10.98	1.79	24.00	2.17	51.68	2.63
0.060	1.00	1.01	2.94	1.33	6.33	1.61	11.47	1.87	25.06	2.26	53.98	2.74

悬吊管（铸铁管、钢管）水力计算表

($h/D=0.8$, v: m/s, Q: L/s)　　附表 6-1

水力坡度 I	管径 D（mm）									
	75		100		150		200		250	
	v	Q	v	Q	v	Q	v	Q	v	Q
0.01	0.57	2.18	0.70	4.69	0.91	13.82	1.10	29.76	1.28	53.95
0.02	0.81	3.08	0.98	6.63	1.29	19.54	1.56	42.08	1.81	76.29
0.03	0.99	3.77	1.21	8.12	1.58	23.93	1.91	51.54	2.22	93.44
0.04	1.15	4.35	1.39	9.37	1.82	27.63	2.21	59.51	2.56	107.89
0.05	1.28	4.87	1.56	10.48	2.04	30.89	2.47	66.54	2.87	120.63
0.06	1.41	5.33	1.70	11.48	2.23	33.84	2.71	72.89	3.14	132.14
0.07	1.52	5.76	1.84	12.40	2.41	36.55	2.92	78.73	3.39	142.73
0.08	1.62	6.15	1.97	13.25	2.58	39.08	3.12	84.16	3.62	142.73
0.09	1.72	6.53	2.09	14.06	2.74	41.45	3.31	84.16	3.84	142.73
0.1	1.82	6.88	2.20	14.82	2.88	41.45	3.49	84.16	4.05	142.73

悬吊管（塑料管）水力计算表

($h/D=0.8$, v: m/s, Q: L/s)　　附表 6-2

水力坡度	90×3.2		110×3.2		125×3.7		150×4.7		200×5.9		250×7.3	
	v	Q	v	Q	v	Q	v	Q	v	Q	v	Q
0.01	0.86	4.07	1.00	7.21	1.09	10.11	1.28	19.55	1.48	35.42	1.72	64.33
0.02	1.22	5.75	1.41	10.20	1.53	14.30	1.81	27.65	2.10	50.09	2.44	90.98
0.03	1.50	7.05	1.73	12.49	1.88	17.51	2.22	33.86	2.57	61.35	2.99	111.42
0.04	1.73	8.14	1.99	14.42	2.17	20.22	2.56	39.10	2.97	70.84	3.45	128.66
0.05	1.93	9.10	2.23	16.12	2.43	22.60	2.86	43.72	3.32	79.20	3.85	143.84
0.06	2.12	9.97	2.44	17.66	2.66	24.76	3.13	47.89	3.64	86.76	4.22	157.57
0.07	2.29	10.77	2.64	19.07	2.87	26.74	3.39	51.73	3.93	93.71	4.56	170.20
0.08	2.44	11.51	2.82	20.39	3.07	28.59	3.62	55.30	4.20	100.18	4.88	170.20
0.09	2.59	12.21	2.99	21.63	3.26	30.32	3.84	58.65	4.45	100.18	5.17	170.20
0.1	2.73	12.87	3.15	22.80	3.43	31.96	4.05	58.65	4.70	100.18	5.45	170.20

埋地混凝土管水力计算表

($h/D=1.0$, v: m/s, Q: L/s)　　附表 6-3

水力坡度 I	管径（mm）													
	200		250		300		350		400		450		500	
	v	Q	v	Q	v	Q	v	Q	v	Q	v	Q	v	Q
0.003	0.57	18.0	0.66	32.6	0.75	53.0	0.83	79.9	0.91	114	0.98	156	1.05	207
0.004	0.66	20.7	0.77	37.6	0.87	61.1	0.96	92.2	1.05	132	1.13	180	1.22	239
0.005	0.74	23.2	0.86	42.0	0.97	68.4	1.07	103.1	1.17	147	1.27	202	1.36	267
0.006	0.81	25.4	0.94	46.1	1.06	74.9	1.17	113.0	1.28	161	1.39	221	1.49	292
0.007	0.87	27.4	1.01	49.7	1.14	80.9	1.27	122.0	1.39	174	1.50	238	1.61	316
0.008	0.93	29.3	1.08	53.2	1.22	86.5	1.36	130.4	1.48	186	1.60	255	1.72	338
0.009	0.99	31.1	1.15	56.4	1.30	91.7	1.44	138.3	1.57	198	1.70	270	1.85	358
0.01	1.04	32.8	1.21	59.5	1.37	96.7	1.52	145.8	1.66	208	1.79	285		
0.012	1.14	35.9	1.33	65.1	1.50	105.9	1.66	159.8	1.82	228				
0.014	1.24	38.8	1.43	70.2	1.62	114.4	1.79	172.6						
0.016	1.32	41.5	1.53	75.2	1.73	122.3	1.92	184.5						
0.018	1.40	44.0	1.63	79.8	1.84	129.7								
0.02	1.48	46.4	1.71	84.1										
0.025	1.65	51.8	1.92	94.0										
0.030	1.81	56.8												

重力流屋面雨水排水立管的泄流量　　　　附表 6-4

铸铁管		塑料管		钢管	
公称直径 （mm）	最大泄流量 （L/s）	公称外径×壁厚 （mm）	最大泄流量 （L/s）	公称外径×壁厚 （mm）	最大泄流量 （L/s）
100	9.50	90×3.2	7.40	133×4	17.10
		110×3.2	12.80		
125	17.00	125×3.2	18.30	159×4.5	27.80
		125×3.7	18.00	168×6	30.80
150	27.80	160×4.0	35.50	219×6	65.50
		160×4.7	34.70		
200	60.00	200×4.9	64.60	245×6	89.80
		200×5.9	62.80		
250	108.00	250×6.2	117.00	273×7	119.10
		250×7.3	114.10		
300	176.00	315×7.7	217.00	325×7	194.00
		315×9.2	211.00		

满管压力流（虹吸式）雨水管道（内壁喷塑铸铁管）水力计算表　　附表 6-5

Q	50		75		100		125		150		200		250		300	
	R	v	R	v	R	v	R	v	R	v	R	v	R	v	R	v
6	3.80	3.18	0.51	1.40												
12	13.7	6.37	1.84	2.79	0.45	1.56										
18	29.0	9.55	3.90	4.19	0.94	2.34	0.32	1.49	0.13	1.03						
24			6.63	5.58	1.61	3.12	0.54	1.99	0.22	1.38						
30			10.02	6.98	2.43	3.90	0.81	2.49	0.33	1.72						
36			14.04	8.37	3.40	4.68	1.14	2.98	0.47	2.07	0.11	1.16				
42			18.67	9.77	4.53	5.46	1.51	3.48	0.62	2.41	0.15	1.35				
48					5.80	6.24	1.94	3.98	0.79	2.75	0.19	1.54				
54					7.20	7.02	2.41	4.47	0.98	3.10	0.24	1.74				
60					8.75	7.80	2.92	4.97	1.20	3.44	0.29	1.93				
66					10.44	8.58	3.49	5.47	1.43	3.79	0.35	2.12				
72							4.10	5.97	1.68	4.13	0.41	2.32	0.14	1.48	0.06	1.03
78							4.75	6.46	1.94	4.48	0.48	2.51	0.16	1.60	0.07	1.11
84							5.45	6.96	2.23	4.82	0.54	2.70	0.18	1.73	0.08	1.20
90							6.19	7.46	2.53	5.16	0.62	2.90	0.21	1.85	0.09	1.28
96							6.98	7.95	2.85	5.51	0.70	3.09	0.23	1.97	0.10	1.37

续表

Q	管径（mm）															
	50		75		100		125		150		200		250		300	
	R	v	R	v	R	v	R	v	R	v	R	v	R	v	R	v
102							7.80	8.45	3.19	5.85	0.78	3.28	0.26	2.10	0.11	1.45
108							8.67	8.95	3.55	6.20	0.87	3.47	0.29	2.22	0.12	1.54
114							9.59	9.44	3.92	6.54	0.96	3.67	0.32	2.34	0.13	1.62
120							10.54	9.94	4.31	6.89	1.05	3.86	0.35	2.47	0.15	1.71
126									4.72	7.23	1.15	4.05	0.39	2.59	0.16	1.8
132									5.14	7.57	1.26	4.25	0.42	2.71	0.17	1.88
138									5.58	7.92	1.36	4.44	0.46	2.84	0.19	1.97
144									6.04	8.26	1.48	4.63	0.50	2.96	0.20	2.05
150									6.51	8.61	1.59	4.83	0.53	3.08	0.22	2.14
156									7.00	8.95	1.71	5.02	0.57	3.21	0.24	2.22
162									7.51	9.30	1.84	5.21	0.62	3.33	0.25	2.31
168									8.03	9.64	1.96	5.40	0.66	3.45	0.27	2.39
174									8.57	9.98	2.09	5.60	0.70	3.58	0.29	2.48
180											2.23	5.79	0.75	3.70	0.31	2.56
186											2.37	5.98	0.80	3.82	0.33	2.65
192											2.51	6.18	0.84	3.94	0.35	2.74
198											2.66	6.37	0.89	4.07	0.37	2.82

注：表中单位 Q 为 L/s，R 为 kPa/m，v 为 m/s。

雨水斗最大允许汇水面积表　　　　　附表 6-6

系统形式	虹吸式系统			87式单斗系统				87式多斗系统			
管径（mm）	50	75	100	75	100	150	200	75	100	150	200
小时降雨厚度（mm/h） 50	480	960	2000	640	1280	2560	4160	480	960	2080	3200
60	400	800	1667	533	1067	2133	3467	400	800	1733	2667
70	343	686	1429	457	914	1829	2971	343	686	1486	2286
80	300	600	1250	400	800	1600	2600	300	600	1300	2000
90	267	533	1111	356	711	1422	2311	267	533	1156	1778
100	240	480	1000	320	640	1280	2080	240	480	1040	1600
110	218	436	909	291	582	1164	1891	218	436	945	1455
120	200	400	833	267	533	1067	1733	200	400	867	1333
130	185	369	769	246	492	985	1600	185	369	800	1231
140	171	343	714	229	457	914	1486	171	343	743	1143
150	160	320	667	213	427	853	1387	160	320	693	1067
160	150	300	625	200	400	800	1300	150	300	650	1000
170	141	282	588	188	376	753	1224	141	282	612	941
180	133	267	556	178	356	711	1156	133	267	578	889
190	126	253	526	168	337	674	1095	126	253	547	842
200	120	240	500	160	320	640	1040	120	240	520	800
210	114	229	476	152	305	610	990	114	229	495	762
220	109	218	455	145	291	582	945	109	218	473	727
230	104	209	435	139	278	557	904	104	209	452	696
240	100	200	417	133	267	533	867	100	200	433	667
250	96	192	400	128	256	512	832	96	192	416	640

容积式水加热器容积和盘管型号

水加热器型号	容积 (m³)	换热管根数	换热管管径×长度 (mm)	换热面积 (m²)	盘管型号（根数）					
					甲型			乙型		丙型
					第1排	第2排	第3排	第1排	第2排	第1排
1	0.5	2	φ42×3.5×1620	0.86						
1	0.5	3		1.29						
2	0.7	4		1.72						
3	1.0	5		2.15						
3	1.0	6		2.58						
3	0.7、1.0	7		3.01						
2、3										
3	1.0	5	φ42×3.5×1870	2.50						
		6		3.00						
		7		3.50						
		8		4.00						
4	1.5	6	φ38×3×2360	3.50						
		11		6.50	6	5		6		
5	2.0	6	φ38×3×2560	3.80						
		11		7.00	6	5		6		
6	3.0	7	φ38×3×2730	4.80						
		13		8.90	7	6	3	7	6	7
		16		11.00						
7	5.0	8	φ38×3×3190	6.30						
		15		11.90	8	7	4	8	7	8
		19		15.20						
8	8.0	7×2	φ38×3×3400	10.62						
		13×2		19.94	7×2	6×2	3×2	7×2	6×2	7×2
		16×2		24.72						
9	10.0	9×2	φ38×3×3400	13.94						
		17×2		26.92	9×2	8×2	5×2	9×2	8×2	9×2
		22×2		34.72						
10	15.0	9×2	φ38×3×4100	20.40						
		17×2		38.96	9×2	8×2	5×2	9×2	8×2	9×2
		22×2		50.82						

注：表中所列 4～7 号加热器盘管排列，以靠近圆心为第 1 排，向外依次为第 2 排、第 3 排。

容积式水加热器尺寸表

														质量（kg）	
						1～3 号卧式（钢支座）									
型号	D_B	容积 (L)	T	L_3	L	R_1	R_2	R_3	E	D_1	G	H	H_0	壳体+钢管	壳体+钢管
1	φ600	500	0	1742	2100	815	373	420	200	680	181	913	1368	400	410
2	φ700	700	20	1767	2150	815	373	500	240	780	206	963	1468	475	490
3	φ800	1000	50	1990	2400	950	404	590	280	980	232	1014	1570	635	650

1～3号卧式（砖支座）

型号	D_B	L	L_1	R_1	R_2	R_3	H_1		H_2	H_0		H	
1	$\phi600$	2100	1742	590	485	740	500 / 1500	1000 / 2000	158	1265 / 2265	1765 / 2765	810 / 1810	1310 / 2310
2	$\phi700$	2150	1767	590	485	880	500 / 1000	1000 / 2000	183	1365 / 2366	1865 / 2866	860 / 1860	1360 / 2360
3	$\phi800$	2400	1990	780	490	1000	500 / 1500	1000 / 2000	208	1467 / 2467	1967 / 2967	911 / 1911	1411 / 2411

4～7号卧式（钢支座）

型号	D_B	(L)	L	L_0	L_1	L_2	L_3	L_4	L_5	L_6	H	H_0	H_1	H_2	H_3	B	C	质量(kg)	
																		（钢）	（铜）
4	$\phi900$	1500	3107	1985	258	588	450	1085	660	810	1670	330	1064	606	356	150	120	841	852
5	$\phi1000$	2000	3344	2185	283	600	500	1185	740	900	1770	380	1114	656	356	150	200	948	960
6	$\phi1200$	3000	3602	2335	333	646	500	1335	900	1100	1974	460	1216	758	381	150	240	1399	1418
7	$\phi1400$	5000	4123	2735	383	704	545	1645	1050	1280	2174	520	1316	858	406	205	300	1897	922

4～7号卧式（砖支座）

型号	D_B	L_1	L_2	L_3	L_4	L	H_2		H_3	H_1		H	
4	$\phi900$	258	565	855	870	3107	500 / 1500	1000 / 2000	230	961 / 1961	1461 / 2461	1567 / 2567	2067 / 3067
5	$\phi1000$	283	590	1005	990	3344	500 / 1500	1000 / 2000	255	1011 / 2011	1511 / 2511	1667 / 2667	2167 / 3167
6	$\phi1200$	333	595	1145	1120	3602	500 / 1500	1000 / 2000	306	1113 / 2113	1613 / 2613	1871 / 2871	2371 / 3371
7	$\phi1400$	383	595	1545	1490	4123	500 / 1500	1000 / 2000	356	1213 / 2213	1713 / 2713	2071 / 3071	2571 / 3571

8～10号卧式双孔

型号	D_B	D_P	D_1	D_2	D_3	A	d_1	d_2	d_3	L	L_1	L_2	L_3
8	$\phi1800$	500	160	180	160	370	108×6	89×5	89×5	4679	2700	1100	878
9	$\phi2000$	600	180	210	160	420	133×6	89×5	108×6	4995	2700	1100	1054
10	$\phi2200$	600	180	210	180	420	133×6	108×6	108×6	5883	3400	1450	1131

给水聚丙烯热水管水力计算表

附表 8-1

Q		dn(mm)											
		20		25		32		40		50		63	
(m³/h)	(L/s)	v	1000i	v	1000i	v	1000i	v	1000i	v	1000i	v	1000i
0.090	0.025	0.18	4.534										
0.108	0.030	0.22	6.266	0.14	2.098								
0.126	0.035	0.26	8.237	0.16	2.758								
0.144	0.040	0.29	10.438	0.18	3.495								
0.162	0.045	0.33	12.864	0.21	4.307	0.13	1.340						
0.180	0.050	0.37	15.508	0.23	5.192	0.14	1.615						
0.198	0.055	0.40	18.364	0.25	6.149	0.16	1.913						
0.216	0.060	0.44	21.429	0.28	7.175	0.17	2.232						
0.236	0.065	0.47	24.699	0.30	8.270	0.18	2.573						
0.252	0.070	0.51	28.169	0.32	9.432	0.20	2.934						
0.270	0.075	0.55	31.837	0.35	10.660	0.21	3.316	0.13	1.122				
0.288	0.080	0.58	35.699	0.37	11.953	0.23	3.718	0.14	1.259				
0.306	0.085	0.62	39.752	0.39	13.310	0.24	4.140	0.15	1.402				
0.324	0.090	0.66	43.944	0.42	14.731	0.25	4.582	0.16	1.551				
0.342	0.095	0.69	48.423	0.44	16.213	0.27	5.044	0.17	1.707				
0.360	0.100	0.73	53.036	0.46	17.758	0.28	5.524	0.18	1.870				
0.396	0.110	0.80	62.806	0.51	21.029	0.31	6.542	0.20	2.214				
0.432	0.120	0.88	73.289	0.55	24.539	0.34	7.634	0.22	2.584	0.14	0.897		
0.468	0.130	0.95	84.470	0.60	28.283	0.37	8.798	0.23	2.978	0.15	1.034		
0.504	0.140	1.02	96.339	0.65	32.257	0.40	10.034	0.25	3.397	0.16	1.179		
0.540	0.150	1.10	108.882	0.69	36.457	0.42	11.341	0.27	3.839	0.17	1.332		
0.576	0.160	1.17	122.090	0.74	40.897	0.45	12.717	0.29	4.304	0.18	1.494		
0.612	0.170	1.24	135.952	0.79	45.521	0.48	14.160	0.31	4.793	0.20	1.664		
0.648	0.180	1.32	150.461	0.83	50.379	0.51	15.672	0.32	5.305	0.21	1.841	0.13	0.599
0.684	0.190	1.39	165.607	0.88	55.450	0.54	17.249	0.34	5.839	0.22	2.027	0.14	0.660
0.720	0.200	1.46	181.383	0.92	60.732	0.57	18.892	0.36	6.395	0.23	2.220	0.14	0.722
0.900	0.250	1.83	269.473	1.16	90.228	0.71	28.068	0.45	9.501	0.29	3.298	0.18	1.073
1.080	0.300	2.19	372.377	1.39	124.683	0.85	38.786	0.54	13.129	0.35	4.557	0.22	1.483
1.260	0.350	2.56	489.493	1.62	163.897	0.99	50.985	0.63	17.258	0.40	5.990	0.25	1.950
1.440	0.400	2.92	620.331	1.85	207.705	1.13	64.512	0.72	21.871	0.46	7.592	0.29	2.471
1.620	0.450			2.08	255.972	1.27	79.627	0.81	26.953	0.52	9.356	0.32	3.045
1.800	0.500			2.31	308.579	1.42	95.992	0.90	32.492	0.58	11.278	0.36	3.671
1.980	0.550			2.54	365.424	1.56	113.675	0.99	38.478	0.64	13.356	0.40	4.347
2.160	0.600			2.77	426.416	1.70	132.648	1.08	44.900	0.69	15.585	0.43	5.073
2.340	0.650			3.00	491.475	1.84	152.887	1.17	51.750	0.75	17.963	0.47	5.847

续表

Q (m³/h)	Q (L/s)	dn(mm) 20 v	20 1000i	25 v	25 1000i	32 v	32 1000i	40 v	40 1000i	50 v	50 1000i	63 v	63 1000i
2.520	0.700					1.98	174.368	1.26	59.021	0.81	20.487	0.51	6.668
2.700	0.750					2.12	197.070	1.35	66.706	0.87	23.154	0.54	7.536
2.880	0.800					2.27	220.975	1.44	74.797	0.92	25.963	0.58	8.450
3.060	0.850					2.41	246.066	1.53	83.290	0.98	28.911	0.61	9.410
3.240	0.900					2.55	272.325	1.62	92.179	1.04	31.966	0.65	10.414
3.420	0.950					2.69	299.739	1.71	101.458	1.10	35.217	0.69	11.462
3.600	1.000					2.83	328.293	1.80	111.123	1.16	38.572	0.72	12.554
3.780	1.050					2.97	357.974	1.89	121.170	1.21	42.060	0.76	13.689
3.960	1.100					3.12	388.770	1.98	131.594	1.27	45.678	0.79	14.867
4.140	1.150							2.07	142.391	1.33	49.426	0.83	16.087
4.320	1.200							2.16	153.558	1.39	53.302	0.87	17.349
4.500	1.250							2.25	165.091	1.44	57.305	0.90	18.652
4.680	1.300							2.34	176.986	1.50	61.4340	0.94	19.996
4.860	1.350							2.43	189.242	1.56	65.688	0.97	21.380
5.040	1.400							2.52	201.853	1.62	70.066	1.01	22.805
5.220	1.450							2.61	214.818	1.67	74.566	1.05	24.270
5.400	1.500							2.70	228.134	1.73	79.188	1.08	25.774
5.580	1.550							2.79	241.798	1.79	83.931	1.12	27.318
5.760	1.600							2.88	255.808	1.85	88.794	1.15	28.901
5.940	1.650							2.97	270.160	1.91	93.776	1.19	30.522
6.120	1.700							3.06	284.853	1.96	98.876	1.23	32.182
6.300	1.750									2.02	104.094	1.26	33.880
6.480	1.800									2.08	109.428	1.30	35.616
6.660	1.850									2.14	114.879	1.34	37.390
6.840	1.900									2.19	120.444	1.37	39.202
7.020	1.950									2.25	126.124	1.41	41.051
7.200	2.000									2.31	131.918	1.44	42.936
7.860	2.100									2.43	143.844	1.52	46.818
7.920	2.200									2.54	156.219	1.59	50.846
8.280	2.300									2.66	169.037	1.66	55.018
8.640	2.400									2.77	182.293	1.73	59.332
9.000	2.500									2.89	195.985	1.80	63.789
9.360	2.600									3.00	210.106	1.88	68.385
9.720	2.700											1.95	73.120
10.080	2.800											2.02	77.993

Q		dn(mm)										
		20		25		32		40		50		63
(m³/h)	(L/s)	v	1000i	v	1000i	v	1000i	v	1000i	v	1000i	v	1000i
10.440	2.900											2.09	83.003
10.800	3.000											2.17	88.148
11.160	3.100											2.24	93.427
11.520	3.200											2.31	98.840
11.880	3.300											2.38	104.386
12.240	3.400											2.45	110.063
12.600	3.500											2.53	115.871
12.960	3.600											2.60	121.809
13.320	3.700											2.67	127.875
13.680	3.800											2.74	134.071
14.010	3.900											2.81	140.393
14.400	4.000											2.89	146.813
14.760	4.100											2.96	153.418
15.120	4.200											3.03	160.119

注：1. $t=70℃$，$v=0.0041cm^2/s$。

2. 公称压力 2.5MPa。

给水聚丙烯热水管水力计算表 附表 8-2

Q		dn(mm)					
		75		90		110	
(m³/h)	(L/s)	v	1000i	v	1000i	v	1000i
0.090	0.025						
0.108	0.030						
0.126	0.035						
0.144	0.040						
0.162	0.045						
0.180	0.050						
0.198	0.055						
0.216	0.060						
0.234	0.065						
0.252	0.070						
0.270	0.075						
0.288	0.080						
0.306	0.085						
0.324	0.090						
0.342	0.095						

Q		dn(mm)					
		75		90		110	
(m³/h)	(L/s)	v	1000i	v	1000i	v	1000i
0.360	0.100						
0.396	0.110						
0.432	0.120						
0.468	0.130						
0.504	0.140						
0.540	0.150						
0.576	0.160						
0.612	0.170						
0.648	0.180						
0.684	0.190						
0.720	0.200						
0.900	0.250						
1.080	0.300	0.150	0.645				
1.260	0.350	0.180	0.848				
1.440	0.400	0.200	1.075	0.140	0.450		
1.620	0.450	0.230	1.325	0.160	0.555		
1.800	0.500	0.250	1.597	0.180	0.669		
1.980	0.550	0.280	1.891	0.190	0.792		
2.160	0.600	0.310	2.207	0.210	0.924	0.140	0.353
2.340	0.650	0.330	2.543	0.230	1.065	0.150	0.407
2.520	0.700	0.360	2.901	0.250	1.215	0.170	0.464
2.700	0.750	0.380	3.278	0.270	1.373	0.180	0.524
2.880	0.800	0.410	3.676	0.280	1.539	0.190	0.588
3.060	0.850	0.430	4.094	0.300	1.714	0.200	0.655
3.240	0.900	0.460	5.430	0.320	1.897	0.210	0.725
3.420	0.950	0.480	4.986	0.340	2.088	0.220	0.798
3.600	1.000	0.510	5.461	0.350	2.287	0.240	0.874
3.780	1.050	0.530	5.955	0.370	2.494	0.250	0.953
3.960	1.100	0.560	6.468	0.390	2.708	0.260	1.035
4.140	1.150	0.590	6.998	0.410	2.931	0.270	1.120
4.320	1.200	0.610	7.547	0.420	3.161	0.280	1.207
4.500	1.250	0.640	8.114	0.440	3.398	0.300	1.298
4.680	1.300	0.660	8.698	0.460	3.643	0.310	1.392
4.860	1.350	0.690	9.301	0.480	3.895	0.320	1.488
5.040	1.400	0.710	9.921	0.500	4.155	0.330	1.587
5.220	1.450	0.740	10.558	0.510	4.421	0.340	1.689

Q		dn(mm)					
		75		90		110	
(m³/h)	(L/s)	v	1000i	v	1000i	v	1000i
5.400	1.500	0.760	11.212	0.530	4.695	0.350	1.794
5.580	1.550	0.790	11.884	0.550	4.977	0.370	1.901
5.760	1.600	0.810	12.572	0.570	5.265	0.380	2.011
5.940	1.650	0.840	13.278	0.580	5.560	0.390	2.124
6.120	1.700	0.870	14.000	0.600	5.863	0.400	2.240
6.300	1.750	0.890	14.739	0.620	6.172	0.410	2.358
6.480	1.800	0.920	15.494	0.640	6.489	0.430	2.479
6.660	1.850	0.940	16.266	0.650	6.812	0.440	2.602
6.840	1.900	0.970	17.054	0.670	7.142	0.450	2.728
7.020	1.950	0.990	17.858	0.690	7.479	0.460	2.857
7.200	2.000	1.020	18.678	0.710	7.822	0.470	2.988
7.560	2.100	1.070	20.367	0.740	8.529	0.500	3.258
7.920	2.200	1.120	22.119	0.780	9.263	0.520	3.538
8.280	2.300	1.170	23.934	0.810	10.023	0.540	3.829
8.640	2.400	1.220	25.811	0.850	10.809	0.570	4.129
9.000	2.500	1.270	27.749	0.880	11.621	0.590	4.439
9.360	2.600	1.320	29.749	0.920	12.458	0.610	4.759
9.720	2.700	1.380	31.809	0.950	13.321	0.640	5.089
10.080	2.800	1.430	33.929	0.990	14.209	0.660	5.428
10.440	2.900	1.480	36.108	1.030	15.121	0.690	5.776
10.800	3.000	1.530	38.346	1.060	16.059	0.710	6.134
11.160	3.100	1.580	40.643	1.100	17.020	0.730	6.502
11.520	3.200	1.630	42.997	1.130	18.007	0.760	6.878
11.880	3.300	1.680	45.410	1.170	19.017	0.780	7.264
12.240	3.400	1.730	47.880	1.200	20.051	0.800	7.659
12.600	3.500	1.780	50.406	1.240	21.109	0.830	8.064
12.960	3.600	1.830	52.989	1.270	22.191	0.850	8.477
13.320	3.700	1.880	55.628	1.310	23.296	0.870	8.899
13.680	3.800	1.940	58.323	1.340	24.425	0.900	9.330
14.040	3.900	1.990	61.074	1.380	25.577	0.920	9.770
14.400	4.000	2.040	63.879	1.410	26.752	0.950	10.219
14.760	4.100	2.090	66.740	1.450	27.949	0.970	10.677
15.120	4.200	2.140	69.655	1.490	29.170	0.990	11.143
15.480	4.300	2.190	72.624	1.520	30.414	1.020	11.618
15.840	4.400	2.240	75.647	1.560	31.680	1.040	12.102

Q		dn(mm)					
		75		90		110	
(m³/h)	(L/s)	v	1000i	v	1000i	v	1000i
16.200	4.500	2.290	78.724	1.590	32.968	1.060	12.594
16.560	4.600	2.340	81.854	1.630	34.279	1.090	13.094
16.920	4.700	2.390	85.037	1.660	35.612	1.110	13.604
17.280	4.800	2.440	88.273	1.700	36.967	1.130	14.121
17.640	4.900	2.500	91.562	1.730	38.344	1.160	14.648
18.000	5.000	2.550	94.903	1.770	39.744	1.180	15.182
18.360	5.100	2.600	98.296	1.800	41.165	1.210	15.725
18.720	5.200	2.650	101.741	1.840	42.607	1.230	16.276
19.080	5.300	2.700	105.238	1.870	44.072	1.250	16.835
19.440	5.400	2.750	108.768	1.910	45.558	1.280	17.403
19.800	5.500	2.800	112.385	1.950	47.065	1.300	17.979
20.160	5.600	2.850	116.036	1.980	48.594	1.320	18.563
20.520	5.700	2.900	119.737	2.020	50.144	1.350	19.155
20.880	5.800	2.950	123.489	2.050	51.715	1.370	19.755
21.240	5.900	3.000	127.291	2.090	53.307	1.390	20.363
21.600	6.000	3.060	131.143	2.120	54.921	1.420	20.980
21.960	6.100			2.160	56.555	1.440	21.604
22.320	6.200			2.190	58.210	1.470	22.236
22.680	6.300			2.320	59.886	1.490	22.876
23.040	6.400			2.260	61.583	1.510	23.524
23.400	6.500			2.300	63.300	1.540	24.180
23.760	6.600			2.330	65.038	1.560	24.844
24.120	6.700			2.370	66.796	1.580	25.516
24.480	6.800			2.410	68.575	1.610	26.196
24.840	6.900			2.440	70.374	1.630	26.883
25.200	7.000			2.480	72.194	1.650	27.578
25.560	7.100			2.510	74.033	1.680	28.281
25.920	7.200			2.550	75.893	1.700	28.991
26.280	7.300			2.580	77.773	1.730	29.709
26.640	7.400			2.620	79.673	1.750	30.435
27.000	7.500			2.650	81.593	1.770	31.168
27.360	7.600			2.690	83.533	1.800	31.909
27.720	7.700			2.720	85.493	1.820	32.658
28.080	7.800			2.760	87.472	1.840	33.414
28.440	7.900			2.790	89.472	1.870	34.178

Q		dn(mm)					
		75		90		110	
(m³/h)	(L/s)	v	1000i	v	1000i	v	1000i
28.800	8.000			2.830	91.491	1.890	34.949
29.160	8.100			2.860	93.529	1.910	35.728
29.520	8.200			2.900	95.587	1.940	36.514
29.880	8.300			2.940	96.665	1.960	37.308
30.240	8.400			2.970	99.762	1.990	38.109
30.600	8.500			3.010	101.879	2.010	39.917
30.960	8.600			3.040	104.015	2.030	39.733
31.320	8.700			3.080	106.170	2.060	40.557
31.680	8.800			3.110	108.344	2.080	41.387
32.040	8.900					2.100	42.225
32.400	9.000					2.130	43.071
32.760	9.100					2.150	43.923
33.120	9.200					2.170	44.783
33.480	9.300					2.200	45.650
33.840	9.400					2.220	46.525
34.200	9.500					2.250	47.406
34.560	9.600					2.270	48.295
34.920	9.700					2.290	49.191
35.280	9.800					2.320	50.095
35.640	9.900					2.340	51.005
36.000	10.000					2.360	51.923
36.900	10.250					2.420	54.248
37.800	10.500					2.480	56.617
38.700	10.750					2.540	59.030
39.600	11.000					2.600	61.487
40.500	11.250					2.660	63.988
41.400	11.500					2.720	66.533
42.300	11.750					2.780	69.120
43.200	12.000					2.840	71.750
44.100	12.250					2.900	74.423
45.000	12.500					2.950	77.139
45.900	12.750					3.010	79.897
46.800	13.000						
47.700	13.250						
48.600	13.500						
49.500	13.750						
50.400	14.000						
51.300	14.250						
52.200	14.500						

城市杂用水水质标准
附表 11-1

序号	项目指标		冲厕	道路清扫、消防	城市绿化	车辆冲洗	建筑施工
1	pH		6.0～9.0				
2	色(度)	≤	30				
3	臭		无不快感				
4	浊度(NTU)	≤	5	10	10	5	20
5	溶解性总固体(mg/L)	≤	1500	1500	1000	1000	—
6	五日生化需氧量 BOD_5 (mg/L)	≤	10	15	20	10	15
7	氨氮(mg/L)	≤	10	10	20	10	20
8	阴离子表面活性剂(mg/L)	≤	1.0	1.0	1.0	0.5	1.0
9	铁(mg/L)	≤	0.3	—	—	0.3	—
10	锰(mg/L)	≤	0.1	—	—	0.1	—
11	溶解氧(mg/L)	≥	1.0				
12	总余氯(mg/L)		接触30min后≥1.0,管网末端≥0.2				
13	总大肠菌群(个/L)	≤	3				

注:本表引自国家标准《城市污水再生利用 城市杂用水水质》。

游泳池平面尺寸及水深
附表 12-1

游泳池类别	水深（m）		池长度（m）	池宽度（m）	备注
	最浅端	最深端			
比赛游泳池	1.8～2.0	2.0～2.2	50	21，25	
水球游泳池	≥2.0	≥2.0			
花样游泳池	≥3.0	≥3.0		21，25	
跳水游泳池	跳板（台）高度	水深			
	0.5	≥1.8	12	12	
	1.0	≥3.0	17	17	
	3.0	≥3.5	21	21	
	5.0	≥3.8	21	21	
	7.5	≥4.5	25	21，25	
	10.0	≥5.0	25	21，25	
训练游泳池					
运动员用	1.4～1.6	1.6～1.8	50	21，25	
成人用	1.2～1.4	1.4～1.6	50，33.3	21，25	含大学生
中学生用	≤1.2	≤1.4	50，33.3	21，25	
公共游泳池	1.8～2.0	2.0～2.2	50，25	25，21，12.5，10	
儿童游泳池	0.6～0.8	1.0～1.2	平面形状和尺寸视具体情况由设计定		含小学生
幼儿嬉水池	0.3～0.4	0.4～0.6			

水景的基本水流形态

附表 12-2

类型	特征	形态	特点
池水	水面开阔且基本不流动的水体	镜池	具有开阔而平静的水面
		浪池	具有开阔而波动的水面
流水	沿水平方向流动的水流	溪流	蜿蜒曲折的潺潺流水
		渠流	规整有序的水流
		漫流	四处漫溢的水流
		旋流	绕同心作圆周流动的水流
跌水	突然跌落的水流	叠流	落差不大的跌落水流
		瀑布	自落差较大的悬岩上飞流而下的水流
		水幕（水帘）	自高处垂落的宽阔水膜
		壁流	附着陡壁流下的水流
		孔流	自孔口或管嘴内重力流出的水流
喷水（喷泉）	在水压作用下自特制喷头喷出的水流	射流	自直流喷头喷出的细长透明长柱
		冰塔（雪松）	自吸气喷头中喷出的白色形似宝塔（塔松）的水流
		冰柱（雪柱）	自吸气喷头中喷出的白色柱状水流
		水膜	自成膜喷头中喷出的透明膜状水流
		水雾	自成雾喷头中喷出的雾状水流
涌水	自低处向上涌起的水流	涌泉	自水下涌出水面的水流
		珠泉	自水底涌出的串串气泡

水洗织品单件质量

附表 12-3

序号	织品名称	规格	单位	干织品质量（kg）	备注
1	床单	200cm×235cm	条	0.8～10	
2	床单	167cm×200cm	条	0.75	
3	床单	133cm×200cm	条	0.50	
4	被套	200cm×235cm	件	0.9～1.2	
5	罩单	215cm×300cm	件	2.0～2.15	
6	枕套	80cm×50cm	只	0.14	
7	枕巾	85cm×55cm	条	0.30	
8	枕巾	60cm×45cm	条	0.25	
9	毛巾	55cm×35cm	条	0.08～0.1	
10	擦手巾		条	0.23	
11	面巾		条	0.03～0.04	
12	浴巾	160cm×80cm	条	0.2～0.3	
13	地巾		条	0.3～0.6	
14	毛巾被	200cm×235cm	条	1.5	
15	毛巾被	133cm×200cm	条	0.9～1.0	
16	线毯	133cm×135cm	条	0.9～1.4	
17	桌布	135cm×135cm	件	0.3～0.45	
18	桌布	165cm×165cm	件	0.5～0.65	
19	桌布	185cm×185cm	件	0.7～0.85	
20	桌布	230cm×230cm	件	0.9～1.4	
21	餐巾	50cm×50cm	件	0.05～0.06	
22	餐巾	56cm×56cm	件	0.07～0.08	
23	小方巾	28cm×28cm	件	0.02	
24	家具套		件	0.5～1.2	

续表

序号	织品名称	规格	单位	干织品质量（kg）	备注
25	擦布		条	0.02～0.08	
26	男上衣		件	0.2～0.4	平均值
27	男下衣		件	0.2～0.3	
28	工作服		套	0.5～0.6	
29	女罩衣		件	0.2～0.4	
30	睡衣		套	0.3～0.6	
31	裙子		条	0.3～0.5	
32	汗衫		件	0.2～0.4	
33	衬衣		件	0.25～0.3	
34	衬裤		条	0.1～0.3	
35	绒衣、绒裤		条	0.75～0.85	
36	短裤		条	0.1～0.2	
37	围裙		条	0.1～0.1	
38	针织外衣裤		条	0.3～0.6	

干洗织品单件质量　　　　附表 12-4

序号	织品名称	规格	单位	干织品质量（kg）	备注
1	西服上衣		件	0.8～1.0	
2	西服背心		件	0.3～0.4	
3	西服裤		条	0.5～0.7	
4	西服短裤		条	0.3～0.4	
5	西服裙		条	0.6	
6	中山装上衣		件	0.8～1.0	
7	中山装裤		件	0.7	
8	外衣		件	2.0	
9	夹大衣		件	1.5	
10	呢大衣		件	3.0～3.5	
11	雨衣		件	1.0	
12	毛衣、毛线衣		件	0.4	
13	制服上衣		件	0.25	
14	短上衣（女）		件	0.30	
15	毛针织线衣		套	0.80	
16	工作服		套	0.9	
17	围巾、头巾、手套		件	0.1	
18	领带		条	0.05	
19	帽子		顶	0.15	
20	小衣件		件	0.10	
21	毛毯		条	3.0	
22	毛皮大衣		件	1.5	
23	皮大衣		件	1.5	
24	毛皮		件	3.0	
25	窗帘		件	1.5	
26	床罩		件	2.0	

桑拿浴设计数据　　　　附表 12-5

外形尺寸（长×宽×高）（mm）	额定人数	电炉功率（kW）	电压（V）
930×910×2000	1	2.4	220
930×910×2000	1	3.0	380
1220×1220×2000	2	3.6	380
2000×1400×2050	4	7.2	380
2400×1700×2050	6	7.2	380
2400×2000×2050	8	10.8	380
2500×2350×2050	10	10.8	380

主 要 参 考 文 献

[1] 高明远等主编.建筑给水排水工程学［M］.北京：中国建筑工业出版社，2002.

[2] 王增长主编.建筑给水排水工程（第七版）［M］.北京：中国建筑工业出版社，2016.

[3] 李德英，吴俊奇，周秋华.简明实用水暖工手册［M］.北京：机械工业出版社，2003.

[4] 建设部工程质量安全监督与行业发展司、中国建筑标准设计研究所编.2009全国民用建筑工程设计技术措施-给水排水［S］.北京：中国计划出版社，2009.

[5] 张健主编.建筑给水排水工程［M］.重庆；重庆大学出版社，2013.

[6] 陈方肃主编.高层建筑给水排水设计手册［M］.湖南：湖南科学技术出版社，1998.

[7] 姜文源等主编.水工业工程设计手册-建筑和小区给水排水［M］.北京：中国建筑工业出版社，2000.

[8] 张英，吕镒主编.新编建筑给水排水工程［M］.中国建筑工业出版社，2004.

[9] 马金主编.建筑给水排水工程［M］.北京：清华大学出版社，2004.

[10] 李天荣主编.建筑消防设备工程［M］.重庆：重庆大学出版社，2010.

[11] 姜湘山著.建筑小区中水工程［M］.北京：机械工业出版社，2003.

[12] 中国建筑设计研究院主编.建筑给水排水设计手册（第三版）［S］.北京：中国建筑工业出版社，2019.

[13] 蒋永琨主编.中国消防工程手册［M］.北京：中国建筑工业出版社，1998.

[14] 中华人民共和国国家标准.建筑给水排水设计标准GB 50015—2019［S］.北京：中国计划出版社，2019.

[15] 中华人民共和国国家标准.自动喷水灭火系统设计规范GB 50084—2017［S］.北京：中国计划出版社，2017.

[16] 中华人民共和国国家标准.建筑设计防火规范GB 50016—2014（2018年版）［S］.北京：中国计划出版社，2018.

[17] 中华人民共和国国家标准.消防给水及消火栓系统技术规范GB 50974—2014［S］.北京：中国计划出版社，2014.

[18] 中华人民共和国国家标准.水喷雾灭火系统技术规范GB 50219—2014［S］.北京：中国计划出版社，2014.

[19] 中华人民共和国国家标准.建筑与小区管道直饮水系统技术规程CJJ/T 110—2017［S］.北京：中国计划出版社，2017.

[20] 中国建筑设计研究院主编.建筑给水排水设计基础知识［M］.北京：中国建筑工业出版社，2012.

[21] 刘文镔.建筑给水排水工程［M］.北京：中国建筑工业出版社，2012.

[22] 中南建筑设计院股份有限公司主编.建筑工程设计文件编制深度规定（2016版）［G］.北京：中国计划出版社，2016.

[23] 中华人民共和国行业标准.建筑屋面雨水排水系统技术规程CJJ 142—2014［S］.北京：中国建筑工业出版社，2014.

[24] 中华人民共和国国家标准.建筑与小区雨水控制及利用工程技术规范GB 50400—2016［S］.北京：中国建筑工业出版社，2016.

[25] 中华人民共和国国家标准.建筑灭火器配置设计规范GB50140—2005［S］.北京：中国计划出版社，2005.

［26］ 中华人民共和国国家标准. 建筑中水设计标准 GB 50336—2018 ［S］. 北京：中国建筑工业出版
社，2018.

［27］ 中华人民共和国国家标准. 泡沫灭火系统技术规范 GB 50151—2010 ［S］. 北京：中国计划出版
社，2010.

高等学校给排水科学与工程学科专业指导委员会规划推荐教材

征订号	书名	作者	定价(元)	备注
40573	高等学校给排水科学与工程本科专业指南	教育部高等学校给排水科学与工程专业教学指导分委员会	25.00	
39521	有机化学(第五版)(送课件)	蔡素德等	59.00	住建部"十四五"规划教材
41921	物理化学(第四版)(送课件)	孙少瑞、何洪	39.00	住建部"十四五"规划教材
42213	供水水文地质(第六版)(送课件)	李广贺等	56.00	住建部"十四五"规划教材
27559	城市垃圾处理(送课件)	何品晶等	42.00	土建学科"十三五"规划教材
31821	水工程法规(第二版)(送课件)	张智等	46.00	土建学科"十三五"规划教材
31223	给排水科学与工程概论(第三版)(送课件)	李圭白等	26.00	土建学科"十三五"规划教材
32242	水处理生物学(第六版)(送课件)	顾夏声、胡洪营等	49.00	土建学科"十三五"规划教材
35065	水资源利用与保护(第四版)(送课件)	李广贺等	58.00	土建学科"十三五"规划教材
35780	水力学(第三版)(送课件)	吴玮、张维佳	38.00	土建学科"十三五"规划教材
36037	水文学(第六版)(送课件)	黄廷林	40.00	土建学科"十三五"规划教材
36442	给水排水管网系统(第四版)(送课件)	刘遂庆	45.00	土建学科"十三五"规划教材
36535	水质工程学(第三版)(上册)(送课件)	李圭白、张杰	58.00	土建学科"十三五"规划教材
36536	水质工程学(第三版)(下册)(送课件)	李圭白、张杰	52.00	土建学科"十三五"规划教材
37017	城镇防洪与雨水利用(第三版)(送课件)	张智等	60.00	土建学科"十三五"规划教材
37679	土建工程基础(第四版)(送课件)	唐兴荣等	69.00	土建学科"十三五"规划教材
37789	泵与泵站(第七版)(送课件)	许仕荣等	49.00	土建学科"十三五"规划教材
37788	水处理实验设计与技术(第五版)	吴俊奇等	58.00	土建学科"十三五"规划教材
37766	建筑给水排水工程(第八版)(送课件)	王增长、岳秀萍	72.00	土建学科"十三五"规划教材
38567	水工艺设备基础(第四版)(送课件)	黄廷林等	58.00	土建学科"十三五"规划教材
32208	水工程施工(第二版)(送课件)	张勤等	59.00	土建学科"十二五"规划教材
39200	水分析化学(第四版)(送课件)	黄君礼	68.00	土建学科"十二五"规划教材
33014	水工程经济(第二版)(送课件)	张勤等	56.00	土建学科"十二五"规划教材
29784	给排水工程仪表与控制(第三版)(含光盘)	崔福义等	47.00	国家级"十二五"规划教材
16933	水健康循环导论(送课件)	李冬、张杰	20.00	
37420	城市河湖水生态与水环境(送课件)	王超、陈卫	40.00	国家级"十一五"规划教材
37419	城市水系统运营与管理(第二版)(送课件)	陈卫、张金松	65.00	土建学科"十五"规划教材
33609	给水排水工程建设监理(第二版)(送课件)	王季震等	38.00	土建学科"十五"规划教材
20098	水工艺与工程的计算与模拟	李志华等	28.00	
32934	建筑概论(第四版)(送课件)	杨永祥等	20.00	
24964	给排水安装工程概预算(送课件)	张国珍等	37.00	
24128	给排水科学与工程专业本科生优秀毕业设计(论文)汇编(含光盘)	本书编委会	54.00	
31241	给排水科学与工程专业优秀教改论文汇编	本书编委会	18.00	

以上为已出版的指导委员会规划推荐教材。欲了解更多信息，请登录中国建筑工业出版社网站：www.cabp.com.cn 查询。在使用本套教材的过程中，若有任何意见或建议，可发 Email 至：wangmeilingbj@126.com。